AF343375

ENCYCLOPÉDIE AGRICOLE

Publiée sous la direction de G. WERY

G. V. GAROLA

ENGRAIS

LIBRAIRIE J.-B. BAILLIÈRE ET FILS

ENCYCLOPÉDIE AGRICOLE

Publiée par une réunion d'Ingénieurs agronomes

SOUS LA DIRECTION DE

G. WERY

Ingénieur agronome
Sous-Directeur de l'Institut National Agronomique

Introduction par le Dr P. REGNARD

Directeur de l'Institut National Agronomique
Membre de la Société Nationale d'Agriculture de France.

22 volumes in-16 de chacun 400 à 500 pages illustrées de nombreuses figures.

Chaque volume : broché, **5 fr.** ; cartonné, **6 fr.**

Agriculture générale	M. P. Diffloth, ingénieur agronome, professeur spécial d'agriculture.
Industries agricoles de fermentation (*Cidrerie, Brasserie, Hydromels, Distillerie*)	M. Boulanger, ingénieur agronome, chef de Laboratoire à l'Institut Pasteur de Lille.
Engrais	M. Garola, ingénieur agronome, professeur départemental d'agriculture à Chartres.
Plantes fourragères	M. Risler, directeur honoraire de l'Institut national agronomique. Membre de la Société nationale d'agriculture de France.
Drainage et irrigations	M. G. Wery, ingénieur agronome, sous-directeur de l'Institut national agronomique.
Plantes industrielles	M. Troude, ingénieur agronome, professeur à l'Ecole nationale des industries agricoles de Douai.
Céréales	M. Lavallée, ingénieur agronome, ancien chef des travaux de la Station expérimentale agricole de Cappelle.
Cultures potagères	M. Léon Bussard, ingénieur agronome, chef des travaux de la Station d'essais de semences, à l'Institut national agronomique, professeur à l'Ecole nationale d'horticulture.
Arboriculture	
Sylviculture ....., ...	M. Fron, ingénieur agronome, professeur à l'Ecole forestière des Barres (Loiret).
Viticulture	M. Pacottet, ingénieur agronome, répétiteur à l'Institut national agronomique.
Vinification (*Vin, Vinaigre, Eau-de-Vie*)	M. Pacottet et M. Lepage, ingénieurs agronomes.
Zoologie agricole	M. Georges Guénaux, ingénieur agronome, répétiteur à l'Institut national agronomique.
Zootechnie générale	M. P. Diffloth, ingénieur agronome, professeur spécial d'agriculture.
Zootechnie spéciale (Races)	
Machines agricoles	M. Coupan, ingénieur agronome, répétiteur à l'Institut national agronomique.
Constructions rurales	M. Danguy, ingénieur agronome, directeur des études à l'Ecole nationale d'agriculture de Grignon.
Économie rurale	M. Jouzier, ingénieur agronome, professeur à l'Ecole nationale d'agriculture de Rennes.
Législation rurale	
Technologie agricole (*Sucrerie, féculerie, meunerie, boulangerie*)	M. Saillard, ingénieur agronome, professeur à l'Ecole nationale des industries agricoles de Douai.
Laiterie	M. Martin, ingénieur agronome, ancien directeur de l'Ecole nationale d'industrie laitière de Mamirolle.
Aquiculture	M. Deloncle, ingénieur agronome, inspecteur général de la pisciculture

6887-02. — Corbeil. Imprimerie Éd. Crété.

ENCYCLOPÉDIE AGRICOLE

Publiée par une réunion d'Ingénieurs agronomes

SOUS LA DIRECTION DE G. WERY

ENGRAIS

PAR

C. V. GAROLA

INGÉNIEUR AGRONOME
PROFESSEUR DÉPARTEMENTAL D'AGRICULTURE
DIRECTEUR DE LA STATION AGRONOMIQUE DE CHARTRES

Introduction par le Dr P. REGNARD

DIRECTEUR DE L'INSTITUT NATIONAL AGRONOMIQUE
MEMBRE DE LA SOCIÉTÉ Nle D'AGRICULTURE DE FRANCE

Avec 33 figures intercalées dans le texte

PARIS

LIBRAIRIE J.-B. BAILLIÈRE ET FILS

19, rue Hautefeuille, près du Boulevard Saint-Germain

1903

Tous droits réservés.

ENCYCLOPÉDIE AGRICOLE

INTRODUCTION

Si les choses se passaient en toute justice, ce n'est pas moi qui devrais signer cette préface.

L'honneur en reviendrait bien plus naturellement à l'un de mes deux éminents prédécesseurs.

A Eugène TISSERAND, que nous devons considérer comme le véritable créateur en France de l'enseignement supérieur de l'Agriculture : n'est-ce pas lui qui, pendant de longues années, a pesé de toute sa valeur scientifique sur nos gouvernements, et obtenu qu'il fût créé à Paris un Institut agronomique comparable à ceux dont nos voisins se montraient fiers depuis déjà longtemps ?

Eugène RISLER, lui aussi, aurait dû plutôt que moi présenter au public agricole ses anciens élèves devenus des maîtres. Près de douze cents Ingénieurs Agronomes, répandus sur le territoire français, ont été façonnés par lui : il est aujourd'hui notre vénéré doyen, et je me souviens toujours avec une douce reconnaissance du jour où j'ai débuté sous ses ordres et de celui,

proche encore, où il m'a désigné pour être son succes-
seur.

Mais, puisque les éditeurs de cette collection ont
voulu que ce fût le directeur en exercice de l'Institut
agronomique qui présentât aux lecteurs la nouvelle
Encyclopédie, je vais tâcher de dire brièvement dans
quel esprit elle a été conçue.

Des Ingénieurs agronomes, presque tous professeurs
d'agriculture, tous anciens élèves de l'Institut national
agronomique, se sont donné la mission de résumer,
dans une série de volumes, les connaissances pratiques
absolument nécessaires aujourd'hui pour la culture
rationnelle du sol. Ils ont choisi pour distribuer, régler,
et diriger la besogne de chacun Georges WERY, que
j'ai le plaisir et la chance d'avoir pour collaborateur
et pour ami.

L'idée directrice de l'œuvre commune a été celle-ci :
extraire de notre enseignement supérieur la partie
immédiatement utilisable par l'exploitant du domaine
rural et faire connaître du même coup à celui-ci les
données scientifiques définitivement acquises sur lesquelles la pratique actuelle est basée.

Ce ne sont donc pas de simples Manuels, des Formu-
laires irraisonnés que nous offrons aux cultivateurs,
ce sont de brefs Traités, dans lesquels les résultats
incontestables sont mis en évidence, à côté des bases
scientifiques qui ont permis de les assurer.

Je voudrais qu'on puisse dire qu'ils représentent le
véritable esprit de notre Institut, avec cette restriction
qu'ils ne doivent ni ne peuvent contenir les discussions, les erreurs de route, les rectifications qui ont
fini par établir la vérité telle qu'elle est, toutes choses
que l'on développe longuement dans notre enseigne-

ment puisque nous ne devons pas seulement faire des praticiens, mais former aussi des intelligences élevées, capables de faire avancer la science au laboratoire et sur le domaine.

Je conseille donc la lecture de ces petits volumes à nos anciens élèves qui y retrouveront la trace de leur première éducation agricole.

Je la conseille aussi à leurs jeunes camarades actuels qui trouveront là, condensées en un court espace, bien des notions qui pourront leur servir dans leurs études.

J'imagine que les élèves de nos Écoles nationales d'Agriculture pourront y trouver quelque profit et que ceux des Écoles pratiques devront aussi les consulter utilement.

Enfin, c'est au grand public agricole, aux cultivateurs que je les offre avec confiance. Ils nous diront, après les avoir parcourus, si, comme on l'a quelquefois prétendu, l'enseignement supérieur agronomique est exclusif de tout esprit pratique. Cette critique, usée, disparaîtra définitivement, je l'espère. Elle n'a d'ailleurs jamais été accueillie par nos rivaux d'Allemagne et d'Angleterre qui ont si magnifiquement développé chez eux l'enseignement supérieur de l'Agriculture.

Successivement, nous mettons sous les yeux du lecteur des volumes qui traitent du sol et des façons qu'il doit subir, de sa nature chimique, de la manière de la corriger ou de la compléter, des plantes comestibles ou industrielles qu'on peut lui faire produire, des animaux qu'il peut nourrir, de ceux qui lui nuisent.

Nous étudions les manipulations et les transformations que subissent, par notre industrie, les produits de la terre : la vinification, la distillerie, la panification, la fabrication des sucres, des beurres, des fromages.

Nous terminons en nous occupant des lois sociales qui régissent la possession et l'exploitation de la propriété rurale.

Nous avons le ferme espoir que les agriculteurs feront un bon accueil à l'œuvre que nous leur offrons.

Dr PAUL REGNARD,

Membre de la Société nationale
d'Agriculture de France,
Directeur de l'Institut national
agronomique.

TABLE ALPHABÉTIQUE DES MATIÈRES

ENGRAIS

[Cachet : Bibliothèque Nationale]

INTRODUCTION

Comment la plante se nourrit.

Composition générale des plantes. — Comme tous les organismes vivants, les plantes ont besoin de tirer du dehors, sous forme d'aliments, tous les corps simples qui constituent leur substance. Leur développement normal et complet ne se produit qu'à cette condition, et, si un seul de ces éléments vient à faire défaut, l'accroissement régulier s'arrête, et la plante est dans l'impossibilité de parcourir toutes les phases de son évolution vitale.

Recherchons donc d'abord quels sont ces éléments nécessaires à la construction de l'édifice végétal, ces aliments indispensables à la nourriture de la plante. L'analyse chimique, en poussant ses investigations sur une quantité considérable de végétaux, a jeté une vive clarté sur cette question ; elle nous a montré quelles sont les substances simples ou complexes qui entrent dans la constitution des plantes ; et l'expérimentation physiologique nous a permis de reconnaître quelles sont celles qui sont indispensables à leur vie.

Nous trouvons dans les plantes deux grandes catégories de matières, en dehors de l'eau, qui entre dans leurs tissus pour une proportion variable de 15 à 90 p. 100, suivant la période considérée de leur développement et suivant les organes. Les unes sont destructibles par le feu, les autres sont fixes. Les premières sont dites *substances organiques*, et contiennent du carbone ou charbon ; de l'hydrogène, élément fondamental de l'eau ; de l'oxygène, gaz indispensable à la respiration de tous les êtres vivants ; et enfin de l'azote, autre substance gazeuse qui forme, avec l'oxygène, l'air atmosphérique, où il entre pour les quatre cinquièmes en volume.

En second lieu viennent les substances fixes, ou principes des cendres, dont les plantes ont besoin en proportions diverses suivant les espèces, mais en proportions toujours déterminées. Si les végétaux ne les trouvent pas à leur disposition, ils s'arrêtent dans leur croissance, restent chétifs, et se fanent avant maturité sans pouvoir produire de semences. Ce sont principalement la potasse, la chaux, la magnésie, le fer, l'acide sulfurique, l'acide phosphorique, le chlore, avec la silice.

Les substances organiques forment à elles seules les quatre-vingt-quinze centièmes de la matière végétale sèche, et les sels minéraux les cinq centièmes restant. Nous donnons ci-dessous, d'après M. de Gasparin, l'organisateur de l'Institut agronomique de Versailles, la composition moyenne des végétaux et de leurs principales parties :

	Plante entière.	Racines.	Tiges.	Graines.
Carbone	46,4	43,4	46,9	47,4
Hydrogène	5,6	5,7	5,3	6,0
Oxygène	41,1	43,4	39,6	41,1
Azote	1,6	1,6	1,0	2,6
Sels minéraux ou cendres	5,3	5,9	7,2	2,9
Totaux	100,0	100,0	100,0	100,0

On voit que ces éléments ne sont pas répartis d'une manière uniforme dans les diverses parties de la plante. Leurs proportions varient encore davantage d'une espèce à l'autre et d'individu à individu. Cependant, d'une manière constante, le rapport du carbone à l'oxygène augmente en passant des racines aux graines, et des graines aux tiges. L'azote est toujours en plus grande quantité dans les grains et dans les organes les plus jeunes. Il semble se retirer de ceux dont la vie est moins intense.

Le taux des cendres est plus élevé dans les tiges que dans les racines ; il est minimum dans les graines. Voici, à titre d'exemple, la teneur en éléments minéraux de quelques plantes agricoles, prises comme types des diverses cultures, rapportée à 1 000 parties de matière normale :

	Herbe de prairie.	Foin de pré.	Foin de luzerne.	Betteraves (racines).
Eau	800,0	143,0	160,0	880,0
Matière organique	181,9	797,2	778,0	110,9
Cendres	18,1	59,8	62,0	9,1
Potasse	5,3	16,0	14,6	4,8
Chaux	2,5	9,5	25,2	0,3
Magnésie	1,2	4,1	3,1	0,4
Acide phosphorique	1,4	4,3	5,3	0,8
Acide sulfurique	1,0	3,1	3,6	0,3
Silice	4,6	17,2	5,9	0,2
Chlore	1,1	3,7	4,8	0,9

	Froment.		Féverole.	
	Grain.	Paille.	Grain.	Paille.
Eau	144,0	143,0	145,0	100,0
Matière organique	839,2	811,0	824,0	795,1
Cendres	16,8	46,0	31,0	44,9
Potasse	5,2	6,3	12,9	19,4
Chaux	0,5	2,7	1,5	12,0
Magnésie	2,0	1,1	2,2	2,6
Acide phosphorique	7,9	2,2	12,1	2,9
Acide sulfurique	0,1	1,1	1,1	1,8
Silice	0,3	31,0	0,2	3,2
Chlore	0,1	0,8	0,5	2,0

Si l'on retrouve dans toutes les plantes les mêmes éléments minéraux, les chiffres précédents font reconnaitre que leurs quantités sont variables avec les espèces, et dans la même plante avec les parties considérées.

Ces éléments nutritifs sont puisés dans l'air et dans le sol. Dans l'atmosphère, les plantes trouvent le carbone sous forme d'acide carbonique, de l'oxygène et de l'azote ; elles trouvent dans le sol de l'azote aussi, de l'eau et des substances minérales. Examinons maintenant comment elles s'en nourrissent et sous quelles formes elles peuvent les absorber

Germination. — La grande majorité des plantes que nous cultivons sont multipliées par le semis des graines. La semence n'est autre chose qu'un magasin de nourriture mis à la disposition de l'embryon pour subvenir aux besoins de son premier développement. Trois conditions sont nécessaires pour permettre l'évolution du germe : un degré d'humidité convenable, une température déterminée, et un afflux d'oxygène suffisant. Quand ces conditions sont satisfaites, on voit la graine se gonfler en absorbant de l'eau, puis la radicule et la tigelle s'allonger et percer l'enveloppe. La première se développe de haut en bas, et la seconde vient bientôt paraître au-dessus du sol. Quand on examine le phénomène avec soin, on reconnaît que la graine absorbe de l'oxygène dans l'air ambiant, et rejette de l'acide carbonique. Elle brûle non seulement du carbone, mais encore de l'hydrogène pour former de l'eau. C'est dans ces combustions que le germe puise l'énergie nécessaire à son évolution. Pour utiliser les réserves ternaires et azotées mises à sa disposition, l'embryon sécrète des diastases ou ferments solubles qui rendent ces réserves dialysables. L'amidon est transformé en maltose, et les matières azotées en asparagine. Les matières grasses sont décomposées, leur glycérine est absorbée rapidement et les acides gras sont saponifiés. A l'aide de ces matériaux qu'elle absorbe, la plantule fabrique ses tissus, forme du protoplasma et de la cellulose.

En résumé, pendant la germination, l'embryon végétal se comporte comme l'embryon animal de l'œuf pendant l'incubation. Il faut pour son premier développement que des aliments soient mis à sa disposition sous forme de principes immédiats ; il les modifie et les assimile en partie, et brûle le reste, pour y trouver l'énergie nécessaire à l'accomplissement de ce travail. Il se trouve donc alors dans la même situation que l'animal ; seulement, pendant tout le cours de son existence, l'animal vivra de cette manière : il absorbera constamment des principes immédiats tout faits pour en former ses tissus d'une part, et, de l'autre, pour les dissocier et en extraire la force vive qui y a été accumulée, afin de l'utiliser à sa propre construction, et aux réparations incessantes qu'il nécessite ; afin aussi de faire face à la dépense de travail extérieur qu'exige l'accomplissement de ses actes.

Au contraire, pour l'embryon végétal, dès qu'il a établi ses racines dans le sol et développé ses feuilles dans l'air, le mode de vie change complètement. Sous l'influence de la lumière, la plante devient alors formatrice de principes immédiats, dont elle puise, dans les milieux ambiants, le sol et l'air, les éléments, sous forme de carbone, d'eau, d'azote et de substances minérales. Le végétal est un appareil de synthèse qui groupe ces éléments en principes immédiats, tandis que l'animal est un appareil d'analyse, en ce sens qu'il se nourrit de ces principes immédiats végétaux et les décompose en majeure partie en en faisant repasser les éléments dans la nature minérale.

Assimilation du carbone. — Pendant la germination à l'obscurité, l'embryon, pour évoluer, use de la matière organique. Si l'on pèse le grain avant de le mettre germer, puis qu'on pèse ensuite la même graine dont l'embryon est bien développé, après dessiccation préalable, on constate une perte de substance sèche qui peut atteindre et dépasser 50 p. 100. Mais aussitôt que les feuilles se développent à la lumière, qu'elles ont verdi, le phénomène inverse se produit et la formation de la matière organique devient très importante. C'est qu'alors les conditions de vie sont changées et que la synthèse végétale commence. Sous l'action des rayons lumineux et calorifiques du soleil, qui fournissent l'énergie nécessaire, les parties vertes des végétaux absorbent l'acide carbonique de l'air, et rejettent un volume d'oxygène sensiblement équivalent. Elles fixent ainsi du carbone qu'elles combinent aux éléments de l'eau, pour former de l'aldéhyde méthylique, qui, en se polymérisant, donne naissance aux principes immédiats ternaires, glucose, amidon, etc. Mais, en même temps, la plante continue à respirer, comme le faisait l'embryon. Par toutes ses parties, aériennes et souterraines, elle absorbe de l'oxygène et rejette de l'acide carbonique en volume égal. Ce phénomène de respiration est constant, à l'obscurité comme à la lumière ; il est activé par une haute température. Quand on ne considère que les feuilles, il est masqué pendant le jour par la fonction chlorophyllienne, qui produit un phénomène inverse beaucoup plus intense.

La fonction de respiration, en outre de l'énergie qu'elle développe, favorise chez les plantes la formation des acides végétaux, qui, comme nous le verrons, jouent un rôle important dans l'absorption des matières minérales.

La fonction chlorophyllienne doit être considérée comme la principale source du carbone pour les plantes cultivées; l'expérience même montre que c'est par cette voie que les graminées assimilent tout le carbone qui entre dans la constitution de leurs tissus. Les végétaux sans chlorophylle, les champignons, doivent tirer leur carbone de l'humus ou des végétaux sur lesquels ils se développent en parasites. Nous verrons que les amides et les corps amidés solubles peuvent être assimilés en nature par les plantes supérieures. Il nous semble probable que la matière organique dialysable des sols, que nous y avons trouvée en quantité très notable, puisse être utilisée par certaines plantes. Tandis que Lawes et Gilbert ont pu cultiver pendant cinquante ans de suite le blé sur le même sol, sans addition de fumure organique, ils n'ont pu réussir à obtenir dans ces conditions des récoltes convenables de turneps et de légumineuses. Les turneps ne donnent des rendements avantageux qu'avec des engrais organiques et phosphatés. Ce n'est que dans une terre de jardin riche en humus qu'ils ont pu obtenir la production continue du trèfle. En culture maraîchère, il n'y a que dans le terreau qu'on obtienne rapidement une production abondante dé radis de bonne qualité. Enfin, dans une terre épuisée de Grignon, M. Dehérain obtenait des récoltes superbes de ray-grass ; il n'a pu y récolter du trèfle en abondance qu'en ajoutant aux engrais chimiques de la matière noire extraite du fumier. Il en a été de même dans la culture de la betterave.

Il nous semble donc résulter de ces constatations que certaines plantes, comme les turneps, les rutabagas et les légumineuses, peuvent tirer du stock de matières organiques du sol une partie au moins du carbone qui leur est nécessaire.

Absorption de l'eau. — C'est de l'eau principalement que la plante tire l'oxygène et l'hydrogène nécessaires pour former avec le carbone et l'azote tous ses principes immédiats si variés. L'eau entre, de plus, en très grande quantité dans la constitution des tissus, car on en trouve dans les plantes, suivant les époques et les organes considérés, de 15 à 90 p. 100. En outre, elle joue un rôle très important pour convoyer dans l'organisme végétal les éléments minéraux puisés dans le sol, et les principes immédiats formés dans les feuilles. La plante est sans cesse traversée par un courant d'eau d'une grande intensité, qui vient des racines et s'échappe par les feuilles sous forme de vapeur. La transpiration est considérable ; la formation de 1 kilogramme de matière végétale sèche exige l'intervention de 250 à 350 kilogrammes d'eau de transpiration, tandis qu'il n'a fallu que 450 grammes d'eau pour fournir tout l'oxygène et tout l'hydrogène qui entrent dans sa constitution. Cette simple constatation nous fait comprendre combien est important le rôle de l'eau, et combien la répartition des pluies a d'influence sur la production agricole.

Cette eau pénètre dans la plante par les poils radicaux des racines, par le mécanisme de l'endosmose. Elle s'élève dans la racine, pour gagner la tige, avec une puissance ascensionnelle considérable. Quand on taille la vigne au printemps, avant tout développement foliacé, on voit la sève s'écouler par les plaies. Si l'on coupe une tige de vigne à la surface du sol, et qu'on y adapte un manomètre à mercure, la poussée de la sève peut faire monter le niveau du métal fluide de 731 millimètres.

Aussitôt qu'avec l'apparition des feuilles la transpiration commence, elle produit dans la tige une véritable succion, dont la puissance peut atteindre une demi-atmosphère, qui vient s'ajouter à la poussée des racines pour faire monter l'eau. D'autre part, l'eau qui est employée à la constitution des principes immédiats disparaissant de la sève, contribue également à augmenter l'appel qui est fait par les racines.

On a remarqué que la quantité d'eau transpirée par les plantes sous l'action de la radiation solaire est influencée par l'intensité de cette radiation, et que, à température égale, elle est toujours beaucoup moindre la nuit. D'autre part, la nature des sels que renferme l'eau en dissolution modifie largement l'intensité du phénomène. Sachs, en opérant sur des fèves élevées dans l'eau, a reconnu que le ralentissement de l'évaporation atteignait 40 p. 100 quand il y faisait dissoudre du nitrate de potasse, et 50 p. 100 avec le plâtre. Pour des plantes cultivées dans la terre, par suite de cette diminution de la transpiration, il arrivait à la fin de l'expérience un résultat important, à savoir que les plantes végétant dans le sol arrosé d'eau plâtrée, par exemple, pouvaient encore trouver dans le sol, où l'on ne renouvelait pas l'humidité, assez d'eau pour vivre sans se faner ; tandis que, dans le cas de l'emploi de l'eau pure, les plantes se fanaient. C'est surtout à ce point de vue que ces expériences sont à considérer. Ainsi serait expliqué l'effet de certaines fumures minérales qui donneraient aux plantes la faculté d'user moins d'eau, et par suite de maintenir le sol plus frais. Une étude de MM. Lawes et Gilbert sur l'influence de la sécheresse de 1870 corrobore ce qui précède :

| | Foin récolté par hectare. | | |
	1870.	Moyenne de 13-15 ans.	Déficit 1870.
	qx.	qx.	qx.
Sans engrais...............	7,25	27,71	20,46
Engrais minéral et sels ammoniacaux	36,25	65,27	29,02
Engrais minéral et nitrate de soude...............	70,00	72,50	2,50

Dans un sol largement fumé, les plantes peuvent donc utiliser beaucoup mieux la provision d'eau qui est à leur disposition.

Assimilation de l'azote. — Cherchons maintenant quelles sont les sources de l'azote que nous trouvons dans les végétaux ; voyons sous quel état et par quels moyens les plantes s'en approvisionnent ; mais constatons d'abord que l'azote est un élément essentiel du végétal.

En effet, l'azote est l'élément caractéristique de la substance organisatrice et vivante de la cellule, du protoplasma, dont la chlorophylle n'est qu'une modification. Tous les organes jeunes et en voie de formation sont formés de cellules riches en protoplasma, riches par conséquent en azote. Les grains, qui renferment la plante en miniature, et qui lui fournissent les aliments nécessaires à son premier développement, sont riches en azote. Il ne peut donc y avoir aucun doute sur l'importance du rôle alimentaire de ce corps simple.

Deux sources peuvent le fournir aux végétaux : le *sol* et l'*atmosphère*.

Le *sol* présente aux racines des plantes l'azote sous trois formes différentes : *sels ammoniacaux, nitrates* et *matières organiques quaternaires*. Mais les racines des plantes possèdent-elles la propriété d'absorber ces diverses combinaisons azotées ?

Recherchons d'abord si les combinaisons quaternaires peuvent, sans changement d'état, être absorbées par les racines ? Parmi les matières organiques azotées que l'on trouve dans le sol, il en est qui sont complètement colloïdales, comme la matière noire ou l'acide humique, et qui, par conséquent, ne peuvent pénétrer dans les cellules radicales par endosmose ; elles ne sauraient donc être absorbées. Mais il en est d'autres qui sont solubles et dialysables. M. Pétermann a reconnu, et nous l'avons vérifié nous-même, que les sols cultivés renferment en quantité non négligeable des matières organiques qui traversent la membrane du dialyseur. Celles-ci peuvent être absorbées par les végétaux. M. Bréal l'a, du reste, démontré expérimentalement pour les légumineuses. D'autre part, un certain nombre d'expérimentateurs ont démontré par des expériences de culture que les amides et les corps amidés solubles peuvent fournir aux plantes l'azote qui leur est nécessaire : ainsi Hampe, en 1865, 1866 et 1867, a cultivé du maïs dans des solutions nutritives ordinaires, où entrait, comme aliment azoté, exclusivement de l'urée. Les plants de maïs ont toujours fort bien poussé et ont même formé des épis garnis d'un certain nombre de grains. L'assimilation de l'urée n'est pas douteuse, d'autant plus que Hampe s'est assuré que, dans ses liquides nourriciers, l'urée n'avait pas été transformée et qu'il n'y avait pas eu formation de nitrates, ni d'ammoniaque. Il a retrouvé, du reste, l'urée en nature dans le suc des plantes. Beyer, en opérant sur l'avoine, a reconnu le même fait, et a observé que les plantes s'étaient mieux développées qu'avec les sels ammoniacaux.

Hampe a reconnu que l'acide urique peut aussi être assimilé par les plantes ; toutefois, les plants de maïs étaient moins vigoureux qu'avec l'urée.

L'acide hippurique, d'après Johnson et Wagner, pourrait aussi être absorbé. Il serait décomposé en acide benzoïque et en glycocolle. Ce dernier peut servir d'aliment azoté aux végétaux ; Knop, Wolf, Hampe, Wagner l'ont reconnu. Hampe le considère comme l'équivalent du nitrate, à quantité égale d'azote. Wagner, en l'employant, a conduit le maïs à maturité. La créatine est dans le même cas, ainsi que la leucine et la tyrosine (Wagner, Knop, Wolf). Bente a fait la même démonstration pour l'asparagine et pour l'acétamide.

On ne saurait donc refuser aux composés amidés solubles du sol la faculté d'être absorbés par les plantes et d'être pour elles une source d'azote.

Quant à l'azote des matières humiques, il ne reste pas indéfiniment inactif, car, en dehors de sa transformation lente en principes amidés solubles, sous l'influence des fermentations multiples dont l'humus est le siège, elles sont profondément modifiées en donnant naissance à de l'acide carbonique, à de l'ammoniaque et à des nitrates. L'azote de l'humus est la réserve du sol qui, par une culture appropriée, devient peu à peu assimilable pour les récoltes successives. Les ferments ammoniacaux, nitreux et nitriques s'en emparent et le transforment finalement en ammoniaque et en nitrates. Boussingault a démontré que la formation des nitrates dans le sol a lieu aux dépens des matières azotées. MM. Schlösing et Müntz ont découvert que ce phénomène est le résultat de l'intervention des ferments figurés, et M. Vinogradski a isolé et cultivé ces derniers. Ces ferments se rencontrent dans tous les sols et à toutes les altitudes.

Leur fonctionnement exige une température d'au moins 13 degrés centigrades et inférieure à 51°. C'est à 37° que l'activité de ces ferments atteint son maximum. Un degré convenable d'humidité est également nécessaire, et les sols séchés par les grandes chaleurs ne nitrifient pas. Il faut aussi que le sol soit bien aéré ; sans l'accès de l'oxygène, la nitrification n'a pas lieu, et même il se produit un phénomène de réduction des nitrates préalablement formés, qui disparaissent peu à peu. C'est ce que l'on a constaté dans les sols envahis par une humidité surabondante. Enfin, il faut que le sol renferme du carbonate de chaux, pour que l'acide nitrique, aussitôt formé, puisse se combiner à la chaux et se neutraliser. Observons en passant que la connaissance de ces faits explique en grande partie l'utilité des façons culturales et la nécessité de l'emploi des amendements calcaires.

C'est donc principalement sous forme de corps amidés solubles, d'ammoniaque, et surtout de nitrates, que l'azote s'offre aux racines des plantes dans le sol.

De nombreuses expériences ont montré l'efficacité des engrais ammoniacaux sur la végétation (Voy. *Engrais azotés*, p. 200), mais c'est à M. Müntz que l'on doit la démonstration scientifique de l'absorption directe de l'ammoniaque par les racines.

Quant à l'azote à l'état nitrique, il est sous la forme la plus favorable à son absorption par les racines et à son assimilation. Ce fut Proust qui montra le premier l'utilité de l'acide nitrique dans la végétation. Kuhmann entreprit, en France, une campagne en faveur du nitrate de soude comme engrais. Dans des expériences de culture faites sur le blé et les pois, Meyer a démontré l'absorption du nitrate et obtenu une surproduction très importante. Tandis que trois plants de blé, cultivés sans azote dans la solution nutritive, donnaient seulement $0^{gr},357$ de matière sèche, contenant $0^{gr},0025$ d'azote, trois plantes venues dans la même solution nutritive additionnée de nitrate de potasse fournissaient $2^{gr},263$ de matière sèche, renfermant $0^{gr},027$ d'azote. Pour les pois, à l'abstinence d'azote, le poids de la matière sèche formée est cinq fois plus faible qu'en présence du nitrate. On trouvera plus loin (*Nitrate de soude*, p. 206), à propos du nitrate de soude, de nombreuses expériences de culture, qui corroborent complètement ces recherches scientifiques. En résumé, dans le sol, les plantes trouvent de l'azote assimilable sous formes de principes amidés solubles, de sels ammoniacaux et de nitrates.

Examinons maintenant quelles sont les ressources en azote que l'atmosphère met à la disposition des végétaux. On sait que l'air renferme 79 p. 100 de son volume d'azote gazeux. Nous devons donc nous demander d'abord si les plantes que nous cultivons peuvent absorber ce gaz pour s'en nourrir. comme elles absorbent, par exemple, l'acide carbonique.

MM. Hellriegel et Wilfart ont établi, d'une manière certaine, que les plantes de la famille des légumineuses, telles que les pois, les haricots, les lupins, les féveroles, le trèfle, la luzerne, etc., peuvent prendre un développement normal dans un sol privé d'azote, dans du sable calciné, par exemple, additionné simplement de cendres végétales, quand il se développe sur leurs racines de petits tubercules, que le microscope nous montre remplis de bactéries. En l'absence de ces nodosités, au contraire, la plante meurt ou demeure chétive.

Les plantes des autres familles, et notamment les graminées, ne peuvent se développer dans ces conditions. Grâce à leurs bactéries radicicoles, les légumineuses nous apparaissent comme des collecteurs de l'azote atmosphérique.

La démonstration du rôle des bactéries a été faite par de nombreux savants. M. Bréal, du Muséum de Paris, entre autres, a fait germer deux graines de lupin sur du papier à filtrer humide, puis il piqua la radicelle de l'une des plantes à l'aide d'une fine aiguille préalablement plongée dans un tubercule radical de luzerne. Ensuite il planta les deux lupins dans le même pot rempli de gravier et arrosé d'une dissolution nutritive exempte d'azote. Tandis que le plant inoculé voit ses racines se couvrir de nodosités et, pouvant utiliser l'azote de l'air, prend un développement normal, son voisin reste chétif et rabougri.

Cette inoculation directe de la plante peut être remplacée par une inoculation du sol. C'est ainsi qu'ont opéré dès le début Hellriegel et Wilfart. Ils établirent deux séries parallèles de lupins dans de la terre calcinée, par conséquent privée de matières azotées et de tout microbe. Puis ils ajoutèrent aux pots de l'une des séries de la délayure de terre ayant porté une belle récolte de lupins, préparée en ajoutant, dans un mortier, de l'eau stérilisée à un peu de terre, agitant, laissant déposer, et décantant le liquide surnageant. Tandis que, dans la série qui avait été ainsi inoculée, ils obtenaient des récoltes atteignant 45 grammes par pot, avec un gain d'azote supérieur à 1 gramme, dans les pots laissés sans délayure de terre, ils ne récoltaient que 1 gramme de matière végétale.

MM. Schlösing fils et Laurent ont repris la question sous une autre forme, en cultivant des légumineuses dans une atmosphère confinée. Ils ont pu démontrer que la quantité d'azote absorbé par les plantes avait bien disparu de l'air ambiant. En expérimentant sur la moutarde, la spergule, le cresson et l'avoine, ils ont reconnu que ces plantes n'ont pas la propriété d'absorber l'azote gazeux. Les mêmes expérimentateurs ont reconnu que certaines plantes vertes inférieures, algues, mousses, sont également capables d'absorber l'azote aérien.

Partant de cette découverte du rôle des bactéries radicicoles des légumineuses, on a pu, dans certains sols, qui refusaient jusqu'alors de donner de bonnes récoltes de ces plantes, leur y faire acquérir un développement normal, en y incorporant de 2 000 à 3 000 kilogrammes d'une terre favorable à leur croissance. On a même cultivé artificiellement ces microbes, afin de s'en servir dans le même but. Mais nous ne pensons pas que cette tentative ait un brillant avenir. Ce ne sont pas, en effet, les microbes qui, le plus généralement, manquent dans les sols. S'ils n'y sont pas suffisamment actifs, c'est que les conditions de milieu ne leur sont pas favorables. C'est beaucoup plus en modifiant ces conditions, que par des inoculations, qu'on peut obtenir des résultats utiles.

Cette faculté remarquable des légumineuses nous permet de comprendre aujourd'hui un fait que les praticiens ont depuis longtemps constaté : c'est que les cultures de légumineuses enrichissent le sol en azote, et permettent, après leur défrichement, d'obtenir des récoltes de céréales plus abondantes qu'auparavant. Caton avait écrit : « Vicia, faba, stercorant terram » ; et les agronomes avaient constaté que la quantité considérable de débris et de racines laissés par ces plantes améliorantes apportait au sol une véritable fumure azotée. Sans pouvoir l'affirmer, ils croyaient cet azote originaire de l'air ; maintenant le fait est certain, et le mécanisme est connu.

Mais l'azote de l'air n'intervient pas que de cette façon dans la végétation. M. Berthelot a démontré que, sous l'influence de l'effluve électrique, les matières organiques peuvent fixer de l'azote, et en a déduit que, par là, le sol pouvait s'enrichir, à la faveur de l'humus qu'il renferme. Il a démontré depuis que, par suite du développement de microbes, les sols peuvent fixer directement l'azote de l'air et augmenter ainsi leurs réserves d'azote pour les végétations futures.

Enfin l'azote n'est pas dans l'air qu'à l'état libre. On l'y trouve aussi, en très petite quantité, il est vrai, sous forme d'ammoniaque et de nitrates. L'ammoniaque se trouve dans l'air à la dose de 2 milligrammes et demi par 100 mètres cubes. La quantité de nitrate enlevée à l'atmosphère par les pluies qui la balayent peut être estimée de 3 à 10 kilogrammes d'azote par hectare et par an. Elle est plus forte près de l'équateur.

L'ammoniaque atmosphérique peut être absorbée par les feuilles des plantes. M. Schlösing l'a démontré en expérimentant sur le tabac. Mais l'absorption la plus importante est celle qui se produit par le sol ameubli lui-même. Toutefois ces dernières actions ne jouent pas un rôle très sensible dans la pratique de la culture intensive, et, en laissant de côté les légumineuses, nous devons considérer que toutes nos autres plantes cultivées doivent tirer du sol arable l'azote qui leur est nécessaire, sous forme ammoniacale et surtout nitrique.

Absorption des matières minérales. — C'est par leurs racines que les plantes puisent dans le sol les matières minérales qui leur sont nécessaires. Le système radiculaire de nos végétaux cultivés a un développement beaucoup plus grand qu'on ne se le figure en général, qu'il s'agisse des plantes à racines pivotantes, comme les légumineuses, les betteraves,

les carottes, etc., ou des plantes à racines fasciculées, comme
les céréales.

Le niveau auquel les racines descendent dans le sol dépend
de la profondeur de la couche perméable et saine. Pour les
céréales, nous avons constaté, dans nos expériences, un développement en longueur de 45 à 90 centimètres. Dans les argiles
glacières de sa ferme de Calèves, M. Risler a constaté que la
masse principale des racines, pour le blé, était comprise dans
une couche ne dépassant pas 35 centimètres. Mais dans des
sols très profondément meubles, elles peuvent descendre à
1 mètre et plus.

Les plantes à racines pivotantes, comme les légumineuses
fourragères, pénètrent plus profondément dans le sol, et
développent surtout leurs radicelles dans le sous-sol. Tandis
que chez le blé il y a 60 p. 100 du système radiculaire qui
occupe la couche arable proprement dite, 61 p. 100 pour l'orge
et 68 p. 100 pour l'avoine, chez le trèfle il n'y en a que
16 p. 100 dans la première couche de 25 centimètres, tandis
que l'on en trouve 84 p. 100 entre 25 centimètres et 1ᵐ,25
de profondeur; pour la luzerne, on en trouve 28 p. 100 jusqu'à
25 centimètres, 29 p. 100 de 25 centimètres à 1 mètre, et
43 p. 100 de 1 mètre à 1ᵐ,50; avec le colza, 23 p. 100 dans le
sol retourné par la charrue, et 70 p. 100 dans le sous-sol
jusqu'à 1ᵐ,25 de profondeur, etc.

La distribution des racines dans le sol varie donc avec les
espèces et peut, dans une certaine mesure, permettre de se
rendre compte des avantages procurés par l'alternance des
cultures.

Le poids de l'appareil radiculaire, à l'état sec, varie aussi
beaucoup avec les espèces. Nous l'avons démontré pour les
céréales, dans l'ouvrage que nous avons consacré à leur culture. Nous avons pu évaluer, pour ces dernières plantes, le
poids de la matière sèche des racines par hectare, de la
manière suivante :

	Rendement par hectare.	Racines sèches.
Blé d'hiver....................	40 hectol.	1.525 kilos.
Blé de mars...................	40 —	1.000 —
Seigle d'hiver.................	35 —	1.155 —

	Rendement par hectare.	Racines sèches.
Escourgeon d'hiver..........	50 hectol.	672 kilos.
Orge à deux rangs............	40 —	640 —
Avoine de printemps..........	50 —	3.800 —
Sarrasin.....................	30 —	411 —
Maïs quarantain..............	40 —	590 —
Millet commun................	40 —	458 —

MM. Müntz et Girard ont obtenu, pour les plantes à racines pivotantes :

Luzerne...	772 kilos.
Trèfle violet....................................	949 —
Colza...	835 —

Dans une même famille, la puissance d'absorption peut être considérée comme étant, dans une certaine mesure, en raison du poids sec des radicelles. Mais, pour serrer la question de plus près, c'est la surface absorbante de celles-ci qu'il faut déterminer. Encore n'est-ce là qu'une approximation très grossière, et très inférieure à la réalité, car l'absorption a lieu par les innombrables poils radicaux qui garnissent les radicelles les plus déliées, et il est matériellement impossible d'arriver à chiffrer leur surface. Quoi qu'il en soit, M. Aimé Girard a trouvé que la surface des radicelles de la betterave à sucre est de 330 décimètres carrés par plante ; un hectare de betteraves à huit au mètre carré a donc une surface d'absorption minimum de 2 hectares 64 ares. Dans un champ de blé, MM. Müntz et Girard ont trouvé pour la surface des radicelles 11 h. 81 ; pour l'orge, 3 h. 53 ; pour l'avoine, 10 h. 78 ; pour la prairie naturelle, 7 h. 62 ; pour le pavot, 2 h. 22 ; et pour le trèfle, 5 h. 39. L'activité des racines dépend en outre de leur puissance dissolvante, et celle-ci est, dans une certaine mesure, en raison de l'acidité du suc que renferment les poils radicaux. Cette acidité correspond en moyenne à 1 p. 100 d'acide citrique, mais elle varie notablement d'une famille à l'autre. La puissance dissolvante des racines peut aussi varier avec la nature du ou des acides que leur suc contient. Nous ne possédons pas malheureusement à ce sujet de renseignements précis. Tout ce que nous savons se borne à ce fait que nous avons pu caractériser l'acide citrique dans les radicelles de blé, et que, d'autre part, M. Paturel l'a trouvé dans le suc des pommes de terre.

Les radicelles des plantes, par leurs poils absorbants, viennent en contact intime avec les particules du sol, et absorbent les matériaux nécessaires à leur nutrition par endosmose. Les substances solubles dans l'eau, comme les sels ammoniacaux, les nitrates, les corps amidés, le bicarbonate de chaux, etc., pénètrent facilement dans les poils avec l'eau elle-même. Mais les principes nutritifs, qui se fixent sur les particules terreuses, ou qui sont naturellement insolubles, ont besoin d'être solubilisés auparavant par le contact des poils radicaux acides. Cette action dissolvante, due au contact des racines, a été démontrée nettement par Sachs, dans une expérience aujourd'hui classique : ce savant a placé au fond d'un cristallisoir une plaque de marbre poli, qu'il a recouverte de sable humide, où il sema des haricots. Au bout de quelque temps, il enleva la plaque, au contact de laquelle les racines étaient venues, et il put constater que la surface du marbre présentait des sillons nombreux dans tous les points touchés par les radicelles.

Au début même de ce chapitre, en jetant un coup d'œil rapide sur la teneur de différents types de plantes agricoles en substances minérales, nous avons reconnu qu'elles n'avaient pas absorbé toutes des quantités égales de chacune d'elles. Si l'on cultive dans le même champ de l'avoine et du trèfle, la première absorbe beaucoup de silice et peu de chaux, tandis que le second opère inversement. Il découle de ces observations que les racines jouissent de certaines propriétés électives pour les substances minérales qui leur sont utiles. Cela découle, du reste, naturellement des lois de l'endosmose. Si nous considérons un poil radical en contact avec la solution nutritive renfermée dans le sol, l'acide phosphorique, par exemple, qui se trouve dans la solution, passera dans le poil, au travers de sa membrane, tant qu'il n'y aura pas équilibre de titre en acide phosphorique, entre l'eau du sol et le suc radiculaire. Or, comme la plante utilise l'aliment ainsi absorbé et le fait entrer en combinaison insoluble pour la constitution des nuclei des cellules et des autres éléments des tissus, le titre du suc radiculaire tend sans cesse à baisser,

jusqu au moment où la plante cesse d'utiliser ce corps et en
est en quelque sorte saturée. Pour les sels qui demeurent en
solution dans le suc cellulaire, la plante les fait entrer dans
des combinaisons à poids moléculaire très élevé, et dès lors
l'équilibre osmotique est rompu et, par suite, l'endosmose se
produit au travers de la membrane radicale, tant qu'une
nouvelle quantité de sel est ainsi utilisée. Enfin, pour d'autres
sels, la plante les fixe dans ses tissus de la même manière que
les fibres textiles fixent les matières colorantes, par simple
affinité capillaire.

En résumé, les racines des plantes absorbent par dialyse les
matières minérales ou organiques solubles dans la proportion
même où elles peuvent les utiliser ; pour celles qui, dans la
terre, sont naturellement insolubles, elles les attaquent et les
solubilisent au contact de leurs poils radicaux, qui sont gorgés
d'un suc acide d'une puissance variable avec les espèces,
mais certaine.

Rôle physiologique des sels minéraux. — Les anciens
physiologistes croyaient que les plantes ne contenaient des
matières minérales que d'une manière accidentelle. C'est de
Saussure qui, en se basant sur la nécessité des substances salines
pour les animaux, en tira la conclusion qu'il y a une loi naturelle qui force les plantes à en absorber. Si la composition des
cendres présente certains écarts, ce doit être, d'après lui, une
disposition providentielle pour favoriser la dispersion des
espèces, en leur permettant de végéter dans des sols différents. Au reste, ces écarts de composition existent aussi dans
la teneur des plantes en principes immédiats : ainsi la betterave est plus ou moins riche en sucre, suivant les années; le
blé renferme plus ou moins de gluten, et le taux de nicotine
dans une même espèce de tabac peut varier depuis 1 jusqu'à
10 p. 100. Pour les éléments minéraux qui entrent dans la constitution des principes immédiats, il ne saurait y avoir de
discussion relativement à leur utilité physiologique. Pour les
autres, la justification de ce rôle est plus difficile.

C'est par l'expérience qu'on a cherché à démontrer cette
nécessité des principes minéraux. La méthode employée consiste à donner à un végétal toutes les substances minérales

qui entrent dans sa constitution sauf une ; si la plante peut croître, et parcourir toutes les phases de sa végétation, le corps omis n'est pas nécessaire. Sinon, le corps est indispensable. La confirmation de la conclusion a lieu en refaisant l'expérience après avoir ajouté la substance en question.

Pour ces expériences, on a été obligé de renoncer à l'emploi d'un sol solide quelconque. On fait les cultures dans des dissolutions appropriées de substances salines. Sans entrer dans d'autres détails sur la pratique de la méthode, passons en revue les résultats obtenus :

La *potasse* est absolument nécessaire à la végétation. Lorsqu'elle fait défaut, l'accroissement de la plante est arrêté ; c'est qu'alors la chlorophylle est dans l'impossibilité de produire de l'amidon. Dans un milieu privé de potasse, la jeune plante végète d'abord aux dépens de l'amidon de réserve contenu dans la graine ; mais quand celui-ci est consommé, elle persiste dans un état d'inanition complet, qui rend même inutiles les autres aliments minéraux. Quand on donne ensuite de la potasse à la plante, elle commence sans retard à se ranimer et se met à produire de l'amidon. La forme sous laquelle on donne la potasse à la plante paraît sans grande importance. Le chlorure de potassium et le sulfate de potasse sont d'un bon emploi. Aucun des autres métaux alcalins ne peut remplacer la potasse.

L'*acide phosphorique*, comme la potasse, est absolument nécessaire au développement des végétaux. On le comprend facilement lorsqu'on sait que le phosphore fait partie intégrante des matières azotées protéiques, et particulièrement des nucléines, et que, d'autre part, celles-ci sont la base du protoplasma des cellules et du noyau cellulaire. Or le protoplasma est la substance réellement vivante du végétal, et c'est par la division du noyau que se fait la multiplication des cellules. C'est le protoplasma qui organise et produit tous les principes immédiats des végétaux ; il est l'ouvrier qui élève l'édifice. Le rôle de l'acide phosphorique en agriculture est donc prépondérant. Quand la plante manque de phosphate, elle ne peut produire de semences.

Le *soufre,* ou l'acide sulfurique qui le fournit, est également indispensable à la végétation. Comme le phosphore, il fait partie de la molécule des substances albuminoïdes et son rôle physiologique est parallèle.

Le *fer*, pour peu abondant qu'il soit en général dans les cendres, est un aliment minéral de première nécessité. « On constate, dit E. Wolf, dans de nombreuses expériences de végétation faites au moyen de terres artificielles, ainsi que dans des élevages dans des solutions nutritives, qu'en l'absence complète du fer la plante conserve un aspect chlorotique, la teinte verte disparaît presque entièrement, la végétation reste chétive; si le manque de fer se prolonge, la plante ne tarde pas à périr. » Le fer est donc nécessaire à la production de la chlorophylle. Sans fer, pas de matière verte, par suite pas de production d'amidon et dérivés, car la plante ne peut assimiler de carbone.

La *chaux* et la *magnésie* sont également nécessaires à la végétation. La première est surtout utile à la formation des tiges et des feuilles; la seconde entre pour une quantité relative assez forte dans la constitution des grains : elle paraît nécessaire à la bonne grenaison du blé.

La *silice*, qui est si abondante dans la cendre des graminées, par exemple, ne paraît pas indispensable au développement normal des plantes. « Les derniers essais de végétation dans les solutions aqueuses ont suffisamment montré, dit E. Wolf, que même les céréales peuvent acquérir un vigoureux développement, fournir des grains complètement mûrs, en l'absence de la silice dans les éléments nutritifs qui les alimentent. La silice ne possède donc pas, pour la formation de la substance organique végétale, la même importance immédiate que les éléments minéraux précédemment examinés. Cependant, comme tout a son but dans la nature, l'absorption de ce corps, dans les conditions naturelles, ne peut être sans utilité. Tout porte à croire que la silice favorise la maturité des céréales, la rend uniforme, que c'est cet élément qui assure, même dans des conditions atmosphériques défavorables, le complet développement de la graine et sa maturation à une époque convenable; or, le grain représente une grande partie du poids total de la plante des céréales. Ce résultat s'obtient par l accumulation graduelle de la silice dans les feuilles, dont la vitalité s'arrète de bonne heure, ce qui détermine la sève à prendre la direction du grain avec plus d'activité et à lui procurer les éléments nécessaires à sa propre formation. Cette migration de la silice vers les feuilles, dans les plantes herbacées, s'effectue, en effet, précisément dans la période qui sépare la floraison de la maturité, c'est-à-dire à un moment où la plupart des autres aliments minéraux sont absorbés par la plante en proportion relativement faible. Il est vraisemblable que la silice contribue aussi à abaisser à un certain minimum la proportion des autres éléments nutritifs nécessaires et directement actifs, c'est-à-dire qu'elle prévient un emploi luxueux de ces derniers. On constate, en effet, chez les plantes céréales obtenues dans des solutions nutritives privées de silice, que la maturité du grain est rarement uniforme et que la quantité totale des cendres est souvent beaucoup plus élevée que chez les céréales développées dans des conditions normales. » Le rôle qu'on attribuait autrefois à la silice d'empêcher la verse des céréales n'existe pas en réalité. Isidore Pierre a montré que dans les blés versés on trouve plus de silice que dans les blés restés droits sur le même terrain. Sous ce rapport, l'acide phosphorique a une action très marquée, en favorisant la formation à la base des tiges d'un tissu cellulaire à parois très épaisses et très résistantes.

Le *chlore* et la *soude* ne paraissent pas des aliments indispensables aux végétaux terrestres. S'ils ne sont pas inutiles, ils sont au moins superflus pour un grand nombre de plantes. Toutefois le chlore paraît nécessaire à la formation des grains du sarrasin. Sa présence en quantité notable dans un grand nombre de graines doit faire pencher vers cette conclusion que, sans être tout à fait nécessaire, il peut être souvent utile. Quant à la soude, elle est absente de la plupart des végétaux terrestres, comme l'a démontré Péligot. On la trouve cependant dans la betterave. Les plantes marines se trouvent bien de la soude et du chlore.

Nous n'avons à retenir, pour le but de cet ouvrage, que les éléments nutritifs qui sont puisés dans le sol. Le carbone, l'oxygène et l'hydrogène sont libéralement fournis aux végétaux par l'air et l'eau ; l'air fournit également l'azote aux légumineuses. Mais c'est de la terre que toutes nos récoltes doivent tirer les principes minéraux nécessaires : l'acide phosphorique, l'acide sulfurique, la potasse, la chaux, la magnésie, le fer, et les éléments utiles, comme la silice et le chlore ; c'est de la terre aussi que la plupart des plantes doivent tirer leur azote.

Rôle du sol. — Or, toutes ces substances minérales, ainsi que l'azote, se rencontrent en quantité plus ou moins forte dans les terres arables, et c'est là ce qui les rend plus ou moins productives. On peut même dire que la plupart des sols renferment suffisamment de silice, de chlore, de fer, de magnésie et d'acide sulfurique.

Tout l'azote, toute la potasse, tout l'acide phosphorique que renferment les sols ne s'y trouvent pas à l'état directement assimilable par les végétaux. La plus grande quantité de ces substances y est à l'état insoluble et très fortement agrégé, et résiste à l'action absorbante des racines.

La proportion des aliments des plantes qui se trouvent dans le sol directement assimilables est toujours relativement faible à un moment donné. Elle existe toujours toutefois, et on doit la considérer attentivement dans l'étude des sols.

Les aliments minéraux et azotés des plantes forment donc dans la terre deux masses distinctes : la masse directement absorbable par les racines, ou immédiatement assimilable, et la réserve qui se transforme peu à peu pour régénérer celle-là.

La réserve des substances alimentaires est la condition essentielle de la pérennité de la production, et la portion qui est annuellement amenée à l'état assimilable est la mesure même de la fertilité actuelle du terrain. La réserve est le capital dont cette portion forme le revenu.

Dans les terres de bonne constitution, la fertilité naturelle est suffisante pour subvenir aux récoltes qu'exige un état de civilisation rudimentaire. Mais dès que la population s'accroît, en s'agglomérant davantage, l'homme a l'obligation, pour assurer sa subsistance, d'augmenter artificiellement la provision d'aliments que le sol met à la disposition des végétaux par sa désagrégation continuelle et lente.

C'est alors que commence l'emploi des *engrais*, que l'on doit définir : *toute substance que l'on incorpore au sol pour y augmenter la masse d'aliments utilisables par les végétaux.* Il suit de ce que nous avons dit et de cette définition que l'engrais est un complément du sol, destiné à lui apporter ce qui lui manque pour assurer un rendement convenable dans les conditions économiques où se trouve placé le cultivateur.

De ce que les plantes puisent leur nourriture minérale dans le sol, et de ce que celui-ci ne contient qu'une quantité limitée de principes fertilisants, il découle que la culture continue d'une plante quelconque dans le même terrain finit, à un moment donné, par avoir absorbé presque complètement la réserve primitive d'aliments. Il est clair que, si l'on exporte d'un champ un certain poids d'azote, de phosphate, de potasse, de chaux, de magnésie, etc., chaque année, par les récoltes qu'on y fait et dont on vend les produits au dehors, il faut, pour ne point épuiser la fertilité du sol, lui rendre ces substances. C'est cette nécessité que l'on désigne sous le nom de *loi de restitution.*

Mais il faut s'entendre au sujet de cette restitution des éléments prélevés sur les réserves du sol. Il n'est pas, en effet, nécessaire de restituer au sol, d'une manière absolue, tout ce que les récoltes y ont puisé, pour y maintenir la production constante. Dans les terrains calcaires, par exemple, il est inutile de restituer la chaux. Nous avons des sols granitiques, riches en feldspath, qui se décompose lentement et fournit chaque année une dose élevée de potasse assimilable ; là, nous n'avons pas à nous occuper de la restitution de la potasse. Dans certaines contrées, très rares, il est vrai, chez nous, le sol est naturellement phosphaté ; l'expérience démontre que les superphosphates y sont sans efficacité. Il est, par conséquent, inutile, dans de tels terrains, de restituer l'acide phosphorique exporté.

Mais l'application du principe de la restitution ne suffit plus à l'agriculture moderne. *C'est un principe simplement conservateur*, et le cultivateur aujourd'hui ne peut gagner sa vie que par le progrès. Nous ne sommes plus à l'époque où Liebig posait les lois de la nutrition minérale des plantes, et les conditions économiques que nous subissons nous imposent l'obligation d'élever nos rendements de plus en plus pour lutter contre l'abaissement de plus en plus grand des prix de vente de nos produits. C'est pour nous une question vitale que d'arriver à abaisser nos prix de revient au-dessous des prix de vente, et, pour y arriver, il faut que nous tirions de la terre que nous cultivons tout ce qu'elle peut donner, avec le concours des matières fertilisantes, des semences sélectionnées, et d'un travail du sol de mieux en mieux approprié au but poursuivi. Or nous avons vu plus haut que l'absence d'un seul élément nutritif dans l'alimentation des plantes paralyse l'action de tous les autres, si abondants qu'on les suppose. La productivité d'une terre riche en azote, potasse, chaux et magnésie, peut donc être annulée par l'absence de l'acide phosphorique, par exemple. Si le même élément de fertilité y est seulement en faible quantité, suffisante, je suppose, à produire 15 hectolitres de blé, tandis qu'il y aurait assez d'azote, de potasse, etc., pour en fabriquer 40, l'application du principe de restitution sera impuissant pour améliorer la production. Il faut non seulement *restituer*, il faut faire des *avances*, toutes les fois que celles-ci doivent être productives. Un abondant apport d'engrais phosphaté facilement assimilable permettra dans ce cas de faire monter le rendement à un niveau très élevé et de réaliser un bénéfice certain. *Les récoltes, en effet, sont proportionnelles, quand les conditions atmosphériques sont convenables, à la quantité disponible de l'aliment que le sol renferme en moindre quantité.*

Cette loi, dite *loi du minimum*, vient compléter le principe de la restitution et le féconder. Elle nous apprend à tirer tout le parti possible des ressources du sol, d'une manière économique. Nous verrons qu'il y a encore d'autres points à considérer pour arriver à la fumure rationnelle des récoltes. Pour l'instant, ces généralités suffisent à nous guider dans l'étude descriptive des engrais. Nous reviendrons sur le sujet, quand il s'agira de leur emploi. Mais toutefois, il nous reste à appeler l'attention sur l'importance que présentent, au point de vue de la production et de l'utilisation économique des engrais, les propriétés générales du sol. Ce n'est que dans une terre douée de bonnes propriétés physiques et chimiques que l'emploi judicieux des engrais devient rémunérateur, car c'est par le jeu de ces propriétés que les matières fertilisantes sont mises à la disposition des racines, au fur et à mesure de leurs besoins.

Bien que ce ne soit pas le lieu de traiter, dans cet ouvrage, de cette importante partie de l'agrologie, il ne nous est pas possible de ne pas rappeler quelles sont les conditions principales que doit présenter le sol sous ce rapport, pour qu'on puisse y tirer tout le parti possible des engrais. Il doit être moyennement tenace, pour que l'exécution des travaux agricoles y soit facile et qu'il garde l'état d'ameublissement que ceux-ci lui ont communiqué. Il faut qu'il jouisse d'une perméabilité convenable à l'air, à l'eau, aux racines; qu'il garde en toute saison une fraîcheur convenable, sans humidité surabondante; qu'il jouisse d'un pouvoir absorbant suffisant pour fixer les engrais solubles, afin d'empêcher leur entraînement par les pluies; qu'enfin il soit capable de préparer les engrais à l'assimilation, et que, en conséquence, il soit formé dans des proportions convenables d'argile, de calcaire et d'humus, éléments qui jouent le rôle le plus actif.

La ténacité moyenne, qui répond le mieux aux exigences de la culture, est donnée par une dose de 20 à 30 p. 100 d'argile. Une quantité d'argile insuffisante peut être suppléée par une plus forte proportion d'humus. D'autre part, les terres trop fortes peuvent être ramenées à un état plus convenable de ténacité par leur enrichissement en terreau.

La quantité de calcaire nécessaire pour maintenir la plasticité de l'argile dans des conditions moyennes et pourvoir aux besoins constants de l'alimentation des plantes en chaux, de la fixation des engrais et de leur décomposition est atteint quand le sol en contient de 1 à 5 p. 100, suivant la richesse du sol en argile.

Quant à la dose d'humus ou terreau, elle est comprise entre 1,5 et 3 p. 100.

Si la terre ne présente pas cet ensemble de propriétés, il est nécessaire de la *corriger* autant que possible par des moyens appropriés. On irrigue, on draine, si le sol est trop sec ou trop humide. On modifie sa constitution pour lui procurer des propriétés physico-chimiques mieux appropriées aux besoins de végétaux, on l'amende, en un mot, à l'aide de substances convenables. *Les amendements sont donc des correctifs des propriétés physiques, chimiques ou physiologiques du sol.* Ils se distinguent, par conséquent, nettement des engrais, qui sont des *aliments*.

Toutefois, comme on le verra, il arrive le plus fréquemment, dans la pratique, que les amendements employés, outre leur rôle principal, jouent aussi celui d'engrais, en introduisant dans le sol un ou plusieurs éléments nutritifs; et aussi que les engrais, non seulement ceux qui sont complexes, comme le fumier, mais encore les plus simples, comme le nitrate de soude, peuvent modifier dans une certaine mesure les propriétés physiques des terrains.

I. — AMENDEMENTS CALCAIRES.

L'idée la plus simple qui se présente à l'esprit lorsqu'on cherche à s'expliquer les bons effets des amendements calcaires, serait de supposer que leur but est de restituer à la terre arable la chaux prélevée par les récoltes. Mais si l'on compare les quantités de chaux que l'on incorpore aux sols pour les amender aux poids de cette base qu'enlèvent les diverses cultures, on est convaincu, dès l'abord, que les amendements calcaires doivent avoir une autre utilité. En effet, tandis qu'une récolte annuelle enlève au sol de 30 à 120 kilogrammes de chaux pour les céréales, de 50 à 200 pour les racines, de 30 à 150 pour les plantes industrielles, de 50 à 290 pour les prairies naturelles et artificielles, de 30 à 100 pour les cultures arbustives, on chaule les terres à raison de 3000 à 10000 kilogrammes de chaux vive et on les marne à l'aide de 40000 à 100000 kilogrammes de marne à l'hectare. Dans ce dernier cas, en admettant que la marne ne dose que 50 p. 100 de carbonate de chaux actif, on répand par hectare de 11000 à 28000 kilogrammes de chaux réelle.

La disproportion entre la consommation de chaux par les

récoltes et la restitution qu'on en fait par les amendements serait inexplicable, sauf dans certains terrains tout particuliers, si l'on ne savait que la chaux ou le calcaire, qui en dérive, porte son action sur les principes constituants mêmes du sol et provoque des réactions et des facultés sur lesquelles il ne nous semble pas inutile d'insister un instant.

Action du calcaire sur l'argile et l'humus. — L'eau que renferme le sol en contact avec l'atmosphère qui s'y trouve confinée absorbe une quantité d'acide carbonique assez grande, et acquiert ainsi la propriété de former aux dépens du calcaire une dissolution de carbonate de chaux d'une richesse moyenne de $0^{gr},2$ par litre. Dans les terres argileuses, cette dissolution calcaire, en vertu de la propriété dont elle jouit de coaguler l'argile gonflée dans l'eau, comme la présure coagule la caséine du lait, joue un rôle considérable, relativement à leur faculté de se ressuyer. C'est ce qui a fait dire que les amendements calcaires contribuent à diminuer la ténacité des terres argileuses.

Ce qu'ils permettent, c'est un ressuiement plus rapide du sol, par suite duquel ils facilitent beaucoup l'action des instruments aratoires que la plasticité de l'argile gonflée d'eau entraverait complètement. Une terre argileuse ou glaiseuse, amendée par du carbonate de chaux, devient beaucoup plus facile à travailler ; elle colle beaucoup moins aux instruments pour un même état d'humidité, parce que l'eau, au lieu d'être entièrement unie à l'argile, circule librement entre les particules terreuses. En un mot, la terre est moins plastique.

Une conséquence découle encore de cette action du calcaire sur l'argile. Le sol, se ressuyant plus vite et étant moins humide, s'échauffe davantage sous l'action des rayons solaires et devient plus hâtif. Il est en outre plus sain pour l'homme et pour les animaux.

La dissolution du calcaire coagule aussi l'acide humique de l'humus auquel la chaux se combine. L'humus joue dans les sols un rôle tout à fait analogue à celui de l'argile, quoiqu'il constitue un ciment ou matière de liaison moins énergique. Il ne donne jamais aux sols une plasticité gênante ; aussi n'avons-nous pas à nous arrêter à ce point de vue.

Mais l'action du calcaire sur les sols ne se borne pas là; bien plus, elle domine toutes leurs propriétés chimiques. L'argile et l'humus sont les principes immédiats des sols qui jouissent de cette propriété si importante de fixer sur leurs particules, par affinité capillaire, les bases des sels solubles des engrais; mais on sait que cette propriété ne se manifeste qu'à la condition *sine quâ non* de la présence de l'élément calcaire. Cela veut dire que les propriétés absorbantes du sol pour les bases des sels fertilisants des engrais sont bien l'apanage de l'argile et de l'humus, mais que ces mêmes principes ne peuvent exercer cette action fixatrice qu'après que le calcaire en dissolution a réagi sur le sel à fixer pour transformer sa base en carbonate. Ainsi la coexistence dans les sols de l'argile ou de l'humus avec le calcaire empêche principalement la filtration de l'ammoniaque et de la potasse entraînées par les eaux pluviales des couches supérieures dans les couches inférieures.

Si nous considérons maintenant particulièrement l'humus, nous verrons que l'action du calcaire dans les terres arables est d'une importance primordiale au point de vue de l'alimentation des plantes en azote. Les plantes, en effet, ne peuvent absorber l'azote par leurs racines *directement*, qu'à la condition qu'il revête la forme nitrique surtout ou parfois la forme ammoniacale; les légumineuses seules peuvent absorber l'azote atmosphérique par l'intermédiaire des bacilles qui vivent en *symbiose* avec elles sur leurs racines où ils produisent des tubercules caractéristiques.

Les réserves azotées du sol qui font partie de l'humus, et sont par conséquent formées de substances organiques quaternaires, resteraient inertes et inutiles pour la végétation de la plupart de nos cultures, si la nitrification n'intervenait pas. Or, ce phénomène, si important pour nous, ne peut se produire qu'à la condition expresse que les sols soient pourvus de carbonate de chaux. Le ferment nitrique ne peut vivre en effet sans chaux carbonatée qui lui fournisse l'acide carbonique dont il a besoin, et qui neutralise l'acide nitrique qu'il sécrète. Jamais on ne trouve de nitrates dans les terres acides ou non calcaires. Les plantes ne peuvent y trouver que des combinaisons ammoniacales, et encore en petites quantités, puis-qu'elles ne peuvent être retenues par le sol qui ne possède alors aucun pouvoir absorbant. Aussi la production y est-elle chétive et très aléatoire. Le rôle du carbonate de chaux dans ce cas est donc extrêmement important. Il permet l'utilisation progressive des réserves azotées accumulées dans la terre, et modifie du tout au tout la puissance productive de celle-ci.

Le résultat final de ces actions physiques, chimiques et physiologiques, est la transformation des terres à seigle en terres à blé et à prairies artificielles, c'est-à-dire le passage de la culture extensive et pauvre à la culture intensive et à grands rendements.

Action du calcaire sur l'acide phosphorique contenu dans les sols. — Nous verrons plus loin que les phosphates solubles passent rapidement dans le sol à l'état de phosphates insolubles de chaux, de fer et d'alumine, et que, par suite de cette réaction, il n'est jamais à craindre de voir les sols appauvris en acide phosphorique par l'action des eaux qui les lessivent. Le carbonate de chaux est donc un élément conser-vateur de l'acide phosphorique. Mais il joue un autre rôle secondaire important : le calcaire en grand excès a la propriété de réagir sur les phosphates de fer et d'alumine et de les rendre solubles dans l'eau chargée d'acide carbonique. Cette réaction lente et progressive joue un rôle important dans la dissémination de l'acide phosphorique dans l'épaisseur du sol et dans son assimilation par les racines des plantes. Ainsi, un excès de calcaire solubilise les phosphates insolubles du sol, tandis qu'un excès de sesquioxyde de fer précipite les phos-phates dissous par l'eau chargée d'acide carbonique. Ces deux actions inverses s'opèrent successivement ou exclusivement suivant l'importance des masses de calcaires et de sesqui-oxydes en présence. Cette influence des masses explique partiellement l'utilité qu'il y a de fournir aux sols par les amendements une forte quantité de carbonate de chaux, pour arriver à dominer la proportion des oxydes de fer et d'alumi-nium, afin de faciliter la solubilité et la dissémination des phosphates. Les parties de ceux-ci qui échappent aux racines sont reprises par les sesquioxydes des couches inférieures et fixées de nouveau.

Sols acides. — Les sols marécageux ou tourbeux, les prés humides, les défrichements récents, contiennent souvent une quantité considérable d'acides libres qui les rendent impropres à la végétation des plantes agricoles. Les principaux sont les acides acétique, carbonique, tannique et humique. On les neutralise généralement par le carbonate de chaux. Mais pour le tannin et l'acide carbonique, la chaux seule permet la saturation. Dans tous les cas, par le chaulage ou le marnage on obtient la transformation des sols acides en terrains doux et on leur donne l'élément calcaire qui leur fait défaut. La chaux répandue sur les prés humides fait périr les joncs, les laiches, les typhas, les patiences, les scorsonères, etc.

Action spéciale de la chaux caustique. — La chaux caustique, vive ou éteinte, réagit sur les matières organiques du sol et sur les silicates.

Associé à des matières organiques végétales ou animales, cet amendement alcalino-terreux détermine rapidement leur conversion en terreau. D'un autre côté, les expériences de Boussingault ont démontré que la chaux ajoutée au sol, en agissant sur les matières organiques azotées, donne naissance à une certaine quantité d'ammoniaque, c'est-à-dire d'azote immédiatement assimilable par les végétaux, comme cela résulte des belles recherches de M. Müntz.

C'est par suite de cette double action désorganisatrice que la chaux produit de si puissants effets dans les terrains nouvellement défrichés.

En outre, cette substance accélère la désagrégation des silicates alcalins disséminés dans les sols, sous forme d'argile, de sables micacés ou feldspathiques. De la silice est mise en liberté sous forme gélatineuse et soluble dans l'eau, et la potasse se trouve, par suite, à l'état libre et facilement absorbable par les racines.

Mais il faut remarquer que la chaux ne demeure pas longtemps caustique dans l'épaisseur de la couche arable. Elle se combine bientôt à l'acide carbonique, si abondant dans l'air confiné du sol, et fournit du carbonate de chaux dans un état de finesse considérable et dont, par suite, l'action est énergique et rapide en raison directe de sa ténuité. Cette rapide carbonatation de la chaux n'est pas à regretter, en général, car la causticité de cette base est une cause d'arrêt de la nitrification. S'il n'y avait pas, comme contre-partie, une formation d'ammoniaque, le bon effet du chaulage ne se ferait sentir que tardivement.

Conclusions. — Nous pouvons résumer ce que nous avons dit jusqu'ici en quelques propositions concises :

1° Le calcaire est l'agent indispensable à la manifestation des principales propriétés chimiques des sols : pouvoir absorbant, nitrification, humification des matières organiques, etc. ;

2° Le calcaire diminue notablement la plasticité des terres argileuses et leur ténacité. En facilitant l'écoulement des eaux, il accroît l'échauffement du sol et la faculté d'évaporation ;

3° Enfin, le calcaire fournit aux plantes la chaux qui est indispensable à leur nutrition.

Quantité de calcaire indispensable dans les sols. — Pour terminer ces généralités, avant de passer à l'étude des différents amendements calcaires, il nous reste à dire un mot de la quantité de calcaire qu'il est indispensable qu'un sol renferme pour être en possession de la plénitude de ses facultés productives naturelles.

Quand on réfléchit à la multiplicité des actions du calcaire, on est forcé de se séparer de la manière de voir des Puvis et des Mazure, qui admettaient et ont fait admettre que les amendements calcaires sont profitables à toutes les terres qui contiennent moins de 3 p. 100 d'après le premier, ou 5 à 10 p. 100, d'après le second, de carbonate de chaux. Ce sont là des opinions beaucoup trop absolues, car l'observation nous apprend que, tandis que les terres fortes argileuses ne sont quelquefois pas suffisamment calcaires avec 5 p. 100 de carbonate de chaux, les terres légères, au contraire, qui en renferment seulement 1 p. 100, en sont suffisamment pourvues. La vérité est que la dose nécessaire de carbonate de chaux dépend essentiellement de la constitution du sol, des défauts qui en résultent et de leur intensité. Plus la terre est argileuse, plus il faut de calcaire pour arriver à la coaguler ; plus elle renferme de matières organiques acides, plus il faut de chaux pour les saturer.

Quand on est fixé, par l'étude du sol, faite au point de vue physique et chimique, sur la quantité absolue de calcaire qu'il doit renfermer, il est facile de déterminer la dose de carbonate de chaux à employer utilement pour l'amender. Appelons C la richesse du sol en carbonate de chaux, G la richesse que le sol devrait avoir en cet élément, rapportée à 1 kilogramme de terre normale sèche. La différence $G - C$ représente la quantité de calcaire à fournir par unité de poids. Et si P représente le poids de la couche arable, il faudra fournir par hectare

$$P (G - C)$$

de carbonate de chaux pur pour arriver à un bon résultat. Ce carbonate de chaux sera puisé soit dans la marne, soit dans la chaux ou d'autres substances calcaires, et l'on conçoit que la nature de l'amendement aura une influence considérable sur le poids brut de celui-ci à employer par hectare, comme nous le verrons du reste.

La marne.

On désigne sous le nom de *marne* tous les mélanges naturels d'argile et de calcaire qui font effervescence avec les acides et se délitent sous l'influence combinée de l'air et de l'humidité.

La marne apparaît à des profondeurs très variables suivant la constitution géologique des terrains. En Eure-et-Loir, par exemple, en creusant suffisamment, on la rencontre partout, mais elle n'est pas partout exploitable économiquement.

Quand la marne est près de la surface du sol, on a une indication de sa présence dans la nature de la végétation naturelle. On voit se développer abondamment : les tussilages, l'ononis, les sauges, les ronces, les chardons, le mélampyre, la minette, le plantain, etc.

Les proportions de calcaire, de sable et d'argile qui composent les marnes sont très variables. Aussi les marnes diffèrent-elles beaucoup d'aspect et de qualité. La marne est d'autant plus dure et plus blanche qu'elle est plus riche en carbonate de chaux ; elle se délite par suite plus lentement. Les meilleures sont celles qui renferment de 60 à 70 p. 100 de calcaire.

On peut classer les marnes en quatre variétés principales : les *marnes siliceuses*, les *marnes argileuses*, les *marnes calcaires*, et les *marnes magnésiennes*.

Ces variétés tiennent des matières étrangères qui sont associées au carbonate calcique des propriétés différentes, et ne peuvent pas être avec avantage employées, sans discernement, sur tous les terrains.

La *marne calcaire*, qui est plus riche et plus active que les autres variétés, est aussi plus dure et plus blanche. Elle se délite dans l'eau plus facilement que la marne argileuse. Son effervescence avec les acides est vive et prolongée. Elle ne laisse qu'un faible résidu terreux insoluble. Chauffée au rouge pendant une heure au moins, puis refroidie naturellement, elle se délite, s'échauffe et foisonne, si on l'arrose avec de l'eau. Les marnes calcaires renferment au moins 50 p. 100 de carbonate de chaux. Elles conviennent spécialement dans les sols argileux, humifères et humides. Elles sont moins avantageuses dans les sols sablonneux, secs et légers.

C'est à cette catégorie qu'appartiennent la plupart des gisements marneux d'Eure-et-Loir. Nous avons trouvé en effet dans nos marnes les quantités suivantes de calcaire :

Marne de Chartres (craie à silex)	93,7 p. 100.
Marne de Nogent-le-Rotrou (Perche).........	91,9 —
Calcaire pulvérulent de Granville-Gaudreville (calcaire de Beauce).....	92,6 —
Marnes de Beauce.................... 84,7 à 93	—
Marne de Thiron (Perche)......	74,9 —
Marne de Trizay (Perche)	80,3 —

D'après divers auteurs, on trouve dans les marnes les doses suivantes de carbonate de chaux :

Marnes crayeuses...................... 69 à 93   p. 100.
Marne du néocomien..................... 59,7   —
Marne tertiaire........................ 97,3   —
Marne du calcaire grossier 92,6   —

La *marne argileuse* est moins riche en calcaire que la précédente. Elle renferme de 10 à 50 p. 100 de carbonate de chaux, le reste étant constitué par une glaise forte. Sa teinte est plus ou moins foncée. Elle est assez compacte et assez peu friable. Elle se délaye moins rapidement dans l'eau que les autres, mais elle forme avec elle une pâte moins courte. Lorsqu'une marne argileuse renferme de 30 à 40 p. 100 de calcaire, elle convient très bien aux terres sableuses et sèches, car elle leur communique en outre des propriétés engendrées par le calcaire, celles qui dérivent de l'argile. Quand les marnes argileuses renferment moins de 30 p. 100 de calcaire, la dose qu'il en faut employer par hectare devient très considérable, et l'opération du marnage trop coûteuse.

Nous avons trouvé dans une marne de Thiron :

Calcaire. 43,65
Sable.. 33,44
Argile (méthode Schlösing)........................ 10,91
Eau... 12,00

Dans les marnes argileuses du cénomanien, on trouve souvent de 25 à 30 de carbonate de chaux et de 50 à 60 de glaise.

La *marne sableuse* renferme de 10 à 50 p. 100 de carbonate de chaux, le reste étant constitué par du sable peu argileux. Elle est généralement grisâtre et très friable. Elle se délaye très facilement dans l'eau, sans y former pâte. C'est la moins estimée des marnes. Elle convient cependant aux terres fortes, argileuses, humides. On doit, par économie, éviter d'employer celles qui dosent moins de 30 à 40 p. 100 de calcaire.

Enfin les *marnes magnésiennes* sont celles qui renferment du carbonate de magnésie dans une proportion variant ordinairement de 5 à 30 p. 100. Elles sont assez communes en Angleterre, mais rares en France. Voici la composition d'une de ces marnes :

Eau.. 3,8 p. 100.
Argile... 4,6   —
Carbonate de chaux............................. 58,0   —
Carbonate de magnésie.......................... 33,6   —

Valeur relative des marnes. — La marne agit surtout par le calcaire qu'elle renferme. Il est donc important, pour se rendre compte de la valeur agricole d'une marne, d'en déterminer la dose. Mais la proportion totale de carbonate de chaux des marnes ne donnerait pas à elle seule une idée exacte de leur valeur. Car ce n'est pas tout qu'une marne soit plus ou moins riche en carbonate de chaux; il faut aussi qu'elle se délite avec facilité et le plus complètement possible sous l'action des météores. Dans beaucoup de marnes, on rencontre des rognons calcaires, qui résistent énergiquement à la désagrégation, et n'ont, par suite, aucune action sur les propriétés des terres. Il est facile de concevoir que plus une marne en contiendra pour une même richesse en calcaire, moins elle aura de valeur agricole.

M. A. de Gasparin, ayant à rendre compte de l'effet bien différent de deux marnes du département du Gers, constata que, mise à déliter dans l'eau, l'une laissait 87,5 p. 100 de rognons calcaires, non désagrégeables, tandis que l'autre, en peu de temps, se résolvait en une poudre homogène. Ces deux marnes donnaient à peu près autant de carbonate de chaux l'une que l'autre, et cependant la pratique montrait que deux cents voitures de la première étaient nécessaires pour produire le même effet que vingt-cinq de la seconde. C'est que la première renfermait 7/8 de parties inactives. Le calcaire actif d'une marne n'est donc en réalité que celui qui se délite et devient ténu. Plus il est ténu, plus rapide est son action.

Dans l'étude comparée des marnes, on doit donc examiner attentivement dans quelle proportion elles se délitent dans l'eau ; puis ensuite quelle est la finesse proportionnelle du calcaire délité.

On considère comme rognons ou graviers calcaires toutes les parties qui, après délitement prolongé dans l'eau, restent sur un tamis de laiton à dix fils par centimètre. Ces rognons n'ont qu'une action insignifiante. Leur diamètre minimum est de 1 millimètre, et il est en moyenne de 5 millimètres.

La partie délitée de la marne est soumise ensuite à la lévigation, pour en séparer la substance impalpable du calcaire sablonneux. La lévigation doit se pratiquer suivant les règles posées par M. Paul de Gasparin. Dans ces conditions, on peut admettre que la partie sableuse a en moyenne un diamètre de $0^{mm},350$ et la partie impalpable un diamètre de $0^{mm},005$.

Le calcaire ne réagissant sur le sol qu'après avoir été dissous dans l'eau chargée d'acide carbonique qui circule dans les interstices de la terre, on conçoit que l'activité du carbonate de chaux se montrera d'autant plus grande que sera facile sa solubilisation. Or, c'est par le contact des surfaces que les liquides attaquent les solides et, pour un poids donné de ceux-ci, les surfaces d'attaque sont d'autant plus grandes que le diamètre des grains est plus faible. En réalité, la solubilité s'accroît en raison inverse du carré des diamètres, de sorte que les indices de solubilité relative sont :

$$
\begin{aligned}
\text{Pour les rognons calcaires} \ldots\ldots\ldots && \frac{1}{(25)^2} &= & 0,040 \\
\text{Pour le calcaire sableux} \ldots\ldots\ldots && \frac{1}{(0,35)^2} &= & 0,816 \\
\text{Pour le calcaire impalpable} \ldots\ldots\ldots && \frac{1}{(0,005)^2} &= & 40.000.000
\end{aligned}
$$

Ce qui veut dire qu'à poids égal le calcaire impalpable est 50000 fois plus actif que le sable calcaire et un million de fois plus efficace que les rognons calcaires.

La valeur relative des marnes dépend donc presque exclusivement de la proportion de calcaire impalpable qu'elles peuvent fournir.

Emploi de la marne. — Quand on est fixé sur la nature et la qualité de la marne, et que l'on connaît bien l'état de la terre qu'on veut améliorer, voici comment on met le marnage à exécution. On commence par traiter le sol de manière qu'il se puisse égoutter facilement et débarrasser de tout excès d'humidité, par l'assainissement ou le drainage si cela est nécessaire, ou simplement par un défoncement opéré à l'aide de la charrue sous-sol dans les cas ordinaires. Puis on choisit un temps sec ou de gelée pour transporter la marne sur le champ, afin que le piétinement des chevaux et les roues des véhicules ne corroient point le sol. On fait un dépôt de l'amendement sur un des coins du champ pour le laisser se déliter, et le distribuer ensuite en temps convenable. On répartit alors la marne en petits tas égaux, dits *marnerons*, disposés suivant des lignes parallèles à 7 ou 8 mètres en tous sens les uns des autres.

L'époque la plus favorable pour distribuer la marne est l'automne. Plus la marne est longue à se déliter, plus il faut avancer cette époque. On laisse les petits tas pendant quelque temps exposés à l'action de l'air, du soleil et de l'humidité des nuits, puis on répand la marne sur toute la surface du champ, quand elle est assez délitée.

On achève de la pulvériser et de la disperser également par des coups de herse et de rouleau. Par quelques coups d'extirpateur, on la mélange alors avec la couche superficielle du sol : on donne ensuite un labour d'hiver, quand le temps est favorable, puis on ensemence au printemps.

Dans d'autres circonstances, on répand la marne à l'entrée de l'hiver sur le sol en jachère, on la laisse se déliter pendant toute cette saison, et l'on ne fait de semaille qu'à l'automne qui suit.

Dans les terres labourées, on ne répand la marne que sur les luzernes, les sainfoins, les jachères, afin de pouvoir laisser la marne au moins deux mois en petits tas avant de la répandre.

Les Anglais font des composts avec la marne, qu'ils mélangent par lits alternatifs avec du fumier, des gazons ou du terreau. Ils abandonnent le tas jusqu'à ce que la marne soit délitée, le recoupent alors pour en bien mélanger toutes les parties, et le conduisent dans les champs pour le répandre avant le dernier labour de semaille. Cette méthode est bonne quand la marne se délite facilement et qu'on veut l'économiser. Mais, si alors elle agit plus rapidement et à plus faible dose, son action a moins de durée.

En Normandie et ailleurs, on charge de marne le fond des cours et des fosses à fumier, on en met une couche sur le sol des écuries, des étables et des bergeries. En s'imprégnant des urines, des purins et de tous les égouts du fumier, la marne devient un véritable engrais.

Rien n'est plus variable que la dose de marne qu'on emploie par hectare suivant les pays, la richesse en calcaire de cet amendement, la nature des sols et la profondeur des labours. Presque partout les dosages adoptés sont supérieurs à ceux qui seraient nécessaires.

Voici quelques exemples :

Localités.	Quantité par hectare. Mètres cubes.	Périodicité. Ans.
Yvetot	38 à 40	20 à 40
Rouen	30 à 70	15 à 24
Neufchâtel	25 à 70	15 à 18
Le Havre	20 à 40	25 à 30
Dieppe	36 à 90	12 à 30
Vexin	200 à 400	15 à 18
Lizieux	25 à 28	15
Pont-l'Évêque	75 à 85	25
Sarthe	5 à 17	25
Brie	10 à 25	25
Plateau de Puysaie (Yonne)	100	25
Nord	18 à 49	9 à 15
Dauphiné	100 à 120	25
Pas-de-Calais (Montreuil)	20 à 25	20
Sologne	8 à 10	10

On peut affirmer qu'on marne trop en Normandie et en Dauphiné. Dans le Nord, les usages sont plus rationnels.

Nous avons vu que la dose de calcaire nécessaire dans les sols légers est d'environ 1 p. 100, qu'elle s'élève à 3 p. 100 dans les terres consistantes, et qu'elle est parfois de 5 p. 100 dans les terres très fortes. Si donc on veut marner un sol complètement dépourvu de calcaire, dont le mètre cube pèse 1 200 kilogrammes, il faudra employer, suivant la profondeur du labour, les poids suivants de calcaire actif :

Profondeur du labour. Centimètres.	Terres légères.	Terres moyennes.	Terres fortes.
10	12,000	36,000	60,000
20	24,000	72,000	120,000
30	36,000	108,000	180,000

Le mètre cube de marne pesant ordinairement 1 500 kilogrammes, et une marne calcaire dosant en moyenne 80 p. 100 de carbonate de chaux, les quantités précédentes correspondent en mètres cubes à l'hectare à :

Profondeur du labour. Centimètres.	Terres légères. Mètres cubes.	Terres fortes. Mètres cubes.	Terres très fortes. Mètres cubes.
10	10	30	50
20	20	60	100
30	30	90	150

Nécessité du renouvellement des marnages. — L'expérience a démontré qu'au bout d'une certaine période d'années les effets d'un premier marnage cessent de se faire sentir. La longueur de la période dépend de la quantité de marne employée, de sa richesse en calcaire actif et de la nature du sol. Il est évident que si le sol perd ainsi peu à peu les qualités nouvelles que lui avait communiquées l'emploi de la marne, c'est que celle-ci a peu à peu disparu de la terre, et qu'alors le sol est redevenu trop pauvre en calcaire pour jouir des propriétés physiques et chimiques nécessaires à une bonne production agricole. Quelles sont donc les causes qui font disparaître de la terre le principe actif de la marne, le carbonate de chaux ?

Il y a en premier lieu l'absorption de la chaux par les récoltes, qui est variable avec les plantes cultivées et les rendements obtenus. Nous avons déjà dit un mot de ces prélèvements de chaux au début de cette étude. Nous pouvons les estimer approximativement par hectare à 20 kilogrammes de chaux ou à 36 kilogrammes de calcaire actif pour les céréales ; à 144 kilogrammes de chaux ou 258 kilogrammes de calcaire pour les prairies artificielles, et à 125 kilogrammes de chaux ou 223 kilogrammes de carbonate de chaux pour les racines.

Si nous prenons comme exemple notre département, comme, de 1882 à 1890 inclusivement, on a cultivé dans les proportions suivantes les catégories de plantes précitées :

```
Céréales..................................  60  p. 100.
Prairies artificielles....................  21   —
Racines...................................  2,5  —
Jachères, etc.............................  16,5 —
```

l'hectare moyen de terre a dû fournir à l'exportation des récoltes par année moyenne :

```
Pour 60 ares de céréales........................  12 kilos.
Pour 21 ares de prairies artificielles..........  30ᵏᵍ,5
Pour 2 ares et demi de racines..................  3ᵏᵍ,1
                              Total.............  45ᵏᵍ,6
```

Ces 45ᵏᵍ,6 de chaux absorbés par les plantes correspondent à 82 kilogrammes de calcaire actif. La perte de ce chef n'est pas, comme on voit, très considérable. Mais il y a plusieurs autres causes de déperdition plus importantes, que nous allons examiner et dont nous tâcherons de faire ressortir les résultats en les exprimant en chiffres approximatifs.

La plus générale de ces causes de déperdition de l'élément calcaire, c'est la solubilité de celui-ci dans l'eau chargée d'acide carbonique.

Le carbonate de chaux est très peu soluble dans l'eau lorsqu'elle ne contient pas d'acide carbonique en dissolution. Un litre d'eau privée de ce gaz n'en peut dissoudre que 13 milligrammes à la température de 16 degrés centigrades, et que 15 milligrammes à 45°. Mais quand l'eau est aérée, et qu'elle peut former alors, au moyen de l'acide carbonique emprunté à l'air, du bicarbonate de chaux, il n'en est plus de même.

Les eaux naturelles, qui coulent dans les pays calcaires, donnent par l'ébullition un dépôt de carbonate de chaux, parce que la chaleur détruit le bicarbonate en chassant l'acide carbonique à la faveur duquel le calcaire était dissous.

La quantité de calcaire que peut dissoudre l'eau augmente en même temps que la quantité d'acide carbonique. Les résultats ci-dessous le démontrent nettement; ils ont été obtenus en faisant barboter dans de l'eau contenant du calcaire pulvérulent des courants d'air plus ou moins chargés d'acide carbonique :

Richesse de l'air en acide carbonique.	Calcaire dissous par litre à 16°.
5 p. 10.000	61,5 milligrammes.
8 —	72 —
33 —	124 —
138 —	210 —
280 —	283 —
500 —	347 —
984 —	1.073 —

Nous, voyons donc qu'il suffit de très petites quantités d'acide carbonique dans l'air pour déterminer le passage en dissolution dans l'eau de notables quantités de calcaire.

Les recherches de Boussingault nous ont appris que l'air contenu dans la terre arable renferme en moyenne un centième de son volume d'acide carbonique (100 p. 10 000). Quelle est la quantité de calcaire qui peut être dissoute par hectare à la température ordinaire, par l'eau du sol en présence de cette atmosphère confinée? Admettons une profondeur de sol actif de 30 centimètres, nous avons ainsi un volume de terre de 3 000 mètres cubes. Le poids du mètre cube de sol tassé en place pouvant s'élever à environ 1 500 kilogrammes, le poids de terre atteindra par hectare 4 500 tonnes. Si nous supposons que la terre contienne en moyenne 16 p. 100 d'eau, ce qui n'est pas loin de la vérité, nous constatons l'existence par hectare de 720 mètres cubes de liquide. Or, en présence d'une atmosphère contenant un centième d'acide carbonique en volume, 1 litre d'eau dissout $0^{gr},2$ de calcaire. L'eau renfermée dans le sol en pourra donc dissoudre 140 kilogrammes. C'est cette dissolution calcaire qui agit efficacement, comme nous l'avons démontré, sur les propriétés physiques et chimiques du sol. Mais cette dissolution ne demeure pas indéfiniment dans la terre, l'eau des pluies la renouvelle, en la chassant devant elle dans le sous-sol. Les eaux des sources profondes sont toujours très riches en carbonate de chaux dans les pays appartenant aux formations calcaires. L'eau de la fontaine Saint-André, à Chartres, en est un frappant exemple.

Chaque fois que l'eau d'imbibition du sol se renouvelle, une quantité proportionnelle de calcaire passe en dissolution.

S'il tombe par an une hauteur de pluie de 60 centimètres, et qu'il y en ait, comme c'est généralement reconnu, environ un tiers qui traverse le sol pour se rendre dans le sous-sol et de là dans les sources, notre surface de 1 hectare sera traversée chaque année par 2 000 mètres cubes d'eau, et la solution calcaire renouvelée intégralement près de trois fois. La déperdition de calcaire s'élèvera dès lors à 400 kilogrammes par an.

Cette solubilité du calcaire dans l'eau est suffisante pour expliquer la formation à la surface des dépôts calcaires d'une couche de terre arable constituée par l'ensemble des impuretés de la roche calcaire.

Une autre cause d'entraînement du calcaire par les eaux qui traversent le sol, c'est la nitrification des engrais azotés et de l'humus ou terreau. L'acide nitrique, qui prend naissance dans cet important phénomène, se combine toujours à la chaux pour former ce corps extrêmement soluble et nutritif qui a nom de *nitrate de chaux*. La quantité de chaux entraînée ainsi dans les sous-sols est d'environ 50 à 90 kilogrammes, ce qui correspond à 90 et 162 kilogrammes de calcaire fin.

Le nitrate de soude donné au sol comme engrais favorise également la perte de la chaux du sol.

Les engrais potassiques donnés sous forme de sulfate ou de chlorure, de même que le sulfate d'ammoniaque, ont pour conséquence une perte de calcaire proportionnelle. Car ces engrais, dans le sol, réagissent sur le carbonate de chaux. Il se forme du sulfate de chaux et du chlorure de calcium qui sont facilement entraînés par les eaux d'infiltration, et des carbonates de potasse et d'ammoniaque, que le sol retient. Ainsi une fumure de 100 kilogrammes de sulfate d'ammoniaque fait perdre au sol 76 kilogrammes de calcaire contenant 22 kilogrammes de chaux. Il en serait de même d'une fumure de 100 kilogrammes de chlorure de potassium ou de sulfate de potasse.

Toutes ces causes réunies font que la perte de calcaire faite annuellement par le sol atteint une certaine importance. Ainsi, pour résumer ce qui précède, elle est environ de :

Pour la nutrition végétale....................... 82 kilos.
Pertes à l'état de bicarbonate................... 400 —
Pertes à l'état de nitrate........................ 126 —
Pertes à l'état de sulfates et chlorures......... 76   —
                          Total. .... 684 kilos.

La consommation du calcaire actif est donc de 600 à 700 kilogrammes par année et par hectare *au minimum*. Si l'on marne pour vingt ans, la déperdition totale montera à 14 000 kilogrammes de calcaire pulvérulent. En admettant que le poids du mètre cube est de 1 400 kilogrammes et que la marne dose 52 p. 100 de calcaire impalpable, comme nous l'avons constaté dans la marne de Trizay, riche à 80 p. 100 de calcaire total, cette perte de 14 000 kilogrammes correspond à 20 mètres cubes de marne.

On comprend dès lors facilement qu'il est indispensable de répéter les marnages d'autant plus fréquemment que la dose de calcaire actif est plus faible. Cette démonstration, que nous venons de faire au sujet de la marne, s'applique exactement à tous les autres amendements calcaires.

Écumes de défécation des sucreries.

Dans les fabriques de sucre de betteraves, et aussi, bien qu'à moindre dose, dans celles de cannes, on a recours pour purifier le jus extrait de ces végétaux saccharigènes, soit par pression, soit par diffusion, à l'emploi de la chaux. L'addition de celle-ci a pour effet de séparer, par précipitation, les matières organiques qui entraveraient la cristallisation du sucre renfermé dans le jus ou dans le vesou.

Lorsque la défécation est terminée, on enlève l'excès de chaux employé en saturant le liquide par un courant d'acide carbonique, qui précipite la chaux à l'état de carbonate insoluble, car on opère à l'ébullition et le gaz carbonique ne peut dès lors redissoudre en partie le calcaire précipité, puisqu'il ne reste pas en dissolution dans le jus.

Le jus déféqué, trouble, est mis à déposer dans de grands bassins; le liquide clair est décanté, et les boues réunies au fond sont envoyées dans des filtres-presses qui en extraient tout le jus. On retire de ces derniers appareils des gâteaux de calcaire qui, amoncelés en tas énormes à la porte des usines, ont reçu le nom d'*écumes de défécation* ou d'*écumes de sucreries* ou encore de *boues de carbonatation*.

Ces résidus calcaires constituent un excellent amendement, qui peut souvent remplacer la marne avec avantage. Voici, d'après Wolf, Pagnoul et nous, la composition de ces résidus :

	Pagnoul.	Wolf.	Garola.
Eau	40,2	43,3	45,000
Carbonate de chaux impalpable	38,7	38,0	43,980
Matières organiques	20,1	17,2	10,509
Acide phosphorique	0,6	1,0	0,156
Potasse	»	»	0,105
Magnésie	»	»	0,178
Azote	0,4	0,5	0,072

Dans la troisième colonne, nous donnons la composition que nous avons trouvée aux écumes de défécation de la sucrerie de Voves. On remarque que, outre le carbonate de chaux impalpable qu'elles renferment, on y rencontre aussi un peu de magnésie, de potasse, d'acide phosphorique et d'azote.

Nous croyons que leur emploi peut être recommandé pour le marnage des terres qui en ont besoin, dans les régions où les marnes sont rares et dans le rayon des usines. En effet, dans les défécations, tout le carbonate de chaux, étant produit par précipitation chimique, est d'une très grande finesse et a, par conséquent, une très rapide action sur les propriétés de la terre.

Si nous considérons la marne de Trizay comme point de comparaison, nous voyons qu'elle dose bien 80 p. 100 de calcaire total, mais que celui-ci ne contient que 65 p. 100 d'impalpable. Le dosage de cette marne, lorsqu'elle est délitée, n'est donc véritablement que de 52 p. 100 de calcaire actif. Le mètre cube de cette marne pèse 1 400 kilogrammes, et il coûte 2 fr. 50 sur place. Le mètre cube renfermant 728 kilogrammes de calcaire actif, la tonne de ce dernier revient en réalité à 3 fr. 57.

Les écumes de défécation coûtent sur place 1 franc les 1 000 kilogrammes. Mais elles renferment des principes fertilisants proprement dits dont il faut tenir compte, soit :

0kg,72 d'azote à 1 franc l'un............................	0 fr. 72
1kg,36 d'acide phosphorique à 0 fr. 25	0 fr. 39
1kg,05 de potasse à 0 fr. 30......................	0 fr. 30
Magnésie, matières organiques.................	Mémoire.
Total......................	1 fr. 41

A la fabrique de sucre, les écumes fournissent donc le carbonate de chaux gratuitement. Il en résulte que dans la grande majorité des cas les écumes doivent être préférées par le cultivateur.

Pour remplacer 1 mètre cube de marne de Trizay, il faudrait employer au maximum 17 hectolitres de défécations, car le mètre cube de ces dernières pèse 1 000 kilogrammes environ. On substituera donc aux 20 mètres cubes de marne ordinairement employés 34 mètres cubes ou tonnes de défécation. Mais ici il y a une observation importante à faire, qui découle de l'état tout particulier du calcaire dans les écumes. Précipité chimique, il jouit du maximum d'action possible, tandis que la marne, plus ou moins longue à se déliter, pour passer à l'état d'impalpable, est relativement douée d'une action lente. Il nous semble donc préférable et plus économique de ne recourir qu'à des doses plus faibles de défécations, mais en ayant soin de les renouveler plus souvent. Au lieu de marner à raison de 20 mètres cubes pour quinze ans, ou de substituer à cet amendement pour la même période 34 000 kilogrammes d'écumes, on incorporerait au sol, tous les cinq ans, 10 000 à 12 000 kilogrammes de ces dernières. Il y aurait ainsi économie de l'intérêt et de l'amortissement pendant sept ans et demi de la dépense à faire pour l'opération.

Faluns.

Les faluns sont des amas de sables grossiers et de coquilles marines où l'on trouve quelquefois des ossements fossiles.

Les coquilles sont rarement entières et le mélange est parfois cimenté par du calcaire au point de former des blocs assez solides pour être employés comme pierre à bâtir. Les faluns sont le plus souvent meubles et friables, de couleur blanche ou jaunâtre. Ils constituent des dépôts marins de l'époque tertiaire et reposent ordinairement sur l'argile à silex et le calcaire lacustre. Plus rarement on les trouve sur les schistes ou les terrains primitifs. Les plus importants gisements français sont ainsi décrits par M. Risler :

« Sur la rive droite du Cher et sur la limite de la Sologne, une grande falunière s'étend aux environs de Contres jusqu'à Thenay et Pontlevoy. Au sud du département d'Indre-et-Loire, celles de Louans, de Manthelan et de Bossée sont très connues et ont fourni depuis longtemps des amendements aux terres argileuses et pauvres en chaux qui les entourent.

« Sur la rive droite de la Loire, le gisement de faluns le plus oriental est celui de Villebaron, au nord de Blois ; puis il y en a un grand nombre et de plus considérables au nord-ouest de Tours près Cléré, Savigné, Courcelles, Channay, Saint-Laurent-de-Lin, Semblançay, etc.

« Dans le département de Maine-et-Loire, on rencontre également un assez grand nombre de falunières, par petits bassins, qui remplissent les dépressions du sol, tantôt sur les calcaires lacustres comme à Noyant, à Chavagnes, Bouton, etc. (arrondissement de Segré), tantôt sur les schistes siluriens, comme entre Pouancé et Craon (arrondissement de Segré). Les plus nombreuses se trouvent sur la rive gauche de la Loire, dans l'arrondissement de Saumur, aux environs de Doué.

« La plus grande falunière du département d'Ille-et-Vilaine est celle de la Chausserie, dans le bassin de Rennes. Dans le même département, il y a celles de Saint-Grégoire, de Gahard, d'Argentré, etc. Dans la Loire-Inférieure, on en trouve un assez grand nombre aux environs d'Aigrefeuille et de Vieille-vigne. Dans la Vendée, à Challons, la Sénardière et la Gariopierre. »

On trouve également des faluns en Seine-et-Oise à Grignon, Eure-et-Loir à Saint-Prest, mais en gisements peu importants. Enfin, il y en a dans les Landes, à Dax, et dans la Gironde.

Les faluns ne renferment comme éléments utiles que du carbonate de chaux. La dose d'acide phosphorique ou de potasse qu'ils contiennent est négligeable. Voici la richesse en calcaire d'un certain nombre de gisements :

Manthelan	38,87
Bossée	66,56
Ferrières-Larçon	55,19
Pauvrelait	53,43
Savigné	75,78
Cléons	71,20
Saucats (Gironde)	70,50
Grignon	66,00

Les faluns s'emploient comme les marnes et de la même manière. En Touraine, on en répand environ 60 mètres cubes par hectare et leur effet se prolonge pendant vingt-cinq ans. Dans les terres très fortes, on dépasse même cette dose ; mais dans les terres légères il est préférable de ne répandre que 10 mètres cubes et de renouveler l'opération tous les cinq ou six ans.

En Angleterre, où on les connaît sous le nom de *crag*, on les répand à la dose de 10 mètres cubes tous les cinq ans.

Tangue.

La tangue est une sorte de sable gris ou blanc jaunâtre, qu'on trouve dans les baies ou dans les anses, à l'embouchure des rivières. Elle n'est pas toutefois un dépôt fluvial, mais bien une production marine. On la trouve surtout sur les côtes bretonne et normande du littoral de la Manche, et spécialement dans la baie du mont Saint-Michel, et dans l'anse de Moidrey. Nous donnons ci-dessous la teneur des diverses tangues en carbonate de chaux :

Saint-Malo	25,23
Moidrey	39,25
Avranches	40,26
Mont-Martin-sur-Mer	45,45

Pont de la Roque.. 41,45
Lessay... 52,12
Cherbourg.. 24.25
Brevands 23,45
Isigny.. ... 27,80
Sallenelle... 40,20
Pontorson... 45,60
Carentan.. 54,00
Pont-la-Mogue 59,00

On voit que la tangue est de composition très variable et qu'il en est de même de sa valeur agricole. Outre le carbonate de chaux, on y trouve un peu d'acide phosphorique : la quantité en varie depuis des traces jusqu'à 1 p. 100. On y trouve aussi un peu d'azote, mais la dose ne dépasse pas un millième.

Le poids du mètre cube de tangue varie de 1 000 à 1 400 kilogrammes. La plus légère est la plus estimée, car elle renferme plus de calcaire.

Avant son emploi, on laisse la tangue exposée à l'air et à la pluie pendant deux mois au moins. Elle se délite ainsi et perd le sel marin dont elle est imprégnée. Son volume augmente alors de 8 à 10 p. 100. On la répand soit pure comme la marne, soit après en avoir formé des composts.

Les quantités employées varient avec la qualité des dépôts. On répand environ 10 mètres cubes des tangues de très bonne qualité, comme celle de Moidrey, par hectare. On va à 20 mètres cubes avec les tangues ordinaires, et l'on atteint de 40 à 100 mètres cubes avec les tangues de qualité inférieure.

La durée du tangage est de quatre à cinq ans. Les cultivateurs viennent la chercher de 30 à 35 kilomètres de la côte, et son commerce est très important.

Trez.

Le trez est un sable marin assez gros, entremêlé de débris de coquilles. On en récolte sur les plages du Finistère, dans la rade de Brest et dans celle de Roscoff, etc.

Sa richesse en calcaire est très variable, comme le montre le tableau suivant :

Rade de Brest.,............................. 70 p. 100.
Douarnenez............................... 45   —
Le Conquet............................... 27   —
Morlaix.................................. 65   —
Rivière de Pont-Aven..................... 70   —
Dunes de Trésire......................... 31   —
Anse de Dinan............................ 64   —
Roscoff.................................. 69   —
Paimpol.................................. 41   —
Saint-Brieuc 31   —
Angleterre......................... 14 à 80   —

Le trez renferme rarement 1 p. 100 d'acide phosphorique.
Sa valeur dépend uniquement de sa richesse en carbonate de
chaux. On l'emploie comme la tangue, après l'avoir laissé
exposé à l'air pendant quelque temps. Mais, comme il est
moins ténu, il est moins efficace et moins estimé.

Merl.

Le merl est un sable coquillier composé en grande partie de
concrétions calcaires mélangées de coquillages et de débris
divers. Il a l'aspect rameux. On le rencontre en abondance à
l'embouchure de la rivière de Morlaix, où on l'exploite à la
drague pour l'amendement des terres. On en trouve également
dans la rade de Brest, à l'embouchure de la rivière de Quimper,
et sur la côte de Plounéou-Trez. Sa principale valeur agricole
est due au carbonate de chaux qu'il renferme en grande abondance. On y trouve aussi un peu d'azote et un peu de potasse.
Voici, d'après divers auteurs, sa richesse en calcaire :

Morlaix (merl gris)............................. 55,6
Morlaix (merl rose)............................. 71,6
Merl rose de Belle-Isle......................... 76,0
Merl de Concarneau............................. 81,4
Merl rameux de Brest........................... 79,9
Merl de Lannion................................ 71,0
Merl de Quimper............................... 77,0

Le mètre cube de cet amendement pèse de 900 à 1 000 kilogrammes. Les merls colorés en gris, à odeur forte, sont souvent
préférés par les cultivateurs, et à tort, car ils sont moins riches

en calcaire. Ceux qui sont riches en coquilles, quoiqu'ils renferment plus de carbonate de chaux que les autres, doivent être payés moins cher, car ils sont d'une décomposition plus lente, et par suite moins actifs. Les prix varient de 2 à 5 francs le mètre cube et l'on vient en chercher de 20 à 30 kilomètres de la côte.

On en répand de 15 000 à 30 000 kilogrammes par hectare. La dose la plus forte ne convient qu'aux terres fortes et humides. Dans les terres moyennes et légères, il faut s'en tenir à la plus faible. L'action de cet amendement se fait sentir pendant huit ou dix ans. On se trouve fort bien de son emploi pour les prairies artificielles ; il en est aussi de même pour les céréales et les racines.

Coquilles marines.

Le flot accumule sur certaines plages des quantités considérables de coquilles diverses qui sont utilisables comme amendement calcaire lorsqu'elles sont assez friables. Il peut être avantageux de les recueillir et de les placer sur le passage des voitures pour assurer leur pulvérisation avant de les conduire dans les champs. Elles présentent la richesse suivante en carbonate de chaux :

Coquilles d'oursins	71	p. 100.
— de bucards	94	—
— d'huîtres	92 à 98	—
— diverses	93	—

Charrées.

Les cendres lessivées ou charrées constituent un amendement calcaire d'importance dans certaines régions. Elles sont très appréciées des cultivateurs et d'une action réellement efficace. Elles proviennent des blanchisseries et des savonneries. Leur valeur dépend principalement de leur richesse en carbonate de chaux. On y trouve aussi une quantité variable d'acide phosphorique et de potasse, cette dernière sous forme de silicate. Voici la richesse en carbonate de chaux de quelques-uns de ces produits :

Charrée pure....................................... 47,1
— de Nantes................................... 46,7
— de la Rochelle............................. 34,8
— de la Flotte............................... 26,6
— de Caen 39,2

Leur dose en acide phosphorique varie de 2 à 8 p. 100, et celle de la potasse oscille autour de 1 p. 100.

Leur usage est très répandu en Bretagne et en Vendée. On les utilise aussi beaucoup dans les Vosges et la Franche-Comté, ainsi que dans les Dombes.

Les charrées se vendent à l'hectolitre et, comme elles sont très souvent falsifiées, il convient de ne les acheter qu'après les avoir fait analyser.

Elles constituent à la fois un engrais et un amendement, et produisent d'excellents résultats sur les terres compactes et argileuses, les terres tourbeuses, les terres acides. Elles y conviennent à toutes les cultures, mais c'est surtout aux prairies naturelles et artificielles qu'on les applique avec avantage. La dose moyenne par hectare est de 25 à 30 hectolitres. Il convient d'élever cette quantité dans les terres fortes et compactes et de la diminuer sur les terres légères, qui se dessèchent facilement. Dans le Nord, on va jusqu'à en répandre de 40 à 60 hectolitres par hectare. La durée de cet amendement est proportionnelle à la quantité qu'on en emploie. La dose de 25 hectolitres sur les prairies suffit pour cinq ans. C'est au printemps qu'on les répand ; on les enfouit par un léger hersage, ou même on les laisse à la surface du sol. Si une petite pluie survient après leur épandage, elle favorise leur action.

Pour la culture des céréales, on en obtient de très bons résultats par l'emploi d'une demi-fumure de fumier de ferme, avant la semaille, et d'une demi-dose de charrée en couverture au printemps.

Cendres de tourbe.

Dans les pays à tourbières, le nord de la France, la vallée de la Somme, près d'Amiens et de Beauvais, la Belgique, la Hollande, etc., on brûle la tourbe pour en employer les cendres comme amendement. On applique ces cendres aux prairies artificielles, au lin, aux prés non arrosés. La dose employée est variable. Dans les environs de Douai, on en répand par hectare 150 hectolitres sur les luzernes ; aux prairies naturelles, on en donne 50 hectolitres au printemps. Dans l'arrondissement de Dunkerque, on en met 270 hectolitres sur les prairies artificielles. En Hollande, on en applique à deux reprises au trèfle de 90 à 125 hectolitres. On les emploie aussi pour le houblon, dont on prétend qu'elles éloignent les insectes.

Les cendres les meilleures sont gris argenté et peu denses. Plus elles sont légères et plus elles sont estimées. Pour les obtenir, on fait des meules avec les mottes de tourbe sèche, et l'on y met le feu par en bas avec du bois sec. La combustion doit être très lente. Le rendement de la tourbe en cendres est d'environ un dixième de son volume. L'hectolitre pèse à peu près 57 kilogrammes.

La composition de ces cendres est très variable suivant les gisements. Elles ne renferment jamais que des traces d'acide phosphorique, et rarement on y trouve de la potasse. C'est le carbonate et le sulfate de chaux qui dominent. Les phosphates que renferment les plantes dont la tourbe provient ont été dissous par l'acide carbonique et par l'acide acétique, puis entraînés par les eaux sous lesquelles la tourbe a pris naissance.

Voici, à titre d'exemple, la composition de quelques-unes de ces cendres :

	Sulfate de chaux.	Carbonate de chaux.
Wassy (Haute-Marne)	26,0	51,5
Longueau (1)	43,0	41,5
Pont-de-Metz (1)	8,3	51,2
Camon (1)	12,7	67,7

(1) D'après les analyses de M. Hitier.

Cendres de houille.

En Angleterre, en Belgique, en Hollande, et dans les départements du nord de la France, où l'on brûle beaucoup de houille, on en emploie les cendres dans les terres froides, humides et fortes, et aussi pour colorer les terres blanches ; on les répand également sur les terres marécageuses où elles produisent de bons effets. On les applique avec succès sur les pâturages, les pommes de terre, le seigle, le trèfle, à la dose de 40 hectolitres. Leur effet est d'une année. On les donne en couverture et quelquefois on les enfouit. En réalité, c'est un amendement de peu de valeur, comme le montre leur composition :

	Anthracite.	Houille.
Chaux	16,1 p. 100	8,5 p. 100.
Magnésie	1,6 —	1,9 —
Acide sulfurique	10,4 —	6.1 —
Acide phosphorique	0,6 —	0,8 —
Potasse	0,7 —	0.5 —

Leur action fertilisante est due à la chaux et à l'acide sulfurique qu'elles apportent. Elles agissent à la fois comme la marne et le plâtre. Comme elles renferment de la magnésie (environ 2 p. 100), elles constituent un petit engrais magnésien. La grande quantité de matières terreuses calcinées qu'elles contiennent leur donne la propriété d'ameublir les terres argileuses. Leur richesse en acide phosphorique et en potasse est bien faible pour être prise en considération.

De la chaux.

La chaux caustique, que l'on emploie pour amender les sols privés de calcaire dans un grand nombre de contrées, le Bocage et la Gâtine en Vendée, la basse Normandie, la Bretagne, le Maine, la Flandre, la Belgique, l'Angleterre, etc., exerce sur le sol une action beaucoup plus énergique que la marne, et convient particulièrement aux terres complètement dépourvues de calcaires, aux défrichements de bois, de landes, de bruyères, aux terrains argileux, glaiseux, humides et froids ; aux terres, enfin, riches en terreau acide.

Il est très facile de comprendre que l'opération du chaulage ait une action plus énergique que celle du marnage. En effet, la chaux agit d'abord à l'état caustique, et son énergie est multipliée par sa ténuité, qui est extrême. Elle agit très puissamment sur les matières organiques, en faisant dégager de l'ammoniaque, assimilable par les racines. Elle agit très efficacement sur les silicates et l'argile, et hâte leur désagrégation, qui met à la disposition des plantes de la silice soluble et de la potasse. Enfin, en absorbant les acides du sol, avec lesquels elle se combine, elle donne naissance à des humates de chaux, qui jouent un rôle si important dans la préparation des aliments des végétaux ; et, enfin, avec l'acide carbonique de l'atmosphère confinée dans le sol, elle forme un calcaire excessivement ténu et désagrégeable, doué, par suite, d'une action proportionnelle.

Préparation de la chaux. — On obtient la chaux en calcinant au rouge les pierres calcaires.

100 grammes de carbonate de chaux pur donnent 56 grammes de chaux caustique anhydre, après avoir dégagé 44 grammes d'acide carbonique gazeux.

Mais il est rare que les pierres à chaux naturelles donnent ce résultat précis, car elles renferment souvent des oxydes métalliques, des matières carbonées, du sable, de l'argile. On y trouve aussi souvent du carbonate de magnésie, associé au carbonate de chaux. Aussi, par la calcination des pierres calcaires, obtient-on des chaux douées de propriétés différentes, par suite des impuretés qu'elles contiennent.

Avant de nous en occuper, il convient de décrire les moyens agricoles de préparer la chaux et les précautions à prendre dans cette opération.

La calcination des pierres calcaires s'opère dans des fours dits *fours à chaux*. Les plus simples et les moins coûteux sont des trous ovoïdes ou coniques creusés dans le sol, sur le revers d'une colline, la berge d'un ravin, ou d'une dépression quelconque. Si la terre est assez compacte pour se maintenir, on la laisse à nu ; sinon, on revêt l'intérieur du four d'une maçonnerie en briques réfractaires. La partie supérieure est ouverte, pour laisser s'échapper la fumée et l'acide carbonique. Au-dessus du foyer, qui comporte une ouverture antérieure, on dispose les pierres en voûte cintrée ; puis on remplit tout le four par des lits successifs de pierres calcaires dont le diamètre va en diminuant de la base au sommet. Quand le four est chargé, on allume un feu de brindilles sous la voûte ; on le conduit modérément pendant quelques heures, pour chasser toute l'humidité ; puis on chauffe au rouge vif, en entretenant le feu très également. Quand la flamme sort au-dessus du four sans être accompagnée de fumée, on ralentit le feu progressivement, on laisse un peu refroidir, on tire la chaux et l'on recharge avant le refroidissement complet, pour économiser le combustible.

Il faut avoir soin, quand le calcaire contient de l'argile, de ne pas pousser la calcination trop loin, car on vitrifierait une partie de la chaux qui formerait des *biscuits* et perdrait les propriétés utiles de la chaux vive. D'un autre côté, si l'on ne chauffe pas assez, la pierre retient beaucoup d'acide carbonique et la chaux est tout aussi mauvaise que lorsqu'elle contient des biscuits. Ces parties de calcaire non complètement décomposées portent le nom d'*incuits*. Il est donc très important de maintenir la température au rouge vif pour éviter l'un et l'autre de ces inconvénients.

Dans ce four primitif, on brûle du bois, des fagots, des brindilles, des bruyères, des ajoncs, des genêts. Il faut donc que le foyer soit grand et qu'on ait grand soin de surveiller le feu.

Les fours à chaux de l'industrie sont chauffés à la houille et au coke, au lignite ou à l'anthracite. Ils sont généralement de forme conique et creusés de préférence dans un talus comme les précédents, quand la situation le permet. Dans les autres cas, ils sont complètement faits en maçonnerie de briques réfractaires. Le foyer est muni d'une grille et d'ouvertures obliques destinées à permettre l'extraction de la chaux vive à mesure de sa formation. On charge le four de lits alternatifs de charbon et de calcaire, jusqu'au haut. On l'allume par le bas, avec des bourrées. A des intervalles de

temps réguliers, on extrait la chaux par les ouvertures inférieures, et l'on recharge le four de charbon et de pierres calcaires. La production est ainsi continue et, par suite, beaucoup plus économique.

Voici la consommation de combustible qu'exige la cuisson
d'un mètre cube de chaux :

Bois de corde	0,98 stères.
Fagots ou bourrées	2,50 —
Tourbe compacte	2,00 mèt. cub.
Tourbe mousseuse	3,00 —
Houille	0,50 —
Coke	0,75 —

Diverses variétés de chaux. — Suivant les pierres à chaux
qu'on emploie, on obtient de la chaux pure ou plus ou moins
mélangée de silice, d'argile ou de magnésie.

La chaux pure ou grasse est la plus économique, la plus
active. Elle est blanche, se délite facilement dans l'eau, en
dégageant une grande quantité de chaleur et en foisonnant
beaucoup. Traitée par l'acide chlorhydrique, elle se dissout
complètement, sans effervescence. L'ammoniaque ajoutée à
la solution acide en quantité suffisante ne donne pas ou ne
donne qu'un très léger précipité.

La chaux siliceuse ou maigre doit s'employer en plus forte
proportion que la chaux grasse, car elle renferme, à poids
égal, moins de chaux réelle. Elle est grise ou fauve, se délite
moins facilement, s'échauffe et foisonne peu par l'extinction.
Elle forme une pâte peu liante avec l'eau. En la traitant par
l'acide chlorhydrique, on obtient un notable résidu de sable.
L'ammoniaque ajoutée à la dissolution donne un précipité
plus ou moins abondant.

La chaux argileuse ou hydraulique ne doit pas être employée en agriculture. Elle a la propriété de se solidifier sous
l'eau après quelques jours. Elle foisonne moins et dégage
moins de chaleur que la chaux grasse par l'extinction. Traitée
par l'acide chlorhydrique, elle laisse un notable résidu d'argile. L'ammoniaque produit dans la solution chlorhydrique
un précipité assez abondant.

La chaux magnésienne provient des calcaires dolomitiques.

Elle est brune ou jaune. C'est une chaux maigre, mais elle se dissout presque complètement dans l'acide chlorhydrique. Dans la dissolution, l'ammoniaque produit un précipité blanc floconneux notable. Elle est très active.

Composition des chaux. — A titre d'exemple, nous donnons ci-après la composition de divers calcaires et des chaux qui en proviennent :

1° *Chaux grasse.*

a. Calcaire de Vaugirard :
Carbonate de chaux...................... 98,5 p. 100.
Argile............................ 1,5 —
b. Chaux grasse de Vaugirard :
Chaux............................ 97,2 —
Argile............................ 2,8 —

2° *Chaux maigre.*

a. Calcaire de la Dordogne :
Carbonate de chaux...................... 77,8 —
Argile............................ 2,6 —
Sable............................ 19,6 —
b. Chaux maigre de la Dordogne :
Chaux............................ 70,0 —
Argile............................ 3,2 —
Sable............................ 24,75 —

•3° *Chaux hydraulique.*

a. Calcaire d'Eure-et-Loir :
Carbonate de chaux...................... 80,0 —
Carbonate de magnésie...................... 1,5 —
Argile............................ 18,5 —
b. Chaux hydraulique d'Eure-et-Loir :
Chaux............................ 70,0 —
Argile............................ 29,0 —
Magnésie............................ 1,0 —

4° *Chaux maigre magnésienne.*

a. Calcaire de l'Aveyron :
Carbonate de chaux...................... 60,9 —
Carbonate de magnésie...................... 30,3 —
Oxyde de fer...................... 8,8 —
b. Chaux magnésienne de l'Aveyron :
Chaux............................ 60,0 —
Magnésie............................ 26,2 —
Oxyde de fer............................ 13,8 —

La valeur d'une chaux comme amendement dépend essentiellement de la quantité de chaux pure qu'elle renferme. On voit qu'elle peut varier dans d'assez grandes limites, lorsque l'on considère des chaux de préparation tout à fait récente. Mais quand la chaux est préparée depuis longtemps, elle reprend peu à peu, au contact de l'air, l'acide carbonique nécessaire pour se transformer en carbonate ou calcaire. Celui-ci a une valeur inférieure à celle de la chaux libre, et il est par suite indispensable de tenir compte de ce fait quand on achète de la chaux. Lors donc qu'un cultivateur fait analyser une chaux, pour amendement ou même pour construction, il doit demander le dosage de la chaux caustique. Celle-ci se dissout dans le nitrate d'ammoniaque, à l'exclusion du carbonate.

Cette précaution est encore bien plus nécessaire lorsque, au lieu d'acheter de la chaux en pierre, qui ne peut être fraudée, bien qu'elle puisse être de qualité inférieure, on achète des chaux en poudre, des chaux délitées, des cendres de chaux, etc.

Il ne suffit pas d'être renseigné sur la teneur en chaux pure vive d'une chaux pour amendement. Il faut, de plus, l'étudier sous le rapport du foisonnement. En effet, plus facilement les chaux se délitent, ou tombent en poussière, plus la poussière qu'elles donnent est fine, plus actives elles sont, et moins est grande la quantité qu'il en faut employer pour obtenir un résultat donné.

Pour étudier la chaux sous ce rapport, on en prend quelques morceaux que l'on trempe dans l'eau pendant deux minutes, et qu'on abandonne ensuite à eux-mêmes, après les avoir retirés. Plus le délitement est rapide, plus le foisonnement est grand, mieux cela vaut. S'il reste des rognons pierreux, indélayables dans l'eau, ils diminuent d'autant la valeur de la chaux. Il importe donc d'en déterminer la proportion.

La chaux se vend souvent à l'hectolitre. C'est un mode d'achat absolument vicieux. L'achat au poids de la chaux est seul pratique. En effet, si la chaux pèse ordinairement de 60 à 80 kilogrammes l'hectolitre, suivant que les morceaux sont plus ou moins gros, suivant le tassement, selon que l'on mesure en comblant ou en rasant, le poids de l'hectolitre varie de 45 à 130 kilogrammes. Pour les chaux délitées, à cause des variations du foisonnement, les écarts sont encore beaucoup plus grands.

Exécution du chaulage. — On ne doit mélanger la chaux au sol que lorsqu'elle est bien délitée et éteinte, c'est-à-dire lorsqu'elle a absorbé l'eau nécessaire à sa transformation en hydrate pulvérulent. Plus la pulvérisation de la matière résultant de la combinaison de la chaux anhydre avec l'eau est poussée loin, et meilleur est le résultat. Quel est le meilleur mode d'opérer pour éteindre la chaux ? C'est ce que nous allons d'abord chercher à élucider.

Dans certains pays, on abandonne la chaux à l'air libre, sous des hangars. Peu à peu elle absorbe l'humidité atmosphérique, et tombe en poussière. Mais en même temps qu'elle s'éteint, la chaux, par ce procédé, se carbonate en partie, ainsi que le démontre l'analyse suivante, due à Wölker, d'une chaux éteinte dans de pareilles conditions :

Eau non combinée	0,8 p. 100.
Carbonate de chaux	15,1 —
Hydrate de chaux	83,4 —

Sur 71 parties de chaux vive à l'origine, il s'en est carbonaté 8 parties et demie, soit près de 12 p. 100. Ce n'est pas là une perte négligeable.

Une fois que la chaux est éteinte de cette façon, il faut la conduire au champ. On doit d'abord la charger à la pelle, il faut ensuite la décharger en petit tas sur le terrain. Or, avec une poudre impalpable et irritante comme la chaux éteinte, ce n'est pas là une petite affaire. S'il fait du vent, l'opération devient impraticable. S'il pleut, la chaux se met en pâte et sa répartition uniforme devient presque impossible. Ce n'est donc pas là le procédé que nous recommanderons.

Autre part on procède à l'extinction de la chaux en l'immergeant au moyen de paniers à claire-voie dans l'eau pendant deux minutes. Aussitôt retirée de l'eau, on la verse dans les tombereaux pour la conduire aux champs. La pierre à chaux a absorbé assez d'eau dans ce trempage pour s'hydrater entièrement et elle tombe en poussière durant le trajet. On a évité ainsi la carbonatation partielle, d'une part, et l'ennui du chargement à la pelle de la chaux pulvérulente. Mais les inconvénients du déchargement sont les mêmes que plus haut.

Le procédé qui nous semble le meilleur est celui qui consiste à conduire directement sur le champ la chaux en pierre. Là, on la décharge en petits tas, espacés de 7 mètres en tous sens.

Ces tas ont un volume variable de un tiers à un demi-hectolitre. Les tas ainsi disposés sont recouverts d'une couche de terre, et l'extinction se fait peu à peu par l'absorption de l'humidité de l'air et de la terre. En quelque vingt jours, tout est délité. On mélange alors entièrement la chaux éteinte à la terre, et l'on répand le tout bien uniformément à la pelle. Cela est très facile, du reste, car l'ouvrier n'a qu'à lancer ses pelletées uniformément autour de lui. La distance des tas est telle qu'il peut couvrir tout le terrain sans se déplacer.

Dans d'autres cas, on fait avec la chaux des tombes ou composts, en stratifiant des lits successifs de gazons et de chaux ; des vases, des curures de fossés ou d'étangs, des marcs de pommes, et des débris de toutes sortes sont ajoutés par lits, suivant la circonstance, en place de gazons. On recouvre le tout de terre. La chaux s'éteint lentement, foisonne ; la masse s'ameublit, et au bout de trois semaines on recoupe le tas pour le reformer à côté, et le couvrir encore de terre. On le laisse mûrir pendant plusieurs mois en l'arrosant, si c'est nécessaire, par les temps secs. Les matières organiques se décomposent, il se forme d'abord de l'ammoniaque, puis des nitrates. En répandant la tombe sur le sol et l'y mélangeant, on fournit à la fois à celui-ci de la chaux et de l'azote assimilable, ainsi que du terreau.

Cette méthode est certainement très bonne, car elle divise très bien la chaux, d'une part, et, de l'autre, utilise ses propriétés caustiques pour humifier les matières organiques. C'est le procédé qu'il faut employer dans les sols pauvres en azote et en matières organiques en même temps qu'en chaux.

Dans les autres sols qui manquent de chaux seulement, le procédé précédent est plus économique.

Quelque procédé qu'on emploie pour l'extinction et l'épandage, il faut opérer par un temps sec, puis donner un vigoureux hersage, une dent en long et une dent en travers. Le scarificateur peut ici très avantageusement remplacer la herse. On termine par un labour ordinaire.

Le chaulage se pratique de préférence à l'automne; mais il ne doit jamais coïncider avec le semis. La causticité de la chaux brûlerait en effet les jeunes plantes. L'épandage et le mélange au sol doivent précéder de quinze jours au moins la semaille.

Lorsqu'on fait des tombes, il est préférable de faire le chaulage des terres avant les semailles de printemps. Les nitrates de ces composts sont immédiatement utilisés par les plantes naissantes, tandis que, répandus avant l'hiver, ils seraient en partie perdus.

Quantités de chaux employées. — Rien ne varie comme les quantités de chaux employées par hectare, suivant les divers pays. On comprend que les doses doivent varier suivant la nature des sols, leur profondeur, et aussi selon la durée plus ou moins longue que l'on désire assigner à l'opération, Si l'on renouvelle le chaulage tous les trois ou quatre ans, on emploiera beaucoup moins de chaux que si la période de renouvellement est de dix à douze ans. Plus le sol est profond, plus il faut augmenter la dose. Enfin, il n'est pas douteux qu'il ne faille employer beaucoup plus de chaux dans les terres très argileuses ou dans les terres tourbeuses acides que dans les terres moyennes ou légères.

Les Anglais ont l'habitude d'employer des doses massives de cet amendement. Il n'est pas rare de voir chauler à 20 ou à 30 mètres cubes à l'hectare. Ce mode d'agir exige des avances considérables. C'est un procédé de propriétaire riche et non de fermier à court terme. D'après Ronna, on peut estimer qu'en moyenne les Anglais emploient de 7 à 10 hectolitres de chaux par hectare et par an; les périodes de renouvellement sont de trois, six, huit, douze et vingt ans.

Les Allemands n'emploient que 1 000 à 2 000 kilogrammes de chaux (13 à 25 hectolitres) pour chauler un hectare; les Belges en répandent de 4 000 à 7 000 kilogrammes. En France, cela varie aussi beaucoup. C'est ainsi que dans le Calvados on en emploie de 60 à 80 hectolitres tous les quatre ou cinq ans, soit 15 à 16 hectolitres par année. Dans le département de l'Ain, on chaule à raison de 8 à 10 mètres cubes pour neuf ans, soit de 9 à 11 hectolitres par année. Dans le Nord, la Mayenne, la Vendée, on en emploie de 40 à 50 hectolitres pour dix ans, soit 4 à 5 hectolitres par an. Dans la Sarthe, on répand encore moins de cette substance : 8 à 10 hectolitres pour trois ans.

En résumé, on emploie de 8 à 300 hectolitres de chaux par chaulage, et, en faisant intervenir la durée probable de l'efficacité de cet amendement, on répand de $2^{hl},5$ à 20 hectolitres par hectare et par an. Où est la vérité entre ces extrêmes ? C'est ce que nous allons chercher à élucider. En dehors des cas spéciaux, comme la mise en culture des tourbières et des marais, y a-t-il intérêt à recourir à des doses massives de chaux, comme les Anglais, en ne réitérant les chaulages que tous les vingt-cinq ans ? Nous ne le croyons pas. En effet, la chaux coûte en général 1 fr. 50 l'hectolitre, au dépôt; 200 hectolitres de cet amendement coûtent donc 300 francs. Il faut avancer en outre les frais de transport et d'épandage, très variables suivant la distance. Si nous admettons le cas le plus favorable, c'est-à-dire le cas d'un champ situé tout près du dépôt, l'avance de ce chef sera encore de 8 fr. 50 par mètre cube pour les frais de chargement, de déchargement et d'épandage, soit 175 francs. La dépense totale ne sera pas inférieure à 475 francs. Il y a là de quoi faire reculer les meilleures volontés.

D'un autre côté, les résultats culturaux ne nous paraissent pas de nature à compenser de tels sacrifices. Certes, un chaulage à dose massive, comme celle que nous venons d'indiquer, et à longue période, exaltera pendant les deux ou trois premières années la fertilité du sol. L'ameublissement extrême du terrain, la vivacité des réactions intimes qui se produisent, favorisent à un haut degré la végétation. Mais toute médaille a son revers. En mobilisant d'un coup le plus clair des ressources alimentaires du sol, et en rendant celui-ci très perméable à l'eau, on voit l'eau des pluies, lessivant peu à peu la terre, entraîner dans le sous-sol tout ce que les plantes n'ont pas pu utiliser immédiatement. A une fertilité surexcitée succède une production de plus en plus paresseuse, et une stérilité finale, si, à grands frais, on ne répare pas, par l'emploi d'abondants fumiers, les pertes de matières organiques du sol. La chaux enrichit les pères et ruine le plus souvent les enfants, quand on l'emploie de la sorte.

Ce sont les doses modérées qu'il convient d'adopter, en les répétant tous les trois ou quatre ans. On ne fait au sol que de faibles avances, et l'on ne risque pas de rendre trop rapidement assimilables les réserves d'azote du sol. L'effet sur la première récolte est peut-être moins sensible, mais le sol ne s'épuise pas, si l'on a soin de le fumer normalement. L'opération n'étant plus grevée de frais énormes d'intérêt et d'amortissement, est généralement payée par les excédents de la première récolte.

En admettant qu'on ait affaire à une bonne chaux grasse, nous conseillons d'employer par périodes triennales les quantités de chaux suivantes :

Dans les terres granitiques ou siliceuses, on répandra 12 à 15 hectolitres à l'hectare. Si ces terres sont des landes défrichées, on doublera la dose ;

Dans les terres de consistance moyenne, on emploiera de 18 à 25 hectolitres ;

Dans les terres argileuses fortes, on ira jusqu'à 30 hectolitres.

Enfin, on chaulera les terres tourbeuses et les marais à raison de 30 à 40 mètres cubes par hectare.

Chaux d'épuration du gaz.

Dans beaucoup d'usines, surtout dans celles de peu d'importance, on se sert de la chaux humide pour purifier le gaz d'éclairage et le débarrasser des acides carbonique, sulfhydrique et sulfocyanique qu'il renferme. Lorsque son action est épuisée, cette chaux présente la composition suivante :

Eau 32,3
Soufre... 5,1
Chaux caustique .... 17,7 .

Carbonate de chaux.. 14,48
Sulfite de chaux 14,57
Hyposulfite de chaux 12,30
Sulfate de chaux... 14,57

On y trouve aussi parfois 0, 5 p. 100 d'azote ammoniacal.

Par son exposition à l'air, l'hyposulfite s'oxyde rapidement; le sulfite résiste beaucoup plus longtemps.

Cette chaux d'épuration ne doit pas être employée aussitôt sa sortie des usines, car elle est nuisible alors à la végétation. Elle est utilisée couramment dans les parcs et les jardins pour empêcher la pousse de l'herbe dans les allées. Les sulfites, et surtout les sulfocyanates qu'elle renferme, en font un poison violent pour les plantes. Mais avec le temps, sous l'action de l'oxygène de l'air, ces sels se transforment, et la chaux d'épuration devient sans danger, surtout quand on la répand sur les sols en jachère ou, mieux encore, quand on la fait entrer dans les composts. Elle peut alors remplacer la chaux vive. Toutefois, son emploi ne saurait être recommandé que lorsqu'on peut se la procurer sur place et à un prix très minime.

Plâtrage.

Historique. — C'est le pasteur protestant Meyer, de la principauté de Hohenlohe, qui fit les premières observations suivies sur les effets du plâtre. Il en propagea l'emploi par ses écrits, vers le milieu du xviii° siècle. Francklin fit, à ce sujet, une expérience célèbre et bien connue. Il possédait, près de Washington, un champ de luzerne situé sur le bord d'une route. Il y répandit du plâtre de façon à former ces mots : « Ceci a été plâtré ». Bientôt les pieds amendés, plus vigoureux, dépassèrent les voisins et formèrent, en relief, la phrase écrite sur la luzerne avec le plâtre.

On s'engoua du plâtre ; on le crut une panacée universelle. Des déboires en furent la suite. Une réaction s'opéra. Aujourd'hui, enfin, on sait qu'il agit favorablement sur les légumineuses, dans les terres qui renferment de l'humus.

Le plâtre. — Le sulfate de chaux se trouve dans la nature à deux états différents : 1° blanc, cristallisé, sans eau de combinaison : c'est l'anhydrite ; 2° encore cristallisé, présentant souvent de curieux exemples d'hémitropie (gypse en fer de lance), et combiné avec deux équivalents d'eau : c'est le gypse ou pierre à plâtre $(CaO, SO^3, 2 HO)$. Il est très abondant dans le bassin parisien. Le gypse perd facilement son eau de cristallisation sous l'action d'une douce chaleur. Il donne le plâtre cuit, qui, malaxé avec l'eau, est très plastique et est employé pour faire les revêtements intérieurs des constructions. Il perd rapidement la fluidité qu'il acquiert quand on le délaye dans l'eau, en recristallisant. Il fait prise. Il est légèrement soluble dans l'eau.

Efficacité du plâtrage. — En 1802, la Société centrale d'Agriculture (aujourd'hui Nationale) fit une enquête sur l'efficacité du plâtrage des légumineuses. Il en résulta que, sur 43 opinions émises, il y en eut 40 qui affirmèrent sa bonne action. De plus, il fut établi qu'il n'agissait pas dans les terres excessivement humides (6 voix sur 6) ; qu'il ne peut suppléer à l'engrais organique ou à l'humus (7 voix sur 7) ; qu'il n'agit pas favorablement sur les céréales (32 voix sur 32).

Smith, en Angleterre, fit des expériences sur le trèfle blanc et le sainfoin. Les rendements obtenus démontrent que le plâtre a souvent augmenté le produit de un tiers et qu'il a quelquefois doublé la récolte ; qu'il favorise aussi le rendement en graine. Pour le trèfle blanc, la récolte a été plus que doublée par le plâtrage.

M. de Villèle fit plus tard des expériences qui confirmèrent celles-ci, sur le sainfoin et le trèfle rouge.

Mais il est des sols sur lesquels le plâtre n'a pas d'action. Les terres de l'École de Grignon sont dans ce cas.

En somme, l'efficacité du plâtre ne peut pas être mise en doute dans un grand nombre de pays.

Mode d'action. — Mais comment le plâtre agit-il ? Comment se fait-il qu'il soit efficace dans certains sols et qu'il ne le soit pas dans d'autres ? Pourquoi agit-il sur les légumineuses et non sur les céréales ?

Voilà ce que nous voudrions pouvoir expliquer complètement. Malheureusement, il y a encore dans le problème quelques obscurités.

Le plâtre est du sulfate de chaux, et il est assez soluble dans l'eau. On a cru qu'il agissait en fournissant de l'acide sulfurique et de la chaux aux légumineuses. Pour ce qui est de la chaux, cela est vrai, surtout dans les sols non calcaires.

Mais il agit très bien souvent dans les terres calcaires. Est-ce parce qu'il fournit de l'acide sulfurique aux plantes? Non, car les plants de trèfle plâtré ne contiennent pas plus de cet acide que ceux qui ne l'ont pas été, ainsi que le démontrent les recherches de Boussingault, dont voici les résultats :

	Récolte extraordinaire de 1841.		Récolte favorable de 1842.	
	Cendres.		Cendres.	
	Non plâtré.	Plâtré.	Non plâtré.	Plâtré.
Chlore	4,1	3,8	3,3	3,0
Acide phosphorique	9,7	9,0	7,1	8,2
Acide sulfurique	3,9	3,4	3,1	3,2
Chaux	28,5	29,4	33,2	36,7
Potasse	33,6	35,4	29,4	34,7
Soude	1,2	0,9	2,9	0,3
Silice	20,2	10,4	13,1	3,7
Oxydes de fer et de manganèse	1,2	1,0	0,6	»

Il découle aussi de ces résultats que le plâtre n'est pas absorbé en nature, puisqu'il n'y a dans les cendres que le dixième de la quantité d'acide sulfurique qu'exige la chaux pour être saturée.

L'expérience a prouvé, d'un autre côté, que le plâtre ne favorise pas la formation des nitrates dans le sol, contrairement à l'hypothèse de Kulmann.

M. Dehérain mélangea à un échantillon de terre un dixième de son poids de plâtre pur calciné ; d'un autre côté, il mélangea un autre échantillon de terre avec un dixième de son poids de sable pur. La terre employée était la terre noire de Russie; elle ne renfermait que des traces de nitrates.

L'acide nitrique fut dosé à diverses reprises. Il augmenta dans la terre sablée; la terre plâtrée n'en renfermait toujours

que des traces. Trois semaines après le plâtrage, on trouva dans
1 kilogramme :

	Nitrate équivalent à nitrate de potasse.
Terre sablée...............................	0^{gr},021
Terre plâtrée...............................	Traces.

Une autre expérience portant sur la terre de Russie plâtrée
et sur la même terre normale donna :

	Nitrate équivalent à nitrate de potasse.
Terre normale...............................	0^{gr},401
Terre plâtrée...............................	0^{gr},102

Ces faits sont concluants.

Des expériences analogues, faites sur la même terre plâtrée
et non plâtrée, montrèrent que le plâtrage ne favorise pas non
plus la formation de l'ammoniaque :

1° Durée de l'expérience : un mois.

	Ammoniaque.
Terre de Russie sablée........................	0^{gr},0624
Terre plâtrée........................	0^{gr},0548

2° Durée de l'expérience : quatre mois,

Terre de Russie normale........................	0^{gr},175
Terre de Russie plâtrée........................	0^{gr},130

Dans les analyses de Boussingault citées plus haut, il y a
un fait qu'on ne peut laisser passer sans attention : c'est que
le trèfle plâtré contient beaucoup plus de potasse que le trèfle
non plâtré. En se basant sur ce fait, M. Dehérain a recherché
l'influence du plâtre sur l'absorption de la potasse par les
légumineuses, et voici les résultats de ses expériences :

1° Le plâtrage favorise la solubilité de la potasse dans
les terres, car dix échantillons, de 1 kilogramme chacun, de
terres diverses, n'ont abandonné à l'épuisement par l'eau que
1^{gr},095 de potasse, tandis que les mêmes terres, après avoir été
plâtrées, ont cédé à l'eau 2^{gr},525 de potasse.

2° Les terres qui ne sont pas plâtrées avec avantage abandonnent à l'eau de la potasse :

	Potasse dissoute.
Terre d'Éragny (Seine-et-Marne) jamais plâtrée...	0^{gr},084
Terre d'Alfort (Seine) jamais plâtrée.............	0^{gr},082

3° Les terres qui sont plâtrées avec avantage n'abandonnent pas de potasse avant le plâtrage, mais en cèdent après :

	Potasse avant plâtrage.	Potasse après plâtrage.
Terre de la Guéritaude (Indre-et-Loire) .	Traces.	0gr,115
Autre terre —	Traces.	0gr,192

4° Le kaolin et l'alumine à l'état normal ont retenu 50 p. 100 de la potasse des dissolutions au contact desquelles on les a fait séjourner, tandis que, après avoir été mélangés avec du plâtre, ils n'ont plus absorbé que 18 p. 100 de cette base.

5° Des résultats analogues s'observent pour l'ammoniaque. Sur 100 parties d'ammoniaque contenues dans les terres à l'état normal, l'eau en a enlevé 36,2.

Dans les mêmes terres plâtrées, l'eau a extrait 60 p. 100 de l'ammoniaque.

Les expériences précédentes mettent en évidence l'action du plâtrage sur la solubilité de la potasse dans les sols, et la faculté que les sols plâtrés possèdent d'abandonner plus de potasse à l'eau qui les baigne ou les traverse.

Dans le sol, nous savons que l'ammoniaque se trouve vraisemblablement à l'état de carbonate, et qu'il en est ainsi de la potasse soluble, puisque l'acide carbonique est un des agents les plus actifs de la décomposition des feldspaths. Si l'on mélange à ces carbonates du sulfate de chaux, il est clair qu'on obtiendra des sulfates d'ammoniaque et de potasse et du carbonate de chaux insoluble. Il se formera donc dans la terre plâtrée des sulfates de potasse et d'ammoniaque. Ne serait-ce pas à cette transformation des carbonates en sulfates que serait due la plus grande mobilité de la potasse et de l'ammoniaque ? Les expériences de M. Dehérain tendent à nous le faire admettre, car elles établissent que :

1° Sur 100 grammes de potasse mise en contact d'une terre ou d'un kaolin, à l'état de carbonate, il y en a 74 de retenus ;

2° Sur 100 grammes de potasse à l'état de sulfate, il n'en est retenu que 32 ;

3° Sur 100 grammes d'ammoniaque à l'état de carbonate, il en est retenu 80 ;

4° Sur 100 grammes d'ammoniaque à l'état de sulfate, il en est retenu seulement 31,5.

D'où il suit que la mobilité des sulfates de potasse et d'ammoniaque dans le sol est bien plus grande que celle des carbonates ; ce qui nous induit à penser que c'est bien à cette transformation des sels potassiques et ammoniacaux du sol en sulfates qu'est due leur plus grande diffusibilité.

On sait qu'il existe de l'azote organique dans le sol jusqu'aux profondeurs de 1 mètre et 1^m,80, mais que la proportion diminue à partir de la surface. Nous savons aussi que la potasse est énergiquement retenue par les terres ; et l'analyse des eaux de drainage nous montre qu'elle descend difficilement à une certaine profondeur. Or nous savons aussi qu'elle est mise en liberté par l'action de l'acide carbonique qui se forme aux dépens de l'humus dans la couche supérieure du sol, acide carbonique qui l'arrache aux argiles. On conçoit donc que, tant qu'on cultivera des céréales à racines superficielles, il importe peu que la potasse et l'ammoniaque soient retenues dans les couches supérieures par les propriétés absorbantes du sol. Mais aussi l'on comprend qu'il n'en est plus de même pour les légumineuses dont les racines pénètrent profondément.

Les racines de sainfoin atteignent jusqu'à 2 mètres et plus de profondeur. Celles de luzerne vont plus loin encore. J'en ai vu une à Grignon de 2^m,50. M. de Gasparin en a vues de 4 mètres. Ces plantes pourront peut-être prospérer dans un sol sablonneux où les alcalis sont faiblement retenus dans les couches supérieures du sol ; il n'en sera plus ainsi pour les terres argileuses : pour que dans ces sols les alcalis puissent pénétrer dans les couches profondes, il faudra les soustraire à l'action absorbante de l'argile par l'emploi du plâtre.

Le plâtre agit donc sur la terre d'une façon déterminée : il a pour effet de faire passer, de la couche superficielle où elles sont habituellement retenues, dans les couches profondes où les légumineuses vont puiser leurs aliments, les bases alcalines.

Il est bon de remarquer que cette conclusion est indépendante de l'hypothèse de la transformation des carbonates en sulfates. Elle découle naturellement des faits observés.

Ainsi, on comprend facilement que le plâtre agisse favorablement sur les plantes à racines profondes, étant sans action sur les végétaux à racines traçantes. Des faits bien établis viennent appuyer cette théorie.

Si le plâtre agit bien comme sulfate, si son but est bien de transformer la potasse et l'ammoniaque en sulfates, les autres sulfates jouiront de la même propriété. Or, il est reconnu que les sulfates de magnésie et de potasse mélangés, employés à la place du plâtre, donnent d'excellents résultats, et même des résultats supérieurs, ce qui est naturel, car le plâtre mobilise seulement la potasse du sol sans la créer.

Les expériences de Lawes et Gilbert, exécutées plusieurs années de suite sur les mêmes sols, ont donné les résultats suivants :

	Rendements à l'hectare.	
	Pour 4 années.	Par an.
Sol non plâtré	35.200 kil.	8.800 kil.
Sol plâtré	47.500 —	11.870 —
Sulfates de potasse, de soude et de magnésie	55.000 —	13.500 —

D'après Isidore Pierre, le sulfate de magnésie a la même action que le plâtre sur le sainfoin, et, d'après lui, le plâtre cru donne de meilleurs résultats que le plâtre cuit.

Les engrais azotés agissent peu sur les prairies artificielles, tandis que les cendres, qui fournissent de la potasse, ont une action favorable bien établie.

Tous ces faits viennent appuyer notre conclusion.

Mais une objection se présente : si l'on trouve plus de potasse et de chaux dans les cendres des légumineuses plâtrées, on y trouve peu d'acide sulfurique et la quantité qu'elles en contiennent est loin de répondre à celle qui serait nécessaire pour saturer les alcalis des cendres. Les analyses de Boussingault le montrent. Il en est de même de celles de M. Dehérain.

Cependant les plantes absorbent directement le sulfate de chaux qu'on met à la disposition de leurs racines. L'expérience directe le montre. Il n'en est pas moins vrai que les alcalis n'ont pas pénétré, pour la plus grande partie, dans les plantes analysées dont nous avons parlé, à l'état de sulfate.

C'est que les sulfates sont décomposés à leur tour et ramenés à un autre état. Si nous suivons les sulfates de potasse, d'ammoniaque et de chaux qui descendent au travers du sol, nous reconnaissons qu'ils passent en contact des matières organiques contenues dans les couches profondes. Ils sont alors réduits et transformés en carbonates. L'expérience prouve que l'acide sulfurique introduit dans la terre arable y disparaît rapidement.

Ainsi, dans les couches profondes, sous les influences réductrices qui s'y manifestent toujours, les sulfates de chaux, de magnésie, de potasse sont réduits et transformés en carbonates, avec élimination de soufre. Dans les fumiers plâtrés, on trouve du soufre cristallisé (P. Thénard). On en trouve aussi dans les plâtras de démolition des vieilles maisons parisiennes. Une lame d'argent placée dans la terre plâtrée noircit (Boussingault). Ces faits appuient donc cette manière de voir.

Résumons toute la discussion précédente : les carbonates alcalins sont amenés à l'état de sulfates par le plâtre ; mais les bases ne persistent pas toujours dans cet état, car elles peuvent être ramenées à l'état de carbonates et même d'humates très favorables aux légumineuses. C'est sous forme de sulfates que les bases alcalines quittent le sol, pour se répartir dans le sous-sol, qu'elles n'atteindraient jamais si elles demeuraient à l'état de carbonates. Elles sont absorbées par les racines sous forme de sulfates quand elles les atteignent sous cet état. Mais bientôt les sulfates sont réduits et les carbonates régénérés, de sorte que le plâtrage n'a servi qu'à mobiliser la potasse et l'ammoniaque qu'il laisse dans le sous-sol à un état propre à leur combinaison avec l'acide humique, et à une profondeur où les racines des légumineuses viennent les saisir.

Nous avons dit que le plâtre peut fournir de la chaux à l'alimentation des plantes. En effet, transformée en carbonate de chaux à un état de division infini, la chaux devient très soluble dans l'eau chargée de gaz carbonique et, par suite, très facilement assimilable.

Enfin le plâtre n'agit pas dans les sols qui ne contiennent pas de matières organiques ou de terreau. Lawes et Gilbert ont reconnu que le plâtre cesse d'être efficace au bout de quelques années dans leur champ d'expériences, malgré l'emploi du fumier et des sels ammoniacaux ; les récoltes successives diminuent toujours. Au contraire, dans un jardin voisin, le rendement se maintient toujours. Nous allons chercher à expliquer ce phénomène.

L'expérience a démontré que les sels ammoniacaux et les nitrates, qui sont avantageux pour les graminées, sont plutôt nuisibles aux légumineuses. Cependant, celles-ci contiennent une forte proportion de matière azotée. Cet azote, qu'elles contiennent, provient bien en partie de l'azote libre de l'air : Hellriegel l'a démontré. Il peut provenir aussi en faible partie de l'ammoniaque atmosphérique, il est vrai, mais non en totalité. Du reste, l'expérience montre que les terres qui ne sont pas riches en matières azotées dans les couches profondes ne donnent jamais de bonnes prairies artificielles et que, lorsqu'une terre a produit pendant un certain temps de la luzerne et du trèfle, elle ne peut en reproduire qu'après l'écoulement d'une longue période. C'est que, probablement, les légumineuses réclament que leurs aliments minéraux basiques et une partie de l'azote leur soient présentés sous forme de combinaisons humiques. Une fois que ces composés humiques ont disparu du sous-sol, les légumineuses ne peuvent plus prospérer, quand même il y aurait des alcalis sous une autre forme. Or, ces acides humiques sont très peu solubles dans l'eau; leur passage de la couche superficielle dans les couches profondes est, par suite, fort lent.

Mais les expériences de M. Risler ont montré que l'eau chargée de plâtre enlève aux terres riches en terreau plus de matière organique que l'eau pure ; il suit de là que le plâtre pourra accélérer la reconstitution du stock d'humus des couches inférieures. D'un autre côté, dans les couches profondes riches en humus, les carbonates que l'action du plâtre y a fait passer se combinent facilement avec cet humus et en favorisent la dissolution et l'assimilation.

En fin de compte, le plâtre agit :

1° En fournissant de la chaux dans les sols qui n'en contiennent pas;

2° En faisant passer les alcalis du sol dans le sous-sol ;

3° Les alcalis dissolvent les acides humiques en s'y combinant, et les rendent assimilables.

Cette étude nous permet de comprendre facilement pourquoi le plâtre n'agit pas sur les céréales, ni sur les terres qui ne contiennent pas d'humus, ni sur les terres calcaires riches en potasse et perméables, ni sur les vieilles prairies artificielles dont le sous-sol est épuisé d'humus, tandis qu'il est utile pour les jeunes, tant que le sous-sol est riche en matières organiques azotées.

Enfin, elle nous montre que nous devons classer le plâtre parmi les amendements, car son action principale est de modifier les propriétés absorbantes du sol, bien plutôt que de servir directement à la nourriture des plantes.

Exécution du plâtrage. — Par ce que nous venons de dire, on voit facilement que le plâtre cru ou gypse, qui ne diffère du plâtre cuit que par l'eau de cristallisation qu'il contient, doit agir aussi bien que le second, à quantité égale de sulfate de chaux. La pratique, du reste, l'a démontré.

Qu'on se serve donc de l'un ou de l'autre, on plâtre le trèfle ou les autres légumineuses la première année, après la moisson, et l'on peut obtenir ainsi un bon regain avant l'hiver. On doit faire un plâtrage pour chaque coupe que l'on veut obtenir. On plâtre donc une deuxième fois au printemps, au retour de la végétation ; puis sur la repousse que donnera la seconde coupe. On choisit pour répandre le plâtre un temps calme et humide, ou qui promette une forte rosée nocturne. Si l'on fait le plâtrage en une seule fois, on répand une quantité de plâtre qui corresponde, d'après l'analyse, à 300 kilogrammes de sulfate de chaux par hectare. Si l'on doit plâtrer plusieurs fois, on divise cette dose en autant de portions que l'on doit répéter le plâtrage. Entre le plâtre cuit pur et le plâtre cru pur, il y a une différence de 10 à 12 p. 100 de sulfate de chaux, car le premier renferme ordinairement :

Sulfate de chaux...................................... 90 à 92 p. 100
Eau .... 8 à 10   —

tandis qu'on trouve dans le second :

Sulfate de chaux............................... 79 p. 100.
Eau 21   —

Rarement le plâtre est pur. Il renferme presque toujours du carbonate de chaux, de l'argile et du sable. Les plâtres vendus à l'agriculture sous le nom de *plâtres à fumer* sont souvent falsifiés avec des cendres de houille tamisées, de la craie ou de la marne, des poussiers de chaux ou de l'argile, etc.

Voici deux exemples :

1° Plâtre cuit additionné de chaux éteinte :

Eau ....   5,00 p. 100.
Sulfate de chaux............................. 55,36   —
Résidu insoluble.............................   6,00   —
Chaux éteinte................................ 33,00   —
                        Total................ 100,00 p. 100.

Il faudrait environ 550 kilogrammes de ce plâtre par hectare.

2° Plâtre cuit additionné de cendres de houille :

Eau ....   8,4 p. 100.
Sulfate de chaux............................. 61,6   —
Résidu insoluble............................. 30,0   —
                        Total .... 100,0 p. 100.

Il faudrait 500 kilogrammes de ce dernier par hectare.

Les cultivateurs ne sauraient prendre trop de précautions dans leurs acquisitions de plâtre. Ils doivent exiger sur facture la garantie d'un titre minimum en sulfate de chaux anhydre.

Nota. — En étudiant la fumure de la vigne et des arbres, nous citerons des faits nouveaux qui montrent l'utilité du plâtre pour les cultures à racines profondes.

Cendres pyriteuses.

On trouve en Picardie, à peu de profondeur, des gisements de lignites alumineux et pyriteux, qu'on emploie à l'amendement des terres, sous le nom de *cendres noires ou pyriteuses*.

Au moment de son extraction, ce produit est formé par le mélange de matières terreuses de nature argileuse, de substances carbonées et bitumineuses et de pyrite de fer. M. Lefèvre en a donné la composition comme il suit :

Eau...	22,2	p. 100.
Matières carbonées et bitumineuses.........	22,5	—
Sulfate de chaux...............................	1,9	—
Sulfate de fer..................................	Traces.	
Sulfure de fer..................................	19,4	—
Terre argileuse.................................	34,0	—
Total.................	100,0 p. 100.	

Par son exposition à l'air, le sulfure de fer s'oxyde et passe à l'état de sulfates de fer et d'alumine.

Les cendres pyriteuses qui ont subi la combustion lente présentent la composition suivante :

Eau.....................................		18,0		p. 100.
Matières organiques..................	36,0	à	40,0	—
Sulfate de fer..........................	6,0	à	7,0	—
Sulfate d'alumine.....................	3,0	à	10,0	—
Azote...................................	0,2	à	0,7	—

Souvent ces cendres sont lessivées pour en extraire les sulfates solubles. Les charrées ainsi obtenues sont aussi employées comme amendement (1).

L'efficacité des cendres noires sur les sols est intimement liée à leur richesse en sulfates de fer et d'alumine. Elles sont avantageusement employées sur les prairies naturelles et artificielles, où le sulfate de fer détruit les mousses et certaines mauvaises herbes. En réagissant sur le calcaire du sol, les sulfates de fer et d'alumine produisent du sulfate de chaux ou plâtre qui modifie le pouvoir absorbant de la terre et mobilise les alcalis utiles. C'est du reste dans les sols calcaires que

(1) On y trouve :

Sulfate de chaux........................	3,0	à	4,0	p. 100.
Sulfate de fer...........................	5,0	à	6,0	—
Matières organiques....................	16,0	à	24,0	—
Azote....................................	0,5	à	0,6	—

les cendres noires produisent le meilleur effet. On les répand au printemps sur les prairies, les trèfles et les luzernes, à la dose de 15 à 30 hectolitres par hectare.

Action physique des sels sur le sol.

Nous avons, dans ce qui précède, reconnu que le carbonate de chaux et le sulfate de chaux ont une action très marquée sur les propriétés du sol. Nous devons nous demander si les sels divers que l'agriculture emploie comme engrais et que nous étudierons plus loin sous ce rapport n'agissent pas aussi sur la texture de la terre et ses propriétés. Nous avons entrepris à ce sujet depuis quelques années des expériences et nous ne croyons pas inutile d'en donner ici les principales conclusions, nous réservant de les publier séparément dans leur détail.

Nous avons d'abord examiné l'action des divers sels de chaux employés comme engrais, ou qui peuvent se former dans le sol par double décomposition, sur la texture de la masse terreuse et sa perméabilité. Avec un appareil enregistreur et sous pression constante, nous avons fait passer au travers d'une même colonne de terre fine bien homogène, successivement de l'eau distillée, puis des solutions salines très étendues, et nous avons comparé les débits dans l'unité de temps.

En prenant comme unité la vitesse d'écoulement de l'eau distillée au travers du même sol, nous avons trouvé que cette vitesse devenait pour une solution à environ 2 grammes par litre :

Avec le chlorure de calcium........................ 1,90
Avec le nitrate de chaux 2,00
Avec le sulfate de chaux 1,35
Avec le superphosphate 1,25

Les différents sels de chaux dissous jouissent donc, comme le bicarbonate, et à des degrés divers, de la propriété de favoriser l'écoulement de l'eau et, par conséquent, de rendre la terre moins compacte. L'emploi prolongé et abondant du plâtre, et surtout des superphosphates toujours riches en sulfate de chaux, a donc pour résultat de donner au sol de meilleures propriétés physiques. C'est un fait constaté par nombre de cultivateurs de Beauce, que l'usage continu des superphosphates diminue la nécessité de renouveler aussi souvent les marnages.

Cette propriété ameublissante appartient aussi, à un degré assez élevé, aux sels de magnésie. Par l'emploi de solutions à 2 grammes par litre de chlorure de magnésium et de sulfate de magnésie, nous avons vu la vitesse d'écoulement des liquides passer de 1, pour l'eau distillée, à 1,39 et 1,44.

Les sels ammoniacaux et les sels de potasse ont aussi une action favorable sur la perméabilité, mais à des degrés divers. Tandis que le phosphate de potasse modifie à peine la vitesse d'écoulement, nous avons vu le chlorure de potassium à 2 p. 1 000 la porter à 1,70; le sulfate de potasse et le nitrate de potasse au même degré de dilution, à 1,33, et le sulfate d'ammoniaque à 1,27.

Mais ce qu'il y a de plus remarquable sous ce rapport, c'est l'effet des sels de soude. L'addition de ces sels à l'eau qui traverse le sol, même en quantité faible, modifie la texture de la terre jusqu'au point quelquefois de la rendre absolument imperméable.

Avec le carbonate de soude à 2 grammes par litre, la vitesse d'écoulement tombe de 4600 p. 100 par rapport à l'eau distillée. C'est le résultat de la propriété que possède ce sel, même en présence des sels de chaux et du calcaire, de décoaguler l'argile d'une manière très énergique. Les sels de soude qui traversent le sol en solution très étendue donnent, aux dépens du calcaire, par double décomposition, du carbonate de soude, et dès lors la terre a une tendance très forte à perdre son ameublissement. Une solution à 2 grammes par litre a diminué la perméabilité de 80 p. 100 avec le nitrate de soude; de 70 p. 100 avec le sulfate; de 82 p. 100 avec le phosphate; et l'a mise à néant avec le sel marin. A la dose où l'on emploie le nitrate de soude ou le sel de cuisine dans les champs, leur action, pour être moins puissante, n'en existe pas moins. Depuis longtemps les cultivateurs nous ont signalé, et nous l'avions contrôlé, que le nitrate de soude a pour effet de glacer la surface du sol et d'y former une croûte presque imperméable.

Si le nitrate de soude présente cette action nuisible sur la perméabilité, il a, d'autre part, comme la plupart des sels, la propriété, même à petite dose, d'augmenter la puissance d'ascension capillaire de l'eau. Par conséquent, il favorise l'alimentation aqueuse des racines aux dépens de l'eau des couches profondes.

Toutefois cette action dans les sols argileux peut être combattue par le tassement du sol, qui résulte de l'action du carbonate de soude produit par double décomposition avec le calcaire, ce tassement ayant pour effet de ralentir considérablement la vitesse de transport du liquide.

II. — FUMIER.

Le plus ancien et le plus important de tous les engrais utilisés par l'agriculture est le *fumier de ferme*. Il est aussi le plus généralement employé et presque toujours le plus économique. Constitué par le mélange des excréments solides et liquides des animaux domestiques avec les litières qui leur servent de couchage, il n'est plus aujourd'hui le but principal de l'entretien du bétail dans l'exploitation. Dans les conditions économiques actuelles, qui sont devenues beaucoup meilleures pour la vente de la viande principalement et des moteurs animés, comme aussi des produits de la laiterie, le fumier, de produit principal, est devenu un véritable résidu d'industrie. C'est un résidu de grande importance agricole, il est vrai, mais ses frais de production se trouvent ainsi bien diminués, et l'ancien axiome : « Le bétail est un mal nécessaire » a cessé d'être admissible ; car, au contraire, l'élevage et l'exploitation des animaux sont devenus, pour le cultivateur diligent, une des sources les plus sûres du bénéfice. Loin donc que la production du fumier ait perdu de son importance avec les progrès réalisés dans l'exploitation

rurale dans la seconde moitié du xix⁰ siècle, il en a plutôt
gagné : on en produit davantage et on le produit meilleur,
parce qu'on a développé les spéculations sur le bétail, et
qu'on apporte plus de soin à le recueillir et à le fabriquer.

Le fumier de ferme n'est pas un engrais de composition
fixe. Les causes qui en font varier la valeur fertilisante et la
quantité produite sont nombreuses. Les facteurs principaux
de ces variations sont, d'une part, la nature, la composition
et les proportions des excréments mixtes qui contribuent à sa
formation, et qui sont sous la dépendance du genre des animaux entretenus, de leur âge et de la nourriture qu'ils
reçoivent, la nature et la proportion des litières, qui servent
d'excipient aux déjections ; d'autre part, le mode de traitement appliqué à sa fabrication et à sa conservation, mode qui
favorise ou arrête les réactions des éléments du fumier les uns
sur les autres, qui assure la conservation ou est, au contraire,
une cause de déperdition des principes fertilisants.

Enfin les réactions qui se produisent dans le tas de fumier
ne sont pas les dernières que ce produit subit. Elles continuent d'une manière variée, plus ou moins profitable, suivant
les procédés usités dans l'emploi du produit.

Tous ces points sont à examiner successivement si l'on veut
se rendre compte de ce qu'est en réalité le fumier, et si l'on
veut tirer de sa production le plus grand effet fertilisant
possible.

Excréments solides et liquides du bétail.

Les fourrages absorbés par les animaux sont épuisés par
la fonction de digestion de tous les principes alimentaires
utilisables par l'organisme pour la production des tissus, de
la chaleur et de l'énergie nécessaires au fonctionnement de
la machine vivante. Les résidus de la digestion sont évacués
au dehors sous forme d'excréments solides, d'aspect varié
suivant les espèces d'animaux considérées.

Toutes les substances digérées qui sont entrées dans la
circulation et qui n'ont pas servi à la formation des tissus

sont brûlées plus ou moins complètement : les substances hydrocarbonées donnent comme résidus de l'eau et de l'acide carbonique, éliminés par la respiration pulmonaire et la perspiration cutanée ; quant aux substances azotées, elles sont aussi brûlées, mais d'une manière incomplète, et ramenées à l'état d'urée, d'acide urique et d'acide hippurique, etc. Ces corps sont éliminés par les urines.

Au point de vue qui nous occupe, ce sont les éléments fertilisants qui doivent surtout retenir notre attention. L'azote des aliments passe pour la plus grande partie dans les urines ; il en est de même des sels de potasse. Les sels de chaux et les sels de magnésie, ainsi que les phosphates, sont au contraire en majeure proportion expulsés dans les excréments solides.

Cheval. — Les excréments solides du cheval, désignés vulgairement sous le nom de *crottins*, sont relativement peu humides. Les urines sont concentrées et très alcalines. Les quantités d'excréments produites par jour et par tête sont certainement très variables. Nous avons réuni ci-dessous quelques renseignements puisés aux sources les plus sûres :

	Crottins.	Urines.	Total.
D'après Boussingault	14,2	1,35	15,55
D'après Muntz et Girard	9,35	1,30	10,65
D'après Grandeau et Leclerc	6,0	3,2	9,2
D'après Stœckhardt	16,4	4,1	20,5

L'influence du régime se fait sentir sur la quantité d'excréments produits. Dans le premier cas, il s'agit d'un cheval nourri au foin ($7^{kg},5$) et à l'avoine ($2^{kg},27$). Dans le second, les chevaux de ferme observés consommaient 3 kilogrammes de foin et paille et 8 kilogrammes de grains (avoine et maïs). Enfin, dans le troisième, qui est la moyenne d'expériences très prolongées sur les chevaux de la Compagnie des Petites Voitures de Paris, les animaux recevaient une nourriture mixte de foin, paille, grains et tourteaux. Des chevaux nourris exclusivement de grains ne donnent guère plus de 2 à 5 kilogrammes de crottins. Nourris au foin et à la paille, ils en donnent beaucoup plus, soit de 10 à 20 kilogrammes.

La composition moyenne de ces excréments est donnée ci-après :

1° *Crottins.*

	Stœckhardt.	Müntz et Girard.	Boussingault.	Moyennes.
	p. 100.	p. 100.	p. 100.	p. 100.
Eau	76,00	70,00	75,30	73,80
Matière sèche......	24,00	30,00	24,70	26,20
Azote.............	0,50	0,72	0,55	0,59
Acide phosphorique.	0,35	0,49	0,30	0.38
Potasse	0,30	0,54	»	0,42
Chaux et magnésie..	0,30	»	»	0,30

2° *Urines.*

	Stœckhardt.	Boussingault.	Audoinaud.	Moyennes.
	p. 100.	p. 100.	p. 100.	p. 100.
Eau	89,0	90,5	»	89,7
Matière sèche	11,0	9,5	»	10,3
Azote.............	1,2	1,75	1,52	1,5
Acide phosphorique.	»	»	»	»
Potasse	1,5	0,8	0,92	1,0
Chaux et magnésie.	0,8	»	»	0,8

Voyons ce qu'un cheval de culture produit d'excréments et de matières fertilisantes par an. Pour faire ce calcul, nous prendrons comme point de départ les données de Stœckhardt, que nous estimons se rapprocher le plus des conditions de la pratique courante, pour les quantités produites, et nous adopterons pour la composition les moyennes calculées plus haut :

	Crottins.	Urines.	Total.
Eau.....................	4.440 kil.	1.345 kil.	5.785 kil.
Matière sèche...........	1.560 —	155 —	1.715 —
	6.000 kil.	1.500 kil.	7.500 kil.
Azote..................	36 kil.	22 kil.	58 kil.
Acide phosphorique.....	23 —	»	23 —
Potasse................	25 —	15 —	40 —
Chaux et magnésie......	18 —	12 —	30 —

Bêtes ovines. — Les excréments solides des moutons sont, comme ceux des chevaux, relativement peu humides et assez concentrés. Les urines sont peu abondantes et riches.

D'après Stœckhardt, un mouton de poids moyen produit par an :

Crottins .... 380 kil.
Urines.. 190 —
Total........................ 570 kil.

MM. Müntz et Girard ont constaté que des moutons de 40 kilogrammes de poids vif, nourris de luzerne et de betteraves, donnaient par tête et par jour 2^{kg},05 de déjections mixtes, soit par année 912 kilogrammes. Les ovidés nourris en hiver avec des betteraves donnent beaucoup plus d'urines qu'avec le régime sec. La moyenne de ces quantités nous parait représenter la production du mouton dans les conditions ordinaires de nos exploitations rurales. On peut donc compter sur 740 kilogrammes d'excréments mixtes, composés de 500 kilogrammes de crottins et de 240 d'urines.

Les crottins ont la composition suivante :

	Stœckhardt.	Müntz et Girard.	Boussingault.	Moyenne.
	p. 100.	p. 100.	p. 100.	p. 100.
Eau	59,00	70,27	68,71	66,00
Matière sèche	41,00	29,73	31,29	34,00
Azote..............	0,75	0,60	0,72	0,70
Acide phosphorique.	0,60	0,47	1,52	0,86
Potasse.............	0,30	0,37	»	0,33
Chaux et magnésie..	1,50	»	»	1,50

Quant aux urines, elles renferment les quantités ci-après d'éléments utiles :

	Stœckhardt.	Müntz et Girard.	Boussingault.	Moyennes.
	p. 100.	p. 100.	p. 100.	p. 100.
Eau	86,5	»	89,4	88,00
Matière sèche,.......	13,5		10,6	12,00
Azote..............	1,40	0,89	1,68	1,32
Acide phosphorique.	0,05	»	»	0,05
Potasse.............	2,00	1,72	»	1,86
Chaux et magnésie..	0,60	»	»	0,60

Dans le courant d'une année, un mouton moyen produirait donc les quantités suivantes de matières fertilisantes :

	Crottins.	Urines.	Total.
Eau	330 kil.	211 kil.	541 kil.
Matière sèche	170 —	29 —	199 —
Total	500 kil.	240 kil.	740 kil.
Azote	3,5 kil.	3,2 kil.	6,7 kil.
Acide phosphorique	4,3 —	»	4,3 —
Potasse	1,7 —	4,5 —	6,2 —
Chaux et magnésie	7,5 —	1.3 —	8,8 —

Les excréments mixtes du mouton sont employés directement pour la fumure des terres dans le parcage. Nous reviendrons plus loin sur cette pratique et ses avantages. Dans le midi de la France, les crottins sont quelquefois employés seuls; on balaye tous les jours la bergerie pour les recueillir. L'hectolitre pèse environ 70 kilogrammes. Dans le pays de Côme, en Italie, on fait sécher les crottins et on les réduit en poudre pour les employer, sous le nom de *polverino*, à la fumure des champs. Enfin il existe en Angleterre des bergeries dont l'aire est à claire-voie et laisse passer dans une fosse maçonnée toutes les déjections. On les mêle, pour l'emploi, avec de la tourbe ou des cendres de houille.

Bêtes bovines. — Les excréments solides des bêtes bovines sont plus aqueux, plus spongieux et moins prompts à fermenter que ceux des moutons ou des chevaux. Leur action fertilisante est plus lente à se produire. Par contre, la bouse des bovidés se mélange plus parfaitement aux litières.

Les urines, de réaction alcaline, sont plus abondantes et plus étendues.

On peut admettre qu'une bête bovine de poids moyen produit par jour les quantités suivantes d'excréments :

	Bouses.	Urines.	Total.
D'après Boussingault	28,4 kil.	8,2 kil.	36,6 kil.
D'après Müntz et Girard (a)	26,7 —	10,4 —	37,1 —
— (b)	19,0 —	40,0 —	59,0 —
— (c)	22,0 —	6,2 —	28,2 —
— (d)	33,0 —	18,0 —	51,0 —
D'après Stoeckhardt	27,3 —	11,0 —	38,3 —

En moyenne donc une vache produit 41^{kg},6 de déjections mixtes, comprenant 26 kilogrammes de bouses et 15ᵏᵍ,6 d'urines.

L'influence du régime sur la production des excréments ressort très nettement de ces expériences. La vache observée par Boussingault consommait 15 kilogrammes de pommes de terre et 7ᵏᵍ,5 de regain. Elle pesait 440 kilogrammes.

Les vaches observées par MM. Müntz et Girard pesaient 550 kilogrammes. Dans l'essai (*a*), la bête recevait 40 kilogrammes d'un mélange de betteraves et de balles, avec 9 kilogrammes de foin de luzerne. Dans l'expérience (*b*), elle consommait 70 kilogrammes de betteraves seules. En (*c*), elle mangeait 12 kilogrammes de foin de luzerne. Enfin, en (*d*), deux autres vaches recevaient par jour et par tête 53 kilogrammes de deuxième coupe de luzerne verte.

Voyons maintenant quelle est la composition de ces excréments :

1° *Bouses.*

	Stœckhardt.		Boussingault.	Müntz et Girard.	Moyennes.
	Vache.	l'œuf à l'engrais.			
Eau.............	84.000	83,00	85,99	81,000	83,50
Matière sèche..	16,000	17,00	14,10	19,000	16,50
Azote..........	0,30	0,35	0,32	0,33	0,32
Acide phospho-rique........	0.225	0,30	0.14	0,18	0,21
Potasse........	0,100	0,15	»	0,190	0,15
Chaux et ma-gnésie.......	0,100	0,50	»	»	0,30

2° *Urines.*

	Stœckhardt.		Boussingault.	Müntz et Girard.	Moyennes.
	Vache.	l'œuf à l'engrais.			
Eau.............	93.00	92,50	90,20	94,20	91,70
Matière sèche..	7,60	7,50	9,80	8,80	8,30
Azote..........	0,80	1,10	0,70	0,80	0,85
Acide phospho-rique........	»	0,01	»	0,01	0,01
Potasse........	1,40	1,50	»	1,30	1,40
Chaux et ma-gnésie.......	0,15	0,12	»	»	0,13

Une vache de 500 kilogrammes de poids vif produit donc en

moyenne et par an les quantités suivantes de substances
fertilisantes :

	Bouses.	Urines.	Total.
Eau	7.924 kil.	5.221 kil.	13.145 kil.
Matière sèche	1.566 —	473 —	2.039 —
Total	9.490 kil.	5.694 kil.	15.184 kil.
Azote	30,4 kil.	48,5 kil.	78,9 kil.
Acide phosphorique	20,0 —	0,6 —	20,6 —
Potasse	14,0 —	79,7 —	93,7 —
Chaux et magnésie	28,5 —	7,4 —	35,9 —

Les excréments des bêtes bovines sont rarement employés
à l'état naturel. Cependant, en Angleterre, on fait parquer les
bœufs à l'engrais, auxquels on donne, en supplément de nourriture, des turneps, des betteraves ou des pommes de terre.
Dans les pays d'herbages, comme le pays de Bray, on fait
parquer les vaches dans les embouches. En moyenne, dix
vaches peuvent parquer 150 mètres carrés par jour, ce qui
produit des effets très sensibles pendant deux ans et fait disparaître la fétuque dure et le nard serré.

Lorsque les bêtes bovines pâturent les herbages, leurs
bouses restent presque toujours là où elles sont tombées. Elles
se dessèchent et ne servent qu'à un espace restreint. Il faut,
comme en Flandre et dans le Poitou, les délayer dans l'eau
pour les répandre à la surface du terrain à l'aide de l'écope.

Porcs. — Les déjections solides des porcs sont très aqueuses,
et leurs urines très abondantes, car leur régime est d'ordinaire fort riche en eau.

En observant un porc de huit mois pesant 60 kilogrammes,
et nourri avec une bouillie renfermant 7 kilogrammes de
pommes de terre cuites, Boussingault a recueilli :

Excréments solides............................... 1kg,00
Urines.. 3kg,05

Cela correspond à une production annuelle de 365 kilogrammes de déjections solides et de 1100 kilogrammes
d'urines.

D'après Stœckhardt, un porc moyen produit par an :

Excréments solides............................... 900 kil.
Urines.. 600 —

Ces résultats sont très différents et montrent que le régime influe aussi énormément sur la production des déjections de ces animaux.

Les excréments solides renferment :

	Stœckhardt.	Boussingault.	Moyenne.
Eau	80,00	84,00	82,00
Matière sèche	20,00	16,00	18,00
Azote	0,60	0,70	0,65
Acide phosphorique	0,45	0,62	0,53
Potasse	0,50	»	0,50
Chaux et magnésie	0,30	»	0,30

Les urines contiennent :

	Stœckhardt.	Boussingault.	Moyenne.
Eau	97,500	97,90	97,70
Matière sèche	2,500	2,10	2,30
Azote	0,300	0,23	0,26
Acide phosphorique	0,125	0,04	0,08
Potasse	0,200	»	0,20
Chaux et magnésie	0,050	»	0,30

En admettant la production d'excréments indiquée par Stœckhardt, et en prenant les moyennes précédentes pour leur composition, on obtient les quantités suivantes de matières fertilisantes par tête et par an :

	Excréments.	Urines.	Total.
Eau	738 kil.	586 kil.	1324 kil.
Matière sèche	162 —	14 —	176 —
Total	900 kil.	600 kil.	1500 kil.
Azote	5,9 kil.	1,6 kil.	7,5 kil.
Acide phosphorique	4,8 —	0,5 —	5,3 —
Potasse	4,5 —	1,2 —	5,7 —
Chaux et magnésie	2,7 —	0,3 —	3,0 —

Des données précédentes, il résulte que les urines du bétail se font remarquer par une grande richesse en azote et en potasse. Par contre, elles ne renferment pour ainsi dire pas d'acide phosphorique. Elles ont donc une valeur fertilisante très importante, car ces éléments s'y trouvent sous une forme très assimilable. D'un autre côté, leur forte réaction alcaline leur communique la propriété d'agir énergiquement

sur les litières pour en transformer, pendant la fermentation
du fumier, la matière organique en humates alcalins. Leur
valeur fertilisante rend impardonnables les cultivateurs qui,
au lieu de les recueillir précieusement, les laissent écouler
au dehors.

Les excréments solides des animaux sont, au contraire, relativement pauvres en azote et en potasse, et ces éléments y
sont plus difficilement solubles et assimilables. Par contre, on
y retrouve les quatre cinquièmes de l'acide phosphorique et
de la chaux des aliments. Par leur fermentation bien conduite,
ces substances deviennent assimilables et, de plus, la matière
organique abondante qu'ils renferment est une source importante d'humus.

En conséquence de ces différences relatives dans leur composition, les excréments liquides favorisent la végétation
herbacée, tandis que les déjections solides sont plus favorables
à la production des grains.

On voit aussi que le cultivateur a le plus grand intérêt à
réunir et à mélanger ensemble les deux sortes d'excréments.
Les déjections mixtes sont plus favorables à une végétation
régulière et assurent un développement plus normal et plus
continu.

Litières.

Les litières ont pour but principal de fournir aux animaux
un couchage moelleux, propre et sain. Il faut, de plus, qu'elles
soient douées d'un pouvoir absorbant pour les liquides assez
considérable pour boire autant que possible toutes les urines
produites par le bétail. On ne doit pas oublier non plus
qu'elles jouent un rôle important dans la constitution du
fumier comme matière première des matières humiques, dont
l'action remarquable sur la fertilité du sol est aujourd'hui
hors de discussion. Enfin, il faut aussi tenir compte dans leur
appréciation de leur richesse en principes nutritifs. Toutefois,
cette considération nous paraît secondaire, en général, comme
nous espérons le démontrer plus loin.

Dans notre pays de France, où la culture des céréales est

si étendue, sauf quelques exceptions pour les contrées de pâturages de montagne et les régions herbagères, leurs *pailles* constituent la litière presque unique du bétail. Elles doivent à leur nature fistuleuse d'être à la fois très élastiques et absorbantes à un degré très convenable pour assurer le bien-être des animaux dans d'excellentes conditions d'hygiène et de propreté. Les pailles les plus employées comme litières sont celles de blé, d'avoine et d'orge. Celle de seigle est beaucoup moins abondante chez nous et est réservée à la confection des liens, des paillassons et des couvertures. Elle n'est employée pour le couchage des animaux que dans les contrées pauvres ou les pays de montagne.

Au point de vue du couchage, c'est la paille de blé qui est préférable. Elle est plus élastique que les autres, elle conserve mieux sa forme et s'aplatit moins sous le poids des animaux. La paille d'avoine est plus molle, et celle d'orge l'est encore davantage.

Leur pouvoir absorbant pour les liquides est assez considérable. On admet qu'en moyenne 100 kilogrammes de paille peuvent retenir les quantités suivantes d'eau :

Blé..	220 kil.
Avoine..	228 —
Orge...	285 —

Leur richesse en principes fertilisants est peu élevée. On peut, sous ce rapport, leur assigner la composition ci-après :

	Blé. p. 100.	Avoine. p. 100.	Orge. p. 100.	Seigle. p. 100.
Azote........................	0,48	0,56	0,64	0,40
Acide phosphorique........	0,22	0,28	0,19	0,25
Potasse.....................	0,63	1,63	1,07	0,86
Chaux......	0,27	0,43	0,33	0,31
Magnésie	0,11	0,23	0,12	0,12

Elles renferment ordinairement 15 p. 100 d'eau et 85 p. 100 de matière sèche.

Comme la quantité de litière qu'on distribue en général aux animaux est de 6 à 10 kilogrammes par jour et par 1000 kilogrammes de poids vif, on remarquera que la somme des éléments nutritifs apportés au fumier par elle est peu élevée. En prenant la quantité moyenne de 4 kilogrammes par tête de gros bétail, on arrive à une consommation annuelle de 1 500 kilogrammes environ de paille litière renfermant approximativement :

Azote	7,5 kil.
Acide phosphorique	3,0 —
Potasse	16,0 —
Chaux	5,0 —
Magnésie	2,2 —

Les excréments solides et liquides produits dans le courant de l'année par une tête de gros bétail apportent au fumier, comme on l'a vu plus haut, des quantités beaucoup plus fortes, soit sept à huit fois plus d'azote et d'acide phosphorique et trois fois plus de potasse. Il en résulte, comme nous l'avons avancé, qu'il faut tenir plus grand compte des qualités physiques des pailles que de leur apport en principes nutritifs.

Les *balles de céréales* peuvent servir également de litières ; mais seulement dans le cas, pour les balles de blé et d'avoine, où il est impossible de les employer à l'alimentation. Elles sont, en effet, plus riches en principes nutritifs digestibles pour les animaux que les pailles proprement dites. Les balles de seigle et d'orge, à cause de leurs barbes, ne sont propres qu'à la confection du fumier. Nous rapportons ci-après leur composition minérale :

	Blé.	Avoine.	Orge.	Seigle.
	Balles de :			
Azote	0,72	0,64	0,48	0,58
Acide phosphorique	0,40	0,13	0,24	0,56
Potasse	0,84	0,45	0,93	0,52
Chaux	0,17	0,40	1,25	0,35
Magnésie	0,12	0,15	0,15	0,11

Elles renferment, comme les pailles, 15 p. 100 d'eau et sont, d'une manière générale, plus riches en azote.

Dans les exploitations où l'on cultive le *colza*, la *cameline* ou l'*œillette*, il convient, au lieu de brûler les tiges et les siliques, comme on le fait trop souvent, de les utiliser comme litières. Les siliques de colza ou les capsules de cameline peuvent du reste avantageusement servir de succédanés aux balles de céréales dans l'alimentation, et être mélangées dans la proportion de 8 p. 100 aux racines hachées. Il est évident que les pailles grossières des plantes précitées ont un pouvoir absorbant moyen moins élevé que les pailles de céréales. Il faut donc les distribuer plus abondamment, soit en quantité double. D'un autre côté, leur dureté rend nécessaire de les laisser plus longtemps sous les pieds du bétail. Enfin, comme le montre le tableau suivant, elles sont plus riches en principes fertilisants :

	Pailles de colza.	Siliques de colza.	Capsules de cameline.	Paille de pavot.
Azote	0,56	0,64	0,43	0,41
Acide phosphorique	0,25	0,37	0,15	0,23
Potasse	1,13	0,95	1,27	2,00
Chaux	1,17	3,51	1,60	1,50
Magnésie	0,25	0,58	0,23	0,31

Le pouvoir absorbant de la paille de colza est d'environ 200 kilogrammes d'eau par 100 kilogrammes de tiges sèches.

Les *fanes de légumineuses* sont aussi avantageusement employées comme litière. Il est vrai qu'elles ont un pouvoir absorbant moins grand en général, quoique il soit plus élevé pour les pailles de féveroles (330), et qu'elles constituent un coucher moins bon. Leur richesse en éléments fertilisants et surtout en azote permet d'en obtenir un fumier très actif, d'autant plus qu'il est nécessaire d'en employer une quantité moitié plus forte que de paille de céréales.

Nous donnons ci-après leur composition :

	Azote.	Acide phosphor.	Potasse.	Chaux.	Magnésie.
Pois	1,04	0,35	0,99	1,58	0,35
Féverole	1,63	0,29	1,94	1,20	0,26
Fève	1,60	0,39	1,28	1,11	0,25
Vesce	1,20	0,27	0,63	1,56	0,37
Lupin	0,94	0,25	1,77	0,97	0,34
Haricots	1,36	0,61	1,79	3,30	»

En Bretagne et sur le Plateau Central, la culture du *sarra-*

sin est assez développée. La paille qui en provient ne peut être employée que comme litière. Elle contient :

Azote.. 0,78
Acide phosphorique................................ 0,18
Potasse... 1,28
Chaux.. 1,91
Magnésie 0,19

Dans les contrées où, comme en Sologne, on cultive le *topinambour*, ses tiges, écrasées par le passage des voitures, peuvent entrer dans la confection des litières. Elles absorbent environ 250 p. 100 de leur poids d'eau et renferment :

Azote.. 0,43
Acide phosphorique................................ 0,10
Potasse... 0,40
Chaux.. 0,90

En dehors de ces produits ordinaires de la ferme, on peut recourir, dans certaines situations spéciales et dans les cas de disette, à un certain nombre d'autres produits végétaux spontanés. Dans les pays de landes, on utilise les *bruyères*, les *fougères*, les *genêts*, les *ajoncs* ; dans les pays marécageux, les *roseaux*, les *laiches*, les *joncs*; au bord de la mer, les *varechs*; dans les pays forestiers, les *feuilles* et la *sciure de bois*, comme aussi la tannée épuisée ; enfin, dans les pays de tourbières, on a recours avantageusement à la *tourbe mousseuse*.

Nous donnons ci-dessous la composition de ces diverses litières :

	Azote.	Acide phosph.	Potasse.	Chaux.	Magnésie.
Bruyère....................	1,00	0,11	0,21	0,36	0,16
Fougère....................	2,40	0,45	1,86	0,56	0,31
Genêt......................	2,50	0,21	0,75	0,22	0,16
Roseaux....................	1,10	0,12	0,43	»	»
Laiches....................	»	0,47	2,31	»	»
Joncs......................	»	0,35	1,67	0,42	0,30
Varechs....................	1,36	0,45	1,71	2,09	1,25
Feuilles de chêne.........	0,80	0,34	0,30	2,00	0,43
— de pin........	0,80	0,10	0,13	0,48	0,12
— de sapin......	0,50	0,27	0,25	1,05	0,23
— de hêtre......	0,80	0,24	0,30	2,60	0,31
Mousse.....................	1,00	0,15	0,32	0,28	0,13
Sciure de sapin...........	0,18	0,30	0,72	1,05	0,20

Les produits des landes ont besoin, pour être utilisés au couchage des animaux, d'être broyés préalablement. On y arrive d'une manière économique en les étalant avant leur emploi sur le passage des voitures. Leurs facultés absorbantes quand ils ont été séchés à l'air sont assez élevées. La bruyère absorbe 145 p. 100 de son poids d'eau, la fougère en absorbe 212 p. 100, et les litières de forêt environ 250. Les plantes de marécage sont d'un emploi moins avantageux.

Quant aux *feuilles mortes*, si elles sont supérieures à la paille comme richesse en azote, elles ont un pouvoir absorbant un peu moindre (200 kilogrammes p. 100). D'autre part, le fumier qu'on en obtient est d'une décomposition lente et difficile. Il est froid, compact, et a tendance à devenir acide. Il ne convient qu'aux terres calcaires. Les aiguilles de conifères forment un couchage très médiocre ; elles retiennent mal les urines.

La *sciure de bois* est employée avantageusement. Elle forme un lit très convenable pour les animaux et jouit d'un pouvoir absorbant double de celui de la paille. Malheureusement, sa pauvreté en éléments fertilisants est grande. On en emploie de 4 à 5 kilogrammes par tête de gros bétail. On doit éviter cependant de recourir à la sciure de chêne, dont la richesse en tannin pourrait nuire à la végétation.

La *tourbe mousseuse* est une excellente litière. Elle contient de 1 à 2 p. 100 d'azote, mais seulement des traces de potasse et d'acide phosphorique. Son pouvoir absorbant est très élevé : 100 kilogrammes peuvent retenir de 500 à 700 kilogrammes d'eau. Elle a de plus l'avantage de retenir et fixer l'ammoniaque avec une grande énergie. On ne saurait trop recommander son utilisation dans les pays de production et partout aux époques de disette de paille. Toutefois, il faut compter avec les frais de transport, qui peuvent être relativement considérables.

La quantité de tourbe nécessaire comme litière est de 75 à 100 kilogrammes par cheval et par mois. Pour les bêtes à cornes, on en emploie 90 kilogrammes, et 15 kilogrammes pour les porcs.

A côté de toutes ces litières organiques, on peut, dans certaines circonstances, recourir à la terre sèche. Son pouvoir absorbant pour les liquides n'est que de 50 p. 100; aussi faut-il

en employer un poids quatre à cinq fois plus considérable
que de paille. Il est nécessaire aussi de la remuer au râteau
une ou deux fois par jour pour faciliter l'absorption des déjections. Chaque jour on rafraîchit sa surface par un apport nouveau, et l'on en fait l'enlèvement quand la couche a une ving-
taine de centimètres d'épaisseur. Si le fumier ainsi produit est
encombrant, on a du moins l'avantage d'éviter dans une grande
mesure, comme nous le verrons plus loin, les pertes d'éléments fertilisants.

Les pertes d'azote dans les étables.

Dans les méthodes généralement usitées pour la préparation
du fumier, il se produit souvent des pertes énormes d'azote.
Ces pertes ont, à juste raison, préoccupé les savants et les
agronomes, depuis cinquante ans : Boussingault, Wölker,
Wolff, Kühn, d'abord, puis MM. Dehérain, Schlösing et Joulie,
ont étudié diverses faces de cette question complexe. Mais on
s'était surtout occupé des pertes qui se produisent dans les tas
de fumier, soit par volatilisation de l'azote, soit par perte
du purin. Or ce n'est pas là que les pertes sont les plus grandes,
mais à l'étable.

Tout cultivateur soigneux peut éviter facilement les pertes
de purin par un bon pavage des écuries ou des étables, et par
la construction derrière les animaux d'une rigole de pente
destinée à conduire le surplus des urines dans une citerne à
purin. Il est plus difficile d'éviter la volatilisation de l'ammoniaque provenant de la fermentation de l'urée.

Pendant ces dernières années, MM. Müntz et A.-C. Girard
se sont consacrés à l'étude des pertes qui se produisent depuis
le moment où les déjections sont émises par les animaux,
jusqu'à celui où le fumier est mis en tas. Nous allons essayer
de condenser les principaux résultats de leurs recherches.

Les pertes d'azote, sous forme de gaz ammoniacal, dans les
étables les mieux tenues, où les purins sont recueillis avec
soin, sont assez faciles à constater. Si l'aération laisse un peu
à désirer, on ressent des picotements aux yeux, qui sont
caractéristiques du carbonate d'ammoniaque, dans les écuries

et les bergeries. Mais, pour déterminer l'importance pondérale de ces exhalaisons, il faut recourir aux procédés les plus précis de l'analyse. La méthode employée par nos auteurs consiste essentiellement à doser l'azote dans les fourrages, les litières, et enfin dans les fumiers au sortir de l'étable, et dans la pesée exacte de toute la consommation du bétail et du fumier produit.

1° **Chevaux.** — C'est dans les écuries de la Compagnie des Omnibus de Paris que les recherches ont été entreprises, en ce qui concerne les chevaux. On sait que ces écuries sont tenues avec beaucoup de soin. Les palefreniers enlèvent les crottins à la main, au fur et à mesure de leur production, et les urines sont presque entièrement absorbées par les litières, qui consistent en 4^{kg},800 de paille de céréales, que l'on fait d'abord passer au râtelier avant de les étendre sur le sol. Cette expérience, qui a duré un mois, a porté sur douze chevaux percherons, qui sont restés constamment à l'écurie et n'ont perdu ni gagné de poids.

Pendant toute la durée de l'expérience, ils ont consommé 43^{kg},759 d'azote dans leurs aliments, et reçu en litière 8^{kg},614 du même principe fertilisant. Le fumier, enlevé journellement, était placé en tas et échantillonné tous les dix jours. Il pesait en tout 6 327 kilogrammes et renfermait 39^{kg},860 d'azote.

D'où il suit que, dans les conditions de la meilleure pratique, il a été perdu 12^{kg},58 d'azote, ce qui correspond à 28,7 p. 100 de l'azote consommé.

2° **Vaches.** — Quatre expériences ont été faites sur les vaches laitières. Dans une première, les animaux furent privés de litière et les excréments solides et liquides recueillis avec soin. Sur 100 kilogrammes d'azote absorbé sous forme de luzerne verte, après avoir défalqué ce qui s'était fixé dans le corps des bêtes, sous forme de poids vif, et ce qui était passé dans le lait, on a trouvé qu'il s'était perdu 27^{kg},2.

Dans les autres expériences, les auteurs se sont placés dans les conditions de la pratique, les vaches recevant de la litière ; les étables étaient mondées une ou deux fois par semaine et le fumier pesé et échantillonné à la fin de l'expérience.

Quatre vaches flamandes et quatre bretonnes étaient nourries à la luzerne verte et à la farine de seigle : pendant trente jours, on a trouvé une perte de 33,6 p. 100 de l'azote ingéré. Dans un autre essai, d'une durée de trente-trois jours, sur les mêmes animaux, la perte s'est élevée à 32 p. 100. Enfin, dans un essai de quarante-sept jours, portant sur trois vaches flamandes, cinq vaches bretonnes et deux petits taureaux bretons, l'azote perdu s'est élevé à 35,2 p. 100. Ainsi, la perte a varié de 27 à 36 p. 100, et a été en moyenne de 33 p. 100.

3° **Moutons.** — Toutes les expériences étaient conduites de la manière suivante : un lot de moutons d'environ 25 animaux était placé dans une bergerie à sol bitumé ; la litière était fournie au début en quantité suffisante pour donner aux animaux, pendant toute la durée de leur séjour, un coucher propre et sain et pour retenir complètement les urines. Le fumier s'accumulait sous les animaux, comme il est d'usage dans les grandes bergeries, et n'était retiré qu'à la fin de l'expérience. Voici les résultats constatés :

	Azote perdu p. 100 de l'azote consommé.
1° Luzerne verte	50,2
2° Foin de luzerne	55,3
3° Foin de luzerne	45,9
4° Foin de luzerne	43,8
5° Foin de luzerne	44,3
6° Alimentation variée	55,3

Les pertes ont varié de 44 à 55 p. 100 et sont en moyenne de 49 p. 100.

Des trois genres d'animaux considérés, le mouton est donc celui qui occasionne, en stabulation, les pertes les plus considérables. Avec les bêtes bovines et avec le cheval, on ne perd que le tiers de l'azote, tandis qu'avec le mouton la perte est de moitié.

Il y a dans ces faits un avertissement capital. Nous ne pouvons pas continuer à gaspiller ainsi l'azote de nos fourrages et à nous trouver, en conséquence, dans la nécessité de faire tous les ans de fortes dépenses en achat d'engrais azotés. Nous devons, à la suite des savants expérimentateurs dont nous rapportons les travaux, concentrer tous nos efforts vers ce but qui nous est marqué, car le principal bénéfice en agriculture, et le bénéfice le mieux assuré, est celui qui résulte de l'utilisation complète de toutes les ressources du domaine. Il est certes très bien d'obtenir de belles récoltes à l'aide des engrais de commerce, avec le sulfate d'ammoniaque et le nitrate de soude, dans le cas présent ; mais il est beaucoup mieux d'arriver au même résultat sans bourse délier.

La cause de la déperdition d'azote dans les expériences précédentes est la fermentation ammoniacale de l'urine, qui commence dès son émission par les animaux, et se poursuit avec une très grande intensité sous les pieds de ces derniers. En dehors de cela, il n'y a eu aucune perte sensible de liquides ou de solides. C'est dire que les chiffres que nous venons de résumer doivent être considérés comme un minimum. Car, dans la pratique courante, combien on est loin, souvent, de prendre même les précautions les plus élémentaires pour la conservation des matières fertilisantes naturelles. On n'apporte probablement pas beaucoup plus de soin à recueillir l'excès des urines qui s'écoulent des litières à l'étable, qu'à emmagasiner le purin que l'on voit, dans la plupart de nos villages, courir en ruisseaux fangeux du tas de fumier à la mare voisine.

Nous avons vu plus haut combien sont grandes les pertes qui nous occupent ; nous savons qu'elles se produisent surtout dans l'étable par suite de la fermentation rapide des urines, qui donnent lieu à la production de carbonate d'ammoniaque très volatil.

Il n'est pas possible, dans la pratique, d'empêcher cette fermentation. Pour en éviter les suites fâcheuses, il faut donc, soit fixer l'azote ammoniacal à l'aide de matières absorbantes, soit recourir à l'addition de certains produits chimiques capables de transformer le carbonate d'ammoniaque volatil en sel fixe.

La litière qu'on donne aux animaux joue, dans une certaine mesure, le rôle d'absorbant. MM. Müntz et Girard, dont nous rapportons les expériences, en ont fait la démonstration scientifique. En effet, dans des essais comparatifs sur des moutons, ils ont constaté que, lorsque les animaux, placés dans une bergerie bitumée, ne reçoivent pas de litière, il y a une perte de 50 p. 100 de l'azote consommé. Au contraire, lorsque les animaux sont placés sur une litière normale, c'est-à-dire telle qu'en moyenne on la donne dans la pratique, le régime étant le même, la perte d'azote s'abaisse à 50 p. 100. En fournissant aux moutons une litière très abondante, on a vu la perte s'abaisser encore et tomber à 40 p. 100.

La litière a donc une action manifeste pour empêcher les déperditions d'azote, mais cette action est encore bien insuffisante. La perte qui subsiste est encore énorme, même dans les cas les plus favorables.

Depuis un certain nombre d'années, la tourbe mousseuse est employée comme litière dans certains pays, surtout en Allemagne et en Hollande. Sa structure permet de la rapprocher du noir animal, dont les propriétés absorbantes pour l'ammoniaque sont connues. De plus, la tourbe est une substance acide qui peut, grâce à cette propriété, se combiner à l'ammoniaque et la transformer en combinaison fixe. Il était donc à prévoir que l'emploi des litières de tourbe aurait pour résultat, sinon d'empêcher, au moins de diminuer les pertes de carbonate d'ammoniaque.

Des expériences ont été faites pour contrôler ces prévisions, dans les écuries de la Compagnie des Omnibus ; elles ont porté sur trente-deux chevaux, soumis au même régime et divisés en deux lots de poids égal en somme, et leur durée a été d'un mois.

Pendant la durée des essais, les chevaux faisaient leur service de traction ordinaire. Ils étaient donc absents de l'écurie pendant quatre heures par jour. Les pertes que nous allons constater se composent donc de deux éléments : les déjections émises au dehors, et la volatilisation de l'ammoniaque. Or, comme les deux lots de chevaux passaient exactement le même temps dehors, on peut admettre sans erreur que les pertes de déjections étaient sensiblement les mêmes, et que les différences constatées ne peuvent se rapporter qu'à l'azote dégagé dans l'atmosphère.

L'écurie qui a reçu une litière de paille de blé s'élevant pour la durée de l'expérience à 2 302 kilogrammes a donné une perte d'azote de 63,7 p. 100.

Dans celle où les chevaux couchaient sur la tourbe, qui

avait été donnée dès le début de l'expérience à raison de 1 500 kilogrammes, la perte d'azote n'a été que de 48,4 p. 100. La différence en faveur de la tourbe a donc été de 15,3 p. 100. La substitution de 1 500 kilogrammes de tourbe à 2 302 kilogrammes de paille de blé pour la litière de trente-deux chevaux a procuré une économie d'azote de 14 kilogrammes, car il en avait été consommé en tout 91 kilogrammes.

La litière de tourbe est donc supérieure comme absorbant à la litière de paille. Son emploi est recommandable partout où l'on peut se la procurer à bon marché et où la paille peut se vendre facilement.

En Hollande, en Angleterre et en Suisse, on emploie souvent la terre comme litière. En France, ce n'est que rarement qu'on y a recours. Il nous semble cependant que la terre sèche est appelée à rendre service comme litière, dans les années où la paille est rare et chère.

La terre sèche, de consistance moyenne et non pierreuse, constitue, en effet, pour les animaux un coucher très convenable. De plus, il est depuis longtemps démontré que la terre jouit vis-à-vis de l'ammoniaque d'un pouvoir absorbant assez considérable. Employée sous les animaux, dans des expériences faites sur les moutons et sur les vaches, elle a abaissé les pertes d'azote de 50 p. 100. C'est là un fait à retenir.

De toutes les litières, donc, la terre paraît être celle qui a, au plus haut degré, la propriété d'absorber l'azote et d'éviter sa volatilisation dans l'air.

La terre agit, dans la fixation de l'azote, non seulement par son pouvoir absorbant, mais encore par la propriété qu'elle possède de favoriser beaucoup la nitrification de l'ammoniaque. Celle-ci, rapidement transformée en « nitrate », cesse d'être volatile et devient encore plus assimilable par les végétaux.

L'emploi de la terre est donc à recommander d'une manière générale ; voyons comment il faut procéder dans la pratique. Il est inutile de donner tout d'un coup aux animaux une grande quantité de « terre-litière » ; car, dans ce cas, il n'y a que la couche supérieure qui intervienne comme excipient. Il faut donner la terre par couches successives et recouvrir quotidiennement les déjections. Il est bon aussi de remuer la litière terreuse chaque jour une fois ou deux, avec la fourche crochue. Enfin, on enlève la couche de terre lorsqu'elle atteint une épaisseur de 20 centimètres environ.

On peut aussi combiner l'emploi de la paille et de la terre. Ce procédé mixte réunit deux avantages que les cultivateurs ne sauraient manquer d'apprécier : la grande propreté des écuries, étables et bergeries, et la conservation de l'azote. Cette méthode consiste à répandre tous les jours sur la litière de la veille, avant de donner la paille du jour, un nombre suffisant de pelletées de terre sèche.

Les pertes d'azote, ainsi faites dans les étables, sont donc faciles à atténuer dans de grandes proportions, si l'on ne peut encore les supprimer; et les recherches de MM. Müntz et Girard ont une portée pratique qui ne saurait échapper aux agriculteurs.

Examinons quels avantages résulteraient pour notre département d'Eure-et-Loir de l'application rationnelle du procédé combiné de couchage des animaux sur la paille et sur la terre.

Sa population animale peut s'estimer, en poids vivant, comme il suit, d'après la moyenne des existences dans ces dix dernières années :

Chevaux, ânes, mulets....................	2.877.554 quintaux.
Bœufs, vaches et jeunes...............	6.613.441 —
Moutons...............................	5.899.813 —
Porcs	660.000 —
Total...............	16.020.808 quintaux.

Or, en moyenne, il entre dans l'alimentation des animaux $14^{kg},6$ d'azote par 100 kilogrammes de poids vif et par an. L'azote consommé par an par notre bétail est donc de 233 903 tonnes métriques. Sur l'azote consommé, il est fait une perte moyenne de 30 p. 100 pour les vaches et les chevaux, de 50 p. 100 pour les moutons ; en tenant compte des proportions relatives des différentes espèces, la perte est en moyenne de 33 p. 100 ou 77 000 tonnes.

Puisque, avec l'emploi de la terre comme absorbant, il est

prouvé que la perte est diminuée de moitié, il est clair que nous aurions, sous forme de fumier, 38000 tonnes d'azote en plus. C'est une quantité énorme, car elle correspond à une valeur de 38 millions, en estimant cet azote à 1 franc le kilo, et à une fumure de 76 kilogrammes d'azote par hectare.

Ces chiffres ont leur éloquence; les cultivateurs soucieux de leurs intérêts en tireront profit. L'agriculture ne devrait plus acheter d'azote. Elle en regorge. Elle n'a qu'à se baisser pour en recueillir plus qu'il ne lui en faut. Ne serait-elle pas coupable envers la patrie en ne modifiant pas les anciens procédés qui ont suffi à nos pères, mais dont la continuation ne saurait nous donner la victoire dans la lutte à outrance pour la vie que le vieux monde doit soutenir contre le monde naissant de l'Amérique et des Indes?

Emploi des agents chimiques. — On a, depuis longtemps, recommandé d'incorporer aux fumiers, dans les étables et dans les fosses, diverses substances qui devaient intervenir par leurs éléments chimiques pour retenir l'ammoniaque volatile formée pendant la fermentation, ou pour entraver celle-ci.

C'est ainsi qu'autrefois Payen a préconisé l'emploi de la chaux, pour arrêter la décomposition ammoniacale des urines fraîches. On devait répandre la chaux sous forme de lait, sur le sol des étables. Dans des expériences de contrôle exécutées par MM. Müntz et Girard sur de l'urine de vaches, ces savants ont reconnu que, toujours, la déperdition ammoniacale était plus grande dans les urines chaulées que dans les urines naturelles.

Si l'on additionne du fumier frais de chaux éteinte, on observe également que le dégagement ammoniacal est plus rapide et plus considérable.

En opérant sur du fumier en tas, additionné de scories phosphoreuses, riches en chaux, ainsi que chacun sait, Holdefleis a constaté un accroissement des pertes d'azote, qui sont passées de 11,5 à 15,5 p. 100.

L'emploi de la chaux doit donc être déconseillé, car il est nettement défavorable à la qualité du fumier.

Après la chaux qui devait arrêter la fermentation ammoniacale, on a prôné des agents chimiques fixateurs de l'ammoniaque gazeuse, tels que le sulfate de fer, le plâtre phosphaté, etc.

Voyons quel fond on peut faire sur l'emploi de ces substances pour retenir l'alcali volatil.

Le sulfate de fer mis en contact du carbonate d'ammoniaque décompose celui-ci pour former du sulfate d'ammoniaque, fixe et non volatil, et du carbonate de fer qui s'oxyde rapidement au contact de l'air, pour se transformer en rouille, laquelle ne peut plus réagir sur le sulfate d'ammoniaque formé. Donc, en théorie, le sulfate de fer est un fixateur absolu de l'ammoniaque. Examinons maintenant ce qui se produit dans la pratique.

Un lot de vingt moutons a été placé, pendant vingt et un jours, sur une litière de paille qu'on saupoudrait de temps en temps de sulfate de fer réduit en poudre. La dose de paille litière était de 30 kilogrammes, et il fut répandu 6 kilogrammes de sulfate de fer, soit 15 grammes par jour et par mouton.

La perte d'azote constatée a été de 48,3 p. 100. Cette proportion n'est nullement inférieure à la perte reconnue dans les conditions ordinaires.

Ainsi, à la dose faible de 300 grammes pour 500 kilogrammes de poids vif, le sulfate de fer n'a produit aucun effet utile.

Quelle est la cause de cette inaction? Elle réside dans la richesse des fumiers en carbonates alcalins fixes. Le sulfate de fer ne peut réagir sur l'ammoniaque qu'après avoir saturé les carbonates de potasse et de soude des urines. Pour que le sulfate de fer ait un effet utile dans le cas qui nous occupe, il faut qu'il soit mis en grand excès. Après avoir déterminé la quantité de carbonates de soude et de potasse des engrais naturels, et les pertes d'ammoniaque effectuées dans les conditions normales de la production du fumier, nos auteurs ont pu dresser le tableau suivant :

	Cheval de 550 kil.	Vache de 500 kil.	Mouton de 45 kil.
Azote volatilisé................	12^{kg},9	46^{kg},2	6^{kg},9
Sulfate de fer nécessaire :			
1° Pour fixer cet azote........	147^{kg},4	528^{kg},0	78^{kg},8
2° Pour décomposer les carbonates alcalins...........	55^{kg},2	166^{kg},3	13^{kg},7
3° Quantité totale nécessaire..	202^{kg},6	694^{kg},3	92^{kg},5

6.

qui indique la quantité minima de sulfate de fer à employer pour arriver au résultat visé ; nous disons *quantité minima*, car on ne peut admettre que, dans la pratique courante, le sulfate de fer entre intégralement en réaction. D'autre part, ces chiffres doivent être majorés de la proportion d'impuretés que renferme forcément le sulfate de fer brut du commerce.

Pour fixer l'azote dégagé dans une étable de vaches, il faudra dépenser par tête plus de 800 kilogrammes de sulfate de fer, soit 64 francs environ.

Pour se procurer dans le commerce 46 kilogrammes d'azote nitrique, on aurait dû dépenser 69 francs. On voit qu'il n'y aurait pas d'avantage sensible sous ce rapport.

Mais, en même temps, l'emploi de quantités aussi grandes de sulfates de fer, en saturant l'alcalinité du fumier, le déprécierait profondément. Toutes les modifications si importantes qui se produisent sous l'action des liquides alcalins des urines, modifications qui ont pour résultat la formation de la *matière noire* onctueuse et douce qui caractérise le fumier fait, seraient arrêtées. Or, les praticiens savent depuis longtemps que le fumier fait est beaucoup plus actif que le fumier non décomposé. Et M. Dehérain a démontré expérimentalement que la matière noire peut servir directement d'aliment carbo-azoté aux racines fourragères et sucrières et aux légumineuses.

On ne saurait donc recommander l'emploi du sulfate de fer dans les étables et sur les tas de fumier.

Le plâtre peut-il rendre plus de services ? Théoriquement, si l'on met en contact du plâtre ou sulfate de chaux et du carbonate d'ammoniaque, il se forme du sulfate d'ammoniaque et du carbonate de chaux. Mais ce dernier sel réagit à son tour sur le sel ammoniacal formé et tend à le décomposer. Le sulfate de chaux n'est pas, comme le sulfate de fer, un fixateur théoriquement absolu de l'ammoniaque : il ne peut que retarder sa volatilisation.

Dans des essais pratiques faits sur des moutons, essais qui ont duré vingt-deux jours, pendant lesquels il a été répandu 100 grammes de plâtre par jour et par tête, la perte d'azote volatil n'a été que de 34 p. 100. A la même époque, et dans les mêmes conditions, il y avait eu une perte de 55 p. 100 dans la bergerie non plâtrée.

A cette dose élevée, le plâtre a donc une action manifeste.

Avec 500 kilogrammes de plâtre par an et par 500 kilogrammes de poids vif, il a été fixé dans cette expérience 20 p. 100 de l'azote consommé, soit 28 kilogrammes pour l'année ; il en aurait coûté 5 francs d'achat de plâtre seulement. Le plâtre serait donc moins onéreux à employer dans les étables que le sulfate de fer ; mais, pour avoir une réaction absorbante complète, il faudrait employer au moins 1 400 kilogrammes par tête de 500 kilogrammes de poids vif ou l'équivalent. On peut dire aussi qu'il faut ajouter au fumier produit 12 p. 100 de son poids de plâtre pour en fixer l'azote. Mais il est probable que l'emploi de quantités aussi fortes de plâtre nuirait sensiblement à la fabrication du fumier en empêchant sa fermentation.

En même temps qu'on préconisait sans mesure l'emploi du sulfate de fer et du plâtre pour éviter les pertes d'azote des fumiers, on accusait les phosphates naturels, qui contiennent toujours un peu de carbonate de chaux, de favoriser cette déperdition. Une expérience de M. Joulie avait donné crédit à cette opinion. Des essais directs sur du fumier de vaches additionné de 2 p. 100 de son poids de phosphate naturel des Ardennes pulvérisé ont montré que, tandis qu'on ne perdait que 13 grammes d'azote en quatre mois par tonne, il s'en perdait 47 grammes dans le même fumier non phosphaté.

En opérant sur du fumier de mouton additionné, d'une part, de 2 p. 100 de phosphate, et, de l'autre, de 4 p. 100 de carbonate, on a constaté une perte d'azote de 557 grammes pour le fumier naturel, 350 grammes pour le fumier phosphaté, et de 393 grammes pour le fumier additionné de calcaire.

Les phosphates n'augmentent donc pas les pertes d'azote du fumier, mais, en vérité, ils les améliorent beaucoup en les enrichissant en acide phosphorique, l'élément qui manque généralement le plus au sol.

Les effets de la kaïnite sur la fixation de l'ammoniaque sont dus aux sels magnésiens qu'elle renferme. L'action de ce corps est donc de même nature que celle du sulfate de chaux, mais moins énergique, à poids égal, et incomparablement inférieure à valeur égale, puisque 100 kilogrammes de kaïnite coûtent autant que 1 000 kilogrammes de plâtre.

En résumé, de tous les ingrédients recommandés pour la fixation de l'azote du fumier dans les étables, il n'y a que le plâtre qui puisse être retenu. Encore ne peut-on l'employer, sans danger pour la bonne fabrication du fumier, en quantité suffisante pour obtenir un résultat complet. Il n'est, par suite, pas supérieur à la terre sèche, et dès lors celle-ci, qui ne coûte rien, doit lui être préférée.

Parcage.

Nous venons de voir que, lorsqu'on entretient les moutons à la bergerie, on perd une proportion considérable de l'azote des fourrages consommés, et que, au contraire, si les animaux sont maintenus sur une litière de terre meuble, la perte d'azote est réduite de 30 p. 100. Les propriétés absorbantes de la terre se manifestent ici clairement, et il serait par suite intéressant pour les cultivateurs d'essayer de cette substitution de la terre à la paille dans la pratique courante. Mais alors il y aurait grand avantage à modifier le mode d'opérer de MM. Müntz et Girard et, au lieu de placer d'un coup sur le fond de la bergerie toute la quantité de terre meuble à employer comme excipient pour une période de trois semaines, on obtiendrait certainement une absorption meilleure en la répandant en plusieurs fois. A la fin, en effet, de l'expérience précitée, quand on a enlevé le fumier terreux, on observait nettement deux couches : la première était constituée par une sorte de feutre formé de déjections et d'un peu de déchets de luzerne, le tout mélangé d'une certaine quantité de terre ; la seconde couche était formée par de la terre presque intacte.

La quantité de terre qui, dans l'expérience, aurait joué le rôle utile, ne dépassait pas 800 kilogrammes sur 4 000 qu'on avait employés. C'est le cinquième. Il semble dès lors indiscutable que, si l'on avait fourni aux moutons, tous les quatre jours, 800 kilogrammes de terre nouvelle, on aurait utilisé infiniment mieux ses propriétés, et que les pertes se seraient réduites de beaucoup.

Dans le parcage dont il est question ici, c'est ainsi que les choses se passent. Les animaux séjournent une nuit ou une demi-nuit sur le sol ameubli. Leurs déjections sont absorbées aussitôt leur émission. Le plus tôt possible on herse, pour éviter toute perte, en mélangeant les crottins intimement au sol. On peut donc être assuré que, dans de pareilles conditions, la perte d'azote est réduite au minimum. Il s'ensuit que le parcage est une méthode agricole très recommandable. En nous basant sur les résultats détaillés des expériences de Joinville, nous constatons que, sauf les variations inhérentes au genre d'alimentation, un mouton adulte abandonne par jour sous forme de déjections :

Azote	17	grammes.
Acide phosphorique	7	—
Potasse	22	—

Si l'on admet que le parcage dure douze heures sur vingt-quatre, et que l'on consacre à chaque mouton 1 mètre carré, on constate que l'hectare de terre ainsi traité a reçu une fumure dosant :

Azote	80	kil.
Acide phosphorique	35	—
Potasse	110	—

On voit que c'est un apport d'engrais très important. Mais aussi l'on reconnaît le défaut de cette fumure. L'acide phosphorique est en quantité trop faible relativement à l'azote et surtout à la potasse, dans la majorité des sols français. On devra donc toujours compléter le parcage par une addition abondante d'engrais phosphaté pour se rapprocher de l'équilibre voulu.

Le parcage à une demi-tête de mouton par mètre carré et par nuit forme donc une fumure moyenne.

Les avantages du parcage combiné avec le pâturage des moutons sont donc indéniables, si l'on se place au point de vue de l'utilisation et de la répartition de leurs matières excrémentitielles. Si l'on compare, en effet, un même troupeau maintenu en stabulation permanente, ou, au contraire, entretenu constamment au pâturage et au parc, on constatera une différence énorme dans sa puissance de fertilisation, car il est incontestable que, pendant que les animaux pâturent, les meilleures conditions d'absorption de leurs excréments sont réalisées comme dans le parcage.

Avec une alimentation identique à celle des expériences que nous avons citées, il faut par an, pour nourrir un troupeau de 100 têtes de 34^{kg},500 de poids vif, 939 kilogrammes d'azote. En stabulation permanente, il en est perdu 50 p. 100 au moins, soit 469 kilogrammes d'une valeur de 750 francs environ.

Par la combinaison du pâturage et du parcage, en mettant les choses au pire, les pertes ne sauraient dépasser 188 kilogrammes d'azote, d'une valeur de 300 francs. Il y a donc en réalité un écart en faveur de la méthode du pâturage avec parcage de 4 fr. 50 par mouton et par an.

Notre conclusion est donc que le parcage est la meilleure méthode pour utiliser les engrais du mouton en particulier. Il nous reste à voir comment on pratique le parcage. Cette méthode consiste à maintenir le troupeau dans une enceinte découverte, formée de claies mobiles, soit pendant la chaleur du jour, soit pendant la nuit surtout, pour que les excréments solides et les urines que les animaux répandent sur le sol le fertilisent. Nous avons vu dans quelle proportion cette fertilisation a lieu.

Le parc est successivement transporté dans les différentes parties du champ à fumer. Dans le Midi, on commence à parquer dès le mois d'avril. Dans le climat parisien, c'est à la fin de mai. Cela dure jusqu'à la fin d'octobre. Le parc où l'on tient les moutons est différemment constitué suivant les pays. Le meilleur est le plus simple et le moins coûteux. On emploie de préférence des claies en bois que l'on dresse les unes au bout des autres sur quatre lignes formant un carré, et que l'on soutient au moyen de bâtons courbés par l'un des bouts, appelés *crosses*. Celles-ci s'appliquent d'une part contre la claie, dont elles embrassent un montant à l'aide de deux traverses, et de l'autre contre le sol, où elles sont fixées par un piquet qui les traverse. Les claies ont 1^m,50 de haut sur 2 mètres de long. Elles sont à claire-voie, en chène fendu, et assez légères pour être facilement manœuvrées par un seul homme.

Pour obtenir un parcage régulier, on divise l'enceinte du parc en deux parties, et au milieu de la nuit on fait passer les animaux de l'une dans l'autre. Pour la santé des animaux et la régularité de la fumure, le berger doit faire lever les moutons plusieurs fois pendant la nuit, et aussi une demi-heure avant le départ, pour qu'ils se vident en changeant de place.

On fait entrer dans la bonne saison les moutons au parc une heure après le coucher du soleil, et on les y laisse jusqu'à neuf heures ou dix heures du matin. A l'automne, les moutons entrent au parc un peu avant que le soleil se couche, e le matin il faut attendre que la rosée soit dissipée pour les faire sortir. Sans cette précaution, les animaux seraient victimes de leur voracité.

Le berger couche dans une baraque montée sur roues qui suit le parc dans ses changements.

La surface du parc est calculée à raison de 1 mètre carré par tète et par nuit. Il ne faut pas parquer moins de deux cents à trois cents têtes à la fois, car autrement les frais ne sont plus proportionnés. Mais avec de trop grands parcs, la fumure devient d'autre part trop inégale, car les moutons aiment à se grouper.

Avant de mettre le parc, le sol doit être labouré une ou deux fois, pour être bien ameubli. Après le parcage, on donne un léger labour ou un scarifiage de préférence à un hersage. Plus il fait chaud, plus il faut hâter cette opération ; il en est de même si le temps tourne à la pluie.

Le parcage convient surtout aux terres légères, car le piétinement des animaux plombe le sol. Il serait nuisible dans les terres fortes et humides.

Nous avons fait ressortir l'avantage dominant du parcage; ajoutons que cette pratique dispense de l'emploi des litières, évite le transport de l'engrais, et tasse les sols légers, chose si nécessaire pour la culture du blé. Les inconvénients du parcage dérivent tous de la négligence des bergers.

Traitement et conservation du fumier.

Suivant la nature des animaux, il est nécessaire d'enlever le fumier qu'ils produisent plus ou moins souvent. Ainsi, dans une ferme bien tenue, le fumier des chevaux doit être enlevé tous les jours et au moins tous les deux jours, suivant le temps que les animaux passent à l'écurie, et aussi selon la nourriture qu'ils reçoivent. La paille qui n'est pas souillée est relevée sous la mangeoire et le reste est porté à la place à fumier. Dans certaines localités, on n'enlève le fumier que tous les huit jours : c'est une faute, car la chaleur qu'il dégage peut altérer les sabots et ses émanations nuire à la santé des animaux. Les vapeurs ammoniacales nuisent beaucoup aux organes visuels, et la perte d'azote peut être considérable.

Le fumier des *bêtes ovines* peut séjourner sans grands inconvénients dans les bergeries durant un certain temps. Il s'y fait mieux, car les excréments s'y mélangent plus parfaitement à la litière. Mais il faut avoir soin que le fumier tassé par le piétinement et en fermentation soit convenablement recouvert d'une couche de litière fraîche additionnée de terre sèche. Un amas trop considérable de fumier dans les bergeries serait nuisible, dans l'été surtout, à cause de la chaleur qu'il dégage. On reconnaît qu'il est impérieux de l'extraire quand on sent des émanations ammoniacales ou une chaleur trop forte. On emploie souvent seul le fumier de mouton. Nous croyons que, dans la généralité des cas, il serait préférable de vider tous les quinze jours un quart de la bergerie, et d'en mélanger le fumier à celui de la place.

Les *vaches* en stabulation permanente doivent être nettoyées tous les jours. Les bœufs d'engrais, auxquels une grande tranquillité est nécessaire, ne le seront que toutes les semaines ; mais on aura soin de ne pas leur ménager la litière, afin d'abord d'assurer leur propreté et aussi l'absorption aussi complète que possible des abondantes déjections qu'ils produisent. Quant aux bœufs de travail, suivant le temps qu'ils passent à l'étable, on devra enlever leur fumier tous les deux ou trois jours, pour le moins. Le séjour prolongé du fumier dans les étables est préjudiciable à la santé des bêtes bovines et à la richesse de l'engrais.

Pour les *porcs*, il n'est pas indispensable de curer leurs loges plus de deux fois par semaine, mais en ayant soin de recouvrir tous les jours de paille fraîche la surface de la litière. Le porc brise et salit beaucoup sa paille ; il fait une très grande consommation de litière.

Le fumier ainsi extrait des écuries, des étables, des bergeries et des porcheries pourrait être conduit directement sur les terres à fumer. Mais, outre que les exigences des cultures ne le permettent pas, le fumier frais et pailleux a besoin de subir une certaine fermentation pour que la paille se désagrège et que les principes fertilisants qui y sont contenus deviennent plus assimilables.

Sous l'influence de l'humidité, de la chaleur et de l'alcalinité des urines, les déjections des animaux mélangées aux litières entrent en fermentation et se décomposent. Les changements qu'elles subissent par là sont analogues à ceux qu'éprouve la matière noire dans les sols, mais ils s'opèrent avec une rapidité bien plus grande, parce que les excréments sont riches en azote et que les substances azotées sont très aptes à fermenter et à se décomposer. Leur carbone passe à l'état d'acide carbonique, leur azote plus ou moins complètement à l'état d'ammoniaque, leur hydrogène à l'état d'eau. Tous ces produits gazéiformes se dégageront dans l'air si l'on n'y prend garde. Pour l'acide carbonique et l'eau, c'est peu important, mais il n'en est plus de même pour l'ammoniaque. Une partie des matières organiques se modifie et se transforme en substances humiques noires, qui donnent au fumier décomposé sa couleur caractéristique et qui ont le pouvoir d'absorber l'ammoniaque.

Les analyses suivantes, que nous empruntons à Stœckhardt, feront saisir l'influence de la fermentation sur la composition et la qualité du fumier :

	Fumier frais.	Fumier bien consommé.
Matières organiques solubles............	1,80	3,75
Matières organiques insolubles.........	19,00	13,00
Matières organiques totales.............	20,80	16,75
Matières minérales solubles............	1,10	1,50
Matières minérales insolubles..........	3,00	7,75
Matières minérales totales.............	4,10	10,25
Matière sèche totale....................	24,90	27,00
Azote soluble...........................	0,10	0,30
Azote insoluble.........................	0,35	0,32
Potasse soluble.........................	0,40	0,45
Acide phosphorique......................	0,15	0,32
Chaux et magnésie.......................	0,90	1,75

On comprendra facilement, d'après ce qui précède, comment un même poids de fumier consommé produit un effet bien plus prompt et plus apparent que du fumier frais. C'est que le premier est bien plus riche proportionnellement en substances fertilisantes assimilables. Ainsi est justifiée la préférence des praticiens pour le fumier décomposé.

Mais cette augmentation de valeur fertilisante relativement élevée serait payée cher, si l'on n'avait garde de laisser s'échapper dans l'air l'ammoniaque produite, et si l'on n'empêchait l'eau des pluies de lessiver le tas et d'entrainer au loin les sels solubles formés.

En effet, de nombreuses observations ont montré que, par une fermentation mal conduite ou prolongée, le fumier perd une grande partie de son poids. Ainsi, d'abord Körte, autrefois professeur d'agriculture à Möglin, en Prusse, a constaté que 100 mètres cubes de fumier frais se réduisent :

$$\begin{array}{rrrr}
\text{Au bout de} & 81 \text{ jours,} & \text{à} & 75,5 \\
— & 254 & — & 64,3 \\
— & 384 & — & 62,5 \\
— & 93 & — & 47,2 \\
\end{array}$$

Steckhardt indique que 100 quintaux de fumier frais se réduisent à 75 quintaux de fumier médiocrement décomposé, ou à 50 de fumier très décomposé.

MM. Müntz et Girard, de leur côté, ont constaté que du

fumier de mouton mis en tas à l'air libre avait perdu, après six mois d'hiver, 25,6 p. 100 de sa matière sèche, et que du fumier de vaches, après trois mois d'été, en avait perdu 30,7 p. 100.

C'est dans les premiers temps de la fermentation que celle-ci est le plus vive et que le fumier perd le plus de son volume. Mais alors le dégagement de vapeurs qui se produit est principalement formé d'acide carbonique et d'eau, dont la valeur ne nous préoccupe que fort peu. Mais plus tard les sels volatils azotés se forment, ainsi que les sels minéraux solubles ; de ces substances fertilisantes précieuses, les unes et les autres peuvent être entraînées par le lessivage du fumier par les eaux pluviales, et les premières, en outre, par volatilisation.

Pour empêcher l'entraînement au dehors et la perte des sels solubles, nous verrons qu'il suffit de recueillir avec soin tout le liquide qui s'échappe du tas de fumier et qui s'appelle *purin*. On a proposé, pour empêcher la volatilisation du carbonate d'ammoniaque qui se forme dans le fumier, l'emploi de saupoudrage de plâtre, de sulfate de fer ; mais ces moyens n'ont pas eu de succès auprès des praticiens. Nous avons démontré plus haut pourquoi. Du reste, même si l'emploi de ces corps permettait la transformation complète du carbonate d'ammoniaque en sulfate, sans nuire à la bonne fermentation du fumier, ils n'en seraient pas moins inutiles. En effet, pendant la fermentation anaérobie qui se poursuit dans un fumier bien soigné, les sulfates en contact avec les matières organiques passent à l'état de sulfures, puis reviennent finalement à l'état de carbonates. Ces procédés sont donc parfaitement inutiles, et ils ne sont pas, du reste, nécessaires.

Le moyen le plus simple d'empêcher toutes ces pertes regrettables, c'est d'éviter avec soin de laisser le fumier trop longtemps en tas. Suivant les saisons, on ne doit l'y laisser que de six à dix semaines. Dans ces conditions, la forte proportion de gaz carbonique qui se dégage empêche toute perte d'ammoniaque par volatilisation, comme l'ont démontré M. Berthelot, puis M. Dehérain, en s'opposant à la dissociation du carbonate.

Il ne faut pas attendre, pour employer le fumier, qu'il soit arrivé à l'état de beurre noir, mais seulement qu'il ait subi un commencement de fermentation, une macération. On reconnaît que ce moment est arrivé quand la paille est devenue brune, qu'elle est aplatie et ramollie au point de se laisser briser facilement avec la fourche lorsqu'on charge le fumier. La masse est alors homogène et n'a pas perdu plus du cinquième de son volume.

Voyons maintenant quelles dispositions on doit adopter pour le tas de fumier, et quels soins spéciaux il faut lui donner pour l'amener à l'état que nous avons reconnu être le meilleur pour son emploi, sans lui laisser perdre de ses principes fertilisants :

Trois modes de traitement du fumier peuvent être employés :

1° Le système des plates-formes ;

2° Le système des fosses ;

3° La conservation dans les étables disposées à cet effet.

Nous allons les examiner successivement :

1° *Les plates-formes.*

C'est Mathieu de Dombasle qui, l'un des premiers, a donné les meilleurs préceptes de traitement des fumiers et a imaginé la « fumière » la plus simple et la plus rationnelle : la plate-forme à fumier (fig. 1).

Disons d'abord qu'elle doit être située à peu de distance du logement des animaux, et assez grande pour ne pas être obligé d'élever trop haut le tas de fumier. Elle doit être d'un facile accès pour les voitures. Les eaux pluviales qui courent à la surface du sol doivent en être soigneusement écartées. Une citerne doit être disposée avec soin pour recueillir tout le purin produit.

La plate-forme à fumier est une surface plane, de niveau avec le sol environnant, dont le fond est bétonné de manière à ne permettre aucune infiltration. On peut lui donner la forme carrée, comme dans la figure 1, placer au centre O la fosse à purin et donner à la surface de la plate-forme des pentes convergentes vers le centre, comme l'indiquent les grandes flèches du plan. Le sol est formé d'un béton de pierres,

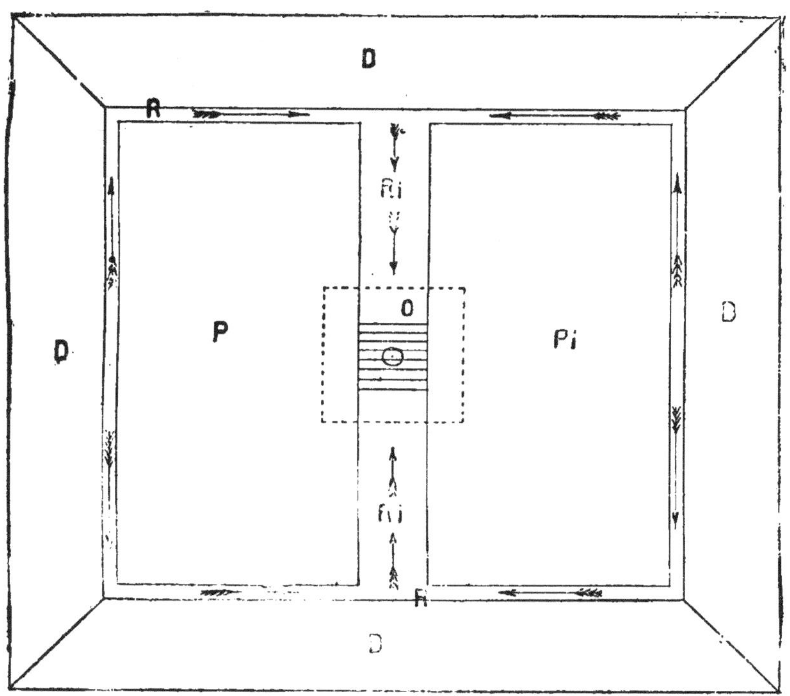

Plan de la plateforme.

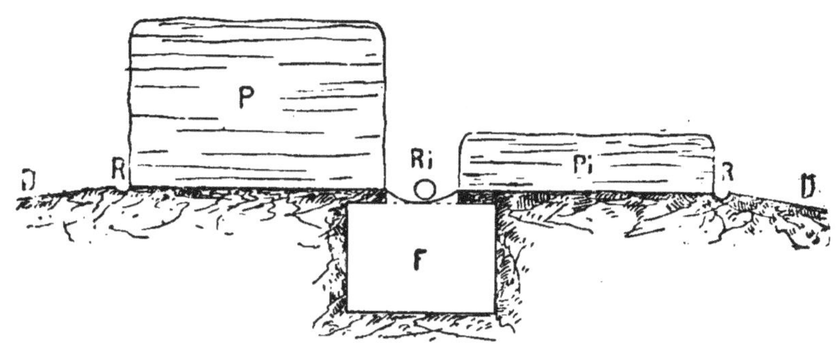

Coupe transversale de la plateforme

Fig. 1. — Plate-forme à fumier.

sable et chaux, bien damé et imperméable. La fosse à purin OF
est maçonnée à la chaux hydraulique. Son ouverture O est
fermée par un plancher à claire-voie muni d'une ouverture
assez grande pour le passage du tuyau d'aspiration d'une
pompe aspirante et foulante Noël, ou d'une pompe Fowler.

Tout le périmètre de la plate-forme est entouré de rigoles
pavées qui amènent tous les suintements du tas dans la grande
rigole médiane Ri, laquelle débouche dans la fosse OF et a
une largeur assez grande pour servir de passage pour aller à
la pompe. Une petite élévation de terre D ceint la rigole exté-
rieure pour empêcher l'afflux des eaux pluviales qui noieraient
le fumier et rempliraient la fosse à purin en diluant ce dernier outre mesure.

Cette plate-forme permet d'élever deux tas de fumier P
et Pi. On commence par élever complètement le tas P, par
exemple, en y apportant tous les jours le fumier du bétail que
l'on y stratifie uniformément en le tassant bien. Les bords exté-
rieurs sont bien dressés verticalement en les formant de torches
de fumier un peu pailleux roulées à la fourche, de manière à
former une sorte de muraille. Le tassement doit être aussi parfait que possible, afin d'empêcher la pénétration de l'air; il a
pour résultat d'empêcher la moisissure ou « blanc » et d'éviter
une fermentation trop rapide et nuisible. Le parfait dresse-
ment des bords de la muraille a pour but d'empêcher l'action
de l'air et des agents atmosphériques dans l'intérieur du tas.
Par ces moyens, les pertes d'ammoniaque par la surface
supérieure et les flancs sont réduites au minimum. Dans la
fosse à purin se rendent toutes les eaux qui s'égouttent du
tas, entraînant les matières dissoutes. Ce liquide est employé
pour arroser le fumier fréquemment et pour en régler la
fermentation, de manière que la température n'y dépasse
jamais 50°. La pompe à purin Noël est très commode pour cet
usage, et celle de Fowler est très économique. Les arrosages
sont d'autant plus nécessaires qu'il fait plus chaud. Ils ont
pour effet, non seulement de régler la fermentation, d'empêcher la production du blanc, mais encore de rendre bien
homogène toute la masse du tas qui se trouve, d'autre part,
enrichi par l'absorption d'une partie des éléments du purin.

Le tas est ainsi stratifié jusqu'à ce qu'il ait 2 mètres de hauteur et l'on continue les arrosages jusqu'à ce qu'il soit bon à conduire dans les champs. Cela arrive quand le tas a perdu un cinquième de son volume ou qu'il s'est affaissé de 40 à 50 centimètres environ. Du reste, l'examen direct de la masse fait parfaitement voir le moment opportun ; d'un autre côté, les besoins de la culture déterminent aussi le temps de son enlèvement.

Si les circonstances rendaient nécessaire de retarder l'emploi du tas de fumier, il serait bon de le recouvrir d'une couche de 10 à 20 centimètres de terre. Cette couverture empêche tout dégagement de vapeurs ammoniacales de se produire.

Le tas P étant élevé, on construit le tas Pi suivant les mêmes principes. On a ainsi toujours un tas en construction et un tas terminé, qui se fait ou est bon à employer. Ainsi, tous les champs sont fumés d'une manière égale dans toutes leurs parties. Il n'y a pas dans un bout du fumier pailleux, tandis qu'à l'autre se trouve du fumier trop consommé. Ainsi, enfin, rien n'est perdu des matières fertilisantes des déjections des animaux et celles-ci sont amenées dans le meilleur état possible pour servir à la nutrition des plantes.

Le cultivateur soigneux ne manque pas d'avoir des étables et écuries disposées de telle manière que toutes les urines qui ne sont pas absorbées par les litières s'écoulent dans une cuvette située derrière les animaux et jouissant d'une pente régulière qui les dirige, soit directement dans la fosse à purin par un canal souterrain, soit dans une petite citerne spéciale où on les puise pour les transporter, soit dans la fosse à purin ou sur les prés, après les avoir étendues de quatre fois leur volume d'eau. Nous avons démontré la valeur des urines comme engrais ; c'est ici le moment d'insister sur celle du purin. Outre l'utilité de son emploi pour les arrosages du fumier, dont il sert à régler la fermentation et à rendre la masse homogène, il a, par sa propre composition, une valeur fertilisante élevée. Comme nous le verrons plus loin, il est riche en carbonate de potasse et en sels ammoniacaux. D'après Mathieu de Dombasle, un tonneau de 6 à 7 hectolitres peut être estimé à 3 francs, et l'illustre agronome affirmait qu'il en eût acheté à ce prix et qu'il eût fait un marché avantageux. Un tas de fumier de 16 mètres de long sur 7 mètres de large et 1^m,50 de haut peut produire 900 hectolitres de purin valant au moins 450 francs.

C'est donc pitié de voir le cultivateur, par négligence, paresse ou avarice, laisser partir son purin dans la mare, les fossés des chemins ou la rivière. On peut dire qu'il sème son argent sur les routes ou qu'il le jette à l'eau.

D'un autre côté, la perte du purin a pour corollaire l'infection des eaux destinées à l'alimentation des animaux et souvent celle de tous les puits du voisinage. La santé du bétail et la santé des habitants de nos villages se trouvent ainsi compromises. La propagation de la fièvre typhoïde n'a souvent pas d'autre cause. On cite même des exemples, dans les contrées où l'on fait du cidre, de personnes atteintes de cette maladie pour avoir consommé du cidre qui avait été fabriqué avec des eaux de mare.

L'emploi du purin est très avantageux pour l'arrosage des prairies, après qu'on l'a étendu d'eau, comme les urines.

2° *Fosses à fumier*.

Comme son nom l'indique, la fosse à fumier est une excavation servant à emmagasiner ce déchet de l'industrie zootechnique. Mais, pour être d'une utilisation pratique, elle doit répondre à certaines conditions que nous allons chercher à préciser. Évidemment, le fond de la fosse, comme l'aire de la plate-forme, doit être imperméable et formé dans ce but d'un bon béton à la chaux hydraulique; mais il faut, d'un autre côté, qu'elle soit d'un accès facile pour les voitures. Autrement, on aurait des frais énormes pour l'enlèvement du fumier et son transport dans les champs, car il faudrait l'extraire de la fosse à bras d'hommes et le conduire à la brouette ou à la civière jusque dans les tombereaux. Il ne faut donc pas que la fosse soit profonde, et il est nécessaire que les pentes qui contribuent à la former soient assez peu rapides pour que les attelages puissent, sans efforts trop grands, remonter les voitures à pleine charge qu'on y a fait

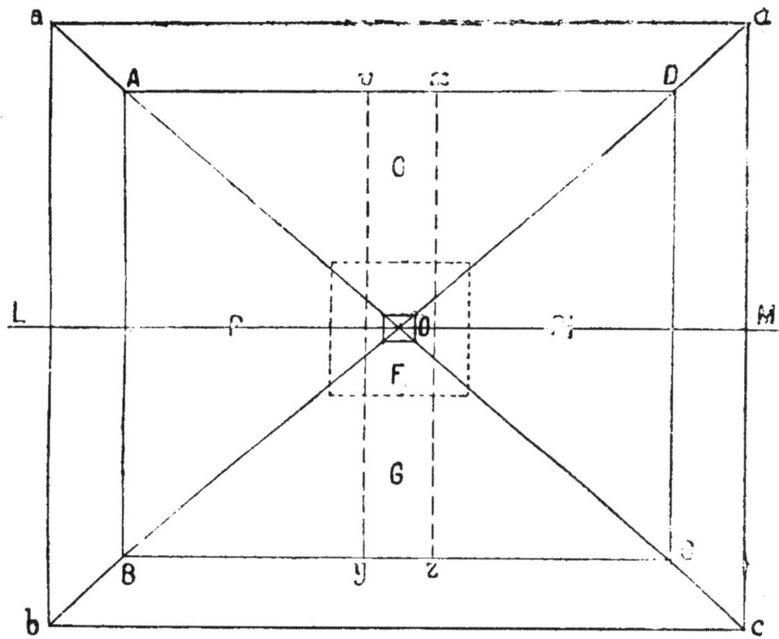

Plan de la fosse à fumier

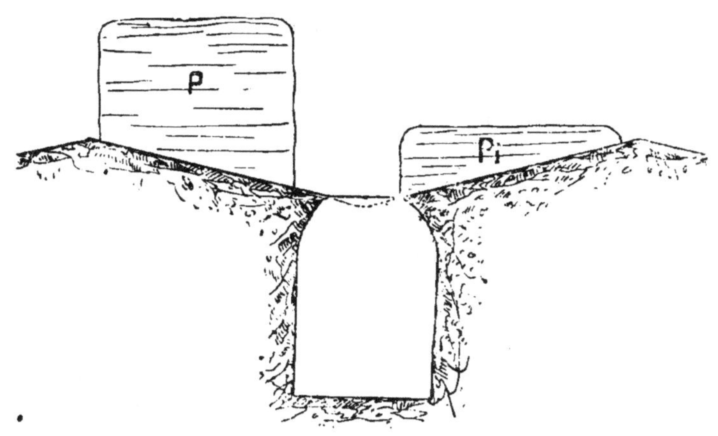

Coupe suivant LM

Fig. 2. — Fosse à fumier.

7.

descendre vides. Pour obtenir ce résultat, il convient d'établir la fosse à l'aide de quatre plans légèrement inclinés vers le centre, dont la plus grande pente ne dépasse pas 5 à 7 centimètres par mètre. La figure schématique ci-contre fera bien comprendre la disposition que nous recommandons.

La fosse à fumier proprement dite ABCD (fig. 2) est protégée sur tout son périmètre, contre l'invasion des eaux de la cour, par une petite levée de terre *abcd*. L'aire de la fosse est formée par quatre plans inclinés, AOB, BOC, COD, DOA, dont les lignes de plus grande pente sont inclinées à 6 centimètres par mètre, et qui se coupent suivant les lignes OA, OB, OC, OD. Comme la fosse que nous représentons a une largeur de 14 mètres de A en B, le point O, qui correspond à l'ouverture de la citerne à purin, se trouve à 42 centimètres en contre-bas. La citerne à purin F, figurée en pointillé sur le plan, a son ouverture O fermée par une grille en fer ou en bois, qui laisse passage aux liquides et retient les débris solides. Une ouverture y est ménagée pour le passage du tuyau d'aspiration de la pompe à purin mobile de Noël, dont il a déjà été question plus haut.

La capacité de la citerne à purin doit être naturellement proportionnelle au cube du fumier à réunir. Pour les dimensions de la fosse à fumier de notre projet, elle devra avoir environ 20 mètres cubes. Elle sera construite nécessairement en maçonnerie hydraulique.

La coupe suivant la ligne MN de notre plan est faite à la même échelle pour les longueurs, mais nous avons dû, pour mieux faire saisir les pentes, prendre une échelle quadruple pour les hauteurs.

Dans une fosse ainsi organisée, nous établirons deux tas de fumier successivement, P et P*i*, comme nous l'avons déjà expliqué pour la plate-forme, et en prenant absolument les mêmes précautions.

Quel est, de ces deux systèmes, le meilleur à employer? Voici, à ce sujet, l'opinion d'un agronome éminent, M. Bella, ancien directeur de Grignon :

« Bien qu'à Grignon on ait préféré la plate-forme à la fosse comme disposition de l'atelier dans lequel on fabrique le fumier, je n'hésite pas à reconnaître que, dans les exploitations trop peu importantes pour admettre un homme spécialement chargé de cette fabrication et pour donner une grande dimension aux tas de fumier, les fosses sont préférables aux plates-formes, parce que les matières fécondantes qu'on y entasse y sont mieux protégées contre les conséquences d'une mauvaise stratification et d'arrosages insuffisants. Cela est surtout vrai dans les climats chauds et secs, qui dessèchent rapidement les parois du fumier et y laissent établir les végétations cryptogamiques connues sous le nom de *blanc du fumier*.

« Mais lorsque les tas de fumier peuvent être construits et soignés par un homme spécial, c'est-à-dire lorsqu'ils peuvent être convenablement et régulièrement aménagés, lorsque la quantité du fumier, par conséquent, est assez grande pour nécessiter des tas de dimensions telles que les surfaces soient proportionnellement peu importantes par rapport à la masse, la plate-forme nous a paru préférable, parce que cela a une grande importance pour la prompte et économique opération du chargement du fumier sur les voitures qui doivent le porter dans les champs.

« On peut, il est vrai, faire descendre les voitures à charger, dans les fosses de grandes dimensions, sur le fumier lui-même qu'on y a accumulé. Mais, sans compter que la sortie des voitures chargées sur les rampes assez raides de la fosse est un inconvénient sérieux, on est obligé, dans ce cas, d'enlever le fumier par couches horizontales ou à peu près, ce qui ne mélange pas convenablement les divers éléments qui le composent.

« Les plates-formes sont en outre beaucoup plus économiques de construction que les fosses. »

3° *Conservation du fumier dans les étables.*

Dans quelques contrées, comme en Belgique, en Lusace et en Angleterre, on conserve le fumier dans les étables, qui ont à cet effet des dispositions particulières.

La figure 3 représente la coupe d'une étable belge, éminemment favorable à la conservation du fumier. Il règne, en avant des bêtes, un large trottoir A, sur le côté gauche duquel court une crèche en cornadis. Par là se fait le service de la nourriture. Au-dessous, en C, est une cave voûtée pour la conservation des racines. Les animaux sont placés sur un plancher incliné B. Derrière eux est un vaste pas-

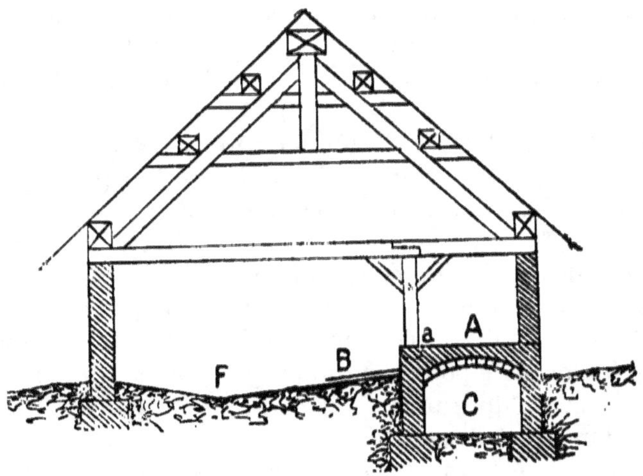

Fig. 3. — Coupe d'une étable belge.

A, passage de service ; B, place des animaux ; F, fumier ; C, cave à racines
a, crèche.

sage en forme de fosse, F, où se rendent toutes les urines, et où l'on tire tous les jours le fumier des bêtes.

Par cette méthode, rien n'est perdu des urines, ni des déjections ; le fumier est d'excellente qualité et très abondant, lorsqu'on donne la litière en suffisance pour absorber toutes les urines.

Mathieu de Dombasle a expérimenté ces sortes d'étables. Il a constamment obtenu, avec le même nombre de bêtes, nourries de la même manière, le double de fumier que dans les étables ordinaires, mondées tous les deux jours. Il constata aussi que le fumier était plus gras et de meilleure qualité.

Voici, du reste, le poids de fumier qu'il a obtenu par tête et par an dans ces étables :

```
Cheval..................................  162 quintaux.
Bœuf à l'engrais........................  253     —
Bœuf de travail.........................   78     —
Vache laitière..........................  195     —
Porc....................................  123     —
```

Le poids de litière n'a pas été déterminé, mais on en donnait toujours assez pour absorber toutes les urines qui ne peuvent sortir de l'étable.

Si l'étable belge est très favorable à la bonne conservation du fumier, elle loge l'engrais à grands frais, et c'est là un premier et sérieux inconvénient. En outre, quand elle n'est pas bien ventilée, elle maintient les animaux dans une atmosphère trop chaude et chargée d'émanations qui peuvent engendrer des maladies. Aussi ne doivent-elles pas être recommandées.

Estimation du fumier produit par une exploitation.

Il est évident que le seul moyen exact de déterminer la quantité de fumier produite dans une exploitation rurale consiste dans l'emploi de la bascule. Mais, outre qu'il n'est pas le plus souvent possible de recourir à ce moyen, qui, pour précieux qu'il soit, exige un travail assez considérable, il est un cas où il est impossible d'y recourir : quand il y a lieu, par exemple, d'installer une ferme nouvelle et d'y aménager l'atelier à fumier. Il est donc nécessaire d'établir des formules empiriques, qui, déduites d'expériences pratiques prolongées et variées, permettent d'estimer *a priori* quelle sera approximativement la production du fumier dans une situation donnée. On ne peut pas ici, bien entendu, avoir la prétention d'atteindre à l'exactitude absolue, mais seulement s'efforcer d'arriver à un résultat probable, qui ne s'éloigne pas trop de la réalité.

S'il fallait une preuve de l'utilité de ces calculs, nous la trouverions dans ce fait que tous les agronomes qui ont écrit sur le fumier y ont consacré une partie de leurs efforts.

Un moyen simple d'apprécier la production du fumier est de rechercher le rapport qu'il y a entre le poids vif des animaux et la quantité annuelle de fumier qu'on en obtient. On pourrait admettre, d'après Girardin, que le poids de fumier produit par an est égal à vingt-cinq fois le poids du bétail entretenu dans la ferme. Nous donnons ci-après les données sur lesquelles il appuie ses conclusions :

	Poids vif.	Fumier.	Rapport.
Vache en stabulation	400 kil.	11.000 kil.	27,5
Bœuf à l'engrais	500 —	25.000 —	50,0
Cheval de trait	690 —	9.000 —	15,0
Bœuf de travail	600 —	11.000 —	18,5
Mouton allant en pâture	40 —	500 —	12,5
Porc	100 —	1.400 —	14,0
Totaux et moyenne	2.240 kil.	57.900 kil.	25,0

En admettant que le mètre cube de fumier à demi consommé pèse 600 kilogrammes, le volume du fumier en tas serait de trente fois le poids des animaux.

Mais la quantité de fumier produite est trop influencée par le régime du bétail, et il est plus naturel de rapporter le fumier produit à la quantité de matière sèche des fourrages consommés et des litières employées. Nous estimons qu'on peut considérer que le poids du fumier que l'on doit obtenir des animaux de la ferme est approximativement égal à la moitié de la substance sèche des fourrages, augmentée de la matière sèche des litières et multipliée par 3.

Stœckhardt et, après lui, Heuzé conseillent d'additionner la matière sèche des fourrages et des litières, et de multiplier cette somme par les facteurs suivants, selon le genre des animaux :

	Stœckhardt.	Heuzé.
Chevaux	1,40	1,3
Bœufs de travail	1,60	1,5
Vaches	2,30	2,3
Moutons	1,30	1,2
Porcs	2,50	2,5
Moyenne	1,82	1,8

Faisons l'application de ces différents modes de calcul à une ferme possédant le bétail suivant :

15 chevaux de 600 kilogrammes,
50 vaches en stabulation, de 500 kilogrammes,
500 moutons de 40 kilogrammes,
10 porcs de 100 kilogrammes.

a. *Méthode de Girardin.*

Fumier de cheval.......	$600 \times 15 \times 15,0 =$	135.000 kil.
Fumier de vache........	$500 \times 50 \times 27,5 =$	692.500 —
Fumier de mouton......	$40 \times 500 \times 12,5 =$	250.000 —
Fumier de porc.........	$100 \times 10 \times 14,0 =$	14.000 —
	Total	1.091.500 kil.

Nous arrivons ici à une production de fumier de 1 000 tonnes en nombre rond.

b. *Seconde méthode.* — Nous calculons d'abord le poids du bétail de la ferme. Nous avons :

15 chevaux	à 600 kil. $=$	90	quintaux.
50 vaches	à 500 kil. $=$	250	—
500 moutons	à 40 kil. $=$	200	—
10 porcs	à 100 kil. $=$	10	—
	Total.........	550	quintaux.

Les animaux reçoivent par jour en moyenne 2,5 p. 100 de leur poids vif en matière sèche. Les fourrages consommés en renfermeraient donc :

$$550 \times 2,5 \times 365 = 501.875 \text{ kilogrammes.}$$

Comme litière, on distribuerait, d'après les indications données précédemment, à raison de $0^{kg},8$ p. 100 de poids vif :

$$550 \times 0,8 \times 365 = 160.600 \text{ kilogrammes.}$$

La paille renfermant en moyenne 85 p. 100 de matière sèche, il y en a dans la litière :

$$160.600 \times 0,85 = 136.510 \text{ kilogrammes.}$$

Le poids du fumier à demi consommé pourra donc être estimé à

$$\left(\frac{502}{2} + 136\right) \times 3 = 1.161 \text{ tonnes.}$$

c. **Méthode de Stœckhardt.** — Nous calculerons d'abord le poids de matière sèche des fourrages consommés par chacun des genres d'animaux entretenus, en multipliant leur poids vif exprimé en quintaux par 2,5, puis par 365. On obtient :

Chevaux	821	quintaux.
Vaches	2.281	—
Moutons	1.825	—
Porcs	91	—

Le poids de paille litière nécessaire à chaque groupe d'animaux est calculé ci-après :

	Poids brut.	Matière sèche.
Pour les chevaux	262 qx.	222 qx.
Pour les vaches	730 —	620 —
Pour les moutons	584 —	496 —
Pour les porcs	29 —	23 —

Avec les éléments qui précèdent, nous pouvons établir le tableau du fumier produit par chaque genre d'animaux :

	Matière sèche.				Fumier
	Fourrage.	Litière.	Total.	Multipl.	produit.
Chevaux..	821 qx.	222 qx.	1.043 qx.	1,3	1.356 qx.
Vaches ..	2.281 —	620 —	2.901 —	2,3	6.672 —
Moutons .	1.825 —	496 —	2.321 —	1,2	2.785 —
Porcs	91 —	23 —	116 —	2,5	290 —
Total					11.103 qx.

On voit que ces trois méthodes de calcul donnent des résultats sensiblement égaux, soit, en nombre rond, 1 000 à 1 100 tonnes de fumier pour la ferme en question.

Pour passer du poids ainsi obtenu au volume probable du fumier, il faut rechercher quel est le poids du mètre cube. Ce poids varie considérablement avec l'état de décomposition et de tassement du fumier et avec son origine.

De Voght a obtenu les résultats suivants :

Le mètre cube.

Fumier gras de bœuf	702 kil.
— frais de bœuf	580 —
— gras de cheval	465 —
— de cheval après huit jours de fermentation.	371 —
— frais de cheval	365 —
— de bêtes à cornes bien fermenté	730 —
— de cheval des auberges du Midi	660 —

Boussingault, de son côté, a trouvé les nombres suivants :

Fumier frais très pailleux à la sortie des étables.	300 à 400 kil.
— sorti depuis peu, mais bien tassé	700 —
— demi-consommé très humide, tassé en fosse.	800 —
— très consommé, humide, fortement comprimé	900 —

Nous croyons qu'on se rapproche de la vérité en attribuant le poids de 500 kilogrammes au mètre cube de fumier mixte de ferme frais, et celui de 800 kilogrammes au même fumier convenablement consommé.

En partant des estimations qui précèdent, nous pouvons calculer la surface qu'il faudrait donner à la plate-forme ou à la fosse de la ferme considérée. Nous aurons en effet à tasser un cube de fumier de 1 000 tonnes correspondant à 1 250 mètres cubes, annuellement. Si nous opérons de manière que le tas ait une hauteur moyenne de 2 mètres au moment de son emploi, la surface qui serait nécessaire si le fumier restait un an en place serait de 600 mètres carrés. Mais, comme nous avons construit un atelier à deux compartiments, et que nous conduirons le fumier au moins trois fois par an, il nous suffira d'une surface de 200 mètres carrés environ, soit 100 mètres carrés pour chaque compartiment. C'est cette base qui nous a servi à établir les plans précédents.

Composit'on du fumier. Causes qui la font varier.

En étudiant plus haut les déjections des animaux, nous avons été amené à reconnaître qu'elles avaient une composition variable, suivant les genres considérés et selon le régime suivi. En vérité, la qualité et la quantité des déjections dépendent de la qualité et de la quantité des aliments qu'on donne aux animaux. On sait que la valeur nutritive des fourrages est très variable, selon les circonstances diverses au milieu desquelles ils ont été cultivés, produits; récoltés et conservés. Le bétail qui reçoit une alimentation abondante, riche, et dont la composition est en rapport avec les besoins de son fonctionnement, produit plus d'excréments, et des excréments à la fois plus riches et de meilleure qualité. Une riche nourriture a toujours pour conséquence la production d'un riche fumier. Le cultivateur qui donne à ses animaux beaucoup de fourrages concentrés, des tourteaux, des sons, des graines, n'en ressent pas seulement l'influence favorable dans sa production animale, il voit encore cette action bienfaisante se manifester dans ses récoltes ; car l'animal n'extrait environ qu'un cinquième de l'azote et du phosphore des aliments, auquel il donne dix fois plus de valeur en le convertissant en viande et en lait, tandis que les quatre autres cinquièmes se retrouvent dans les déjections mixtes. Les déjections des animaux bien nourris sont deux fois plus riches en azote et en phosphore que celles des sujets qui reçoivent une maigre alimentation. D'où il suit qu'elles ont une bien plus grande valeur comme engrais.

La digestibilité et la richesse en eau des fourrages exercent également une influence notable sur la qualité des déjections. Les fibres ligneuses des foins et pailles trop mûres sont les parties les plus difficiles à digérer. Ces fourrages pailleux sont en général pauvres en matières azotées. D'où il suit que les déjections qui en proviennent sont riches en ligneux, mais, en revanche, pauvres en azote et en phosphore. Ils donnent des engrais abondants, mais peu riches, peu fertilisants.

Plus la nourriture est aqueuse, plus un animal boit, plus les déjections contiennent d'eau et sont délayées. Avec le vert ou une grande proportion de résidus aqueux, comme les drèches ou la pulpe, on obtient bien des animaux une grande quantité de fumier, mais, par suite de son aquosité, il est moins riche proportionnellement en matière sèche que celui qui provient d'une nourriture moins riche en eau. Nous avons vu que la richesse des excréments solides des animaux varie beaucoup suivant les genres.

L'âge des animaux influe aussi sur la qualité des déjections. Les jeunes bêtes ont besoin, pour le développement général de leur organisme, de matières organiques et de sels, principalement de matières azotées et de phosphore. Elles extraient ces substances des aliments, et, par conséquent, il s'en retrouve d'autant moins dans les déjections. Le fumier des jeunes bêtes sera toujours moins riche que celui des adultes, même à nourriture égale.

La destination ultérieure et l'emploi spécial des animaux influent sur la production et sur la qualité des déjections. Les bêtes à l'engrais, qui sont au repos et nourries copieusement, fournissent des déjections abondantes et riches. Chez les vaches à lait, du quart au tiers des matières azotées des aliments passent dans le lait et les déjections sont appauvries d'autant. Il en est de même de l'acide phosphorique et de la potasse. Les analyses suivantes, qui sont empruntées à E. Wolff, en sont la démonstration péremptoire :

	Azote.	Acide phosph.	Potasse.
Bœufs à l'engrais.....................	9,8	4,4	6,5
Vaches laitières et élèves.............	4,1	1,3	5,4

Les soins que l'on donne au bétail ne sont pas sans action sur la production des excréments mixtes. Un animal exposé au froid ou à l'humidité a besoin d'user une plus grande quantité de matières alimentaires pour produire la somme de chaleur nécessaire au maintien de sa température normale. Les substances employées à cet usage sont perdues pour le fumier.

Cela posé, examinons la composition des fumiers divers, et voyons d'abord ce qu'il en est des fumiers produits par les différents genres d'animaux.

Le *fumier de cheval* est peu aqueux et entre rapidement en fermentation. Il s'échauffe beaucoup et a son débouché assuré chez les maraîchers, qui l'emploient très avantageusement pour édifier les couches et leurs réchauds. Nous réunissons dans le tableau suivant quelques analyses de ce fumier :

	Eau.	Matière sèche.	Azote.	Potasse.	Acide phosph.
	p. 100.	p. 100.	p. 100.	p. 100.	p. 100.
Boussingault	67,4	32,6	0,670	0,72	0,23
Émile Wolff.............	71,3	28,7	0,580	0,53	0,28
Müntz et Girard (omnibus)	64,9	35,1	0,480	0,84	0,32
— (troupe)..	57,3	42.7	0,440	0,56	0,29
— (litière de feuilles).	»	»	0,519	0,26	0,17
— (tourbe)..	»	»	0,680	0,55	0,23
— (sciure) ..	»	»	0,490	0,31	0,15

Le *fumier de bêtes bovines* s'échauffe moins facilement, car il est plus aqueux et plus compact. Il ne peut pas servir, comme le précédent, à édifier les couches chaudes, mais seulement les couches tièdes. Il est préféré pour les terres calcaires et les sols sablonneux. Voici sa composition d'après les auteurs les plus autorisés :

	Eau.	Matière sèche.	Azote.	Potasse.	Acide phosph.
	p. 100.	p. 100.	p. 100.	p. 100.	p. 100.
Boussingault..........	81,8	18,2	0,34	0,35	0,13
Émile Wolff...........	77,5	22,5	0,34	0,40	0,16
Müntz et Girard	69,0	31,0	0,57	0,88	0,26

Le *fumier de mouton* se rapproche du fumier de cheval pour la rapidité de sa fermentation et sa faible teneur en eau. On lui assigne la composition suivante :

	Eau.	Matière sèche.	Azote.	Potasse.	Acide phosph.
Boussingault	61,6	38,4	0,82	0,84	0,21
Émile Wolff............	64,6	35,4	0,83	0,67	0,23
Müntz et Girard	66,8	33,2	0,64	1,50	0,40

D'une manière générale, le fumier de mouton est donc plus riche que les autres, y compris le fumier de cheval, en **azote**, en acide phosphorique et en potasse.

Quant au *fumier de porcs*, c'est de tous celui dont la composition est le plus variable. Sainclair, par exemple, estime qu'il est le plus énergique et le plus riche de tous les fumiers, tandis que Schwertz le classe au dernier rang. Voici la composition qui lui est assignée par divers analystes.

	Eau.	Matière sèche.	Azote.	Potasse.	Acide phosph.
Boussingault	72,8	27,2	0,78	1,69	0,20
Émile Wolff	72,4	27,6	0,45	0,60	0,19

Comme nous l'avons dit, ce n'est qu'exceptionnellement que les fumiers des divers genres d'animaux sont utilisés séparément. Les fumiers des écuries des villes sont employés par les maraîchers. A la ferme, on n'utilise guère à part que le fumier de moutons. Les fumiers des autres animaux sont mélangés dans la fosse et constituent le fumier de ferme proprement dit.

La composition de ce fumier est très variable, et il est impossible de lui assigner une teneur moyenne en éléments fertilisants. Il est indispensable que le cultivateur qui veut se renseigner fasse analyser de temps à autre un échantillon moyen du fumier qu'il obtient. Toute autre méthode est illusoire et peut conduire à des pratiques erronées. Quoi qu'il en soit, et pour satisfaire à l'usage, nous allons donner ci-après, comme nous l'avons fait pour les divers genres d'animaux, les renseignements que nous avons pu recueillir sur la composition de ces fumiers mixtes :

Analyses de fumiers mixtes de ferme.

	Eau. p. 100.	Matière sèche. p. 100.	Azote. p. 100.	Potasse. p 100.	Acide phosph. p. 100.
D'après Boussingault :					
Ferme anglaise	65,0	35,0	0,63	»	0,78
Grignon	70,5	29,5	0,72	»	0,61
Bechellbronn	79,3	20,7	0,41	0,52	0,20
Liebfrauenberg	83,0	17,0	0,35	0,97	0,26
Ferme de Nancy	72,2	27,8	0,50	0,40	0,71
D'après Wölcker :					
Rothamsted	76,0	24,0	0,64	0,32	0,23
D'après Grandeau :					
Tomblaine	73,0	27,0	0,32	0,82	0,36
Huit fumiers suisses	78,5	21,5	0,38	0,51	0,22
D'après Émile Wolff :					
Fumier frais	75,0	25,0	0,39	0,45	0,18
— consommé	75,0	25,0	0,50	0,53	0,26
— très consommé	79,0	21,0	0,58	0,50	0,30
D'après Aubin :					
Moyenne de 11 analyses.	»	»	0,65	0.73	0,55

Fumiers d'Eure-et-Loir, d'après Garola :

	Eau.	Matière sèche.	Azote.	Potasse.	Acide phosph.
	p. 100.	p. 100.	p. 100.	p. 100.	p. 100.
Cloches	»	»	0,50	0,60	0,50
Gas	78,7	21,3	0,62	0,65	0,56
Plancheville	81,2	18,8	0,51	0,33	0,43
Brezolles	75,0	25,0	0,48	0,55	0,62
La Loupe	73,0	27,0	0,68	0,54	0,63
Moronville	52,0	48,0	0,83	1,05	1,11
Ermenonville	53,0	47,0	1,50	1,41	0,86
Bessay	72,0	28,0	0,76	0,93	0,54
Roinville (a)	76,0	24,0	0,68	0,29	0,15
— (b)	61,0	39,0	0,50	0,94	0,47

Composition du purin. — Le jus de fumier ou purin a une teneur en principes fertilisants solubles et, par suite, très facilement assimilables, qui en fait un engrais très actif. C'est pourquoi nous avons recommandé d'apporter un grand soin à le recueillir et à l'utiliser pour l'amélioration du fumier. Dans certains cas, il est avantageusement répandu, après l'avoir mélangé d'eau, sur les prairies naturelles où il produit un effet remarquable. Il est donc utile d'étudier ici sa composition.

Il est en partie formé par les urines mélangées des animaux additionnées des eaux pluviales qui tombent sur le tas de fumier. Sa composition diffère de celle des urines mixtes des animaux de la ferme, non seulement parce qu'il est étendu d'eau, mais aussi parce qu'il abandonne au fumier qu'il sert à arroser une partie de ses éléments solubles.

Wölcker a trouvé au purin la composition suivante :

	Maximum.	Minimum
Eau	992,500	980,200
Matières organiques	10,200	2,200
Matières minérales	8,900	3,700
Azote	1,340	0,250
Acide phosphorique	0,518	0,038
Potasse	3,550	1,980

D'autre part, d'après Émile Wolff, on trouverait en moyenne dans un litre de purin :

Eau	982gr,0
Azote	1gr,5
Acide phosphorique	0gr,1
Potasse	4gr,9

Le purin est donc, comme les urines, surtout riche en potasse et en azote. On n'y rencontre que des traces d'acide phosphorique.

Valeur du fumier. — La valeur du fumier comme engrais doit se déduire de sa teneur en principes fertilisants et du prix que l'on doit payer ceux-ci sur le marché. Nous admettrons que le kilogramme d'azote du fumier vaut 1 fr. 50, prix inférieur à celui que l'on est obligé de payer ce corps dans les engrais de commerce utilisables. Nous attribuerons à l'acide phosphorique du fumier, que nous considérons comme facilement assimilable, la même valeur que dans les superphosphates solubles au citrate, et, enfin, nous donnerons à la potasse le prix de 0 fr. 40, comme dans le chlorure de potassium :

Azote	$5^{kg} =$	7 fr. 50
Acide phosphorique	$5^{kg} =$	2 fr. 00
Potasse	$6^{kg} =$	2 fr. 40
Total		11 fr. 90

Pour estimer la valeur du purin, nous prendrons comme prix du kilogramme d'azote celui de l'azote du sang, ou de la corne, et nous attribuerons à l'acide phosphorique et à la potasse une valeur de 0 fr. 50. Dès lors, le mètre cube de cet engrais liquide vaut :

Azote	$1^{kg},5 =$	2 fr. 70
Acide phosphorique	$0^{kg},1 =$	0 fr. 05
Potasse	$4^{kg},9 =$	2 fr. 45
Total		5 fr. 20

Ces estimations sont plutôt au-dessous de la vérité, car elles ne tiennent pas compte de l'action des matières humiques, action qui est loin d'être négligeable, et que nous sommes très porté à considérer comme dominante.

Emploi du fumier.

Il faut non seulement savoir produire beaucoup de fumier et le traiter convenablement ; mais il faut en outre savoir bien l'employer, de manière qu'il produise le maximum d'effet dans le minimum de temps.

« En général, disons-nous dans *Les travaux de la ferme* (1), on enlève le fumier du tas à la fourche, pour en charger les voitures. Comme le tas offre des lits de différents âges, à divers états de décomposition, comme il y a aussi des couches alternatives de fumier de cheval, de bêtes à cornes, de porc et même de mouton, il en résulte que, le fumier étant enlevé par couches horizontales, les premières voitures reçoivent du fumier pailleux et les dernières voitures reçoivent du fumier à l'état de beurre noir. D'où il suit que la fumure d'un même champ devient très inégale. Inégaux, par conséquent, seront la récolte et le rendement.

« Pour l'enlèvement du fumier du tas, on doit opérer par tranches verticales de 50 à 80 centimètres de large, sur la hauteur du tas. On emploie pour couper le fumier un couteau analogue au coupe-foin. Un ouvrier peut charger de 1 000 à 1 200 kilogrammes de fumier par heure. En opérant ainsi par tranche, chaque voiture de fumier forme une masse homogène.

« Il ne faut pas conduire le fumier sur les terres longtemps à l'avance, ni surtout l'y laisser séjourner en *fumerons*, car dans ces petits tas la fermentation est très inégale et très rapide ; la chaleur qui s'y développe volatilise les sels ammoniacaux ; par la pluie, une grande quantité de matières solubles est entraînée dans l'eau qui coule à la surface du sol. Le dessous des fumerons est saturé de purin, et le petit tas n'est plus qu'un résidu pailleux. Vous aurez beau le répandre uniformément, la récolte sera toujours inégale. Vous n'aurez pas de rendement dans la plus grande partie du champ. Là où était le fumeron, la récolte versera.

« Il faut prendre pour règle absolue de répandre le fumier aussitôt son arrivée au champ.

« Le fumier répandu perd beaucoup moins de sa valeur. Il n'est pas moins vrai, toutefois, qu'il est sage de l'enterrer aussitôt que possible par un labour. Pour que l'enfouisse-

(1) Librairie Hachette.

ment soit régulier, un homme doit suivre la charrue avec une fourche pour faire tomber le fumier au fond de la raie.

« Le fumier enfoui ne perd plus grand'chose ; les produits de sa décomposition sont fixés par les particules terreuses, et absorbés énergiquement.

« On doit enterrer le fumier par le premier labour de jachère, d'après l'avis de Thaer, qui s'exprime ainsi à ce sujet : « Je regarde comme décidément mieux que le fumier reçoive « trois labours avant les semailles ; aussi je voudrais qu'il fût « possible de le charrier de manière à l'enfouir déjà par le « premier labour. J'envisage la méthode de l'employer au « dernier labour comme absolument mauvaise, et comme une « des causes principales du non-succès des céréales. Bien des « cultivateurs sont prévenus contre la méthode d'enterrer le « fumier avant le labour qui précède celui des semailles, et « pensent que de cette manière il perd ses sucs au profit de la « végétation des mauvaises herbes ; mais cette abondante « végétation de mauvaises herbes, loin d'être nuisible, est, « au contraire, très avantageuse, parce que leurs semences et « leurs racines, une fois développées, sont d'autant mieux « détruites par la charrue qui les enterre, et qu'ainsi enterrées « elles augmentent évidemment la fécondité du fumier et du « sol. Il suffit d'examiner ce fait avec quelque attention pour « s'affranchir de ce préjugé que les cultivateurs se sont com- « muniqué l'un à l'autre, et qui a été admis sans examen. »

« Ce n'est pas aux récoltes de céréales, mais aux plantes sarclées et industrielles qu'on doit appliquer les fumiers ; ces plantes, demandant des binages, craignent peu les plantes adventices ; elles ne sont pas sujettes à verser comme les céréales ; enfin, exigeant de nombreuses façons culturales, toujours les mêmes, quels que soient les produits, elles ne donnent de profit que dans les sols très fortement fumés. »

On doit surtout se garder d'appliquer le fumier frais aux céréales, car les graines de mauvaises herbes et les œufs d'insectes qu'il renferme salissent étonnamment la terre et nuisent fort aux récoltes. Les fumiers très fermentés n'ont pas cet inconvénient, car les œufs et les semences de mauvaises herbes ont péri pendant la putréfaction. Mais, pour peu que

GAROLA. — Engrais.   8

la fumure soit abondante, les fumiers trop faits font verser
les céréales.

Dans les terres moyennes et légères, il y a avantage à employer le fumier à demi consommé, comme nous l'avons dit
précédemment ; dans les terres fortes, au contraire, il peut être
utile de recourir au fumier pailleux ou frais. C'est que, dans
ces terres compactes, où l'air pénètre difficilement, la nitrification des engrais pulvérulents ne se fait qu'avec difficulté
et qu'au contraire l'intervention du fumier pailleux qui soulève
le sol, en facilitant l'introduction de l'oxygène, favorise
hautement le fonctionnement du ferment nitrique. MM. Müntz
et Girard ont reconnu que, dans une terre très forte, argilo-
calcaire, le fumier de vaches frais avait donné plus de six
fois autant d'azote nitrique que le sulfate d'ammoniaque, et
près de sept fois plus que le sang desséché.

Au contraire, dans les terres légères, où la sécheresse est à
craindre, il faut éviter tout ce qui favorise une trop grande
aération du sol, et les fumiers frais et pailleux ne doivent
donc pas être employés.

Il ne faut pas enfouir le fumier trop profondément. On peut,
dans les terres légères, l'enterrer un peu plus avant que dans
les terres fortes. Pour les plantes à racines profondes, il faut
l'enterrer à une plus grande profondeur que pour celles qui
ont des racines superficielles.

Le transport du fumier s'opère avec des véhicules de formes
diverses selon les localités : chariots, charrettes ou tombereaux.
L'important de l'opération, c'est de bien coordonner le nombre
des voitures et des chargeurs avec la distance à parcourir.

Voici, d'après M. Heuzé, la combinaison qu'il faut adopter
pour éviter les pertes de temps : une des voitures est chargée
la veille, afin qu'elle soit prête à être conduite ; le lendemain
matin, le conducteur attelle immédiatement son attelage sur
ce véhicule et le conduit sur le champ où le fumier doit
être appliqué ; à peine cette voiture est-elle déplacée que
les chargeurs approchent du tas ou de la fosse une voiture
vide qu'ils s'empressent de charger. Dès que le conducteur
est de retour du champ, il dételle les animaux, et les attelle
immédiatement à la voiture chargée. Aussitôt que cette

dernière a quitté les bords de la fosse ou de la plate-forme, les chargeurs emplissent la voiture qui vient de revenir à vide. Lorsque la distance à parcourir est grande, on emploie deux attelages et trois voitures. Alors il y a toujours une voiture en déchargement, une autre qui va ou revient ; la troisième est celle que l'on charge pendant l'aller et le retour.

Le conducteur, arrivé, décharge sa voiture de manière à former des fumerons égaux espacés de 7 mètres environ les uns des autres. Si la fumure comporte l'emploi de 20 000 kilogrammes de fumier à l'hectare, par exemple, le fumier pesant 700 kilogrammes le mètre, le volume à transporter sera de 30 mètres cubes environ, ou de 15 voitures chargées à 2 mètres. Chaque fumeron devant couvrir 49 mètres carrés, il y en aura 200 environ par hectare. Chacun d'eux devra donc être constitué par 1 hectolitre et demi de fumier, et chaque voiture de 2 mètres cubes en fournira 13.

Fumures en couverture. — Nous avons dit que, en général, il convient d'enfouir le fumier aussitôt que possible après son épandage, parce que son exposition à l'air amène des pertes importantes d'ammoniaque. Cependant, dans certains cas, les cultivateurs emploient le fumier en couverture sur des récoltes en végétation. Nous ne croyons pas ce procédé recommandable, surtout aujourd'hui où l'on possède des engrais pulvérulents très assimilables qui peuvent, dans ce but, remplacer avantageusement le fumier.

Des essais faits à Grignon, comparativement avec le fumier mis en couverture et le fumier enfoui, ont montré nettement l'infériorité de cette pratique. C'est ainsi que l'on a obtenu en maïs fourrage :

Avec 40.000 kilogr. de fumier enfoui.......... 82 500 kil.
Avec 40.000 kilogr. de fumier en couverture... 64.800 —

Pour les pommes de terre, les résultats ont été les suivants :

Avec 40.000 kilogr. de fumier enfoui.,........ 238 hectol.
Avec 40.000 kilogr. de fumier en couverture.. 222 —

Les résidus laissés par le fumier enterré sont par la suite

beaucoup plus efficaces pour la culture du blé et du sainfoin que ceux laissés par le fumier répandu à la surface.

M. Malpeaux, directeur de l'École pratique d'agriculture de Berthonval (Pas-de-Calais), a aussi démontré expérimentalement que la fumure enfouie a une action bien supérieure non seulement sur les betteraves auxquelles elle est appliquée directement, mais encore sur le blé qui suit, à celle de la même fumure répandue en couverture.

Cependant, dans le jardinage, on a souvent recours au paillis ou fumure en couverture. Les avantages de cette pratique sont indéniables et M. Nanot a démontré combien est importante leur action sur la productivité du sol. Mais, ainsi qu'il ressort de ses expériences en sols couverts, c'est surtout par l'isolement du sol et le ralentissement de l'évaporation qui en est la conséquence, ainsi que par le maintien de l'état d'ameublissement de la couche superficielle du terrain, que cette méthode est efficace.

En effet, on obtient des résultats presque aussi avantageux avec des couvertures métalliques, avec des planches et du papier parcheminé, qu'avec un paillis de fumier. Nous avons nous-mêmes obtenu des résultats très importants avec une couverture de sciure de bois blanc dans la culture des céréales.

Quantité de fumier à employer. — La quantité de fumier à donner par hectare dépend de la nature plus ou moins exigeante de la plante que l'on veut cultiver, de son espèce et de la richesse du sol.

Les plantes qui donnent de grands produits dès la première année, celles qui portent des graines, réclament de plus fortes fumures. Les terres légères demandent une fumure plus faible, mais plus souvent répétée que ne l'exigent les terres fortes. Cela résulte de ce que nous savons du pouvoir absorbant des ciments du sol ; l'argile et l'humus retiennent les principes fertilisants avec une grande énergie, et ce n'est que lorsqu'ils en sont pour ainsi dire saturés qu'ils les livrent peu à peu aux besoins des végétaux.

L'expérience a démontré que, lorsqu'on met en culture des terres argileuses épuisées, la première fumure ne produit presque aucun effet, l'argile s'est emparée de l'engrais et le retient avidement. Ce n'est qu'après plusieurs fumures, lorsqu'elles sont saturées, que ces terres reprennent leur fertilité première. Quand elles sont revenues à cet état, elles contiennent approximativement 16 grammes d'azote par quintal et par centième d'argile, d'après M. de Gasparin. Ainsi la terre argileuse doit posséder un capital d'engrais considérable pour être portée à toute sa valeur. Dans les années sèches où l'argile est durcie, il reste souvent improductif. Son effet reparait en partie dans les saisons humides, mais il n'en est pas moins vrai que, dans tous les cas, ce capital dormant doit exister pour que le fumier ajouté soit productif.

En somme, le poids du fumier bien fait nécessaire pour fertiliser un terrain donné doit varier avec l'état d'épuisement où se trouve le sol, avec la nature de la terre, la qualité du fumier et la manière de l'employer.

Mathieu de Dombasle indiquait dans les circonstances ordinaires, pour la fumure complète d'un hectare, la dose de 20000 à 25000 kilogrammes de fumier; Boussingault indique de 48000 à 49000 kilogrammes. Dans les environs de Paris, où l'on fume abondamment, à cause de la culture épuisante qu'on pratique, on en emploie jusqu'à 54000 kilogrammes. Dans beaucoup de pays on donne, suivant que la terre est légère ou forte, de 20000 à 40000 kilogrammes. Dans la Flandre et le Hainaut, on porte la fumure à 100000 kilogrammes et plus. Dans le Brabant, dit Schwerz, on donne 160000 kilogrammes de fumier et 13 tonnes de purin par hectare.

Nous donnons ci-après par hectare la proportion annuelle de la fumure dans divers pays :

Roville	67 à 83 quintaux.
Divers	133 —
Chez Boussingault	161 —
Environs de Paris	180 —
Plaine de Caen	200 —
Brabant	329 —
Chez Thaer	600 —

C'est entre ces extrèmes qu'il faut se placer, surtout aujourd'hui que l'on peut faire usage des engrais de commerce, et nous montrerons plus loin qu'on obtient, en général, de meilleurs résultats avec les petites fumures et les engrais complémentaires.

On doit considérer, pour une rotation de trois ans et dans la grande majorité des cas, qu'une dose de 30 000 kilogrammes de fumier constitue une fumure convenable. Une telle quantité de fumier apporte au sol :

Matières organiques............................ 6.450 kil.
Matières minérales............................. 1.866 —

dont

Azote... 176 kil.
Acide phosphorique............................ 120 —
Potasse....................................... 180 —

Durée de l'action du fumier. — Le fumier introduit dans le sol a une action immédiate certaine, mais celle-ci n'est pas en rapport avec la quantité totale de principes fertilisants que la fumure apporte. 30 000 kilogrammes de fumier donnent au sol environ 176 kilogrammes d'azote, et cette fumure est loin d'être exagérée. Si, sous forme de nitrate de soude ou de sulfate d'ammoniaque, qui apportent de l'azote immédiatement assimilable, on en fournissait une pareille quantité à une récolte de blé, par exemple, personne ne doute que cela n'ait pour résultat d'amener une verse certaine. S'il n'en est pas de même avec le fumier, c'est évidemment que l'azote qu'il apporte s'y trouve surtout à l'état de combinaisons quaternaires, qui ne sont que peu à peu transformables en nitrates par les ferments du sol. L'expérience culturale démontre nettement que la dose de fumier précédente fait sentir son effet pendant trois bonnes années sur les récoltes qui se succèdent. Au champ d'expériences de Cloches, où nous avons pendant douze ans étudié, avec la précieuse collaboration de M. Oscar Benoist, l'action des divers engrais sur les principales récoltes de notre région, nous avons pu vérifier ce fait d'une manière très concluante :

Le blé, qui venait toujours en seconde récolte, a donné, dans la parcelle qui recevait tous les trois ans pour la plante sarclée une fumure de 30000 kilogrammes de fumier de ferme, un excédent moyen, pour huit récoltes, de

      Grain .... 7,7 quintaux.
      Paille 13,5   —

en sus du rendement de la parcelle cultivée sans engrais.

L'avoine, qui venait en troisième récolte, a donné, pour dix années, les excédents suivants sur la parcelle sans engrais :

      Grain .... 3,55 quintaux.
      Paille 5,90   —

Il faut donc considérer le fumier comme un engrais précieux, car son action, très sensible immédiatement après l'épandage, est, de plus, durable. Il n'épuise pas en une seule saison toute son action ; mais, au contraire, il accumule dans la terre des réserves qui ne seront absorbées par les plantes que successivement. C'est pourquoi les cultivateurs diligents ont soin de maintenir dans leurs sols ces réserves importantes, qu'ils désignent sous le nom d'*engrais en terre*, de *vieille graisse* ou de *vieille force* ; c'est aussi la raison pour laquelle on dénomme les sols ainsi enrichis *terres grasses*.

Rôle comparé du fumier de ferme et des engrais de commerce.

Il est certain que le fumier de ferme qui a été bien soigné est à la fois l'engrais le plus favorable pour toutes les cultures, et celui qui convient le mieux dans la généralité des sols. Mais il serait dangereux de se laisser aller à cette croyance qu'il est possible d'accroître facilement et en peu de temps la fertilité du sol par l'emploi exclusif du fumier, surtout si l'on exploite un terrain qui manque de l'un des principes alimentaires que nous avons indiqués, ou qui n'en est que faiblement pourvu. Le fumier de ferme, en effet, n'est que le résidu de la consommation des plantes fourragères, des pailles et des grains produits dans l'exploitation, par les animaux que nous entretenons. Il ne représente qu'une fraction des matières alimentaires qui ont été enlevées au sol par les récoltes, d'abord parce qu'une partie importante de celles-ci est vendue directement, ensuite parce que la totalité de l'azote, des phosphates et de la potasse des aliments consommés par le bétail ne se retrouve pas dans leurs excréments : il y en a une portion plus ou moins considérable qui s'est transformée en chair, os, lait, laine, poils, corne, etc. Il est, par suite, impossible de restituer à un sol, par l'emploi exclusif du fumier, tout ce que les récoltes lui ont enlevé.

En outre, comme le fumier a pour origine le sol, il ne peut renfermer rien que ne contienne préalablement celui-ci. Si la terre est pauvre en phosphate, le fumier, lui aussi, sera pauvre en cet aliment de première nécessité. *Dans un sol incomplet, le fumier de ferme ne peut donc jamais être un engrais complet.* Et si l'on veut arriver à fournir aux plantes une alimentation suffisante et conforme aux besoins de chacune d'elles, il est nécessaire de rechercher quelles sont les substances qui font défaut au sol, pour les lui donner, en dehors du fumier, sous une forme qui réponde aux exigences spéciales des végétaux que l'on cultive.

Même dans les terres parfaites au point de vue de la composition minérale et de l'assimilabilité des matières alimentaires qu'elles contiennent, si l'on peut dire que le fumier est un engrais complet, il faut cependant considérer que cela n'est vrai qu'au point de vue de la qualité des aliments qu'il fournit, et non au point de vue de leur quantité. Car ces proportions relatives des substances alimentaires diverses que les plantes exigent sont variables avec chacune de ces dernières, tandis que la composition du fumier ne varie nullement dans le sens que nécessite une alimentation sagement économique. D'où la conclusion que, même dans les sols pourvus qualitativement de tous les principes alimentaires reconnus indispensables, *le fumier peut devenir insuffisant, et a besoin d'être complété pour certaines cultures.*

Aussi, pour maintenir l'équilibre de fertilité des bonnes

terres, et pour accroître la fécondité et la richesse de la culture d'une manière générale, il est dans tous les cas nécessaire de compléter les fumures de fumier de ferme avec des matières fertilisantes tirées du dehors; et cette nécessité est d'autant plus inéluctable que le sol est plus appauvri en une ou plusieurs substances alimentaires.

Cela est vrai dans les conditions les meilleures et, à plus forte raison, dans l'immense majorité des cas. C'est en effet l'évidence même que la quantité de fumier produite par une exploitation qui n'importe rien du dehors est tout à fait insuffisante pour fumer convenablement les récoltes et en obtenir des rendements hautement rémunérateurs. Malgré tous les efforts qu'il puisse faire pour ne rien laisser perdre des substances de toutes sortes qui peuvent augmenter son tas de fumier, malgré les soins judicieux et de tous les instants dont il l'entoure, le cultivateur intelligent a bien vite reconnu que la ferme ne peut se suffire à elle-même, aussitôt que l'on veut obtenir du sol une production un peu considérable.

Il suit de ces considérations que, ni par sa qualité, ni par sa quantité, le fumier de ferme ne saurait nous suffire dans tous les cas. Mais il n'en est pas moins vrai que c'est lui qui doit former la base essentielle des fumures et du maintien de la fertilité du sol. Il y a à cela deux raisons de la plus haute importance. La première est de l'ordre économique, et la seconde de l'ordre physiologique.

Il est incontestable d'abord que le fumier de ferme est le plus économique de tous les engrais. Nous avons précédemment calculé sa valeur aux cours les plus bas des matières fertilisantes, et nous sommes arrivé à l'estimer 12 francs la tonne. M. Bella, ancien directeur de Grignon, obtenait le fumier à ce prix de 12 francs les 1 000 kilogrammes, y compris les frais de transport et d'épandage, et le fumier de Grignon était plus riche que celui que nous avons pris pour type : il dosait $7^{kg},2$ d'azote, $6^{kg},1$ d'acide phosphorique et au moins 6 kilogrammes de potasse. Nous devrions donc l'estimer comme il suit :

7kg,2 d'azote à 1 fr. 50......................... 10 fr. 80
6kg,1 d'acide phosphorique à 0 fr. 40............. 2 fr. 44
6 kilogrammes de potasse à 0 fr. 40.............. 2 fr. 40
Total .... 15 fr. 64

Il suit de là que le prix de revient de l'azote, de l'acide phosphorique et de la potasse fournis par le fumier est inférieur à celui des mêmes principes fertilisants puisés dans le commerce.

Mais ce n'est pas tout ; car si, d'une part, le fumier de ferme agit par les matières assimilables qu'il peut fournir aux plantes, il agit aussi, d'autre part, et d'une manière très énergique, sur les matières minérales alimentaires contenues dans le sol, en les préparant à l'assimilation. Le fumier de ferme joue un rôle très important dans la *cuisine des plantes*. C'est par le terreau qu'il forme en se décomposant qu'il remplit cette dernière fonction, terreau ou humus qui se combine aux matières minérales alimentaires et insolubles du sol, et les amène ainsi à un état parfait pour être absorbées par les racines. L'humus qui provient de la décomposition du fumier dans le sol n'est pas, en réalité, absorbé par les racines ; sauf quelques exceptions probables, il ne sert que de véhicule aux matières minérales, aux phosphates surtout, pour les mettre à la disposition des racines et les conserver, afin de ne les livrer à celles-ci que suivant leurs besoins. Ce rôle, pour secondaire qu'il soit, n'en a pas moins, au point de vue de la fertilité des terres, une importance capitale : la fécondité des terres résulte, pour une partie importante, de la richesse du sol en humus combiné à l'acide phosphorique, à la potasse, à la magnésie, au fer, etc., qui sont les principes essentiels de toute végétation.

Le fumier de ferme ne fournit donc pas seulement aux plantes ce qu'il contient lui-même, mais encore il favorise l'assimilation des minéraux insolubles du sol : c'est un engrais-amendement.

C'est là ce qui fait la nécessité de son emploi ; et toute tentative qui serait faite pour cultiver le sol en le laissant complètement de côté serait couronnée par un insuccès fatal.

Tout ce qui précède nous permet de préciser le rôle du fumier de ferme comparé à celui des engrais de commerce dans l'agriculture moderne.

Le fumier est la base incontestable de la fertilité; c'est l'agent indispensable pour préparer à l'assimilation les aliments minéraux insolubles du sol; c'est l'engrais de première nécessité, parce que seul il permet de tirer le meilleur parti des forces productives de l'air et de la terre à la fois, et cela au meilleur marché.

Mais, malgré son excellence, le fumier ne répond pas à tous les besoins des sols et des plantes. Il est nécessaire, dans certains cas, de le compléter, pour qu'on puisse tirer de la terre et des végétaux tout ce qu'ils sont susceptibles de donner. Dans la question des engrais au point de vue de l'application, tout est essentiellement relatif. Tous les problèmes qui s'y rattachent ne peuvent être résolus qu'en tenant compte de l'avis des plantes et des facultés du sol. En conséquence, suivant la nature des cultures et des terrains, le fumier de ferme devra être complété d'une manière ou d'une autre.

Pour arriver à ce résultat, il faut avoir recours à des matières fertilisantes non produites dans la ferme : aux engrais de commerce. D'après notre manière de voir, ces derniers ne sont donc jamais que des engrais complémentaires du fumier de ferme. C'est en les considérant ainsi que l'agriculture en tirera le plus grand profit.

Pour démontrer que l'emploi combiné d'une dose moyenne de fumier de ferme, complété par des engrais appropriés, est dans presque tous les cas le moyen le plus sûr d'obtenir de hauts rendements d'une manière économique, nous n'avons qu'à recourir aux résultats des expériences répétées que nous avons faites à Cloches. Nous en donnons le relevé ci-après.

Sous le nom de *fumure mixte* nous désignons dans le tableau l'emploi de 15 000 kilogrammes de fumier de ferme seulement par hectare, pour une période de trois ans, fumier qui était complété, suivant les besoins de chaque culture, par un apport de superphosphate et de nitrate de soude à doses modérées. La parcelle au fumier seul recevait tous les trois ans, en tête de la rotation et pour la plante sarclée, 30 000 kilogrammes de fumier identique au précédent. Enfin, les parcelles à engrais complet recevaient pour chaque culture un mélange de super-phosphate, de chlorure de potassium et de nitrate de soude, ou bien de sulfate d'ammoniaque à doses élevées.

	Excédents moyens de récolte.		
	Fumure mixte.	Fumier seul.	Engrais complet.
	qx.	qx.	qx.
Blé (grain : 8 récoltes)........	8,30	7,70	7,10
Avoine (grain : 10 récoltes)..	5,00	3,55	4,80
Prairie artificielle (8 récoltes).	13,30	17,20	14,45
Betterave à sucre............	217,00	184,00	181,60
Betterave à graine (2 récoltes).	6,67	4,77	5,36
Pommes de terre............	92,50	79,00	105,00
Carotte fourragère..........	240,00	170,00	205,00

Il résulte clairement de ce tableau que, pour toutes les récoltes, sauf pour les prairies artificielles, la fumure mixte a été plus favorable que la fumure exclusive au fumier. La fumure mixte s'est montrée également supérieure à l'emploi exclusif des engrais chimiques complets, sauf exception pour les prairies artificielles et les pommes de terre. Notre longue série d'expériences prouve donc d'une manière très convaincante tout l'avantage qu'il y a dans la pratique à combiner l'usage du fumier de ferme à dose modérée et des engrais de commerce.

III. — ENGRAIS ORGANIQUES DIVERS.

Boues de villes ou gadoues.

On désigne sous le nom de *boues de villes* ou *gadoues* l'ensemble de tous les déchets de ménage, des cuisines, des halles et marchés, des ateliers divers, etc., qui sont chaque matin déposés en tas dans les rues et enlevés par le service municipal ou par des entrepreneurs spéciaux.

La composition de ces gadoues est évidemment très variable, suivant les quartiers, les saisons et les habitudes locales. Elles sont constituées par les débris les plus divers, épluchures de légumes, déchets de poissons et de volailles, plumes, poils, balayures, etc. On ne saurait donc leur assigner une composition moyenne approchée. Ce n'est que par l'étude directe de chaque cas particulier que le cultivateur pourra se rendre compte de la valeur fertilisante de telles matières.

Les boues sont très recherchées par les jardiniers maraîchers de la banlieue des grandes villes, qui ont reconnu depuis longtemps qu'elles constituent un engrais très actif et favorable à la production des légumes. Il ne convient pas de les employer à l'état frais, mais il faut préalablement les faire fermenter comme le fumier. C'est pourquoi on les accumule en tas énormes où on les abandonne à elles-mêmes pendant trois mois environ. Si l'on veut activer leur décomposition, on recoupe le tas au bout de six semaines. Ces gadoues fermentées reçoivent le nom de *gadoues noires*, tandis qu'on les dit *vertes* quand elles sont fraîches.

MM. Müntz et Girard ont fait une étude attentive des boues de la ville de Paris. Nous leur empruntons les renseignements qui suivent. Ils ont trouvé dans les gadoues vertes, telles qu'on les reçoit des tombereaux ramasseurs, les quantités ci-après d'éléments fertilisants :

```
Azote ............................................... 0,38
Acide phosphorique .................................. 0,41
Potasse ............................................. 0,42
Chaux ............................................... 2,57
```

La richesse de cet engrais est comparable de tout point à celle d'un fumier de ferme de composition moyenne.

Quand ces boues ont subi la fermentation en tas, qui doit toujours précéder leur emploi, elles ont perdu beaucoup de leur volume, et sont devenues beaucoup plus homogènes, par suite de la décomposition des éléments végétaux grossiers qu'elles renfermaient. Elles forment alors une sorte de terreau à teinte noire. On y trouve :

```
Azote ............................................... 0,45 p. 100.
Acide phosphorique .................................. 0,59   —
Potasse ............................................. 0,52   —
Chaux ............................................... 3,75   —
```

Des gadoues noires provenant de la ville de Bordeaux ont donné aux mêmes analystes les résultats suivants :

Azote.. 0,49 p. 100.
Acide phosphorique............................... 0,58   —
Potasse.. 1,22   —

L'analyse des boues de ville de Nancy, à l'état où on les emploie, faite au laboratoire de M. L. Grandeau, a donné par 100 kilogrammes de matière normale :

Matières organiques............................... 32,37
Chaux... 7,54
Potasse 1,05
Acide phosphorique 0.27
Azote... 0,50

Ces engrais se rapprochent donc comme richesse du fumier et sont une grande ressource pour les exploitations suburbaines. Elles mériteraient d'être plus appréciées qu'elles ne le sont par la grande culture. Elles conviennent, en effet, non seulement à la production des légumes, mais encore aux céréales, aux crucifères, et aux plantes sarclées.

Le poids du mètre cube de gadoue noire varie de 800 à 1 200 kilogrammes, suivant la proportion de matières minérales qu'elles renferment. On les vend de 3 à 5 francs le mètre cube.

Si nous calculons leur valeur d'après les mêmes bases qui nous ont servi pour le fumier, nous trouvons pour les boues de Nancy, par exemple :

Potasse, 1 kilogramme à 0 fr. 40.............. .... 0 fr. 40
Acide phosphorique, 0^{kg},27 à 0 fr. 40............. 0 fr. 10
Azote, 0^{kg},50 à 1 fr. 50....................... 0 fr. 75
                     Total .... 1 fr. 25

Soit 9 fr. 50 le mètre cube.

C'est le prix que l'engrais vaudrait au plus à la ferme. Dans le cas où un cultivateur viendrait à en faire l'achat, il ne devrait le payer que ce prix, déduction faite des frais de transport du lieu de production à celui de son emploi.

Vases d'étangs, de mares, etc.

Au fond des étangs, des mares, des égouts, etc., il se dépose avec le temps des vases généralement riches en matières organiques. On les extrait pour les accumuler en tas sur la rive. Après les avoir laissé s'égoutter et fermenter à l'air, pendant un temps suffisant, on peut les employer à la fumure des champs. Le plus souvent, et à moins qu'elles ne soient très calcaires, on les mélange avec 5 à 10 p. 100 de leur volume de chaux pour hâter leur décomposition, et l'on en forme des composts, qu'on recoupe au bout de deux mois.

Leur composition est évidemment très variable, et ne saurait être fixée que dans chaque cas particulier. Hervé Mangon leur attribue de 4 à 5 kilogrammes d'azote par tonne. C'est autant que dans le fumier ; mais il est bon d'observer que cet azote est moins assimilable. Voici comment s'exprime au sujet de ces vases l'auteur précité :

« Les vases peuvent être employées comme engrais de différentes manières ; on peut les répandre sur les prairies ou bien les enfouir par un labour en même temps que les fumiers ; mais, en général, on peut en tirer un meilleur parti par une préparation particulière, variant avec leur composition et les circonstances locales de l'exploitation agricole.

« Les vases non calcaires ou celles qui sont très riches en matières organiques incomplètement décomposées forment avec la chaux d'excellents composts. Comme litières terreuses, la plupart des vases peuvent également rendre d'excellents services. Enfin, les vases séchées à l'air et écrasées forment la meilleure substance à mêler aux engrais salins ou pulvérulents, que l'on répand ordinairement mélangés avec de la terre ou des cendres.

« La vase, au moment où on l'extrait, est plus ou moins humide ; exposée à l'air ou au soleil, elle perd rapidement 50 à 70 p. 100 de son poids d'eau. Ainsi desséchée, elle contient encore, en général, de 3 à 10 p. 100 d'eau, qu'elle n'abandonne qu'à une température de 105° environ.

« La vase séchée au soleil et réduite en poudre pèse ordinairement de 700 à 800 kilogrammes le mètre cube. Ce poids, comme celui de la vase fraîche, qui est de 1 100 à 1 400 kilogrammes le mètre cube, doit varier beaucoup suivant les localités. Certaines vases contiennent de fortes quantités de carbonate de chaux et constituent des marnes d'autant plus énergiques que le calcaire est plus divisé. D'autres vases sont presque complètement privées de calcaire ; elles abandonnent toutes à l'eau froide, comme les terres fertiles, une certaine somme de produits solubles, formés en partie de matières organiques et en partie de matières minérales.

« Les vases contenant des quantités notables de phosphates sont assez rares ; toutes, au contraire, contiennent une assez forte proportion d'azote. Cette proportion est assez variable d'un échantillon à l'autre ; cependant, on peut admettre que les vases de bonne qualité, desséchées à l'air, contiennent de 0,4 à 0,5 p. 100 de leur poids d'azote, c'est-à-dire presque autant que le fumier frais ; cet azote n'est pas toujours aussi immédiatement assimilable que celui du fumier, mais il constitue toujours pour la terre une augmentation de fertilité en rapport avec son poids.

« Ce produit a donc, en général, pour l'agriculture, une valeur très supérieure à son prix d'extraction, de manipulation et d'emploi. On conclut d'ailleurs facilement, des chiffres qui précèdent, que le produit des curages pourrait fournir par an à la culture autant d'azote que 200 000 tonnes de fumier de ferme.

« Car on a calculé que le produit des curages des cours d'eau de France pourrait s'élever à 250 000 mètres cubes par année. »

Pour compléter ces précieuses indications, nous donnons ci-dessous la composition de diverses vases.

Nous avons trouvé à une vase de mare de Beauce la composition suivante par 1 000 kilogrammes :

Eau	37,80
Calcaire	453,00
Argile	309,40
Sable fin	188,80
Humus	7,00

Azote... 2,14
Acide phosphorique.............................. 2,59
Potasse.. 3,70

M. Pétermann a trouvé dans des vases d'étang les quantités ci-après de matières fertilisantes :

Matières organiques................... 4,54 à 7,20 p. 100.
Azote................................. 0,05 à 0,13   —
Acide phosphorique.................... 0,14   —

Dans des vases extraites de l'Erdre, à Nantes, Bobière a trouvé :

Matières organiques....................... 7,24 p. 100.
Azote..................................... 0,31   —
Acide phosphorique 0,25   —

On peut aussi utiliser comme engrais les vases extraites des ports de mer. Leur exposition à l'air et le lavage qu'elles subissent pendant ce temps sous l'action des pluies les débarrassent du sel marin qu'elles contiennent au moment de leur extraction. On peut leur assigner la composition suivante :

Azote................................. 0,25 à 0,39
Acide phosphorique.................... 0,18 à 0,23
Potasse............................... 0,60 à 0,90
Chaux .... 0,50 à 7,00

Ces dépôts ne sont donc pas négligeables, et, transformés en composts, ils sont d'un emploi avantageux pour les prairies et les plantes sarclées. On évite de les utiliser sur les céréales, parce qu'elles peuvent contenir des graines de mauvaises herbes ayant encore gardé leur faculté germinative, même après avoir passé dans le compost à la chaux.

Excréments humains.

Dans tous les pays où l'agriculture est avancée, on considère les excréments humains, à juste raison, comme un puissant engrais, et l'on prend soin de les recueillir complètement. Rendre au sol ces excréments, c'est lui restituer une grande partie des matières que les récoltes antérieures lui ont enlevées. Hermstaed et Schübler ont démontré par l'expérience qu'un sol qui, sans engrais, rend trois fois la semence, donne avec l'urine humaine dix fois la semence, et avec les excréments solides douze fois cette dernière. L'efficacité n'est pas douteuse. Le raisonnement est ici absolument confirmé par l'expérience. Cependant, presque partout, dans notre beau pays de France, on laisse perdre, dans les villes et dans les campagnes, ces matières fécales dont la restitution au sol doit être considérée comme un impérieux devoir.

Dans le pays le plus peuplé du monde, il n'en est pas comme en Europe.

« Il est complètement impossible, dit Liebig, dans sa *Treizième lettre sur l'agriculture moderne*, de se faire chez nous une idée du soin que les Chinois mettent à tirer parti des matières fécales de l'homme ; pour eux, elles sont le suc nourricier du sol ; celui-ci ne doit sa fertilité qu'à cet agent énergique.

« Le Chinois, dont l'habitation est encore ce qu'elle était à l'origine, une simple cabane, construite en pierre et en bois, le Chinois, dis-je, ne connaît pas les latrines comme nous les avons chez nous ; seulement on voit, dans l'endroit le plus apparent de la maison, des cuvelles en terre ou des citernes murées avec tout le soin possible, et l'idée de leur utilité commande tellement à son odorat que ce qu'on regarde ordinairement comme inconvénient insupportable dans toutes les villes civilisées de l'Europe est considéré là-bas par toutes les classes, pauvres ou riches, avec une certaine satisfaction ; et je suis certain que rien n'étonnerait plus un Chinois que de voir quelqu'un se plaindre de la puanteur qui s'exhale de réservoirs semblables.

« Ils ne désinfectent pas ce fumier-là, mais, comme ils savent parfaitement qu'il perd de sa force une fois en contact avec l'air, ils ont grand soin de le préserver de toute évaporation.

« Après le commerce des grains et des denrées alimentaires, il n'y en a pas de plus étendu que celui de cette sorte d'engrais. Ce sont de longs et grossiers véhicules qu'on voit traverser les routes dans tous les sens, qui transportent journellement ce fumier dans les campagnes. Chaque campagnard qui a été le matin vendre ses denrées au marché, en rapporte le soir deux seaux de ce fumier attachés à une tige de bambou.

« On fait tant de cas de ce fumier que chacun sait ce qu'un homme peut en produire par jour, par mois ou par année, et tout Chinois considère comme une grave impolitesse de la part de son hôte, que celui-ci quitte sa maison sans lui laisser au moins un bénéfice auquel il a droit en retour de son hospitalité.

« Dans le voisinage des grandes villes, ces excréments sont convertis en poudrette, qui est envoyée sous forme de tourteaux dans les provinces les plus reculées de l'empire. On les délaye dans l'eau et l'on s'en sert ainsi à l'état liquide. »

En parlant de ces matières fécales, Boussingault dit : « Les Chinois les recueillent avec un soin minutieux, dans des vases disposés de distance en distance le long des chemins les plus fréquentés ; les vieillards, les femmes et les enfants sont occupés à les délayer et à les répandre près des plantes. Souvent on les pétrit avec de l'argile, on en forme des briques que l'on pulvérise quand elles sont sèches ; enfin on répand cette poudre en couverture. »

En commençant l'étude de ces matières fécales comme engrais, il convient d'examiner les quantités de ces substances que produit notre pays et que l'indolence des agriculteurs laisse se dissiper sans profit. Voici d'abord les résultats obtenus par MM. Wolff et Lehmann pour la production et la composition des excréments des diverses catégories de personnes :

1° Matières solides.

	Poids total.	Azote.	Phosphates.
Hommes...............	150 gr.	1ᵍʳ,74	3ᵍʳ,23
Femmes...............	110 —	1ᵍʳ,92	1ᵍʳ,08
Garçons...............	45 —	1ᵍʳ,82	1ᵍʳ,62
Filles.................	25 —	0ᵍʳ,57	0ᵍʳ,37
Moyennes.......	82ᵍʳ,5	1ᵍʳ,03	1ᵍʳ,56
Par an..........	30ᵏᵍ,1	0ᵏᵍ,375	0ᵏᵍ,569

2º *Urines.*

	Poids total.	Azote.	Phosphates.
Hommes	1.500 gr.	15gr,00	6gr,08
Femmes	1.350 —	10gr,73	5gr,67
Garçons	570 —	4gr,72	2gr,16
Filles	450 —	3gr,68	1gr,75
Moyennes	954 gr.	8gr,53	3gr,86
Par an	345kg,2	3kg,11	1kg,378

Cela donne par tête moyenne et par an :

Azote.. 3kg,488
Phosphates.. 1kg,947

Il résulte de là que la production de matières fécales pour 38 millions de Français s'élève en chiffre rond aux quantités suivantes :

Excréments mixtes.................... 14.261.400 tonnes.

dont

Azote............................... 132.500   —
Phosphates .... 74.000   —

Dans les fosses d'aisances, il y a toujours perte d'une partie de l'azote par la fermentation. Nous réduirons, avec Barral, le poids de l'azote utilisable à 100 000 tonnes. En admettant le prix de 1 fr. 50 pour la valeur de cet azote, nous avons là une valeur de 150 millions de francs. En estimant les phosphates à 0 fr. 19 le kilogramme, il faut ajouter de ce chef à la première évaluation 14 millions.

Il y a donc là une source énorme d'engrais; voyons comme on en tire parti.

Engrais flamand (courte-graisse, vidanges tonneaux). — C'est aux environs de Lille que l'on sait le mieux tirer parti des matières fécales, que l'on emploie comme engrais sous les noms précités. Dans tout l'arrondissement de cette ville, les fosses d'aisances sont cimentées avec soin et rendues tout à fait étanches, pour prévenir toute infiltration. Les matières solides et liquides sont ainsi bien conservées et leur mélange garde une fluidité complète.

Chaque cultivateur possède près de sa ferme une ou plusieurs grandes citernes en briques cimentées, pouvant contenir chacune jusqu'à 240 mètres cubes de vidanges. Elles ont deux ouvertures, l'une à la voûte pour introduire et extraire l'engrais, qui est fermée par un fort volet de chêne; l'autre du côté du nord, dans la paroi, pour donner de l'air et faciliter la fermentation.

Toutes les fois que les travaux des champs le lui permettent, le cultivateur envoie ses attelages à la ville, chercher des vidanges, dans des tonneaux chargés sur des chariots spéciaux. A mesure de leur arrivée, les tonneaux pleins sont vidés dans la citerne. Avant l'emploi sur les terres, on attend que la fermentation se soit déclarée. Jamais la fosse n'est complètement vidée : à mesure qu'on enlève de l'engrais pour l'employer, on l'y remplace par un égal volume de vidanges.

Quand les matières sont trop liquides, ou qu'on en a trop peu pour ses besoins, on y délaye des tourteaux de colza, de cameline, de coton, d'arachides, etc., réduits en poudre. On remue de temps à autre avec de grandes perches.

Si, au contraire, la matière est trop épaisse, on la délaye avec de l'eau ou, mieux, avec des urines de bestiaux.

C'est à l'odeur, à la viscosité et à la saveur que les Flamands reconnaissent la valeur de l'engrais.

Nous n'engagerons pas à les imiter dans la dégustation. Mais il faut toujours se rendre compte de la pureté du produit qu'on achète. Or il est constant que les vidanges sans aucune addition d'eau marquent en moyenne 4°,5 à l'aréomètre de Baumé, soit 1032 au densimètre. Il s'ensuit que lorsqu'on achète des vidanges en ville, la prise de densité permet jusqu'à un certain point de reconnaître la qualité de la marchandise. Il ne faut pas acheter au-dessous de 3° Baumé.

Voici, d'après Girardin, la composition de l'engrais flamand tel qu'on l'emploie :

	Engrais pur.	Engrais additionné d'eau.	
		de Lille.	des environs.
Eau	950,89	981,55	989,52
Matières solides	49,11	18,45	10,48
Total	1.000,00	1.000,00	1.000,00

dont

Azote	8,888	6,553	1,835
Phosphates	6,857	2,056	0,555
Potasse	2,075	1,503	3,157

En prenant les mêmes bases que pour le fumier, nous pouvons attribuer à la tonne métrique d'engrais flamand la valeur suivante, selon les trois cas considérés :

1° Engrais pur.................................... 15 fr. 45
2°   —   étendu de Lille..................... 10 fr. 80
3°   —   étendu des environs................. 4 fr. 10

Girardin rapporte qu'à Lille on achetait le tonneau de vidanges pesant 125 kilogrammes net au prix de 0 fr. 30, soit 2 fr. 40 la tonne métrique prise sur place. Il y a, par tonneau, à ajouter pour le transport 0 fr. 30, et pour l'emploi 0 fr. 60. La tonne épandue sur le champ y revenait donc à 9 fr. 60. Dans ces conditions, on voit que c'est une duperie d'acheter des vidanges marquant moins de 3° Baumé, c'est-à-dire de payer 9 fr. 90 ce qui ne vaut que 4 francs.

C'est surtout aux cultures industrielles de haut rendement qu'on applique cet engrais : lin, colza, œillette, tabac, bette-rave, etc. On le répand avant ou après la semaille, et aussi quelquefois après le repiquage.

Quand on l'emploie avant la semaille, quelques jours avant l'épandage on donne un labour suivi d'un hersage pour bien ameublir le sol. On transporte alors l'engrais et on le verse dans des baquets de 2 à 3 hectolitres. Un ouvrier muni d'une écope y puise l'engrais et le répand tout à l'entour en le lançant avec l'instrument, dont le manche a jusqu'à 3 mètres de long, de manière qu'il retombe en pluie. On arrose ainsi de proche en proche toute la surface du champ. On peut plus avantageusement, pour le transport et l'épandage, recourir au tonneau à purin de Faul. Cet appareil est muni d'une pompe pour aspirer l'engrais dans la citerne, et il porte à l'arrière un robinet à brise-jet qui répand l'engrais liquide en nappe mince sur toute la largeur du véhicule.

Après la semaille on opère de même, sauf en ce qui concerne les façons préparatoires. Pour le colza repiqué, on répand l'engrais sous forme de pluie, au départ de la végétation printanière. Pour le tabac, c'est autre chose : un ouvrier fait à l'aide du plantoir un trou près du pied de chaque plante ; un autre y verse une cuillerée d'engrais, et y rabat un peu de terre avec le pied. On se sert pour cela d'un tendelin muni d'un tuyau flexible, terminé par un robinet. On peut agir de même pour les betteraves et les choux.

Les doses employées varient avec les cultures et les habitudes locales. Près de Lille et pour le tabac, on répand ordinairement, avec du fumier et des tourteaux, 330 hectolitres d'engrais flamand par hectare. Pour la betterave fourragère, on en emploie 500 à 600 hectolitres. Pour la betterave à sucre, il est reconnu que l'engrais flamand employé à une dose raisonnable n'est pas nuisible à sa qualité, quand il est répandu avant la semaille, et pour remplacer une quantité équivalente de fumier ou de tourteaux. Mais les arrosages sur les betteraves en pleine végétation doivent être absolument proscrits. Ils rendent les betteraves détestables et très chargées de sels.

Pour le blé sur betteraves, on se contente quelquefois au printemps de ranimer par un arrosage les parties souffrantes. Pour le blé sur avoine, on emploie 165 hectolitres. Pour les pommes de terre qui ont reçu du fumier avant l'hiver, on répand la même dose ; sans fumure de ferme, on va jusqu'à 250 hectolitres. Le colza reçoit d'abord une fumure, puis, après la plantation, un arrosage de 165 hectolitres. En ce qui concerne le lin, on répand la même dose d'engrais flamand pendant l'hiver, longtemps avant la semaille. Aux prairies, on l'applique en hiver. Les choux fumés ou les œillettes fumée en reçoivent jusqu'à 300 hectolitres.

Dans les années humides, il faut ménager les doses, surtout pour le blé. L'épandage ne doit jamais se faire par la grande sécheresse, parce qu'il peut y avoir des pertes importantes d'ammoniaque. Enfin cet engrais est très actif et ne fait sentir ses effets que pendant une année.

Poudrette. — A Paris et dans plusieurs autres villes, les matières fécales sont employées à la fabrication d'un engrais spécial qu'on appelle *poudrette.* C'est un engrais solide et pulvérulent. Pour l'obtenir, on envoie les vidanges dans de grands bassins où les matières solides se déposent. Les liquides qui surnagent sont décantés. Ce sont les eaux-vannes. La matière noire qui s'est déposée au fond des bassins est extraite, puis simplement desséchée à l'air, ou bien encore on la passe au filtre-presse. Les tourteaux obtenus sont ensuite pulvérisés. Voici, d'après M. Aubin, la composition des poudrettes telles qu'elles sont livrées à l'agriculture :

Provenance.	Azote.	Acide phosphor.	Potasse.
Paris	1,65 p. 100.	2,62 p. 100.	0,67 p. 100.
—	1,82 —	3,76 —	1,96 —
—	1,88 —	2,12 —	0,90 —
—	1,81 —	2,76 —	0,57 —
—	0,32 —	1,34 —	1,80 —
Seine-et-Oise	1,86 —	2,39 —	» —
—	0,68 —	0,98 —	» —
—	1,02 —	3,62 —	» —
—	1,20 —	3,84 —	» —
Seine-et-Marne	1,12 —	1,70 —	» —
—	1,20 —	2,93 —	» —
—	1,48 —	4,48 —	» —
—	1,90 —	2,91 —	» —
Oise	1,57 —	2,53 —	0,39 —
—	1,65 —	3,71 —	» —
Loiret	1,65 —	3,71 —	» —
—	1,43 —	3,84 —	» —
Loir-et-Cher	0,46 —	1,21 —	1,29 —
Aisne	1,77 —	4,90 —	1,52 —
Yonne	2,62 —	4,80 —	» —
Indre-et-Loire	1,32 —	0,60 —	» —
—	0,83 —	1,02 —	» —
Haute-Saône	1,52 —	1,79 —	1,05 —
Reims	2,79 —	8,14 —	0,53 —
—	1,06 —	4,51 —	0,41 —
—	0,83 —	3,24 —	0,11 —
—	1,06 —	4,50 —	0,41 —

En général la poudrette dose donc 1,5 d'azote et 2 à

3 d'acide phosphorique. Mais c'est un produit extrèmement variable, que le cultivateur ne doit jamais acheter que sur analyse. Elle a une action énergique, mais de peu de durée. On l'emploie avantageusement pour suppléer au manque de fumier dans les terres pauvres en matières organiques. Il faut en répandre au moins 2 000 kilogrammes par hectare.

Voici maintenant la composition des eaux-vannes d'après M. L'Hôte :

```
Azote (en grande partie ammoniacal).........  4,30 p. 1000.
Acide phosphorique...........................  1,35   —
Chaux........................................  1,59   —
```

Moll a tenté de les employer directement sur ses terres de Vaujours, mais la difficulté principale réside dans les frais de transport. Aujourd'hui on les distille sur de la chaux pour en retirer du sulfate d'ammoniaque. 1 mètre cube d'eaux-vannes rend environ 10 à 11 kilogrammes de ce sel.

Guanos.

Sous le nom de *guanos*, on désigne des engrais d'une très grande efficacité. Ils peuvent être considérés comme le résultat de l'accumulation séculaire des excréments d'oiseaux marins qui ont leur refuge dans les îlots et sur quelques points de la côte de l'océan Pacifique. Ces excréments forment des dépôts ayant souvent plus de 20 mètres d'épaisseur. Ces gisements étaient autrefois particulièrement abondants aux îles Chinchas, près de Pisco, dans les îles de Iza et de Ilo, près d'Arequipa, et dans le voisinage de Payta. L'exploitation s'en faisait et se fait à ciel ouvert. Comme dans cette contrée il ne pleut jamais, les guanos ont conservé tous les sels solubles des excréments et se trouvent ainsi très riches en sels ammoniacaux dérivés de l'urée et des urates. Dans certaines régions de l'Afrique, on a trouvé aussi d'importants gisements de guano. Mais ceux-ci étant soumis à des lavages fréquents, par suite des précipitations aqueuses qui s'y renouvellent à intervalles réguliers, se trouvent dépouillés de ces sels et ont une action moins rapide sur la végétation.

Les anciens guanos du Pérou, qui ont été les premiers engrais de commerce employés en agriculture, et qui, sous ce rapport, présentent pour nous un grand intérêt historique, étaient très remarquables par leur action sur la fertilité des sols. Ils devaient leur pouvoir fertilisant à leur richesse en principes azotés solubles surtout et à ce qu'ils contenaient également une grande quantité d'acide phosphorique assimilable. Les guanos des îles Chinchas dosaient en moyenne :

Azote	14,3 p. 100.
Acide phosphorique soluble...................	3,1 —
Acide phosphorique insoluble................	8,9 —

L'azote s'y rencontrait spécialement sous forme d'urate d'ammoniaque, d'oxalate d'ammoniaque, de phosphate d'ammoniaque, ce qui nous explique la grande activité de l'engrais.

Les guanos du Chili sont beaucoup moins riches en azote : 5 à 7 p. 100 seulement. Les gisements les meilleurs sont aujourd'hui épuisés, et l'on est obligé de se rejeter sur les guanos de qualité inférieure. Les produits actuellement dans le commerce présentent la composition suivante :

	Azote.	Acide phosphorique.
Lobos de Afuera................	4,0 p. 100.	22,5 p. 100.
Punta de Lobos................	6,0 —	18,0 —
Huanillos........................	7,7 —	14,5 —
Pabellon........................	9,0 —	14,0 —

L'azote s'y trouve principalement sous forme ammoniacale.

Dans ces dernières années, on a, en Angleterre surtout, pris l'habitude de traiter les guanos par l'acide sulfurique, pour fixer leur ammoniaque, qui se dégage facilement, et solubiliser entièrement leur acide phosphorique. On profite aussi de cette attaque pour régulariser leur titre en azote par addition de sulfate d'ammoniaque. Les produits ainsi obtenus reçoivent le nom de *guanos dissous*. Ils dosent de 5 à 9 p. 100 d'azote et de 9 à 10 p. 100 d'acide phosphorique soluble.

Les guanos sont, comme tous les engrais, sujets à des falsifications. Ils ne doivent être achetés que sur analyse et sur titre minimum garanti en azote et acide phosphorique. En ce qui concerne le guano dissous, il est impossible d'y reconnaître l'addition de sulfate d'ammoniaque ou de phosphates minéraux, car ceux-ci sont solubilisés par le traitement à l'acide sulfurique.

Guanos phosphatés.

Dans les pays à pluies fréquentes, les guanos perdent leur partie soluble et principalement leur matière azotée. Ils ne constituent plus alors que des gisements de nature phosphatée. Voici, d'après Wölcker, la composition des principaux guanos phosphatés :

	Azote.	Phosphate de chaux.
Mejillones	0,9 p. 100.	70 p. 100.
Iles Falkland	4,3 —	27 —
Patagonie	0,9 —	23 —
Curaçao	» —	69 —
Backer	0,5 —	66 —
Jarvis	» —	52 —
Malden	» —	73 —
Iles de Starbuch	» —	95 —

On les traite par l'acide sulfurique et on les additionne de sulfate d'ammoniaque pour former ce qu'on appelle des *phospho-guanos*, qu'on vend dans le commerce avec une teneur moyenne d'environ 2 p. 100 d'azote et 14 p. 100 d'acide phosphorique soluble dans l'eau.

Guanos de chauves-souris.

Il existe dans l'île de Cuba un grand nombre de grottes qui renferment un amas considérable d'un fort riche engrais. On en trouve de pareilles dans la Sardaigne, l'Andalousie, l'Algérie, le Vénézuéla et dans quelques parties de la France. Dans ces retraites des chauves-souris se trouve accumulé un véritable guano, qui résulte du mélange des excréments, des restes d'aliments et des cadavres de ces animaux. Toutes ces matières, préservées de l'action des agents atmosphériques, forment un mélange riche en azote et en acide phosphorique. On y trouve de l'acide urique, de l'urate d'ammoniaque, des nitrates, du phosphate et du carbonate de chaux, et des sels alcalins. L'immense quantité de ce guano qui se trouve accumulée dans quelques-unes de ces grottes s'explique par le nombre considérable de ces animaux qui y sont venus chercher asile pendant un fort grand nombre d'années. Nous croyons que cet engrais tout spécial pourrait être, avec grand avantage, employé dans quelques localités, en prenant les mêmes précautions que nous avons indiquées pour les guanos proprement dits.

Nous avons trouvé dans un guano de chauves-souris, provenant de la province de Séville, en Andalousie :

Eau..	13,20 p. 100.
Matières organiques et sels volatils (azote déduit)...	27,10 —
Cendres (acide phosphorique déduit)........	40,10 —
Acide phosphorique	12,11 —
Azote..	7,44 —

Nous donnons ci-après la composition, d'après divers auteurs, de guanos de chauves-souris de différents gisements :

	Azote.	Acide phosphorique.
Arkansas (dépôts anciens)......	2,9 p. 100.	6,7 p. 100.
— (dépôts nouveaux)...	8,8 —	3,8 —
Vénézuéla.....................	7,0 —	9,4 —
Jamaïque......................	1,3 —	» —
Bahama........................	2,0 —	16,0 —
Sardaigne.....................	6,4 —	4,0 —
France........................	8,8 —	3,4 —
Algérie........................	3,7 —	4,0 —

Cet engrais est très actif, comme nous l'avons pu constater dans la province de Malaga, mais sa composition est extrêmement variable, et il ne doit être acheté que sur garantie d'analyse.

Colombine et poulaitte.

Les excréments des pigeons, mêlés aux débris de plumes et de graines qui couvrent le sol des colombiers, ont reçu le nom de *colombine*. C'est un puissant engrais, que l'on ne rencontre plus que dans les pays à grandes fermes. On estime à une centaine de francs la valeur de la colombine produite dans un colombier de 700 à 800 pigeons. On peut admettre qu'un pigeon moyen produit dans le cours de l'année de 8 à 10 litres de cet engrais.

Les excréments recueillis dans les poulaillers sont moins riches que ceux des colombiers; ils sont surtout plus aqueux. On trouvera dans le tableau suivant la composition des excréments des principaux oiseaux de basse-cour :

	Azote.	Acide phosphor.	Produit annuel.
Pigeons............	3,0 p. 100.	1,1 p. 100.	4,0 p. 100.
Poules............	1,0 —	1,3 —	6,0 —
Canards..........	0,7 —	1,5 —	8,5 —
Oies	0,5 —	0,4 —	11,5 —

La fiente de volailles ou de pigeons est rarement mélangée au fumier. Elle produit, sur les céréales, dans les terres humides et froides, de fort bons effets. Dans le pays de Caux, on en répand pour l'orge de 18 à 20 hectolitres par hectare. En Flandre, on l'applique à raison de 2 000 kilogrammes par hectare, après en avoir écrasé les grumeaux au fléau. On choisit pour la répandre un temps calme et un peu humide sans être pluvieux, parce que l'eau favorise beaucoup son action.

Engrais ou guano de poissons.

On fabrique avec les débris de poissons des pêcheries, et avec les poissons non comestibles, un engrais d'excellente qualité. Malheureusement, tous les débris de ce genre sont loin d'être utilisés.

Plusieurs usines sont installées à Terre-Neuve, en Bretagne, et aux îles Loffoden, en Norvège. Le procédé employé consiste presque toujours à faire agir sur les débris de poissons de la vapeur à haute pression. Ces derniers abandonnent leur huile, et sont ensuite faciles à réduire en poudre. Il existe aussi en France des fabriques qui traitent ces résidus de poissons par l'acide sulfurique, puis saturent l'excès d'acide

·par des phosphates minéraux. La matière ainsi obtenue est pressée pour la débarrasser de l'huile, puis séchée.

Voici, à titre d'indication, la composition de quelques engrais de poissons :

	Azote.	Acide phosphor.
Bretagne	12,0 p. 100.	7,4 p. 100.
Iles Loffoden	9,0 —	14,0 —
Andalousie	3,9 —	11,3 —

L'engrais de poissons est actif et convient surtout aux terres légères et calcaires.

Engrais verts.

Les *engrais verts* sont des matières végétales vertes, que le cultivateur enfouit dans le sol, pour en accroître les facultés productives.

Nous les diviserons en deux classes bien distinctes ;

1° *Les engrais verts cultivés et enfouis sur place;*

2° *Les engrais verts apportés du dehors.*

On conçoit facilement qu'il doit y avoir, entre ces deux catégories d'engrais, une différence notable, et que leur mode d'action ou leur puissance de fertilisation, pour un même poids de matière organique sèche incorporé au sol, ne doivent pas, en définitive, être identiques.

Précisons de suite les circonstances essentielles qui les peuvent caractériser. Les végétaux cultivés sur place, pour être enfouis en vert, présentant une composition déterminée, demandons-nous l'origine des principes minéraux qui les constituent, afin de pouvoir nous rendre un compte précis des modifications que la fertilité du sol pourra subir par suite de leur incorporation.

Nous savons quelles sont les sources où les végétaux puisent leur nourriture : l'air et la terre. Ce que ces plantes destinées à l'enfouissement auront pris dans le sol ne peut en aucun cas être considéré comme un engrais, car cela ne peut rien ajouter à ce que possédait primitivement la terre. Ces matières minérales peuvent tout au plus, pour certaines plantes qui puisent leur nourriture dans des couches spéciales du terrain,

être changées de place et aussi, à cause de l'aptitude variable
des diverses plantes à l'absorption, être changées à la fois
d'état et rendues plus assimilables. Ce changement de place
et cette modification de l'assimilabilité des matières minérales
du sol doivent être considérés comme amendements d'après
nos définitions précédentes. Pour les engrais verts enfouis
sur la place même où ils ont vécu, c'est une partie des plus
importantes de leur action totale. Nous comprenons qu'il n'en
est plus ainsi quand les matières vertes sont apportées du
dehors. Tout ce qu'elles contiennent de matières minérales
venant de la terre où on les a prises est incorporé et ajouté
à la terre où on les apporte. Elles sont, sous ce rapport, de
véritables engrais.

Pour ce qui est des principes que les deux catégories d'engrais verts ont puisés pendant leur vie dans l'atmosphère, ils
viennent incontestablement s'ajouter aux réserves produc-
trices que renferme la terre. Toutefois, entre eux, il faut distinguer, car leur rôle dans le sol est variable. C'est en effet
du carbone surtout et un peu d'ammoniaque que les parties
aériennes des plantes puisent dans l'atmosphère. Les légumineuses seules ont le pouvoir d'absorber, par l'intermédiaire
des bactéries qui vivent dans les nodosités de leurs racines,
l'azote qui leur est nécessaire à l'état gazeux.

Les composés ternaires du carbone introduits dans le sol
donnent de l'acide humique ou du terreau. Ce n'est pas un
engrais. Nous connaissons son mode d'action : c'est un modi-
ficateur des propriétés physiques et chimiques du sol. Comme
tel, son importance est grande, mais, toutefois, par lui-même,
il n'ajoute rien à la somme d'aliments que renferme le sol.
Son action a pour effet de transformer les substances minérales préexistantes dans le terrain, de favoriser leur
assimilation, action très importante sans doute, mais qui ne
rentre pas dans la définition que nous avons donnée de l'engrais.

Quant à l'ammoniaque et à l'azote gazeux puisés dans l'air
et qui ont servi à former des composés quaternaires, ils repa-
raissent dans le sol par la putréfaction de ces derniers et
peuvent être absorbés directement soit à l'état d'ammoniaque,

soit après avoir été transformés en nitre. Cet azote possède
donc le caractère d'un véritable engrais.

Ces quelques considérations montrent tout l'intérêt qu'il
y a, pour l'étude des engrais verts, à scinder la question.
L'exposition y gagnera de la clarté et de la rapidité.

1° *Engrais verts cultivés et enfouis sur place*. — Les
Romains employaient les engrais verts, et l'usage s'en est
continué dans tous les pays méridionaux. De là il s'est
étendu chez nous.

Leur emploi a sa raison d'être au début d'une entreprise
agricole, quand on n'a pas la faculté d'importer du dehors
les engrais nécessaires. Il se recommande aussi pour les terres
éloignées et d'un accès difficile.

Leur efficacité n'est pas douteuse. Les belles expériences de
Voght, à Flotbeck, ont montré que des terrains stériles peuvent
être amenés à un état de fécondité satisfaisante par le seul
emploi des engrais verts enfouis sur place. D'abord, les plantes
cultivées dans ce but n'atteignaient que 6 à 8 centimètres ;
successivement elles augmentaient de taille. Ainsi, en neuf ans,
de Voght mit en état de production un sol inculte et absolument nu. Thaer, Crud, de Fellemberg, Bella recommandent
les engrais verts en s'appuyant sur les faits qu'ils ont constatés.

Si les engrais verts donnent de fort bons résultats dans les
sols infertiles et épuisés, à plus forte raison sont-ils avantageux dans les sols fertiles et riches. D'après Crud, une récolte
enfouie en vert procure au sol, dans certains cas, une augmentation de fertilité comparable à celle qu'il recevrait de
10 000 kilogrammes de fumier par hectare.

Les plantes qui sont propres à être cultivées pour être
enfouies en vert sont celles qui puisent la plus grande partie
possible de leur nourriture dans l'atmosphère, et qui sont peu
épuisantes pour le sol. Il faut choisir celles qui, par leur
feuillage riche et abondant, donnent la plus grande masse de
matière organique ; celles dont la végétation est très rapide ;
enfin, celles qui, pour prospérer, n'exigent qu'un terrain peu
riche. Le nombre des plantes qui remplissent ces conditions
n'est pas grand, et la nature du sol influe encore sur le choix

qu'il faut faire. Chaque fois que cela est possible, les légumineuses doivent toujours être préférées.

Dans les terres fortes, on cultive comme engrais verts : la
vesce, les féveroles, les pois, la minette, le trèfle, parmi les
légumineuses ; on y sème aussi pour les enfouir le colza, la
navette, la moutarde noire.

Dans les terres légères calcaires, on aura recours au trèfle
blanc, au trèfle incarnat, à la spergule, au sarrasin, au seigle,
aux raves, aux navets, et dans les terres non calcaires au
lupin.

Quand on sème une plante pour l'enterrer, on doit se souvenir que le but n'est pas la production granifère, mais la
production de la masse la plus considérable possible de matière végétale. Il faut donc semer plus dru qu'à l'ordinaire.

Il est nécessaire aussi que le sol soit encore assez fertile
pour suffire à une abondante production de la plante-engrais.
S'il n'en était pas ainsi, il conviendrait de distribuer avant le
semis des superphosphates et des sels de potasse, suivant les
terrains, aux plantes de la famille des légumineuses et aux
autres, parfois, une petite quantité d'engrais azoté.

L'enfouissement doit se faire lorsque les plantes entrent
en fleurs. Alors, elles ont puisé dans l'air et dans le sol toutes
les matières nutritives qu'elles peuvent absorber. Les plantes
sont enfouies à la charrue, après que l'on a fait passer un
rouleau plat à la surface du champ pour bien coucher les
tiges. Le rouleau doit être d'autant plus lourd que la récolte
à enfouir est plus abondante et plus rigide. Il doit être
dirigé dans le sens du labour la charrue ; renversant la
bande de terre sur les tiges bien couchées, les enterre parfaitement.

Il faut attendre que les plantes enfouies aient commencé à
se décomposer pour semer ou planter. La terre soulevée a
besoin de se rasseoir. Le blé d'automne, qui aime une terre
ferme et non creuse, ne réussit jamais bien sur un engrais
vert trop récent.

Les engrais verts conviennent mieux aux climats chauds
qu'aux autres, aux terres sèches qu'aux terres humides. En
remontant du midi vers le nord, leurs avantages diminuent.

En Angleterre et en Irlande, il est plus avantageux de faire consommer les végétaux par le bétail, pour faire du fumier, que de les enfouir en vert.

Les prairies artificielles ou naturelles que l'on défriche sont des engrais verts peu coûteux, parce qu'ils résultent d'une culture ayant déjà payé ses frais. L'effet améliorant de ces cultures est un fait aujourd'hui partout admis et il convient ici de chercher rapidement à en déterminer l'importance. Comme on le verra dans notre ouvrage sur les plantes fourragères, l'enrichissement superficiel du sol par les résidus laissés par les prairies artificielles peut s'estimer comme il suit :

	Luzerne (3 ans).	Trèfle (1 an).	Sainfoin (3 ans).
Azote	153 kil.	123 kil.	127 kil.
Acide phosphorique	33 —	18 —	28 —
Potasse	52 —	23 —	42 —
Chaux	151 —	66 —	»

Le sol se trouve par conséquent très enrichi en azote surtout, provenant de l'atmosphère, et, comme ces plantes sont à racines profondes, elles remontent du sous-sol des quantités importantes d'acide phosphorique, de potasse et de chaux assimilables. Il n'est pas difficile de comprendre, d'après cela, l'estime que les cultivateurs praticiens ont pour les défrichements de prairies artificielles. Voici, à titre d'exemple, ce que nous avons obtenu dans un sol argilo-siliceux, d'une très faible productivité, surtout pour l'avoine. Ce sol renfermait par kilogramme de terre normale :

Azote	$1^{gr},41$
Acide phosphorique	$0^{gr},47$
Potasse soluble dans l'acide azotique fort	$0^{gr},67$
Chaux	$8^{gr},60$

Nous y avons cultivé, en collaboration avec son propriétaire, M. Méritte, de l'avoine de mars, sur un défrichement de trèfle qui succédait à un blé, ayant reçu par hectare 400 kilogrammes de phospho-guano. On a récolté, dans ces conditions :

Paille... 792 kil.
Grain... 1.056 —

Dans une parcelle voisine, cultivée sans engrais d'aucune nature, on a récolté :

Paille... 360 kil.
Grain... 504 —

soit la moitié.

D'autre part, dans le même sol, avec une fumure composée de 300 kilogrammes de superphosphate, 120 kilogrammes de sulfate d'ammoniaque et 150 kilogrammes de nitrate de soude, fumure renfermant 45 kilogrammes d'acide phosphorique et 47 kilogrammes d'azote, nous avons récolté :

Grain... 1.230 kil.
Paille... 1.218 —

Par l'enrichissement du sol en azote au moyen du trèfle et par les résidus d'acide phosphorique laissés par le blé et par le trèfle, on a en somme doublé la récolte d'avoine comme avec la forte fumure d'engrais de commerce essayé comparativement, et, cela, beaucoup plus économiquement.

En ce qui concerne les plantes cultivées spécialement pour être enfouies, il faut tenir compte des frais qu'elles nécessitent : préparation du sol, rente du sol, semence, frais d'enfouissement, risques à courir. Il arrive parfois que la somme en est supérieure à la valeur réelle de l'amélioration produite par l'engrais vert obtenu.

Les feuilles de betteraves, de navets, de pommes de terre, les tiges et feuilles de topinambours, peuvent être considérées comme engrais verts, bien qu'on les fasse parfois consommer. Ce sont des aliments qu'il ne faut employer qu'en cas de nécessité. A poids égal de matière sèche, ces feuilles valent le fumier de ferme.

Pour terminer cette question des engrais verts enfouis sur

place, nous donnons ci-dessous la composition des principales plantes auxquelles on peut avoir recours :

Désignation des plantes.	Pour 100 de plantes vertes :			
	Eau.	Azote.	Acide phosphor.	Potasse.
Gazon de prairie............	»	0,53	0,18	»
Vesces.....................	82	0,59	0,12	0,61
Féveroles (floraison)	87	0,44	0,06	0,42
Pois.......................	81	0,55	0,11	0,50
Colza......................	86	0,45	0,13	0,38
Moutarde blanche...........	86	0,52	»	»
Trèfle.....................	79	0,58	0,12	0,43
— blanc.................	80	0,64	0,15	0,25
— incarnat..............	82	0,44	0,12	0,25
Seigle.....................	76	0,52	0,13	0,15
Lupin.....................	80	0,50	0,11	0,15
Sarrasin	85	0,39	0,08	0,38
Spergule..................	66	0,39	0,20	0,17
Feuilles de betteraves.......	90	0,50	0,09	0,05
— de pommes de terre.	82	0,55	0,02	0,04
Tiges et feuilles de topinambours.....................	80	0,53	0,07	0,31
Tiges et feuilles de navets...	85	0,30	0,09	0,28

Cultures dérobées d'automne, comme engrais verts. — L'étude des eaux de drainage a montré que les grandes quantités de nitrate qui se forment dans le sol pendant les chaleurs de l'été sont entraînées dans le sous-sol par les pluies de l'arrière-saison, et ne peuvent servir, par suite, à la nutrition des récoltes à semer au printemps. Pour éviter cette perte importante, il convient de semer, aussitôt l'enlèvement des moissons, en juillet ou en août, des vesces d'hiver, du trèfle incarnat, du moutardon, etc. Ces plantes serviront de collecteurs des nitrates formés et les transformeront en matières organiques azotées dont la conservation dans le sol est assurée par leur nature même. Ces récoltes dérobées seront enfouies, soit au commencement de l'hiver, avant les fortes gelées pour le moutardon, soit au printemps pour les vesces et le trèfle incarnat, à moins qu'on ne préfère les faire consommer par le bétail pour les transformer en fumier. M. Dehérain, qui recommande beaucoup ces cultures dérobées

d'automne, a fait de nombreuses expériences qui démontrent
leur efficacité. C'est, du reste, une vieille pratique agricole de
la Limagne d'Auvergne.

2° **Engrais verts tirés du dehors.** — Ce sont là pour nous
les véritables engrais verts. Il ne peut y avoir de doute sur
leur mode d'action. Tout ce qu'ils contiennent de matières
minérales et d'azote est incontestablement un gain pour le
sol. Ils agissent, d'une part, comme amendement, par la
matière noire qu'ils fournissent au sol après s'être décomposés; d'autre part, ils agissent comme de véritables engrais.

Les frais qu'ils nécessitent consistent dans la valeur qu'ont
ces matières végétales prises sur place, augmentée des frais
de transport et d'enfouissement. C'est la balance de ces frais
et de la valeur de l'engrais qui doit décider de l'utilité qu'il
peut y avoir à y recourir.

Goémons. — Les goémons, qu'on emploie en grande abondance sur les côtes maritimes, pour la fumure des terres,
sont un mélange d'algues diverses et de fucus variés, que l'on
recueille, quand ils ont été détachés par les flots (goémons
d'épave), ou par une récolte régulière, qu'on opère en ratis-
sant les rochers qui en sont couverts, à mer basse, ou encore
les rochers à fleur d'eau (goémons de coupe). Des règlements
fixent d'ordinaire, pour chaque pays, l'époque et le mode de
la récolte.

Ces plantes marines sont employées exclusivement comme
engrais, sur les côtes bretonne et normande, jusqu'à 2 kilomètres de la mer; et on les utilise encore jusqu'à 12 kilomètres, aux deux tiers de la fumure totale.

On les emploie à l'état frais, après les avoir laissés s'égoutter,
pour les débarrasser de l'eau marine qui les imprègne; dans
d'autres cas, on les laisse exposés pendant quelque temps à
l'air et à la pluie, pour les laver et les mieux débarrasser du sel
marin qu'ils retiennent; ou bien encore, on les met en tas
pour les faire fermenter. Le second procédé nous semble préférable. Il a l'avantage de ne pas introduire de chlorure de
sodium dans le terrain, et d'éviter les pertes d'azote qui peuvent se produire pendant la fermentation en tas. Quelquefois
aussi, on les fait sécher à l'air, pour faciliter leur transport

au loin; et enfin, même, on les incinère, pour utiliser leurs cendres à plus grande distance encore. Cette incinération fait perdre tout l'azote des goémons et est à déconseiller.

La composition de ces engrais verts marins varie avec la nature des espèces qui les constituent. A l'état frais, ils renferment de 70 à 80 p. 100 d'eau et l'on trouve dans les principales espèces les quantités ci-après d'éléments fertilisants :

	Azote.	Acide phosphor.	Potasse.	Chaux.
	p. 100.	p. 100.	p. 100.	p. 100.
Fucus.....................	0,35	0,15	0,75	0,75
Laminaria................	0,30	0,25	1,50	0,75
Elodea canensis..........	0,35	0,20	0,40	1,70
Mélange d'espèces........	0,45	0,46	1,29	1,86

Nous avons analysé deux échantillons de plantes marines d'épave recueillies sur les côtes de l'Andalousie. Ces goémons, séchés à l'air, renfermaient :

	Goémons noirs.		Goémons verts.	
Eau....................	8 à 9,00 p. 100.		13 à 14,00 p. 100.	
Graviers et coquilles..	25,00	—	26,00	—
Azote	0,87	—	0,84	—
Acide phosphorique...	0,86	—	0,32	—
Potasse.....	1,83	—	0,85	—
Chaux.................	3,13	—	1,24	—

D'autre part on trouve, d'après différents auteurs, dans les goémons séchés à l'air :

	Azote.	Acide phosphor.	Potasse.	Chaux.
	p. 100.	p. 100.	p. 100.	p. 100.
Goémons d'épave..........	1,33	0,36	»	3,01
— de coupe........	1,10	0,21	»	1,24
Varechs (mer du Nord)....	1,40	0,40	1,60	1,70
Goémons en branches.....	1,75	0,44	2,15	1,93

Les cendres de goémons renferment, suivant les espèces, les quantités ci-après de principes fertilisants :

	Potasse.	Chaux.	Magnésie.	Acide phosphor.
	p. 100.	p. 100.	p. 100.	p. 100.
Fucus digitatus.........	26,66	10,94	6,86	2,36
— vesiculosus..........	13,01	8,36	6,12	1,16
— nodosus.............	9,13	11,60	9,90	1,38
— serratus...........	3,98	14,41	10,29	3,89

On voit, d'après ces dosages, que les goémons frais ne peuvent être employés que sur les côtes et à faible distance du littoral, car ils constituent un engrais volumineux, qui entraîne des frais de transport élevés. Ils pèsent environ de 400 à 450 kilogrammes le mètre cube, à l'état frais ; quand ils sont séchés à l'air, les goémons ne pèsent plus que 250 à 300 kilogrammes le mètre cube, et ils ont une richesse près de trois fois plus élevée. Ils peuvent donc être transportés à une distance beaucoup plus grande.

Les goémons sont des engrais à action rapide et ils ont le grand avantage de n'introduire aucune semence de mauvaises herbes dans les terres. On les emploie à des doses très variables : 40 à 80 mètres cubes à l'hectare. Ils conviennent très bien à la culture du blé, des fourrages, du lin, des légumes, des pommes de terre, des navets, etc.

Plantes diverses. — Dans les pays de landes ou de forêts, les cultivateurs ont à leur disposition des quantités importantes de végétaux spontanés, dont ils peuvent tirer un excellent parti comme engrais verts. Ce sont les ajoncs, les genêts, les bruyères et les fougères ; ce sont aussi les feuilles et, dans certaines régions, les buis. Enfin, dans les pays marécageux, on peut utiliser les joncs et les roseaux.

L'*ajonc* peut être considéré comme un engrais vert assez riche. M. A.-Ch. Girard lui a trouvé la composition moyenne suivante :

Eau..	48,90	p. 100.
Matières organiques.........................	49,38	—
Cendres.....................................	1,72	—
Azote.......................................	0,84	—
Acide phosphorique..........................	0,11	—
Potasse.....................................	0,45	—
Chaux.......................................	0,17	—
Magnésie....................................	0,09	—

L'ajonc n'est pas inférieur aux autres engrais verts cultivés, au point de vue de l'acide phosphorique et de la potasse ; et il leur est supérieur en ce qui concerne l'azote. Si on le compare aux goémons, il est plus riche en azote, s'il renferme moins de matières minérales. D'après sa teneur en principes fertilisants, on peut estimer la valeur de l'ajonc comme engrais à 14 francs la tonne. Mais il convient de remarquer que cette plante, assez ligneuse, est de décomposition beaucoup plus lente que les engrais verts dont il a été question jusqu'ici. Il agira donc moins vite, mais son action sera progressive et prolongée. De plus, pour que son action soit salutaire, il ne faut l'appliquer qu'à des sols suffisamment pourvus de calcaire, pour assurer la neutralisation de l'humus qu'il produira ; ou bien il faudra, dans les sols acides, faire coïncider son emploi avec un fort chaulage ou un marnage énergique.

Le *genêt à balais* peut également être utilisé comme engrais vert. Il en est de même de la *bruyère* et des *fougères*, dont nous avons déjà donné la composition à l'occasion de l'étude des litières. Un très bon moyen d'utiliser ces matières comme engrais consiste à les étendre dans les cours de ferme, puis, quand elles sont convenablement broyées, d'en faire des composts et de les laisser fermenter pendant six mois environ.

Les *feuilles des forêts* constituent aussi un engrais vert efficace dans les sols calcaires. Nous avons déjà donné la composition d'un certain nombre d'entre elles. Rappelons ici leur teneur moyenne en principes fertilisants :

Azote.. 0,78 p. 100.
Acide phosphorique........................... 0,26   —
Potasse 0,13   —

Si on la compare à celle du fumier normal, on voit qu'à poids égal les feuilles constituent une fumure beaucoup plus azotée, mais moins riche en potasse. Leur emploi est donc indiqué dans les terres riches en cette dernière base, mais toutefois seulement dans celles qui sont assez riches en calcaire et pas trop argileuses.

Les *rameaux du buis*, arbuste qui abonde dans certains pays, renferment pour 100 de leur poids à l'état normal jusqu'à 1,17 d'azote. Nous n'avons pas de renseignements sur leur teneur en acide phosphorique et en potasse. Mais il n'est pas douteux qu'indépendamment de ce qu'ils renferment de ces principes fertilisants, ils n'aient une valeur d'au moins 12 francs la tonne.

Les *roseaux frais* ne sont pas à dédaigner non plus. On y trouve 0,35 p. 100 d'azote, avec 0,60 de potasse et 0,18 d'acide phosphorique. Cette dernière quantité est négligeable. Mais les roseaux constituent un engrais très appréciable pour les terres calcaires pauvres en potasse et, au contraire, bien pourvues d'acide phosphorique, comme les craies. On peut utiliser dans les mèmes cnoditions les joncs et les autres plantes aquatiques.

Tourteaux de graines oléagineuses.

De tous les engrais végétaux, les plus puissants sont les tourteaux de graines oléagineuses. Employés sur une très grande échelle, aussi bien dans le Nord que dans le Midi, ils sont l'objet d'un commerce important. Ils opèrent admirablement, soit qu'on les emploie à l'état pulvérulent, quelques jours avant les semailles ; soit même, quand on ne peut faire autrement, qu'on les répande en couverture sur les jeunes plantes ; soit enfin qu'on les mélange, comme dans les Flandres, ainsi que nous l'avons déjà dit, avec des matières fécales, des urines ou du purin, pour en faire un engrais liquide, qu'on répand sur les terres à l'écope ou, mieux, à l'aide d'un tonneau distributeur.

Cette dernière méthode d'emploi des tourteaux est certainement la meilleure, car ils ont besoin d'eau pour se décomposer rapidement et produire tout leur effet. Aussi convient-il, lorsqu'on les distribue à l'état de poudre, de les appliquer par un temps pluvieux. Une pluie abondante, après leur épandage, est un sûr garant de leur action fécondante sur la récolte à laquelle on les destine. Au contraire, si la sécheresse survient, ils ne font que peu d'effet.

C'est surtout dans les terres franches, les sols légers, sablonneux et calcaires, qu'il faut les employer. Ils agissent avec moins d'énergie dans les terres froides ou argileuses. Pour ces dernières, l'engrais flamand additionné de tourteaux est plus recommandable. On active aussi la décomposition des tourteaux dans ces sols par un léger chaulage d'environ 1 000 kilogrammes à l'hectare.

Les tourteaux peuvent s'appliquer à toutes les récoltes qui ont surtout besoin d'une fumure azotée. Dans le nord de la France, on les réserve aux céréales, au lin, au colza et autres plantes oléagineuses; en Angleterre, MM. Lawes et Gilbert ont reconnu qu'ils constituent le meilleur engrais pour remplacer le fumier manquant dans la culture des turneps, des rutabagas et autres racines fourragères ; on peut aussi y recourir au printemps, pour les céréales d'hiver dont la vigueur a besoin d'être relevée, par suite des souffrances qu'elles ont enduré pendant l'hiver. Dans le Midi, on y a recours pour la fumure des vignes, des maïs comme des céréales.

Mathieu de Dombasle les avait en grande estime. « J'ai remarqué, dit-il, que les tourteaux de colza, répandus à raison de 2 500 livres par hectare, produisent communément, pourvu que la saison ne soit pas trop sèche, un effet que l'on peut comparer à une fumure de fumier d'étable, à raison de 30 à 40 milliers par hectare, mais pour la première année seulement, les tourteaux n'étendant guère plus loin leur action. »

M. Malpeaux, à l'École d'agriculture de Berthonval (Pas-de-Calais), dans des expériences fort bien conduites, a reconnu qu'à quantité égale d'azote les tourteaux ont souvent une action fertilisante aussi grande que le nitrate de soude sur les diverses cultures de la région. Nous avons constaté nous-même, dans la ferme paternelle, les heureux résultats de l'emploi des tourteaux de colza dans la culture du lin et des céréales.

La quantité de tourteaux que l'on répand par hectare varie

de 1000 à 2000 kilogrammes. La quantité le plus généralement adoptée est de 1200 kilogrammes. Il y a avantage à alterner leur emploi avec celui du fumier, ou, mieux encore, de donner une moyenne fumure sous forme de fumier, que l'on complète avec 600 à 800 kilogrammes de tourteaux.

On doit recommander de ne pas les mettre en contact direct avec les graines semées ; ils auraient alors pour effet de gêner la germination.

Tous les tourteaux sont des engrais organiques actifs, et leur action est épuisée en deux années. Cependant il en est quelques-uns qui se décomposent plus rapidement que les autres et constituent ce que les praticiens appellent des *engrais chauds*, dont l'action est épuisée dès la première année. Les tourteaux de cameline, d'œillette, de chènevis, de ricin, sont dans ce cas; il en est de même des tourteaux de niger ; ceux de colza, de lin, d'arachide, de ravison, sont, au contraire, plus froids et plus durables.

Les engrais qui nous occupent agissent principalement par l'azote qu'ils renferment en assez grande quantité, aussi par leur acide phosphorique, et un peu par leur potasse. Les tableaux suivants indiquent leur composition générale. Nous y avons divisé les tourteaux en deux groupes : *a*) ceux qu'on ne peut employer que comme engrais, parce qu'ils ne sont pas comestibles, ou qu'ils sont dangereux; *b*) ceux qui sont alimentaires, et ne doivent être employés pour la fumure des terres que lorsqu'ils sont avariés, et, par suite, devenus impropres à la consommation du bétail.

a. *Tourteaux non comestibles.*

	Azote.	Acide phosphor.	Potasse.
Sésames noirs et roux.	6,0 p. 100.	1,9 p. 100.	1,4 p. 100.
Arachides brutes......	5,2 —	0,6 —	» —
Coton cotonneux......	3,2 —	1,6 —	» —
Cameline	5,4 —	1,8 —	» —
Colza exotique........	5,4 —	1,9 —	1,2 —
Courge brute..........	6,5 —	2,3 —	» —
Faines brutes.........	2,7 —	1,1 —	0,7 —
— décortiquées ...	5,9 —	2,2 —	1,4 —
Madia................	5,0 —	2,1 —	» —
Maffouraire brut	2,6 —	0,9 —	» —

	Azote.	Acide phosphor.	Potasse.
Moutarde blanche.....	5,8 p. 100	2,0 p. 100	»
— noire........	5,1 —	1,7 —	1,2 p. 100
— des champs.	4,5 —	1,8 —	» —
Ravison.............	1,6 —	1,4 —	» —
Niger...............	4,0 —	1,7 —	» —
Palmiste.............	2,4 —	1,2 —	0,6 —
Croton (petit pignon d'Inde).............	3,1 —	1,5 —	» —
Jatropha curcas (gros pignon d'Inde).......	3,6 —	1,5 —	» —
Ricin brut	3,8 —	1,5 —	1,1 —
— décortiqué.......	6,2 —	2,2 —	» —
Touloucouna..........	2,7 —	0,8 —	» —
Tournesol............	5,4 —	2,1 —	1,2 —
Soleil brut...........	3,2 —	» —	» —
Béraff...............	4,5 —	1,4 —	» —

b. *Tourteaux comestibles.*

	Azote.	Acide phosphor.	Potasse.
Sésame blanc.........	6,5 p. 100	2,6 p. 100	1,0 p. 100
Coprah	3,2 —	1,2 —	2,3 —
Colza indigène........	4,9 —	2,8 —	1,3 —
Lin indigène..........	5,0 —	1,8 —	1,3 —
Arachides décortiquées.	7,4 —	1,5 —	1,3 —
Navette..............	4,5 —	1,7 —	1,4 —
Chènevis.............	5,9 —	3,3 —	1,1 —
Noix décortiquées.....	6,6 —	1,7 —	1,4 —
Pavot œillette.........	6,1 —	3,5 —	1,0 —
Coton d'Alexandrie....	4,5 —	1,8 —	1,0 —
— décortiqué......	7,6 —	3,3 —	1,0 —

La valeur des tourteaux comme engrais est exclusivement
proportionnelle à leur richesse en azote, en acide phosphorique et en potasse. En comptant leur azote à 1 fr. 70 le kilogramme, leur acide phosphorique à 0 fr. 40 et leur potasse
à 0 fr. 40, on ne s'éloigne pas d'une exacte appréciation ; si
nous prenons comme exemple le tourteau de ricin décortiqué,
nous arrivons, d'après ces bases, à l'estimation suivante :

	Francs.
6^{kg},2 d'azote à 1 fr. 70 l'un	10,54
2^{kg},2 d'acide phosphorique à 0 fr. 40...............	0,88
1^{kg},0 de potasse à 0 fr. 40	0,40
Total	11,82

Pour le tourteau de colza exotique, nous aurions :

	Francs.
Pour 5^{kg},4 d'azote	9,18
Pour 1^{kg},9 d'acide phosphorique	0,76
Pour 1^{kg},2 de potasse	0,48
Total	10,42

Ces prix doivent s'entendre de l'engrais rendu en gare de l'acheteur, car on peut, pour la même somme, et dans ces conditions, obtenir des quantités équivalentes d'éléments fertilisants, sous forme d'engrais chimiques. Il en résulte que, pour calculer le prix qu'il faudra les payer en gare du vendeur, il convient d'en défalquer le prix du transport par wagon complet. De Marseille, principal centre de production, jusqu'à Chartres, le prix de transport du quintal par wagon complet atteint 2 fr. 25, et nous ne pouvons consentir à payer les tourteaux précédents, sur wagon à Marseille, que 9 fr. 57 et 8 fr. 17 au maximum. Au-dessus de ces prix, il y aurait avantage à recourir à d'autres produits.

Résidus divers.

Marcs de pommes. — Les marcs de pommes qui ont servi à faire le cidre peuvent être employés très utilement à la fumure des terres, si l'on ne préfère les faire consommer par le bétail. Leur composition est naturellement très variable ; on y trouve par 1 000 kilogrammes :

	D'après		
	Houzeau. (Moyennes.)	Lechartier. (Moyennes.)	Aubin.
Eau	800,00	750,00	»
Azote	1,40	2,20	2,8
Acide phosphorique	0,55	0,77	0,9
Potasse	1,55	2,56	2,6
Chaux	»	0,60	»
Magnésie	»	0,65	»

Quoiqu'ils ne constituent qu'un engrais peu riche et que leur acidité ne permette pas de les employer directement, il ne faut pas les laisser perdre, comme on le fait trop souvent. Il convient de les mélanger avec de la chaux, pour saturer leur acidité, ou, mieux, avec des scories de déphosphoration, qui apportent, en même temps que la chaux nécessaire, de l'acide phosphorique toujours utile dans les terres de l'Ouest, toutes plus ou moins pauvres en cet élément fertilisant. Pour former ces composts, on établit des couches successives de marcs, ayant chacune environ 15 centimètres d'épaisseur, et l'on interpose entre elles des lits de scories ou de chaux de $0^{cm},5$ à 1 centimètre d'épaisseur. Au bout de quelques mois, on recoupe le tas qui est prêt à être utilisé.

Cet engrais convient très bien aux plantations de pommiers, aux herbages, où il favorise la croissance des légumineuses, aux prairies de fauche, aussi bien qu'au colza et à la navette. •

Marcs de raisin. — Les marcs de raisin qui ont subi la distillation pour en retirer l'eau-de-vie qu'ils retiennent encore après le pressurage, s'ils ne peuvent être consommés par le bétail de la ferme, doivent être employés comme engrais. Ils sont riches en azote et en potasse surtout. Voici leur teneur moyenne en principes fertilisants par tonne métrique :

	Marcs de raisins frais.	Marcs de raisins secs.
Eau	760,0	760,0
Azote	11,4	7,0
Acide phosphorique	2,7	1,3
Potasse	6,7	5,5

La valeur de ces produits peut être évaluée de 13 à 20 francs la tonne. La décomposition des marcs de raisin est assez lente, surtout celle des pépins et des rafles. Aussi convient-il d'en faire des composts comme avec les marcs de pommes. La destination naturelle de cet engrais est de retourner à la vigne. On s'en sert aussi pour les oliviers. Il peut du reste être employé, comme le fumier, pour toutes les cultures.

Les lies de vin épuisées de tartre peuvent aussi être utilisées comme engrais. On y trouve, quand elles sont séchées à l'air, jusqu'à 2 p. 100 d'azote et 4 p. 100 d'acide phosphorique.

Résidus de brasseries. — Les drèches de brasseries, les

touraillons peuvent être employés comme engrais organiques, quand ils ne sont plus utilisables pour la nourriture du bétail, qui est leur véritable destination. Les vieilles levures, les marcs de houblon ne doivent pas non plus être perdus. Voici leur composition par quintal :

	Drèches. p. 100.	Tou- raillons. p. 100.	Levures. p. 100.	Marcs de houblon. p. 100.
Azote	0,8	4,5	0,9	0,75
Acide phosphorique	0,5	1,5	1,0	0,40
Potasse	»	2,0	»	0,20

Vinasses de distilleries. — Les vinasses épuisées d'alcool des distilleries industrielles et agricoles constituent un engrais liquide surtout riche en potasse. On emploie ces vinasses en irrigations ; mais, quand elles sont acides, il faut avoir soin de les saturer avec du carbonate de chaux ou du phosphate, à moins qu'on ne les répande sur des terres nues. On trouve, en général, dans les vinasses, par mètre cube :

	Azote.	Acide phosphor.	Potasse.
Vinasses de mélasse	2kg,2	0kg,15	5kg,0
— de grains	2kg,5	3kg,50	2kg,6
— de betteraves	1kg,3	0kg,50	2kg,2
— de pommes de terre	2kg,0	0kg,60	3kg,0
— de topinambours	1kg,2	»	2kg,8

Résidus de féculeries. — Les pulpes de féculeries qu'on ne peut faire consommer par les animaux sont employées à la fumure des terres. On y trouve, en moyenne, par tonne :

Azote	1kg,3
Potasse	0kg,3
Acide phosphorique	0kg,5

C'est un engrais pauvre, qu'il ne faut pas toutefois laisser perdre, à l'occasion, quand on l'a sur place.

Les eaux de féculeries sont très fertilisantes, et donnent, lorsqu'on les emploie à l'irrigation des prairies ou des terres en culture, des résultats très avantageux. On y trouve, par mètre cube, environ :

Azote	240 grammes.
Acide phosphorique	90 —
Potasse	550 —

Leur emploi à l'irrigation a le double avantage d'être très productif, et de débarrasser le pays de l'insalubrité qui résulte de l'accumulation de ces eaux ou de leur envoi dans les ruisseaux ou les rivières.

Composts.

Dans une ferme bien tenue, le cultivateur ne doit laisser rien perdre des résidus de toute sorte d'origine animale ou végétale; il doit même chercher à se procurer dans ses environs le plus de substances fertilisantes possible à bon marché pour en faire des composts, car tous ces déchets ne peuvent pas être, en général, employés directement à la fumure des sols. Il est nécessaire de modifier leur constitution physique et chimique, et l'on y parvient économiquement en les faisant fermenter en tas d'une façon lente et régulière.

Pour établir un compost, les débris organiques, aussi divisés que possible, sont saupoudrés de chaux et disposés en strates alternatives avec de la terre poreuse. Les tas doivent être assez considérables et peuvent atteindre 1^m,50 à 2 mètres de hauteur. Dans ces conditions, l'humidité s'y conserve mieux et la fermentation est plus active. Il convient d'arroser le tas de temps en temps avec des liquides putrescibles, comme du purin, du sang des abattoirs, des urines, des matières fécales délayées. Les dispositions à adopter pour le tas sont en réalité les mêmes que pour le fumier; il faut aussi recueillir les liquides qui s'en échappent, pour les utiliser à l'arrosage.

L'emploi de la chaux, des plâtras, de la marne, favorise la décomposition des matières organiques et leur nitrification, quand on maintient le tas suffisamment humide, et assez poreux pour permettre l'arrivée de l'air. Avec l'emploi de la terre, il n'y a pas à craindre de perte d'ammoniaque, car le pouvoir absorbant de la matière terreuse est suffisant pour en empêcher tout dégagement.

Au bout de quelques mois, on recoupe le compost pour le reformer à côté; on mélange ainsi parfaitement toutes ses parties, on le rend bien homogène et, de plus, on produit une aération profonde, qui favorise la transformation des matières organiques en terreau, et celle de leur azote en nitrate. Les composts sont en réalité de véritables nitrières artificielles. Mais il est important que le cultivateur se pénètre bien de cette vérité que le compost ne renferme, en fait d'éléments fertilisants, que ce qu'il y a mis. Dans le tas, il s'opère des transformations qui favorisent l'assimilabilité des matières utiles, mais il ne s'en crée pas de nouvelles.

Dans les départements de l'Ouest, on a depuis fort longtemps l'habitude de faire des composts avec de la chaux, de la terre et du fumier, qu'on désigne sous le nom de *tombes*. Voici comment on en opère la construction : à la fin de l'automne, on enlève la terre superficielle des herbages, le long des haies et dans les endroits ombragés les plus fréquentés par le bétail ; on y ajoute des curures de fossés, des vases de mares, etc., et l'on en forme des tas de 2 mètres de largeur, en y introduisant de la chaux vive en pierre qu'on recouvre de 40 à 50 centimètres de terre. Dans ces conditions, la chaux ne tarde pas à s'éteindre, et au bout d'un temps suffisant on procède au recoupage de la masse pour bien mélanger le tout. A la fin de l'hiver, on apporte du fumier que l'on mélange par un nouveau recoupage à la terre chaulée, pour en former un tas, qu'on laisse séjourner pendant une quinzaine de jours avant son emploi. Ce compost est très estimé pour la fumure des herbages et des prairies. Les proportions que l'on emploie pour faire une tombe sont à peu près les suivantes : pour 1 mètre cube de chaux, il faut environ 4 à 5 mètres de terre ou de gazons et 2 mètres de fumier. Grâce à la présence d'une quantité de terre suffisante, il n'y a pas à craindre de pertes d'ammoniaque dans une tombe bien faite, et l'on obtient une nitrification très importante de l'azote du fumier. Le mélange ainsi fabriqué donnera des résultats plus favorables que l'emploi direct du fumier dans des terres granitiques pauvres en calcaire qui ne peuvent nitrifier que d'une manière très imparfaite ou même nulle.

IV. — ENGRAIS DE COMMERCE AZOTÉS.

Sang.

Le sang des animaux, dont on ne tire aucun parti dans les campagnes, est un liquide riche en matières azotées. On y trouve en même temps un peu d'acide phosphorique et de potasse. La difficulté de le transporter à l'état frais, la facilité avec laquelle il se corrompt et l'odeur repoussante qu'il dégage alors nous paraissent être les causes qui arrètent dans son emploi.

Mais aujourd'hui que l'on trouve dans le commerce du sang desséché d'un maniement facile, à un prix convenable, il n'y a pas de raison pour ne pas recourir à ce puissant agent de fertilité.

Sang frais. — Le sang liquide des abattoirs renferme, d'après Boussingault et Payen, 2,95 p. 100 d'azote; Wolff indique 3 p. 100; le sang des chevaux d'équarrissage en contient 2,71 p. 100. La quantité d'acide phosphorique ne dépasse pas 0,4 pour 1 000, et celle de la potasse 0,6. Les doses de ces derniers éléments sont par conséquent négligeables, et c'est l'azote exclusivement qui donne au sang frais sa valeur comme engrais.

Tous les cultivateurs qui sont voisins d'abattoirs ou d'ateliers d'équarrissage peuvent facilement se procurer le sang frais. On l'emploie avec avantage sur les herbages, où il donne d'excellents résultats. On en répand alors jusqu'à 140 hectolitres par hectare.

On peut aussi utiliser le sang frais à la fabrication des composts, ou le faire absorber par de la tourbe, de la sciure de bois ou de la terre desséchée. Dans ce dernier cas, voici comment il faut procéder : on fait dessécher au four de la terre meuble, exempte de pierres, puis on la tire sur le devant du four, et on l'arrose avec le sang liquide; on remue jusqu'à ce que l'eau soit absorbée ou évaporée, puis on enferme le mélange dans des tonneaux jusqu'au moment de l'emploi. Pour dessécher 1 hectolitre de sang, il faut environ 4 à 5 hectolitres de terre. Dans le but de déterminer la dose de ce mélange à employer, il est bon d'y faire doser l'azote.

Sang desséché. — On se livre auprès des abattoirs des grandes villes, et notamment de Paris, à la dessiccation du sang, pour le convertir en un engrais pulvérulent, facile à transporter et à répandre.

Aussitôt l'abatage des animaux, le sang est fortement agité, pour en séparer la fibrine, et empêcher la formation du caillot sanguin. La fibrine est recueillie et desséchée à part pour être, après pulvérisation, réajoutée au produit de l'opération suivante.

Le sang défibriné est envoyé dans des cuves chauffées à la vapeur, où il se coagule, l'albumine entraînant les globules.

Après dépôt de la masse coagulée et décantation du liquide légèrement rosé qui surnage, la matière pâteuse ainsi obtenue est pressée, puis desséchée et pulvérisée.

Comme cette opération dégage une odeur infecte, on oblige aujourd'hui les industriels à employer comme désinfectant le sulfate de peroxyde de fer. On obtient ce sel en mélangeant du sulfate de fer ordinaire avec du nitrate de soude et de l'acide sulfurique. La coagulation est obtenue ainsi très rapidement et la masse ferme et élastique qu'on obtient se presse et se dessèche facilement.

Le sang desséché se présente dans le commerce sous forme de petits grains noirs ou brunâtres, à cassure brillante et d'aspect corné. On le trouve aussi sous forme de poudre fine. Dans ce dernier cas, il est plus hygroscopique et, par suite de la plus grande quantité d'eau qu'il renferme, il est moins riche en azote. Il est important de conserver ce produit à l'abri de l'humidité, car il a été constaté que, sous l'influence de cette dernière, il dégage de l'ammoniaque et perd une partie de sa valeur.

La composition du sang desséché est peu variable. Celui que livre le commerce renferme de 10 à 13 p. 100 d'azote, avec 5 à 15 p. 1 000 d'acide phosphorique et 6 à 8 p. 1 000 de potasse. Il ne doit pas contenir plus de 13 à 14 p. 100 d'eau.

Comme c'est un engrais très recherché et de haute valeur, il a tenté la falsification. On l'a souvent additionné de cuir torréfié, ou d'autres matières azotées de couleur foncée. Il faut donc toujours l'acheter d'après analyse et se faire garantir sur facture sa pureté.

Au moment où nous écrivons ces lignes, le sang desséché pur est livré au Syndicat agricole de Chartres par wagon complet, en gare du cultivateur, à raison de 24 fr. 50 les 100 kilogrammes, avec garantie de pureté et pour un dosage minimum de 13 p. 100 d'azote. Le kilogramme de ce principe fertilisant vaut donc 1 fr. 885.

On expédie de grandes quantités de sang aux colonies pour la culture de la canne à sucre, du cotonnier et du caféier.

En Europe, on l'emploie avantageusement pour toutes les cultures auxquelles il fournit l'azote nécessaire, sous une forme très assimilable. Il est surtout recommandable pour les terres qui renferment du calcaire et ne sont pas trop sèches, comme, du reste, tous les engrais organiques azotés.

Quoique l'efficacité du sang desséché comme engrais n'ait plus besoin d'être démontrée, nous rapporterons cependant, à titre d'exemple, quelques résultats obtenus dans nos essais en Eure-et-Loir :

En 1886-1887, à notre champ d'expériences de Lucé, près de Chartres, dont le sol renfermait par kilogramme $1^{gr},54$ d'azote et $1^{gr},45$ d'acide phosphorique, nous avons cultivé du blé Dattel avec le sang desséché comme engrais azoté, et nous avons obtenu les résultats suivants, rapportés à l'hectare :

	Rendements.		Excédents.	
	Grain.	Paille.	Grain.	Paille.
	qx	qx.	qx	qx.
Sans engrais................	23,25	36,75	»	»
Sang (49 kilos, azote).......	25,50	47,62	2,25	10,87
Sang et superphosphate.....	26,50	43,25	3,25	6,50
Sang, superphosphate et potasse...................	29,62	47,63	6,32	10,88

Dans cette terre riche en azote, le sang seul a élevé le rendement en grain de 10 p. 100 et le produit en paille de 29 p. 100.

En 1887, à Cloches, chez M. Oscar Benoist, nous avons comparé, sur les betteraves fourragères, l'action du sang additionné d'engrais minéraux à celle du fumier : avec le sang, nous avons obtenu 383 quintaux de racines, et 350 avec le fumier.

En 1886-1887, à Vigny, chez M. Dramard, nous avons cultivé du blé en lui donnant l'azote sous forme de sang et de sulfate d'ammoniaque comparativement. La fumure comportait 45 kilogrammes d'azote et 90 kilogrammes d'acide phosphorique. Nous avons obtenu :

	Rendements.		Excédents.	
	Grain.	Paille.	Grain.	Paille.
	qx.	qx.	qx.	qx.
Sans engrais	9,06	37,38	»	»
Sang	16,26	45,50	7,20	8,12
Sulfate d'ammoniaque	15,25	47,58	6,19	10,20

Bien que dans cet essai la semaille ait été tardive et que la récolte ait souffert de la sécheresse, les résultats donnés par le sang ont été très satisfaisants.

En 1887-1888, à Sours, chez M. Prévosteau, nous avons cultivé du blé, en lui fournissant, outre 90 kilogrammes d'acide phosphorique, 30 kilogrammes d'azote sous forme de sang ou de nitrate. Les rendements sont relatés ci-après :

	Rendements.		Excédents.	
	Grain.	Paille.	Grain.	Paille.
	qx.	qx.	qx.	qx.
Sans engrais	21,0	25,0	»	»
Sang	25,0	31,0	4,0	6,0
Nitrate de soude	28,0	34,0	7,0	9,0

Chez le même cultivateur, l'avoine a donné, dans des conditions de fumure azotée identiques :

	Rendements.		Excédents.	
	Grain.	Paille.	Grain.	Paille.
	qx.	qx.	qx.	qx.
Sans engrais	27,0	27,0	»	»
Sang	30,0	32,0	3,0	5,0
Nitrate de soude	33,0	36,0	6,0	9,0

Enfin, avec l'orge, les rendements obtenus ont été les suivants :

	Rendements.		Excédents.	
	Grain.	Paille.	Grain.	Paille.
	qx.	qx.	qx.	qx.
Sans engrais	28,0	23,0	»	»
Sang.....................	31,0	25,0	3,0	2,0
Nitrate de soude	34,0	30,0	6,0	7,0

En 1888, à Digny, nous avons cultivé chez M. Maudemain du blé, après betteraves fourragères, dans un sol d'une richesse moyenne en azote, mais pauvre en acide phosphorique. La fumure comportait, outre 60 kilogrammes d'acide phosphorique, 40 kilogrammes d'azote; ce dernier a été fourni sous forme de sang et de sulfate d'ammoniaque. On a récolté les poids suivants par hectare :

	Rendements.		Excédents.	
	Grain.	Paille.	Grain.	Paille.
	qx.	qx.	qx.	qx.
Sans engrais	17,3	35,6	»	»
Sang.....................	25,1	47,5	7,8	11,9
Sulfate d'ammoniaque......	27,5	52,9	10,0	17,3

La même année, chez M. Lafond, à Maillebois, nous avons cultivé le blé avec une fumure formée de superphosphate et de sang ou de sulfate d'ammoniaque, à égalité d'azote. Les rendements ont été les suivants :

	Rendement de grain.	Excédent de grain.
	qx.	qx.
Sans engrais......................	5,80	»
Sulfate d'ammoniaque	15,95	10,15
Sang	18,07	12,27

En 1893-1894, nous avons fait, dans neuf exploitations du département d'Eure-et-Loir, l'essai comparé, sur la culture du blé, du sang desséché et du sulfate d'ammoniaque. La quantité d'azote employé par hectare était de 35 kilogrammes, sous les deux formes. La fumure azotée était additionnée uniformément de 60 kilogrammes d'acide phosphorique soluble dans l'eau et le citrate, pour la même étendue. Dans le tableau suivant, nous résumons les résultats que nous avons obtenus, en donnant les excédents de récolte fournis par les parcelles fumées relativement aux parcelles qui servaient de témoins :

	Excédents de récolte.			
	Sang desséché.		Sulfate d'ammon.	
	Grain.	Paille.	Grain.	Paille.
	qx.	qx.	qx.	qx.
Garancières (Auneau)..	6,54	3,38	7,59	5,88
Champrond-en-Perchet.	9,88	2,13	10,84	19,51
Grouasleu.............	15,37	31,00	15,00	31,75
Villemesle	11,50	22,80	15,00	43,30
Bretouville...........	4,78	13,32	5,66	12,72
La Ferté-Villeneuil.....	5,33	8,33	8,63	13,80
Moronville	9,91	27,01	8,91	27,43
La Coudraye..........	3,70	18,80	4,40	19,70
Sours................	4,38	0,54	8,31	10,26
Moyennes.....	7,93	16,24	9,36	20,48

De tout ce qui précède, nous pouvons conclure avec sécurité
que le sang desséché est un engrais azoté d'une grande efficacité et d'une action rapide. Nous reviendrons plus loin sur sa
valeur relativement aux autres engrais azotés.

Viande desséchée.

La chair des animaux est formée presque exclusivement de
matières azotées. Elle renferme à l'état frais :

3 p. 100 d'azote, 0,4 p. 100 d'acide phosphorique et 0,4 p. 100
de potasse. On y trouve en moyenne de 75 à 80 p. 100 d'eau.

On doit employer comme engrais azotés les chairs qui sont
impropres à la consommation, et particulièrement celles qui
sont obtenues des animaux morts et de ceux qu'on abat dans
les ateliers d'équarrissage. Leur utilisation à l'état naturel
n'est pas possible, car les chairs se décomposent avec rapidité. Aussi les traite-t-on de manière à les dessécher après
cuisson. Elles sont ainsi stérilisées et dénuées de l'odeur
repoussante qu'elles auraient autrement. On peut les transporter et les répandre facilement dans les champs.

Pour arriver à l'obtention de la viande desséchée pulvérulente, les cadavres des animaux, dépouillés et dépecés, sont
cuits à la vapeur dans des autoclaves. La durée de la cuisson
varie de dix à douze heures. L'opération terminée, la graisse,

qui s'est réunie à la surface, est enlevée, après refroidissement, pour l'employer à des usages industriels ; puis on soutire le bouillon gélatineux qui recouvre le magma formé du sang et des chairs, qui s'est déposé au fond.

Cette masse est égouttée et desséchée au soleil ou à l'étuve, puis on la réduit facilement en poudre au pilon ou à la meule pour la livrer à l'agriculture.

L'eau gélatineuse renferme environ 0,9 p. 100 d'azote et doit être employée pour l'arrosage des terres, comme engrais liquide. On peut aussi la faire absorber par de la tourbe, de la sciure de bois, de la tannée épuisée.

Quant à la viande desséchée, on y trouve de 9 à 11 p. 100 d'azote ; la dose d'acide phosphorique y est très variable, suivant la quantité de débris d'os qu'elle renferme. Elle ne contient que des traces de potasse ; celle-ci passe dans le bouillon. Voici, d'après divers auteurs, la composition de ce produit tel que le livre le commerce à l'agriculture :

1° *Viande de cheval.*

	Boussingault.		Girardin.
	I.	II.	
	p. 100.	p. 100.	p. 100.
Eau...................................	8,50	10,00	9,00
Azote................................	13,04	13,33	8,24
Acide phosphorique.............	0,25	1,15	7,80

2° *Viande desséchée, sans désignation d'origine, par M. Aubin.*

	I.	II.
	p. 100.	p. 100.
Azote................................	10,14	8,33
Acide phosphorique.............	1,82	2,88
Potasse..............................	0,78	»

La viande desséchée constitue donc un engrais azoté de grande valeur. Sa décomposition est rapide dans les sols calcaires et les cultivateurs des pays de culture intensive l'apprécient justement. Comme le sang, on doit l'acheter sur analyse, d'après son dosage d'azote. Il faut remarquer que cet engrais renferme parfois encore beaucoup de graisse, jusqu'à 10 ou 11 p. 100, et que celle-ci peut nuire à sa décomposition et, par suite, à la rapidité de son action.

On importe de l'Amique du Sud des résidus de la fabrication des extraits de viande, qui sont connus sous le nom de « guano de Fray-Bentos ». Ce produit, qui est formé non seulement de la chair, mais encore des os et des issues, est de composition assez variable, comme le montrent les analyses suivantes :

	Pétermann.	Wolff.	
	p. 100.	p. 100.	p. 100.
Eau	9,46	4,70	8,00
Azote	5,40	3,80	5,80
Chaux	20,60	31,60	22,30
Acide phosphorique	16,88	25,10	17,40
Potasse	0,47	0,30	»

A Anvers, on traite cette matière par l'acide sulfurique et M. Pétermann a trouvé dans un échantillon :

Eau	10,30
Matière organique	45,64 dont azote 3,55.
Acide phosphorique soluble	11,49
Acide phosphorique insoluble	2,33
Potasse	1,78
Chaux, etc	28,46

Le prix de l'azote dans la viande desséchée est à peu près le même que dans le sang.

Utilisation des cadavres d'animaux à la ferme.

Quand un cultivateur perd un animal, ou lorsqu'il peut se procurer à bas prix des animaux épuisés ou atteints de maladies incurables non contagieuses, il doit les utiliser à faire un compost. L'animal est d'abord dépouillé, puis découpé en quartiers. Dans une fosse un peu profonde, qu'on a creusée à cet effet, on place tous les morceaux et les débris en les recouvrant de chaux vive pour hâter la décomposition. On recouvre soigneusement avec la terre extraite, que l'on élève en prisme, afin d'empêcher les animaux carnassiers de déterrer les chairs. Deux mois après, on ouvre la fosse, on separe les os des autres débris, qui sont presque sans odeur ;

on emgaln cées débris avec la chaux éteinte qui les entoure, puis on les additionne de bonne terre végétale. Quand le mélange est parfait, on dispose la masse en monticule, qu'on abandonne un mois. On peut répandre alors le compost après l'avoir de nouveau remué.

Corne.

Les organes cornés des animaux : cornes des bovidés et des ovidés, sabots des chevaux, onglons des bêtes bovines, ovines et porcines, constituent des matières très riches en azote.

Des cornes proprement dites, l'agriculture n'utilise comme engrais que les déchets que lui retourne l'industrie des peignes, boutons, etc., sous forme de fragments plus ou moins grossiers, de râpures, frisures ou rognures.

Dans les abattoirs, les onglons des ruminants ; dans les maréchaleries, les râpures et rognures de sabots des chevaux n'ont d'autre utilisation que leur transformation en engrais. Mais ces substances, pour riches en azote qu'elles soient, puisque MM. Müntz et Girard y ont trouvé à l'état naturel :

	p. 100 d'azote.
Dans la râpure de corne........................	10,20
Dans les raclures de sabots.....................	12,54
Dans les frisures de corne......................	14,61

sont rarement employées à l'état naturel, parce qu'elles sont d'une décomposition très lente et, par suite, font attendre très longtemps leur action sur les végétaux. Pour faciliter leur assimilation rapide, il convient de les amener à un grand état de division. Leur ténacité rend cette opération assez difficile et l'on doit recourir, pour arriver à les pulvériser, à des procédés divers.

On peut traiter la corne par la vapeur surchauffée dans des chaudières autoclaves. Elle se transforme en une masse gélatineuse qu'on dessèche ensuite à l'étuve, et qu'on passe au moulin pour la pulvériser. Ou bien encore on la chauffe à l'étuve à 150° dans un courant d'air chargé de vapeur surchauffée. Le produit ainsi obtenu dose 13 à 15 p. 100 d'azote et est d'un usage avantageux, car il agit très rapidement sur la végétation.

Un autre procédé est celui de la torréfaction. La corne est fortement chauffée sur des plaques de fonte ou dans des brû loirs tournants ; elle perd une certaine quantité d'eau et se boursoufle légèrement. Elle devient poreuse et friable. On peut ensuite la pulvériser facilement. Il faut éviter, dans le traitement, de chauffer trop fort, car il y aurait perte d'une partie de l'azote.

La corne torréfiée en poudre contient de 13 à 15 p. 100 d'azote. Elle est d'une action rapide. On y trouve quelquefois un peu d'acide phosphorique, mais la potasse ne s'y rencontre qu'à dose négligeable. A l'époque actuelle elle se vend, rendue chez le cultivateur, et par 5000 kilogrammes, 24 francs le quintal, et pour un titre minimum garanti de 14 p. 100 d'azote. Le kilogramme de cet élément y revient donc à 1 fr. 714.

Nous avons fait un certain nombre d'expériences pour nous renseigner sur la valeur de la corne comme engrais azoté, et nous allons les résumer ci-dessous :

D'abord, en 1887, à Cloches, avec le concours de M. O. Benoist, nous avons cultivé des betteraves comparativement avec du fumier de ferme d'excellente qualité, à raison de 40 000 kilogrammes à l'hectare, et de la corne torréfiée, puis du sang additionnés de superphosphate et de chlorure de potassium. Nous avons pesé les récoltes suivantes :

```
Fumier seul............................... 350 quintaux.
Corne torréfiée............................ 337     —
Sang desséché ......  ..................... 383     —
```

En 1887-1888, à Maillebois, chez M. Lafond, nous avons comparé, dans la culture du blé, la corne torréfiée au sulfate d'ammoniaque, le sol recevant dans les deux cas un supplément de superphosphate. Nous avons obtenu les résultats suivants :

```
                                  Grains.
Sans aucun engrais................... 5,80 quintaux.
Corne................................ 17,44    —
Sulfate d'ammoniaque................. 15,95    —
```

La même année, à Ormoy, chez M. Ch. Égasse, nous avons

cultivé du blé, avec 60 kilogrammes d'acide phosphorique assimilable à l'hectare, et 40 kilogrammes d'azote fournis, d'une part, par la corne torréfiée et, de l'autre, par le sang desséché. Les excédents obtenus sur la parcelle sans engrais ont été :

	Grain.	Paille.
	qx.	qx.
Corne........	8,3	11,3
Sang....................	5,2	8,8

A Pré-Saint-Évroult, avec le concours de M. Courtois, instituteur, nous avons essayé la corne sur le blé venant après une culture de pommes de terre. Nous avons obtenu les résultats suivants :

	Rendements.		Excédents.	
	Grain.	Paille.	Grain.	Paille.
Engrais complet (corne, 40 kilos d'azote).........	20,5	31,0	7,0	11,0
Engrais sans azote........	15,0	21,0	1,5	1,0
Sans engrais.............	13,5	20,0	»	»

Enfin, en 1892-93, année remarquable par sa grande sécheresse, nous avons fait dans sept fermes différentes l'essai comparatif de la corne torréfiée et du sulfate d'ammoniaque dans la culture du blé. La fumure totale renfermait dans chaque cas 35 kilogrammes d'azote et 60 kilogrammes d'acide phosphorique. Nous résumons dans le tableau suivant les résultats obtenus :

	Sans engrais.		Corne.		Sulf. d'amm.	
	Grain.	Paille.	Grain.	Paille.	Grain.	Paille.
	qx.	qx.	qx.	qx.	qx.	qx.
Boissy-le-Sec......	12,6	14,58	20,20	27,12	20,8	29,5
Brezolles..........	7,4	33,40	9,80	40,40	8,6	36,1
Bû...............	13,5	17,10	17.10	20,60	15,2	19,8
Majainville........	20,5	20,60	21.90	24,70	22,2	22,3
Gironville.........	4,7	6,60	6,70	14,40	7,2	14,9
Le Puiset.........	16,0	27,00	19,10	33,60	21,2	36,3
Thuys...........	15,4	33,60	20,30	36,60	21,0	37,0
Moyennes........	12,8	21,80	16,40	28,20	16,3	27,9
Excédents........	»	»	3,60	6,40	3,5	6,1

En considérant l'ensemble de ces résultats, on voit que la corne torréfiée se rapproche comme valeur fertilisante, à égalité d'azote, du sulfate d'ammoniaque et du sang.

Cuir torréfié.

Le vieux cuir réduit en poudre fine, après torréfaction ou traitement sous pression par la vapeur d'eau, occupe une place importante parmi les déchets azotés livrés par l'industrie à l'agriculture. C'est sous cette forme que l'azote coûte le meilleur marché. et il est probable que certains fabricants d'engrais composés désignés par les cultivateurs sous le nom impropre de *phospho-guanos*, fabricants que les scrupules n'arrêtent guère lorsqu'il s'agit de réaliser de gros bénéfices, n'hésitent pas à recourir à son emploi toutes les fois qu'ils n'ont pas pris l'engagement formel de fournir à l'acheteur de l'azote nitrique ou ammoniacal.

Les fabriques qui offrent ce produit sont nombreuses en France et en Belgique, et la quantité qu'elles en produisent est considérable ; il est indiscutable que l'utilisation des résidus organiques azotés, souvent dangereux pour l'hygiène publique, mérite d'attirer l'attention du cultivateur. Mais, cependant, il y a une condition indispensable que ces produits doivent remplir pour que nous puissions en débarrasser la voirie, c'est de fournir aux plantes l'azote sous une forme assimilable dans un délai assez restreint. On ne peut pas loyalement obliger l'agriculture à employer ces résidus uniquement pour en débarrasser l'industrie.

Nous savons bien qu'on n'y regarde pas souvent de si près dans le commerce des engrais, et qu'on a, par exemple, vendu comme phospho-guano du crud ammoniac dans les environs de Dreux, il n'y a pas très longtemps encore, c'est-à-dire un déchet d'industrie riche en sulfocyanures, sels qui, bien qu'azotés, empoisonnent les plantes au lieu de les nourrir. Nous n'ignorons pas non plus que certains fabricants n'hésitent pas à falsifier le sang desséché en le mélangeant de cuir moulu, avant ou après l'exsiccation, et que, par les procédés ordinaires de l'analyse, il est impossible de séparer l'azote organique du sang de l'azote organique du cuir. C'est précisément pourquoi nous croyons être utile à nos lecteurs en les mettant en garde contre certains produits. On ne doit adopter comme engrais un nouveau résidu azoté qu'après que l'expérience a parlé.

Or, elle a parlé en ce qui concerne le cuir torréfié.

M. Pétermann, directeur de la Station agronomique de Gembloux, en Belgique, a essayé sa valeur fertilisante en 1880 dans la serre d'expériences physiologiques, au jardin d'expériences et au champ d'expériences.

Le cuir moulu employé par lui comme engrais présentait la composition suivante :

Eau.......	11,89	p. 100.
Matières organiques (1).....	71,34	—
Matières minérales solubles dans les acides (2).	7,63	—
Cendres insolubles.....	9,14	—

Les expériences de serre ont eu lieu à l'aide de bocaux renfermant 4 kilogrammes de terre et fumés à raison de $0^{gr},25$ d'azote, $0^{gr},30$ d'acide phosphorique et $0^{gr},20$ de potasse. Chaque formule d'engrais était répétée en deux pots. Chaque pot a été semé de six grains d'avoine le 15 mai et l'on a fait la récolte le 2 septembre.

Les résultats obtenus ont été les suivants :

	Paille et balle.	Grain.
	gr.	gr.
Sans engrais.....	16,14	6,20
Cuir moulu seul.....	27,90	6,95
Sang desséché.....	38,51	13,41
Cuir moulu et acide phosphorique assimilable.....	32,43	7,50
Sang desséché et acide phosphorique assimilable.....	38,36	13,61
Cuir, potasse, acide phosphorique......	21,99	7,56
Sang, potasse, acide phosphorique......	31,47	15,93

De ces premiers faits, il résulte que le cuir employé seul n'a augmenté la récolte que d'une manière insignifiante. Additionnée de phosphate, et de phosphate et de potasse, l'effet que produit cette matière est un peu plus sensible, mais il est de beaucoup inférieur au sang desséché.

(1) Dont azote.....	7,51	p. 100.
(2) Dont acide phosphorique.....	0,81	—

Tandis que le cuir accroît la récolte de 1^{gr},14 en valeur absolue, ou de 18 p. 100, le sang l'augmente de 8^{gr},11, ou de 131 p. 100.

Au jardin d'essais, on a expérimenté comparativement le cuir moulu et le nitrate de soude sur les féveroles. Les résultats rapportés à l'hectare ont été les suivants :

	Grains à l'hectare.
Sans engrais...................................	942 kil.
Cuir (60 kilogrammes d'azote)..................	981 —
Nitrate (60 kilogrammes d'azote)..............	1.696 —

Le cuir moulu a été sans action aucune sur la production du grain, car la différence de produit, 39 kilogrammes, rentre tout à fait dans les limites des écarts inévitables de l'expérimentation.

Le nitrate de soude, au contraire, a produit un effet considérable. L'azote de ce dernier valant 1 fr. 60, l'azote du cuir vaut 0 fr. 00.

Au champ d'expériences de l'Institut agricole de l'Etat, en sol sablo-argileux, on a expérimenté l'emploi du cuir moulu et du nitrate de soude, avec addition d'acide phosphorique, à divers états de combinaison sur la betterave.

La fumure comportait à l'hectare 48 kilogrammes d'azote et 60 kilogrammes d'acide phosphorique.

Voici les résultats obtenus :

	Rendement à l'hectare.	Excédent de récolte.
Sans engrais...........................	338,7	»
Cuir et acide phosphorique soluble......	338,9	40,2
Cuir et acide phosphorique soluble au citrate..	371,8	36,1
Nitrate et acide phosphorique soluble ...	433,8	95,1
Nitrate et acide phosphorique soluble au citrate.................................	420,7	82,0
Acide phosphorique soluble seul.........	343,8	5,1
Acide phosphorique soluble au citrate...	342,9	4,2

Remarquons d'abord que l'acide phosphorique employé seul n'a pas accru la récolte d'une façon sensible : 1,4 p. 100.

L'addition de cuir aux phosphates a procuré un excédent de 11 p. 100.

Mais l'action du nitrate de soude a été bien autrement importante ; l'effet utile atteint 26 p. 100.

De tout cet ensemble d'essais, il résulte donc clairement que l'azote du cuir moulu, que nous livre le commerce dans les engrais mélangés à de l'azote organique ou autrement, a une valeur de beaucoup inférieure à celle de l'azote du sang ou des nitrates.

Pour l'effet produit sur la récolte à laquelle on applique directement l'engrais, cette valeur est relativement de un cinquième à un tiers de celle de l'azote nitrique. On ne devrait donc pas le payer aujourd'hui plus de 0 fr. 30 à 0 fr. 50 l'unité. Mais, en somme, nous conseillons aux agriculteurs d'éviter son emploi, en proscrivant l'azote organique mal défini de leurs engrais composés, et en exigeant que ces derniers ne contiennent que de l'azote ammoniacal à l'automne et de l'azote nitrique au printemps.

Déchets de laines.

Les différentes manipulations auxquelles les laines brutes sont soumises dans la filature et la fabrication des draps et autres tissus donnent naissance à des déchets d'une grande valeur agricole. Leur masse est considérable, car ils forment le cinquième de la laine brute travaillée.

Leur composition est variable ; l'azote qu'ils dosent fait seul leur valeur fertilisante, car on n'y trouve que 1/3 à 1/2 p. 100 d'acide phosphorique. D'après trois cent dix-sept analyses exécutées à Gembloux par M. Pétermann, on y trouve en moyenne 3,85 p. 100 d'azote, avec des variations allant de 6 à 2 p. 100.

Le prix de vente est ordinairement de 4 francs, ce qui met le prix du kilogramme d'azote à 1 fr. 04.

On emploie avantageusement ces déchets à la dose de 2 000 à 2 500 kilogrammes à l'hectare ; il convient de les enterrer par un labour avant l'hiver et leur action se fait sentir jusqu'à la troisième année. Comme la laine-engrais n'apporte au sol que de l'azote, il ne faut pas négliger de lui adjoindre des engrais phosphatés, dans toutes les terres qui sont pauvres en cet élément primordial de fertilité.

A l'état brut, les déchets de laines constituent, comme le fumier, un engrais à décomposition lente et à action durable. Pour hâter leur décomposition et activer leur effet utile, on peut les soumettre à la fermentation, en en préparant des composts avec du fumier, des marcs de pommes, des matières végétales de toutes sortes, qu'on saupoudre de phosphates naturels. Dans ces conditions, l'azote de la laine et l'acide phosphorique des phosphates deviennent rapidement assimilables.

L'industrie des engrais, dans le même but, a recours à des moyens puissants pour désagréger la laine et rendre son efficacité plus grande dès la première année. On la traite par les alcalis, les acides, la vapeur sous pression ; on la torréfie en vase clos.

On obtient par ces procédés un engrais très friable, très homogène, et une partie de l'azote a pris la forme ammoniacale.

Voici quelques dosages relatifs à ces produits :

	Azote organique. p. 100.	Azote ammoniacal. p. 100
Déchets de laine torréfiés..............	4,18	1,09
Chiffons de laine désagrégés par la vapeur sous pression	8,00	0,90
Tontisses de laine traitées par la vapeur sous pression.......................	6,90	0,45

Enfin, dans le battage des laines, il se forme une poussière très ténue, qu'on appelle *poudrette de laine*, dont j'ai trouvé l'analyse suivante :

Azote..	2,50 à 5,20
Acide phosphorique...........................	0,23 à 1,30
Potasse.......................................	0,30 à 0,87

La valeur des déchets de laine comme engrais de lente décomposition et d'action durable n'est pas douteuse. La pratique l'a depuis longtemps mise en lumière, de même qu'elle a démontré que les composts de laine ont une rapidité d'assimilation plus grande.

Mais les produits travaillés que nous offre l'industrie, comme doués d'une assimilabilité plus rapide et plus sûre, ont-ils l'efficacité dont on les gratifie, et leur effet sur la production est-il en rapport avec leur prix? Ce sont là des questions très utiles à résoudre, et nous allons tâcher de les éclaircir en nous aidant des expériences de M. Pétermann, comme pour le cuir moulu.

Nous réunissons d'abord ci-dessous les résultats obtenus dans les cultures de serre, sur le blé :

Nature de la fumure.	Accroissement p. 100 relativement au produit sans engrais.
Laine brute..........................	16,7 p. 100.
Laine dissoute.......................	23,5 —
Nitrate de soude.....................	37,9 —
Laine brute et phosphate.	18,9 —
Laine dissoute et phosphate	33,9 —
Nitrate et phosphate.................	38,3 —

On voit que l'action de la laine brute est moins bonne que celle de la laine dissoute, mais que le nitrate de soude, à quantité d'azote égale, est supérieur de beaucoup aux deux, que l'on ait ajouté ou non de l'acide phosphorique.

Les essais du champ d'expériences ont été faits sur les betteraves. Ils ont donné avec :

	P. 100 d'excédent.
Laine brute.........................	11,1
Laine dissoute......................	30,9
Nitrate.............................	47,8

Comme les essais sur le froment, ceux-ci montrent que l'action de la laine brute est réelle, que son traitement industriel la rend plus efficace encore, mais que le nitrate l'emporte sans contredit.

Si donc nous prenons comme étalon de la valeur de l'azote le nitrate de soude, nous voyons que, d'après les expériences citées plus haut, si le kilogramme d'azote nitrique vaut 100, l'azote organique de la laine brute ne vaut que 35 à 45, et dans la laine dissoute il n'atteint pas plus de 65.

En résumé, les déchets de laine bruts ou dissous ont une efficacité bien autrement notable que le cuir moulu; si ce dernier doit être pour ainsi dire banni de nos achats, nous pouvons sans crainte employer la laine, à la condition expresse de ne la payer qu'au prix correspondant à son efficacité.

Chiffons de laine et de soie.

Les chiffons de laine et de soie que l'industrie ne peut plus utiliser sont vendus pour la fumure des terres. On les emploie directement dans le Midi pour fertiliser les vignes et toutes les cultures arbustives, à cause de leur décomposition lente et de la longue durée de leur action. Il faut, avant de les employer, les diviser autant que possible, afin de faciliter leur enfouissement. Dans cette opération, il convient de munir les ouvriers de gants solides, pour éviter les accidents qui pourraient survenir à ceux-ci, par suite d'écorchures. Ces chiffons sont en effet ordinairement très sales, et leur manipulation est absolument malsaine.

Le meilleur moyen d'emploi de ces matières consiste à les désagréger, comme les déchets de laines dont il vient d'être question.

La richesse des chiffons de laine ou de soie est très variable suivant qu'ils sont plus ou moins souillés de matières étrangères. Leur valeur agricole est proportionnelle à leur taux d'azote et l'on ne doit les acheter qu'après en avoir fait faire l'analyse. On y trouve généralement de 10 à 12 p. 100 d'azote. Les chiffons et les déchets de soie renferment de 8 à 11 p. 100 d'azote.

Poils, plumes, etc.

Les produits de l'épilage des peaux dans les tanneries, les débris de crins et les plumes des oiseaux sont des substances riches en azote, mais leur décomposition est très lente, et l'on ne peut les employer directement. Il convient de les faire entrer dans des composts, ou bien de les traiter par les procédés que nous avons signalés précédemment. On y trouve pour 100 les quantités d'azote ci-après :

Plumes 15,3
Poils et crins 17,3
Bourres courtes de bœuf 13,3

Mais, par suite de leur mélange avec des substances étrangères et de leur richesse en eau, on voit le dosage en azote de ces produits tomber à 4 ou 6 p. 100. Il ne faut donc les acheter que sur analyse.

Sulfate d'ammoniaque.

Le sulfate d'ammoniaque, comme son nom l'indique, est formé par la combinaison de l'acide sulfurique, ou huile de vitriol, avec le gaz ammoniac ou alcali volatil. A l'état de pureté, il contient pour 100 parties :

Acide sulfurique anhydre........................... 60,62
Eau 13,63
Ammoniaque 25,75
                        Total..................... 100,00

Les 25,75 d'ammoniaque renferment 21,21 d'azote élémentaire.

Mais le sulfate d'ammoniaque qu'on trouve dans le commerce n'est pas en général tout à fait pur. Sa couleur et sa richesse en azote sont variables. Les impuretés varient suivant le mode de fabrication. Les unes sont inertes, les autres peuvent être dangereuses pour la végétation.

Les sulfates d'ammoniaque de fabrication française présentent en général une richesse en azote comprise entre 20 et 21 p. 100. Les produits de fabrication anglaise sont moins purs en général. Leur titre est couramment de 19 p. 100 seulement d'azote.

Dans quelques circonstances, on rencontre des sulfates d'ammoniaque très beaux, blancs et bien cristallisés, dans lesquels tout l'acide sulfurique n'a pas été neutralisé par l'ammoniaque et qui, par conséquent, renferment de l'acide libre. C'est ainsi que M. Pétermann, directeur de la Station agronomique de Gembloux, en Belgique, a trouvé à l'un de ces produits la composition suivante :

Sulfate d'ammoniaque réel...................... 80,90
Acide sulfurique libre 15,83
Eau et sable 3,27
                        Total.................... 100,00

Outre que ce sel ne renfermait que 17,16 d'azote et présentait, par suite, une valeur commerciale inférieure, sa grande richesse en huile de vitriol libre lui communiquait des propriétés éminemment corrosives. Non seulement il était dangereux à semer, mais corrodait les outils. Mis en contact avec les racines des plantes, il ne pouvait manquer de les détériorer.

Une autre impureté plus nuisible encore, c'est le rhodanammonium ou sulfocyanure d'ammonium. Ce corps est composé d'acide sulfocyanhydrique et d'ammoniaque. C'est un sel extrêmement vénéneux, qui, mis, même en petite quantité, à la portée des racines, tue rapidement tous les végétaux.

Le sulfocyanure d'ammonium se rencontre dans les produits inférieurs noirs ou rouges, provenant des usines à gaz. Schumann rapporte l'analyse d'un produit anglais qui renfermait 74 p. 100 de sulfocyanure, contre seulement 15 p. 100 de sulfate d'ammoniaque réel. Nous avons eu l'occasion d'analyser un engrais, vendu 26 francs les 100 kilogrammes à un cultivateur des environs de Brezolles, et dont l'emploi avait détruit la récolte des champs où on l'avait fait. C'était un de ces sulfates d'ammoniaques impurs, chargé de matières goudronneuses et de sulfocyanure en grande quantité.

Il suffit, d'après Wölcker, le regretté chimiste de la Société royale d'agriculture d'Angleterre, d'une proportion de sulfocyanure équivalant à 10 kilogrammes par hectare pour produire les effets désastreux dont il vient d'être question.

On peut, d'autre part, frauder facilement le sulfate d'ammoniaque, en le mélangeant avec des sels qui ont avec lui une certaine analogie d'aspect : le sulfate de soude, le sel marin, le sulfate de fer moulu, ou même le sable blanc cristallisé, dont la valeur commerciale est plus faible.

Tout ce qui précède montre l'importance qu'il y a à ne jamais manquer d'exiger la garantie de dosage en azote (soit 20 à 21 p. 100) et de pureté dans tous les achats que l'on fait de sulfate d'ammoniaque, en même temps que l'exemption absolue de sulfocyanures. Il faut, de plus, ne jamais manquer de prélever échantillon de l'engrais dans les formes légales, afin de faire faire l'analyse des produits achetés. Ce qu'il importe de faire rechercher, c'est : 1° l'azote ammoniacal, et 2° les sulfocyanures. Si, sans trouver de sulfocyanures, on obtenait un dosage inférieur d'azote, il conviendrait de poursuivre l'analyse plus loin et de rechercher les corps étrangers introduits en mélange.

Mais hâtons-nous d'ajouter qu'il est très rare que l'on rencontre de ces produits frelatés ou inférieurs. Depuis quinze ans que nous contrôlons les fournitures d'engrais faites aux cultivateurs des Syndicats agricoles d'Eure-et-Loir, nous n'avons jamais trouvé de sulfate d'ammoniaque qui ne soit loyal, en dehors du cas que nous avons signalé plus haut ; et, relativement à ce dernier, il faut dire qu'il avait été vendu sous le nom de *phospho-guano*.

Ce sel azoté est assez employé comme engrais, et on le réserve avec juste raison aux fumures d'automne de préférence. Il renferme en effet son azote sous une forme directement assimilable par les racines des plantes, et en particulier des graminées ; cet azote est, d'autre part, facilement nitrifiable dans le sol. Mais, à l'automne, sa nitrification est assez lente pour permettre au pouvoir absorbant du sol de faire sentir son effet à son égard, de telle sorte qu'il n'y a pas chance de le voir entrainé par les eaux d'infiltration, soit à l'état naturel, soit après sa transformation en nitrate.

C'est en 1836 que Chattmann démontra le premier l'utilité de l'ammoniaque comme aliment des végétaux. Il avait remarqué qu'en Suisse les prairies arrosées de purin se maintiennent toujours en très bon état ; et, sachant que le purin est riche en ammoniaque, il en avait induit que cet alcali est très favorable à la végétation. Comme contrôle, il fit des essais avec les sels ammoniacaux, en répétant l'expérience célèbre de Francklin avec le plâtre. Il eut le même succès. M. Müntz, plus tard, puis, tout récemment, M. Bréal ont repris scientifiquement la démonstration de cet important fait, et ils ont été conduits à conclure que l'ammoniaque sert directement de nourriture aux végétaux.

Enfin MM. Lawes et Gilbert, en Angleterre, ont démontré, par de longues expériences, que l'emploi des sels ammoniacaux comme engrais des céréales est très efficace.

Dans la culture du blé, pour une période de vingt années consécutives sur le même terrain, ils ont obtenu en moyenne les résultats suivants par hectare :

	Grain. hectol.	Paille. qx.
Sans engrais	13,02	16,32
Sels ammoniacaux	28,40	29,23

Avec l'orge, dans une expérience qui a duré également vingt années, ils ont obtenu :

	Grain. hectol.	Paille. qx.
Sans engrais	17,96	14,75
Sels ammoniacaux	29,19	23,23

Avec l'avoine, enfin, pour une période de cinq années, ils ont constaté les rendements suivants :

	Grain. hectol.	Paille. qx.
Sans engrais	17,84	13,02
Sels ammoniacaux	42,21	35,78

En ce qui concerne l'emploi du sulfate d'ammoniaque dans la culture des betteraves au printemps, MM. Lawes et Gilbert concluent de leurs expériences que, « pour une même quantité d'azote que dans le nitrate de soude, employée à l'état de sels ammoniacaux, le rendement est moins considérable, mais la qualité est de tous points meilleure, car le taux de la matière sèche ou du sucre est plus fort, tandis que celui des sels et de l'azote est plus faible ».

Flemming a expérimenté l'emploi du sulfate d'ammoniaque dans la culture de la pomme de terre. Avec une fumure de 52 tonnes métriques de fumier à l'hectare, il a obtenu un rendement de 320 quintaux de tubercules. Le sol sans aucun engrais ayant donné 170 quintaux de rendement, la fumure de fumier dont il vient d'être parlé a donc produit un excédent de récolte de 150 quintaux.

L'addition au fumier de 190 kilogrammes de sulfate d'ammoniaque a porté le rendement à 370 quintaux. L'accroissement de récolte produit par le sulfate d'ammoniaque est de 50 quintaux par rapport au fumier seul.

De notre côté, nous avons fait un certain nombre d'essais sur l'emploi du sulfate d'ammoniaque comme engrais azoté. Nous avons comparé son action, comme on l'a vu plus haut, avec celle du sang desséché et avec celle de la corne torréfiée. Dans les deux expériences suivantes, nous l'avons comparé au nitrate de soude, dans la culture du blé. Le sol avait reçu, avec 40 kilogrammes d'azote sous forme ammoniacale ou nitrique, 60 kilogrammes d'acide phosphorique soluble au citrate. Les excédents de récolte sur les parcelles sans engrais ont été les suivants :

	Sulfate d'ammoniaque.		Nitrate de soude.	
	Grain. qx.	Paille. qx.	Grain. qx.	Paille. qx.
Saint-Victor-de-Buthon	6,9	16,4	7,5	21,4
Brunelles...................	12,1	7,7	3,1	5,7

Enfin, dans quatorze champs de démonstration scolaires, disséminés dans tout le département, en 1898-1899, nous avons cultivé du blé avec un engrais complet, dont l'azote était fourni par le sulfate d'ammoniaque, à la dose de 40 kilogrammes par hectare, et comparativement avec le même engrais privé d'azote. Il ressort de tous ces essais que les excédents moyens de récolte qui suivent ont été obtenus :

	Grain. qx.	Paille. qx.
Engrais complet ammoniacal.............	10,03	18,39
Engrais sans azote....................	4,19	6,22
Effet de l'azote ammoniacal.............	5,84	12,17

Par l'ensemble de ces résultats, nous sommes donc autorisé à conclure que le sulfate d'ammoniaque est un excellent engrais azoté. On peut l'utiliser avec avantage, non seulement pour les semis d'automne, mais aussi pour les céréales de printemps et les plantes à racines ou à tubercules.

Autres sels et produits ammoniacaux.

Bien que le sulfate d'ammoniaque soit presque le seul sel ammoniacal employé en agriculture, il convient de signaler le sel ammoniac, ou chlorhydrate d'ammoniaque, qui peut servir à la fumure des terres comme le sulfate. On l'obtient en saturant les vapeurs ammoniacales par l'acide chlorhydrique. C'est un produit très stable, plus riche en azote que le sulfate d'ammoniaque, puisqu'il en renferme environ 25 p. 100. Il a été soumis à l'expérience par MM. Lawes et Gilbert, qui, dans presque tous leurs essais, l'ont associé avec le sulfate. Si l'on n'y a pas recours plus souvent, c'est que ses usages industriels rendent son prix relativement plus élevé.

L'azotate ou nitrate d'ammoniaque est le sel le plus riche en azote. Il renferme cet élément fertilisant à la fois sous forme ammoniacale et sous forme nitrique. Pur et sec, il peut en contenir 40 p. 100. Son prix élevé empêche qu'on ne l'emploie en grande culture, et aussi sa déliquescence. Mais il est utilisé avantageusement pour la préparation des solutions nutritives destinées à la culture des plantes en pots.

Le phosphate d'ammoniaque renferme 28 p. 100 d'azote et près de 50 p. 100 d'acide phosphorique. Il est fabriqué en assez grande quantité en Allemagne. Son action sur la végétation est très favorable et il serait à désirer qu'on le fabriquât plus couramment en France.

Les eaux de condensation du gaz, qui contiennent environ 15 kilogrammes d'ammoniaque par mètre cube, les eaux-vannes, qui en renferment 2 à 3 kilogrammes, doivent être utilisées comme engrais azotés par les cultivateurs qui se trouvent à portée des usines ou des dépotoirs. Mais, comme elles renferment l'azote à l'état de carbonate caustique, et que la causticité de ce sel peut brûler les racines, il convient de ne les répandre sur le sol emblavé qu'après les avoir étendues d'eau, de manière qu'elles ne contiennent plus que 1 kilogramme au plus d'ammoniaque par mètre cube.

Enfin, on désigne sous le nom de *crud ammoniac* un produit noirâtre, pulvérulent, provenant des usines à gaz, et constitué par un mélange de sels ammoniacaux et de sulfocyanures. Employé sur les plantes en végétation, il les détruit. Mais, mélangés au sol nu longtemps à l'avance, les sulfocyanures s'oxydent, et leur azote devient fertilisant. Nous ne saurions toutefois recommander ce produit aux cultivateurs, malgré son bas prix; son utilisation demande trop de précautions.

Nitrate de soude.

Le nitrate de soude, ou salpêtre du Chili, est, à l'époque actuelle, la source la plus importante de l'azote assimilable employé en agriculture. Il nous vient de l'Amérique du Sud, où il en existe d'immenses gisements entre 19° et 21° de latitude sud, sur le versant de l'océan Pacifique, dans le Chili, la Bolivie et le Pérou. Les gisements sont situés sur les hauts plateaux, entre les Andes et la mer, à environ 1000 mètres d'altitude.

Les dépôts de nitre, ou *calicheros*, forment des amas irréguliers, dont l'épaisseur va parfois jusqu'à 5 mètres, mais qui ne dépassent pas, en général, 1 mètre. La masse saline est ordinairement recouverte d'une couche de sable et d'une autre couche cimentée par l'argile et très dure, appelée *costra*. A titre de curiosité, voici la composition d'un caliche du Pérou :

Nitrate de soude	61,0	p. 100.
Iodate de soude	0,7	—
Chlorure de sodium.	16,8	—
Sulfate de soude	4,6	—
— de magnésie	5,9	—
— de chaux	1,3	—

Quelquefois le caliche renferme jusqu'à 30 à 35 p. 100 de nitrate de potasse. On y trouve aussi de petites quantités de perchlorate de potasse.

Le caliche est exploité à la mine, puis traité par l'eau bouillante, qui se sature de nitrate de soude que l'on fait cristalliser par refroidissement. Le sel marin, qui n'est pas plus soluble à chaud qu'à froid, reste en dissolution. Après égouttement des eaux mères et séchage au soleil, on obtient du nitrate de soude brut, qui renferme de 94 à 96 p. 100 de nitrate pur. Les eaux mères sont souvent traitées pour l'extraction de l'iode.

Le nitrate de soude pur est un sel blanc, cristallisé en rhomboèdres. Il est déliquescent et très soluble dans l'eau. Un litre d'eau à 15° C. en dissout 840 grammes. Projeté sur des charbons ardents, il fond, puis se décompose en fusant. Il est formé par l'union de la soude et de l'acide nitrique.

100 parties de sel contiennent :

```
Soude.....................................  36,47
Acide azotique............................  65,53
```

et elles renferment dans l'acide 16,47 d'azote.

Le nitrate commercial est toujours impur. Sa couleur est gris plus ou moins sale. Il est légèrement humide. Les cristaux sont de grosseur variable et d'apparence cubique. On le désigne pour ce fait souvent sous le nom de *salpêtre cubique*. Il dose de 15 à 16 p. 100 d'azote. Malgré la régularité de sa composition, il n'est pas prudent de l'acheter sans garantie de dosage, car il est assez souvent fraudé.

Nous donnons ci-dessous, à titre d'exemple, l'analyse complète d'un nitrate :

```
Nitrate de soude..........................   94,03
Nitrite de soude..........................    0,31
Chlorure de sodium........................    1,52
   —    de potassium......................    0,64
   —    de magnésium......................    0,94
Iodate de soude...........................    0,28
Matières terreuses........................    0,92
Eau.......................................    1,36
                                            ───────
         Total............................  100,00
```

Le nitrate de soude commercial absorbe facilement l'humidité atmosphérique, dans laquelle il se dissout. Les sacs qui le renferment sont toujours imprégnés de sa solution. Une toile d'origine peut parfaitement avoir absorbé 1 kilogramme de nitrate. C'est pour cette raison que, dans nos fermes, on traite ces sacs par l'eau pour enlever ce sel et utiliser la solution ainsi obtenue à l'arrosage. Nous devons signaler que, par manque de surveillance, cette manière d'agir a occasionné plusieurs fois des accidents mortels chez les vaches qui, friandes de l'eau salée, viennent boire dans les baquets de lavage.

A cause de cette hygroscopicité, il convient de ne pas faire d'avance de grandes provisions de nitrate. Il faut le conserver, en attendant l'emploi, dans des locaux fermés et secs. Le nitrate pulvérisé trop finement forme facilement pâte lorsqu'on le mélange avec des superphosphates, si ceux-ci n'ont pas été préalablement séchés. C'est là un inconvénient qui mérite d'attirer l'attention des praticiens. D'un autre côté, lorsque ce mélange est fait avec des superphosphates très acides, et quelque temps d'avance, il peut y avoir perte d'azote, sous forme de vapeurs nitreuses, comme l'a constaté mon collègue M. Andouard, directeur de la Station agronomique de Nantes.

Nous avons dit que le nitrate de soude ne doit être acheté que sur analyse, avec titre minimum garanti de 15 p. 100 d'azote. C'est qu'on peut facilement le falsifier, sans que rien à l'œil ne le fasse reconnaître. A une époque où son prix était élevé, nous avons eu l'occasion de constater son mélange avec des sels bruts de potasse. Plus récemment, nous avons reconnu sa falsification avec du sable blanc cristallin. Dans des envois faits à un cultivateur de nos amis et à un négociant de Chartres, nous en avons trouvé de 50 à 56 p. 100. Le Syndicat agricole de Chartres a poursuivi et fait condamner un de ses fournisseurs qui lui avait livré du nitrate renfermant, d'après l'expertise de M. Müntz, 26 p. 100 de sable blanc.

On l'a mélangé aussi avec du chlorure de sodium ou sel marin. Wölcker en a trouvé jusqu'à 56 p. 100. Donc, dans l'achat du nitrate, surtout de seconde main, méfiance est mère de sûreté.

Pour la France, c'est à Dunkerque que les arrivages de nitrate du Chili sont le plus importants. On décharge dans ce port plus des trois quarts des nitrates qui sont importés en France. Les cours de cette place règlent le prix de cet engrais dans tout notre pays.

Ces prix sont variables, mais leurs variations semblent échapper depuis quelque temps aux lois de la saine économie politique. C'est que, entre le producteur et le consommateur européen s'est interposé un véritable trust d'importateurs, ou, pour parler plus exactement, de capitalistes accapareurs. Devant la hausse injustifiée de ce produit, que pendant vingt-cinq ans nous avons recommandé aux cultivateurs, nous ne devons pas négliger de rappeler que *le nitrate de soude n'est pas un engrais indispensable*, s'il est un excellent agent de fertilisation. On ne doit l'employer que s'il fournit le kilo-gramme d'azote à un prix inférieur à celui des autres engrais azotés, comme le sang, la corne, la viande et, surtout, le sulfate d'ammoniaque.

Le nitrate de soude est éminemment soluble. Même dans une terre relativement sèche, il rencontre beaucoup plus d'eau qu'il ne lui en faut pour se dissoudre. Il ne faudrait pas croire toutefois que sa diffusion dans toute la masse du sol soit instantanée. Quand un cristal de nitrate tombe au milieu d'une masse terreuse, il se dissout assez vite, il est vrai, dans l'eau qui l'environne, mais la solution ainsi formée, jouissant, comme nous l'avons reconnu par des mesures précises, d'une tension superficielle très élevée, attire à elle l'eau des parties voisines du sol. Dans le rayon du cristal, on voit affluer l'eau des parties voisines, qui, par suite, se dessèchent. En même temps, dans les sols qui renferment tant soit peu de sels de chaux et surtout du carbonate, il y a une modification de l'état particulaire qui diminue le diamètre des canaux interstitiels et augmente la compacité du sol. La diffusion du nitrate ne peut s'opérer, en réalité, que par l'arrivée des pluies qui, saturant le sol, annihilent l'action de la tension superficielle. Alors le sel circule avec les eaux d'infiltration et, si celles-ci sont assez abondantes pour gagner les couches profondes et les sources, le nitrate est entraîné et perdu pour la végétation. Le sol, en effet, n'a pas de pouvoir absorbant pour le nitrate, comme il en a pour l'ammoniaque et la potasse.

C'est pour le nitrate de soude une infériorité marquée, qui oblige à beaucoup de prudence dans son emploi. Il ne faut répandre le nitrate que dans la saison où l'on n'a pas à craindre les infiltrations dans les couches profondes ; on ne doit donc, en général, l'employer qu'au printemps et en été. Alors l'évaporation du sol et des plantes est toujours suffisante pour empêcher toute perte importante par le drainage naturel. Mais, même en cette saison, si l'on veut assurer toute l'efficacité de cet engrais, il convient de l'employer par doses fractionnées, de telle manière que l'apport qu'on en fait puisse être rapidement absorbé par les racines des plantes cultivées.

Nous ne voulons pas dire toutefois qu'on ne peut l'employer à l'automne. Nous l'avons recommandé à cette époque de l'année pour la fumure du blé, alors que les cours du sulfate d'ammoniaque avaient atteint une hauteur démesurée, et nous ne nous en sommes pas repenti. Mais, dans cette occurrence, c'est à la dose très modérée de 75 à 100 kilogrammes par hectare, et au plus, qu'il convient de le répandre.

En partant de cette idée, nous avons expérimenté, en 1894-1895, l'emploi du nitrate de soude épandu à petite dose au moment de la semaille du blé, avec complément au printemps, en comparaison du sulfate d'ammoniaque, répandu au moment du semis, à égalité d'azote par hectare. Dans les deux cas, la fumure azotée était complétée par 60 kilogrammes d'acide phosphorique soluble à l'eau et au citrate par hectare. La quantité d'azote total distribué était de 35 kilogrammes. Pour le nitrate, nous avons mis 12 kilogrammes d'azote à l'automne et 23 kilogrammes au printemps.

Quoique l'hiver ait été rude, et que la gelée ait un peu atteint nos emblaves, les résultats obtenus ont été assez satisfaisants. Le tableau suivant rapporte les excédents constatés :

Localités.	Sulfate ammonique.		Nitrate sodique.	
	Grain.	Paille.	Grain.	Paille.
	qx.	qx.	qx.	qx.
Manouyau............	10,55	17,54	10,63	21,70
Le Gueslin...........	9,78	12,41	10,56	15,12
Charonville...........	10,26	19,36	9,12	4,80
Meslay-le-Grenet......	7,68	10,85	10,94	13,62
Moyennes............	9,56	15,04	10,52	13,53

A égalité d'azote, le nitrate de soude employé en deux fois, un tiers à l'automne et deux tiers au printemps, a donné un peu plus de grain que le sulfate d'ammoniaque, et un peu moins de paille. En calculant la valeur des excédents à raison de 20 francs le quintal de grain et de 4 francs le quintal de paille, on obtient un bénéfice de :

	Francs.
Pour le sulfate d'ammoniaque........................	251,36
Pour le nitrate semé en deux fois..................	264,52

Il est donc évident que, par ce mode d'emploi du nitrate dans la culture du blé d'automne, on obtient des résultats aussi bons qu'avec le sulfate d'ammoniaque. C'est un fait à retenir dans les années où les cours de ce dernier sel s'élèvent démesurément, et qui démontre qu'il n'y a pas d'engrais azoté nécessaire. Le prix de revient de l'azote est le critérium auquel doit se rapporter le cultivateur.

Par suite de la facilité avec laquelle il est entraîné dans le sous-sol, l'action du nitrate de soude n'est pas prolongée. C'est l'engrais annuel par excellence. N'ayant à subir aucune modification pour être absorbé par les racines, il convient à tous les sols. Dans les terres fortes, il faut éviter les doses trop élevées, qui augmentent d'une manière exagérée la compacité ; dans les terres légères, trop poreuses, il faut absolument fractionner les fumures. Toutefois, il faut rappeler que le nitrate, diminuant la perméabilité, maintient les terres plus fraîches ; une terre qui a reçu du nitrate se dessèche moins par les temps secs, et retient plus d'eau par les temps humides.

Nul ne doute aujourd'hui de la grande efficacité du nitrate de soude comme engrais dans la culture de toutes les plantes non légumineuses. La démonstration de sa valeur agricole nous sera donc facile, car les documents ne manquent pas. Dans les belles et longues recherches de MM. Lawes et Gilbert, nous trouvons des faits qui suffisent à eux seuls à faire la preuve de ce que nous avons avancé

1º Blé. Moyenne de vingt années :

	Rendement à l'hectare.	
	Grain. hectol.	Paille. qx.
Sans engrais	13,02	17,42
Nitrate de soude	23,35	35,46
Effet du nitrate	10,33	18,04

2º Orge. Moyenne de vingt années :

	Rendement à l'hectare.	
	Grain. hectol.	Paille. qx.
Sans engrais	17,96	14,75
Nitrate de soude	33,26	27,78
Effet du nitrate	15,30	13,03

3º Avoine. Moyenne de cinq années :

	Rendement à l'hectare.	
	Grain. hectol.	Paille. qx.
Sans engrais	17,84	13,02
Nitrate de soude	42,32	34,52
Effet du nitrate	24,48	21,50

4º Prairie naturelle. Moyenne de quinze années :

	Rendement à l'hectare.
	Foin. qx.
Sans engrais	27,71
Nitrate de soude	72,50
Effet du nitrate	44,79

Au champ d'expériences de Cloches, où, pendant dix années consécutives, nous avons, de concert avec notre excellent ami M. Oscar Benoist, étudié l'action des engrais, dans un sol de limon des plateaux, sur les principales cultures de notre région, nous avons obtenu des résultats qui, pour moins marqués qu'ils soient, n'en sont pas moins nets, surtout si l'on fait la remarque que notre sol était riche en azote :

	Excédents.	
	Grain.	Paille.
	qx.	qx.
1º Blé (huit récoltes) :		
Engrais complet au nitrate..............	7,10	13,30
Engrais sans azote.....................	4,60	6,00
Effet du nitrate.......................	2,50	7,30
2º Avoine (dix récoltes) :		
Engrais complet au nitrate..............	4,82	13,45
Engrais sans azote.....................	2,00	5,27
Effet du nitrate.......................	2,82	8,18
3º Orge (deux récoltes) :		
Engrais complet au nitrate..............	5,50	12,25
Sans azote	3,25	6,75
Effet du nitrate.......................	2,25	5,50
4º Betteraves fourragères (deux récoltes) :		qx racines.
Engrais complet au nitrate..............		145,00
Engrais sans azote.....................		90,00
Effet du nitrate.......................		55,00
5º Betteraves à sucre (une récolte) :		
Engrais complet au nitrate..............		181,60
Sans engrais		127,80
Effet du nitrate.......................		53,80
6º Betteraves à graines (deux récoltes) :		
Engrais complet au nitrate..............	5,36	»
Engrais sans azote.....................	3,32	»
Effet du nitrate.......................	2,04	»
7º Pommes de terre (une récolte) :		qx tubere.
Engrais complet au nitrate..............		109,00
Engrais sans azote.....................		84,00
Effet du nitrate.......................		25,00
8º Carottes fourragères (une récolte) :		Racines.
Engrais complet au nitrate		170,00
Engrais sans azote.....................		150,00
Effet du nitrate.......................		20,00

En 1886, à notre champ d'expériences de Lucé, l'emploi du nitrate de soude seul a augmenté notablement le rendement en grain et en paille dans la culture de l'orge :

	Rendement à l'hectare.	
	Grain. qx.	Paille. qx.
Sans engrais............................	22,5	37,1
Nitrate seul..... •........................	28,5	55,3
Effet du nitrate......................	6,0	18,2

L'accroissement est de 27 p. 100 pour le grain et de 49 p. 100 pour la paille.

En 1888, à Pannes, chez M. Masson, nous avons obtenu avec la même plante :

	Rendement à l'hectare.	
	Grain. qx.	Paille. qx.
Sans engrais............................	23,3	31,9
Nitrate seul............................	32,8	43,0
Effet du nitrate........................	9,5	11,1

À Sours, chez M. Prévosteau, la même année, nous avons constaté :

	Rendement à l'hectare.	
	Grain. qx.	Paille. qx.
Sans engrais............................	28,0	23,0
Nitrate seul............................	34,0	30,0
Effet du nitrate........................	6,0	7,0

En 1887, à Lucé, nous avons obtenu les résultats suivants dans la culture de l'avoine :

	Rendements.		Excédents.	
	Grain. qx.	Paille. qx.	Grain. qx.	Paille. qx.
Sans engrais...............	9,00	20,55	»	»
Nitrate seul	17,25	35,00	8,25	14,45
Nitrate et superphosphate..	22,80	34,05	13,80	14,05

Nous avions employé 30 kilogrammes d'azote nitrique par

hectare. L'accroissement proportionnel du grain est de 92 p. 100 et celui de la paille de 75 p. 100.

Avec la même plante à Sours, chez M. Prévosteau, en 1888, nous avons récolté :

	Rendement à l'hectare.	
	Grain.	Paille.
	qx.	qx.
Sans engrais	27,0	27,0
Nitrate (200 kilogrammes)	33,0	36,0
Effet du nitrate	6,0	9,0

Enfin, à Combres, en 1888-89, l'emploi du nitrate sur l'avoine nous a donné :

	Grain.
	qx.
Sans engrais	7,6
Nitrate (150 kilogrammes)	13,1
Superphosphate (150 kilogrammes)	11,1
Nitrate et superphosphate	15,9

Le nitrate seul a augmenté la récolte de $5^{qx},5$ ou de 72 p. 100.

Sur une prairie naturelle de Nogent-le-Rotrou, nous avons essayé l'action du nitrate de soude sur le rendement en foin de première coupe ; 300 kilogrammes de nitrate ont été répandus par hectare et nous avons pesé les rendements suivants :

	qx.
Sans engrais	37,5
Nitrate	60,0
Action du nitrate	22,5

Nitrate de potasse.

Le nitrate de potasse provient soit du traitement des matériaux salpêtrés et des terres nitrées, soit surtout aujourd'hui de la transformation du nitrate de soude.

A l'état de pureté, il constitue des cristaux blancs en forme de prismes droits à base rhombe. Il a une saveur piquante et fraîche et est très soluble dans l'eau. Il fuse quand on le jette sur des charbons ardents. Formé par l'union de l'acide azotique ou nitrique et de la potasse, il contient pour 100 parties :

<pre>
Acide azotique 53,46
Potasse.. 46,54
</pre>

Dans son acide, il y a 13,86 d'azote.

Le nitrate pur n'est jamais employé comme engrais, à cause de son prix trop élevé. C'est au nitrate brut que l'on a parfois recours. Ce sel forme un engrais puissant, qui apporte à la fois aux plantes de l'azote et de la potasse assimilable. Les salpêtres bruts renferment le plus souvent de 5 à 10 p. 100 d'impuretés, mais quelquefois leur taux monte à 15 et même à 20 p. 100. Il ne faut donc jamais les acheter que sur analyse, avec garantie d'un titre minimum en azote et en potasse. En règle générale, les nitrates de potasse pour engrais renferment :

<pre>
Azote .... 12,3 à 13,7
Potasse.. 41,3 à 46,1
</pre>

Les bons produits commerciaux ne doivent pas doser moins de 13 p. 100 d'azote et de 44 p. 100 de potasse, en nombre rond.

Plus encore que le nitrate de soude, à cause de son prix élevé, le nitrate de potasse est sujet à être falsifié. On l'a mélangé avec du sel marin et du sulfate de soude, dont le prix est très minime ; on l'a additionné aussi de sable blanc. Enfin on y a souvent ajouté du nitrate de soude. Les fraudeurs habiles peuvent même fabriquer un mélange de nitrate de potasse, de nitrate de soude et de sulfate ou de chlorure de potassium, qui renferme à peu près la quantité d'azote et de potasse du nitrate de potasse loyal. Par l'analyse, ces fraudes sont faciles à déceler, en dosant l'azote nitrique et la potasse et, dans le dernier cas, en faisant une analyse complète.

A l'époque actuelle, le prix du nitrate de potasse est supérieur à la valeur cumulée de son azote et de sa potasse, déduite des cours du nitrate de soude et des sels de potasse

concentrés. Il n'est donc pas économique d'y avoir recours,
sauf dans certains cas spéciaux pour les cultures maraîchères.
Il a, en outre, l'inconvénient d'apporter une quantité énorme
de potasse relativement à celle de l'azote, potasse qui peut ne
pas être utile.

V. — ENGRAIS DE COMMERCE PHOSPHATÉS.

Phosphates d'os.

Si la chair et le sang des animaux, comme leurs poils et
leurs cornes, nous fournissent d'importants engrais azotés,
leur squelette nous donne un engrais phosphaté de premier
ordre. Avant la découverte des gisements de phosphates
minéraux, les os et les résidus qui dérivent de leur traitement
industriel étaient la seule source importante de phosphates
pour l'agriculture.

Le poids du squelette des divers animaux peut être estimé
comme il suit :

Bêtes bovines	45 à 50 kil.
Veaux	6 à 7 —
Cheval	40 à 45 —
Porc	8 à 12 —
Mouton	4 à 5 —

Les os bruts sont constitués par l'union de matières organiques azotées et grasses avec des substances minérales où le
phosphate de chaux tient un rang prépondérant. Nous donnons dans le tableau suivant la composition de ces os d'après
Berzélius, Boussingault et Chevreul :

	Os de		
	Bœuf. p. 100.	Porc. p. 100.	Poisson. p. 100.
Phosphate de chaux	57,4	49,0	48,0
Phosphate de magnésie	2,0	2,0	2,2
Carbonate de chaux	3,8	1,9	5,5
Sels alcalins	3,5	0,5	0,6
Matières organiques et eau	33,3	46,6	43,7

Le phosphate de chaux tribasique des os renferme

GAROLA. — Engrais.   13

46,16 p. 100 d'acide phosphorique, de sorte qu'on peut estimer la richesse des os précités, en cet élément, entre 23 et 27 p. 100. La matière organique des os fournit de 3,5 à 5 p. 100 d'azote du poids total de ceux-ci.

Les os doivent être utilisés avec soin dans les fermes. Il convient, non seulement de recueillir tous ceux qui proviennent de la consommation du ménage et du personnel, mais encore ceux qui proviennent du dépeçage des animaux morts. On peut aussi avantageusement, dans certaines circonstances, en acheter dans les établissements d'équarrissage, où on les obtient pour le prix de 3 à 4 francs le quintal.

La seule chose qui puisse arrêter, c'est la difficulté de leur broyage. Il est presque impossible de concasser les os verts naturels. Mais, lorsqu'ils ont été dégraissés par ébullition dans l'eau, puis séchés et légèrement torréfiés sur la sole d'un four, sans qu'on laisse la température s'élever trop haut, de crainte de perdre une partie de leur azote, on peut les broyer assez facilement à l'aide d'un concasseur formé par deux rouleaux de fonte armés de dents. Le bouillon qui provient de leur ébullition avec l'eau, et qui est chargé de graisse et de gélatine, peut être utilisé soit pour la nourriture des porcs ou pour l'arrosage du fumier.

Mais le plus souvent on a recours à l'industrie pour l'achat des engrais d'os. Celle-ci nous offre de la poudre d'os, de la cendre d'os, des os dégélatinés et du noir animal.

Poudre d'os. — Le commerce livre au cultivateur de la poudre d'os de deux provenances. Tantôt elle sort d'usines spéciales qui se livrent à la pulvérisation des os pour l'agriculture, tantôt elle provient de fabriques de boutons ou autres objets de ménage.

D'où qu'elle vienne, elle peut présenter de notables différences dans sa composition. Aussi ne doit-on jamais l'acheter que sur titre garanti ; et, de plus, on devra exiger un état de finesse convenable, car plus la poudre est fine et plus est grande son action.

Voici la composition moyenne des bonnes poudres d'os du commerce :

Eau.. 10,0
Matières organiques 27,5
Phosphate de chaux.................................... 54,4
Carbonate de chaux et sels............................ 5,4
Résidu insoluble...................................... 2,7

Le phosphate de chaux de cette poudre correspond à 25 p. 100 d'acide phosphorique, et la matière organique fournit de 3 à 4 p. 100 d'azote.

Avant l'emploi du noir animal et la découverte des phosphates naturels, la poudre d'os, par sa richesse en phosphates, était l'engrais par excellence des terres pauvres en acide phosphorique, des terres de défrichement de l'Ouest et des terres acides.

Le noir et les phosphates minéraux, étant beaucoup moins coûteux, l'ont aujourd'hui remplacée. Mais si la poudre d'os n'est plus l'engrais essentiel des défrichements de landes, elle n'en reste pas moins un excellent engrais pour la culture ordinaire.

On recommande de ne l'employer qu'après l'avoir laissée fermenter pendant quelque temps. Cela est d'autant plus nécessaire que sa finesse est moins grande. Mais il faut prendre certaines précautions pour éviter les pertes d'azote qui pourraient se produire. On additionne donc la poudre d'os de 5 à 10 p. 100 de son poids de plâtre cuit, puis on la mélange avec un volume égal au sien de bonne terre fine, et l'on en forme un tas, dans un lieu protégé contre la pluie, tas que l'on arrose avec de l'eau ou, mieux, du purin. Au bout de huit jours, on recoupe le tas dont on opère soigneusement le mélange avant de l'employer.

La poudre d'os donne sur les céréales, à la dose de 500 ou 600 kilogrammes par hectare, et enfouie lors de la semaille, de fort bons résultats.

Au printemps, sur les prés, à la dose de 200 à 400 kilogrammes par hectare, elle améliore très sensiblement la nature de l'herbe et le rendement.

En Angleterre, on l'emploie avec un grand succès pour la culture des turneps et des raves. On en répand jusqu'à 12 et 15 quintaux par hectare lors de la semaille.

Mélangée au fumier, elle produit de très bons effets. Elle relève la valeur de la fumure et empêche l'épuisement des terres en phosphates.

Il faut enterrer la poudre d'os par un labour léger ou tout au moins par un scarifiage ou un hersage très énergique. Cela est d'autant plus nécessaire que la terre est plus légère et plus sujette à se dessécher. L'enfouissement doit se faire assez longtemps avant la semaille : en automne pour les cultures de printemps.

Cendres d'os. — Dans les Pampas de l'Amérique du Sud, au pied de la chaîne des Andes, il existe des gisements d'os de ruminants qui se sont accumulés depuis les temps les plus reculés. On les trouve enfouis dans un limon rougeâtre. Ces gisements sont exploités pour l'exportation. Les matières osseuses sont carbonisées, puis moulues et expédiées sous le nom de *cendre d'os*, principalement par le port de Montevideo.

D'après Bobière, on y trouve :

Charbon et matières organiques	3,0 à	3,5
Résidu siliceux	21,0 à	8,5
Phosphate de chaux et magnésie	66,0 à	78.2
Carbonate de chaux, etc	10,0 à	9,8

Wölcker y a trouvé en moyenne 73 p. 100 de phosphate de chaux. Ces cendres d'os doivent s'acheter sur garantie d'analyse, car souvent elles sont mélangées d'une quantité notable de matières étrangères. On peut les utiliser directement pour la fumure des terres ou les transformer en superphosphates.

Os dégélatinés. — L'industrie traite les os dans des autoclaves par la vapeur d'eau sous pression, pour préparer la gélatine et la colle. Les matières organiques azotées sont, par là, presque entièrement dissoutes et la matière grasse est séparée. Le résidu de cette opération est constitué presque exclusivement par du phosphate de chaux. Les os ainsi traités deviennent très friables. Leur pulvérisation se fait au moyen de meules verticales comme celles qui sont utilisées dans les huileries.

La composition des os dégélatinés varie dans des limites assez étroites :

```
Eau...................................  6,0 à 12,0 p. 100.
Phosphate de chaux...................  60,0 à 70,0    —
Azote ...............................   0,9 à  1,8    —
```

Chez nous, ces poudres d'os dégélatinés sont généralement vendues sur la garantie de 60 à 65 p. 100 de phosphate, ce qui correspond à 27,5 à 29,8 d'acide phosphorique. Les variations de composition qu'on observe dans ces produits proviennent presque toujours de la plus ou moins grande quantité d'eau qu'ils ont retenue.

On a falsifié ces poudres d'os à l'aide de plâtre, de calcaire, de phosphate naturel en poudre. L'analyse chimique permet de mettre ces fraudes en évidence.

La plus grande partie des os dégélatinés produits en France est employée à la fabrication des superphosphates d'os, sur lesquels nous reviendrons plus loin.

Noir animal. — Parmi les engrais qui proviennent des os, le noir animal a été longtemps celui qui avait le plus d'importance. Il est obtenu en calcinant les os en vase clos. On a ainsi un charbon noir et spongieux, qu'on emploie pour décolorer certains produits d'industrie. Les fabricants de sucre l'emploient à décolorer leurs sirops, les raffineurs à clarifier les sucres. C'est après qu'ils ont rendu à l'industrie tous les services qu'on en peut attendre que les noirs sont vendus aux agriculteurs comme engrais. Par leur emploi, la culture a été révolutionnée dans les landes de l'Ouest et la Sologne.

Au point de vue de leur utilisation agricole, les noirs se divisent en deux classes :

1° Les *noirs de raffineries*, qui, mouillés, forment une pâte grasse au toucher et, secs, une poudre fine homogène. Ils renferment à l'état sec :

```
                                          Phosphate de chaux.
Noir des raffineries de Nantes...........  55 à 66 p. 100.
      —         de Marseille...........    65 à 69    —
      —         du Havre...............    45 à 50    —
      —         de Bordeaux...........     65 à 67    —
```

En moyenne, à l'état commercial, les noirs de raffinerie renferment de 32 à 38 p. 100 d'eau. L'hectolitre pèse en moyenne 85 kilogrammes. Enfin, outre le phosphate, on y trouve de 1 à 3 p. 100 d'azote.

La variabilité de la composition des noirs de raffineries et les nombreuses fraudes dont ils sont l'objet obligent à ne les acheter que sur garantie d'analyse. La nature de ce produit y permet l'introduction de nombreuses matières étrangères, telles que des poussières de tourbe, du poussier de charbon, de l'argile noire pulvérisée, etc. On y a introduit aussi des phosphates naturels noircis. M. Andouard, directeur de la Station agronomique de Nantes, nous donne l'analyse suivante d'un produit vendu en Bretagne comme du noir animal :

Phosphate de chaux................................	0,0
Matières charbonneuses et organiques..............	67,2
Carbonate de chaux................................	13,2
Sable...	11,5
Alumine et fer....................................	8,1

2° Les **noirs de sucreries** qui ont servi à décolorer les sirops, et se présentent sous forme de grains plus ou moins gros. Ils ne renferment pas d'azote d'une manière appréciable. Le poids de l'hectolitre est d'environ 100 kilogrammes.

On y trouve :

Phosphate de chaux.....................	65 à 75 p. 100.
Carbonate de chaux.....................	15 à 25 —
Eau....................................	5 à 10 —

Comme le noir de raffinerie, il est sujet à la falsification. Il est souvent mélangé avec du sable, du schiste, du plâtre et des cendres. M. Pétermann, directeur de la Station agronomique de Gembloux, en Belgique, a signalé une fraude assez fréquente dans ce pays, qui consiste à introduire dans le noir de sucreries le résidu de la lévigation des vinasses calcinées, qui forme une masse pulvérulente noire contenant 1,5 p. 100 d'acide phosphorique et 3,5 p. 100 de potasse. Ce produit, qui renferme des cyanures, est nuisible à la végétation. Aujourd'hui la production des noirs de sucreries pour engrais a beaucoup diminué, par suite des changements apportés dans les procédés de clarification des jus.

L'action de ces deux sortes de noirs ne sera pas identique, car leur valeur fertilisante n'est pas la même.

Les noirs azotés ou de raffineries conviennent très bien aux vieilles terres épuisées, sablo-argileuses, à raison de 5 à 10 hectolitres par hectare.

Quand il s'agit simplement d'un défrichement, la question change. Ici, l'azote ne fait plus défaut ; au contraire, la terre est généralement très riche en matière organique ou terreau, qui fournira l'azote en quantité suffisante pour faciliter l'assimilation des phosphates. Il faut préférer ici les noirs de sucreries.

Sur les terres cultivées, pauvres en humus, il faut donner la préférence aux noirs azotés. Dans les défrichements, si la lande est pauvre en terreau, il en est de même. Mais dans les landes riches en humus il faut employer le noir de sucreries.

Quand on emploie le noir dans les défrichements, il ne faut ni chauler ni marner, car on arrêterait par là l'effet du noir, en détruisant complètement l'acidité du sol, qui rend le phosphate de chaux soluble.

Lorsqu'on défriche des landes, il faut se procurer des noirs riches en phosphates et bien pulvérisés. On les répand sur le sol bien ameubli et à raison de 5 à 6 hectolitres par hectare. L'épandage a lieu à la main ou au semoir quelques jours avant la semaille. Les premières récoltes qu'il convient de faire sont des seigles et des avoines. On prend ordinairement trois ou quatre récoltes en fumant avec du noir, puis on chaule ou bien on marne, on donne une fumure de fumier de ferme et l'on cultive comme les vieilles terres.

Dans toutes les autres circonstances, les noirs devront surtout être employés en mélange avec le fumier de ferme ou le purin. Ils sont désagrégés par la fermentation du fumier et agissent d'une manière beaucoup plus rapide.

Phosphates minéraux.

Dans leurs gisements, les phosphates minéraux affectent des formes très variées. Ils constituent les apatites ou les phosphorites, les sables phosphatés et les nodules ou pseudo-coprolithes qui sont souvent accompagnés de phosphate en roche.

D'après M. Armand Gautier (1), leurs origines seraient les suivantes :

« Les plus anciens existent dans les roches ignées, dans les basaltes et même dans les granites et les gneiss sous forme de cristaux d'apatite ; ils ont pour origine première les phosphures métalliques du noyau central ; bien que leurs proportions dans les roches volcaniques soient assez faibles, de 0,5 à 3 et 4 p. 100, ils leur donnent une grande fertilité.

« La seconde catégorie des phosphates est d'origine hydro-minérale, ou du moins ceux-ci se rencontrent dans les failles des terrains primitifs, autrefois parcourus par les émanations d'origine profonde ou dans les couches remaniées par les eaux chaudes. Telles sont les apatites des filons des terrains cristallins qu'accompagnent souvent le quartz, la fluorine et même la cassitérite, ainsi que les phosphates cristallisés que l'on trouve dans les failles des terrains stratifiés les plus anciens (apatites des schistes de l'Estramadure, du Dévonien à Nassau). A côté de ces phosphates, il faut placer ceux que Daubrée a démontré avoir été déposés par les eaux minérales chaudes dans les terrains jurassiques, crétacés et tertiaires, et en France particulièrement dans le Lot et dans la Corrèze, phosphates se présentant sous forme de concrétions rubanées. Ces phosphates, comme les précédents, sont difficilement assimilables par les plantes, vu leur compacité, et comme eux ils sont exempts de matière organique et d'azote.

« La troisième espèce de phosphates, les véritables phosphorites, se rencontrent tantôt sous forme de concrétions rocheuses sans éclat, chagrinées, grisâtres, jaunâtres ou incolores, quelquefois farineuses, friables, poreuses, formées de parties peu homogènes, le plus souvent mélangées de sulfate et de carbonate de chaux : ce sont les plus modernes ; tantôt sous forme de sables disséminés dans les bancs calcaires ou agglomérés dans des poches ou cavités irrégulières, creusées

(1) *Comptes rendus*, 1893, p. 1271.

par corrosion du calcaire ; tantôt à l'état de nodules assez légers, faciles à pulvériser, isolés ou non de la roche. Dans toutes ces phosphorites, on peut distinguer le plus souvent, à l'œil ou au microscope, de nombreux restes fossiles, débris d'ossements, écailles et arêtes de poissons, reptiles. Tous ces phosphates, généralement nitrés, contenant un résidu de matière organique, sont notoirement d'origine animale ou végétale. Telles sont les phosphorites de la Somme, du Quercy, du Berry, des Ardennes, du Boulonnais, de Mons. »

Apatites. — L'apatite est un minéral cristallin constitué par une combinaison du phosphate de chaux avec du fluorure de calcium et du chlorure du même métal, qui renferme en mélange une quantité variable de silice, d'oxyde de fer et de carbonate de chaux. Elle forme des prismes hexagonaux à cassure vitreuse et inégale. Sa densité est voisine de 3,25, et sa dureté est très grande. Elle est le plus souvent verdâtre et quelquefois violacée; souvent aussi, elle a l'aspect laiteux. Par suite de sa structure cristalline, elle est très peu attaquable par les réactifs faibles et ne produit dans le sol qu'un effet insignifiant. Son seul usage est de servir à la fabrication des superphosphates.

Elle constitue des amas ou des filons, souvent d'une très grande puissance dans les terrains primitifs.

Les gisements les plus importants existent en Allemagne, dans le Nassau ; en Espagne, à Logrosan, en Estramadure, ainsi que dans le voisinage de Caceres. On en trouve également dans la province de Murcie, et en Portugal il en existe dans la province de Alemtejo.

Au nord de la presqu'île scandinave, il y en a aussi des gisements, comme dans l'Amérique du Nord, au Canada, et dans la Floride.

Les phosphates de cette nature sont en général très riches en acide phosphorique. Wölcker donne pour les apatites de Nassau les analyses suivantes :

	I.	II.
Phosphate de chaux	79,0	63,0
Carbonate de chaux	4,2	4,7
Oxyde de fer et alumine	4,0	7,2
Fluor	2,9	4,9
Silice	4,6	16,0

En moyenne, d'après le même auteur, elles contiennent de 58 à 79 p. 100 de phosphate de chaux.

Les apatites d'Espagne, de la mine de Seguridad, renferment :

Phosphate de chaux.............................. 89,7
Carbonate de chaux 0,0
Silice 1,9
Alumine et oxyde de fer.......................... 2,5
Fluorure de calcium.............................. 5,4

M. Pétermann, qui a eu l'occasion d'analyser le chargement de plusieurs navires accostant dans les ports de Belgique, a trouvé à ces apatites espagnoles un dosage variant de 27,6 à 33,1 p. 100 d'acide phosphorique, correspondant à 60,2 et 72,3 p. 100 de phosphate de chaux.

D'après Wölcker, les phosphates d'Espagne, importés en Angleterre, titrent le plus souvent de 33 à 34 p. 100 d'acide phosphorique correspondant à 74 p. 100 de phosphate de chaux. Il y a trouvé cependant quelquefois des produits ne dosant que 20 à 30 p. 100 d'acide phosphorique, à côté d'autres qui allaient jusqu'à 40 p. 100.

Les phosphates de Murcie découverts par Don Ramon de Luna ont la composition suivante :

Phosphate de chaux......................... 45,0 p. 100.
Carbonate de chaux .... 11,0 —
Fluorure de calcium........................ 0,5 —
Oxyde de fer .... 5,5 —
Silice..................................... 38,5 —

Les apatites de Norvège sont très riches ; M. Pétermann y a trouvé 39,4 p. 100 d'acide phosphorique correspondant à 86 p. 100 de phosphate de chaux, avec très peu de silice, presque pas de carbonate de chaux, ni de fluorure de calcium. Wölcker y a trouvé 41 à 42 p. 100 d'acide phosphorique. Ces apatites sont donc d'une très grande pureté, et seraient très avantageusement employées à la fabrication des superphosphates, si les difficultés des transports n'élevaient beaucoup trop leur prix de revient.

Les apatites du Canada contiennent de 70 à 75 p. 100 de

phosphate de chaux; on n'y trouve pas de carbonate de chaux. Il ne s'y rencontre que très peu d'oxyde de fer, mais, par contre, elles sont riches en fluorures. En voici une analyse d'après E. Wolff :

Eau	0,2
Acide phosphorique	37,0
Chaux	51,5
Magnésie	0,5
Acide sulfurique	1,8
Fluor et chlore	3,1
Silice et sable	4,7
Oxyde de fer et alumine	1,1

Le phosphate rocheux de la Floride, ou Hard Rock, est dur et compact, et a le grain fin et homogène. On y trouve 36 p. 100 d'acide phosphorique, correspondant à 78,5 p. 100 de phosphate de chaux tribasique.

Phosphates minéraux amorphes. — Si la France ne possède pas de gisements d'apatite, elle est riche, par contre, en dépôts de phosphates amorphes : phosphorites, nodules ou pseudo-coprolithes, et phosphates arénacés.

Les gisements du Lot et de Tarn-et-Garonne sont constitués par des phosphorites à forme mamelonnée, à couches concentriques blanchâtres, tirant parfois sur le jaune ou le rouge. On en exploitait autrefois qui dosaient jusqu'à 70 et 83 p. 100 de phosphate de chaux. Nous donnons, comme exemple, l'analyse d'un de ces phosphates riches d'après Wölcker :

Eau	4,30	p. 100.
Acide phosphorique	35,51	—
Chaux	47,81	—
Magnésie	0,12	—
Oxyde de fer et alumine	2,80	—
Fluor	0,89	—
Acide carbonique	5,06	—
Acide sulfurique	0,64	—
Sable	2,37	—

Les 35,51 p. 100 d'acide phosphorique correspondent à 77,52 p. 100 de phosphate de chaux tribasique; et les 5,06 d'acide carbonique donnent 11,50 p. 100 de carbonate de chaux.

Aujourd'hui, les parties les plus riches des gîtes ont été enlevées, et les produits qu'on extrait ne renferment guère plus de 45 p. 100 de phosphate de chaux ; par contre, ils sont plus riches en sesquioxydes de fer et d'aluminium et, par suite, moins favorables à la fabrication des superphosphates. Ces phosphorites renferment souvent un peu d'iodure. On y trouve disséminés des ossements fossiles.

Il y a également des gisements de phosphorite dans le département du Gard. Les dépôts sont disséminés dans des poches au milieu du calcaire. Ces phosphates sont d'un blanc jaunâtre, avec bandes colorées. Dans le département de l'Hérault, il y a quelques gîtes de phosphate d'alumine.

Les gisements de nodules phosphatés ou pseudo-coprolithes se rencontrent principalement à la limite des terrains crétacés et jurassiques, dans l'assise des grès verts. Les dépôts sont disséminés sur une zone partant du Boulonnais et passant par les Ardennes, la Meuse, la Haute-Marne, l'Aube, l'Yonne, le Cher, la Vienne, l'Indre-et-Loire, le Maine-et-Loire, la Sarthe et le Calvados.

Les nodules des grès verts ont une couleur qui varie du gris au vert sale ; parfois leur teinte se fonce davantage et va même jusqu'au noir.

On peut attribuer, d'après la moyenne des analyses de Wölcker, la composition suivante aux phosphates du Boulonnais :

Eau...	3,40
Acide phosphorique................................	20,50
Chaux..	32,40
Magnésie...	0,50
Sesquioxyde de fer.................................	4,50
Alumine..	4,70
Acide carbonique..................................	4,80
Acide sulfurique...................................	0,80
Fluor et perte.....................................	3,40
Sable, etc...	25,00

L'acide phosphorique correspond à 44,7 p. 100 de phosphate de chaux tribasique, et l'acide carbonique à 10,9 p. 100 du carbonate de chaux.

Les phosphates des Ardennes et de la Meuse donnent lieu

à une exploitation très importante. On désigne dans le pays les nodules sous le nom de *coquins*. L'épaisseur des lits qui se trouvent dans les sables verts varie de 15 à 18 centimètres en moyenne. L'exploitation se fait à ciel ouvert, les gisements ne dépassant pas 3 mètres de profondeur. La composition de ces phosphates est comprise entre les limites suivantes :

Phosphate de chaux......................	35 à 50 p. 100.	
Carbonate de chaux......................	4 à 10	—
Oxyde de fer et alumine.................	5 à 15	—
Sable, etc..............................	28 à 40	—

A titre d'exemples, nous donnons ci-dessous l'analyse complète d'un phosphate des Ardennes et d'un phosphate de la Meuse, d'après M. Delattre :

	Grandpré (Ardennes).	Les Islettes (Meuse).
Eau...............................	2,20	1,90
Matières volatiles au rouge...........	4,55	5,05
Acide phosphorique....................	19,57	18,74
Acide sulfurique......................	0,85	1,20
Acide carbonique.....................	5,80	4,80
Fluor.................................	1,66	1,48
Chaux.................................	31,81	29.23
Magnésie..............................	0,36	0,39
Alumine...............................	3,36	2,57
Oxyde de fer..........................	4,39	5,46

La proportion relative de chaux et d'acide phosphorique que renferment ces phosphates permet de conclure qu'une partie de l'acide phosphorique s'y trouve combinée à l'oxyde de fer et à l'alumine.

Les phosphates de la Meuse et des Ardennes, après avoir été moulus en poudre fine, sont employés directement pour la fumure des terres granitiques et acides. Ils jouissent d'une assimilabilité assez grande dans ces conditions et cela a conduit des industriels peu scrupuleux à verdir d'autres phosphates pour les vendre en Bretagne. Il y a là une fraude sur laquelle il est important d'attirer l'attention.

Les gisements de la Marne et de l'Aube sont peu importants, et il en est de même de ceux de l'Yonne. Ces derniers fournissent un phosphate qui dose de 14 à 18 p. 100 d'acide phosphorique. Dans les phosphates du Cher, on trouve environ 38 p. 100 de phosphate tribasique.

En dehors de la ceinture du bassin parisien, on trouve dans le même terrain géologique des gisements de nodules dans l'est et le sud-est de la France. Dans l'Ain, aux environs de Bellegarde, les nodules ont en grande partie la forme de fossiles, surtout d'oursins, de griphées et d'ammonites ; ils sont mélangés à une assez grande proportion de sable vert. On y trouve de 38 à 70 p. 100 de phosphate et de 17 à 35 p. 100 de carbonate de chaux.

Dans l'Ardèche, à Viviers, on trouve dans les grès verts des nodules d'une richesse de 45 p. 100 de phosphate de chaux, avec environ 5 p. 100 de carbonate calcique. Dans la Drôme, toujours dans le même terrain géologique, on exploite aussi des gisements qui donnent des phosphates dosant de 45 à 57 p. 100 de phosphate de chaux tribasique. Ils renferment rarement plus de 5 p. 100 de carbonate de chaux, avec 5 p. 100 de sesquioxydes de fer et d'alumine, et 30 à 35 p. 100 de sable.

Dans le gault du département du Gard, on trouve des nodules assez tendres, en couches d'une épaisseur de 10 à 15 centimètres. Ils renferment 40 à 45 p. 100 de phosphate de chaux, avec 5 p. 100 de carbonate calcique, 3 à 4 p. 100 de sesquioxydes, et 30 à 40 p. 100 de sable.

On trouve encore des phosphates minéraux dans le lias, à la base du terrain jurassique, dans les départements des Vosges, de la Côte-d'Or, de la Haute-Saône et de l'Indre.

Enfin, dans nos colonies du nord de l'Afrique, il y a des gîtes de phosphates très importants. Il existe, par exemple, à Gafsa, au sud de la Tunisie, un vaste gisement de phosphate en exploitation, relié par le chemin de fer au port de Sfax. Ces phosphates ont une richesse variant de 56 à 60 p. 100 de phosphate de chaux tribasique.

Dans la partie centrale de la Tunisie, sur la frontière algérienne, et se prolongeant dans ce dernier pays, il existe d'autres gisements, comme à Nassor-Allah, Aïn-Merota, Djebel Jauda, où l'on trouve des nodules dosant de 60 à 70 p. 100 de phosphate de chaux.

Il existe aussi dans les environs de Soukarhas, au nord de la province de Constantine, à l'Oued Merire, des gisements de nodules très riches, qui dosent de 60 à 70 p. 100 de phosphate.

Aux États-Unis, il y a aussi d'importants gisements de phosphorites et de nodules. Il convient de citer ceux de la Caroline du Sud, du Tenessee et de la Floride. Leur richesse varie de 60 à 70 p. 100 de phosphate de chaux tribasique.

Phosphates arénacés. — Les phosphates arénacés, ou sables phosphatés, se rencontrent dans des poches à la partie supérieure de la craie à bélemnites, sur la limite des départements de la Somme et du Pas-de-Calais. Les principaux gisements sont à Beauval, à Hallencourt et à Orville. Ils ont une épaisseur très variable, et atteignent quelquefois 10 à 12 mètres. Ils sont recouverts par l'argile à silex.

La variété blanche renferme de 80 à 85 p. 100 de phosphate de chaux; la variété jaune, colorée par une forte proportion d'oxyde de fer, n'en renferme que de 60 à 70 p. 100; enfin, la variété rougeâtre, plus riche encore en oxyde de fer, ne dose que 50 p. 100 de phosphate de chaux tribasique.

Ces sables phosphatés, desséchés et broyés, sont surtout utilisés pour la fabrication des superphosphates. Leur état d'agrégation les rend peu propres à l'emploi direct.

Nous donnons ci-après l'analyse d'un phosphate riche de Beauval :

Acide phosphorique	36,8
Chaux	53,9
Acide carbonique	2,4
Fluor	1,9
Acide sulfurique	0,9
Oxyde de fer	0,6
Alumine	0,4
Magnésie	0,2
Silice	0,5
Matières organiques, etc	2,4

Le phosphate d'Orville renferme de 21 à 34 p. 100 d'acide phosphorique.

La craie où se trouvent les poches phosphatées est elle-même riche en acide phosphorique. Elle peut fournir des produits à un titre assez élevé pour être exploités. A cet effet, on la soumet à un broyage, puis, par lévigation, on enlève le carbonate de chaux, qui a une densité plus faible que le phosphate sableux. Avec des craies renfermant seulement 23 p. 100 de phosphate à l'état naturel, on a pu, par ce procédé, obtenir des phosphates dosant de 46 à 53 p. 100 de tribasique.

En calcinant les craies phosphatées, on obtient un produit désigné sous le nom de *thermophosphate*. Il est formé d'un mélange de chaux vive et de phosphate tribasique. Il paraît d'une plus facile assimilabilité que le phosphate brut.

Les phosphates de Ciply, en Belgique, se rattachent à la craie phosphatée dont il vient d'être question.

Phosphates d'alumine. — Dans les îles de Redonda, Alta-Vela, Sombrero, Navassa, des Antilles, et dans l'îlot du Grand-Connétable, en face de Cayenne, on trouve des gisements importants de phosphates d'alumine, où la chaux n'existe qu'à l'état de traces. On les utilise généralement pour la fabrication de l'alun, et l'acide phosphorique reste comme sous-produit.

Nous devons à M. Andouard, directeur de la Station agronomique de Nantes, l'analyse suivante du phosphate d'alumine du Grand-Connétable :

Acide phosphorique	39,10 p. 100.
Acide silicique	1,70 —
Acide sulfurique	0,06 —
Acide carbonique	Traces.
Chlore	Traces.
Alumine	25,59 —
Oxyde de fer	8,03 —
Chaux	1,40 —
Magnésie	Traces.
Eau volatile au rouge	23,74 —
Perte	0,38 —
Total	100,00

Les phosphates de Redonda renferment de 20 à 30 p. 100 d'acide phosphorique ; ceux de Alta-Vela, 22 p. 100; ceux de Sombrero et de Navassa, 31 p. 100.

Dans ces produits, le phosphate est soluble en très grande proportion dans le citrate d'ammoniaque alcalin, mais insoluble dans les acides faibles et notamment dans l'acide citrique à 5 p. 100. Jusqu'à présent, ils ont surtout été utilisés en Europe pour falsifier les scories de déphosphoration en relevant leur titre, et pour adultérer les phosphates précipités. Ces fraudes sont faciles à reconnaître par l'analyse en se basant, par exemple, sur l'insolubilité du phosphate d'alumine dans l'acide citrique et sur sa solubilité dans le citrate.

Quant à l'assimilabilité de ces phosphates par les végétaux, elle est controversée. M. Andouard, d'après des expériences de culture en pots, avec une terre artificielle, pense pouvoir conclure qu'ils sont très assimilables; au contraire, M. Grandeau, s'appuyant sur des observations faites en Angleterre, leur refuse toute efficacité comme engrais. N'ayant pas nous-même étudié ce produit en culture, nous devons nous borner à signaler ces opinions contraires, sans prendre parti.

Scories de déphosphoration.

Les scories de déphosphoration sont un résidu de la fabrication de l'acier et du fer doux. Il suffit en effet de 0,25 p. 100 de phosphore pour rendre le métal cassant à froid. Grâce au procédé basique de Thomas Gilchrist, on peut aujourd'hui éliminer facilement ce phosphore et fabriquer l'acier d'une façon beaucoup plus économique.

Pour opérer la déphosphoration de la fonte, on se sert du convertisseur Bessemer, sorte de récipient en forme de poire, ouvert par le haut, et pouvant basculer sur son axe horizontal. Le fond du convertisseur est percé de trous, comme un crible, et ses parois sont revêtues de pierre à chaux. On y introduit la fonte en fusion, additionnée d'environ 20 p. 100 de chaux vive, puis, au moyen de puissantes machines soufflantes, on projette au travers du fond perforé un violent courant d'air qui traverse la masse en fusion. L'oxygène de l'air, à une température de 1800° à 2000° C., oxyde le manganèse, le silicium, le carbone, et enfin le phosphore, qui se trouve transformé en acide phosphorique. Celui-ci se combine à la chaux ajoutée au métal en fusion, ou à celle qui provient du revêtement de l'appareil, et le phosphate ainsi formé, avec l'oxyde de manganèse, la silice, l'oxyde de fer, se rassemble dans la scorie à la surface du métal fondu. Quand l'opération est terminée, après quinze minutes environ, on fait basculer le convertisseur et l'on recueille la scorie dans des wagonnets pour la conduire au tas des résidus. Cette scorie se présente sous forme de masse noire, pleine de soufflures, mélangée de parcelles de fer. Sa densité est élevée et dépasse 2,8. Pour l'usage agricole, on la soumet au broyage dans des appareils clos pour éviter l'absorption des poussières par la respiration. Ces poussières sont en effet assez dangereuses ; les parcelles très aiguës de silice qu'elles renferment produisent dans les poumons des accidents souvent graves. La farine de scories est ensuite blutée de manière à former un produit très homogène d'une grande finesse, passant dans la proportion de 75 à 96 p. 100 au tamis n° 100. C'est ainsi qu'elle est livrée à l'agriculture.

La richesse en acide phosphorique des scories varie avec la teneur des fontes en phosphore, et avec la marche des appareils. M. Grandeau donne ainsi qu'il suit les limites de variations de leur composition :

Acide phosphorique	8,0 à 24,0	p. 100.
Chaux	34,0 à 55,0	—
Magnésie	3,0 à 20,0	—
Silice	3,0 à 15,0	—
Protoxyde de manganèse	4,0 à 8,0	—
Protoxyde de fer	12,0 à 22,0	—
Soufre	0,2 à 0,6	—
Alumine	1,0 à 12,0	—

Au point de vue agricole, c'est l'acide phosphorique qui est l'élément essentiel des scories, celui qui sert de base à l'établissement de leur prix. Cependant, la forte proportion de chaux vive qu'elles contiennent doit entrer en ligne de compte quand il s'agit de leur emploi ; elle rend les scories très nettement efficaces dans les sols argileux et sableux pauvres en calcaire. Enfin, dans certains sols, la magnésie qu'elles apportent peut avoir une action favorable sur le rendement en grain.

Le phosphate des scories est un phosphate d'une nature particulière. Produit à la température élevée de 1800° à 2000°, il diffère du phosphate tricalcique des os et des phosphates minéraux, comme le montre la composition des géodes que l'on trouve dans les scories refroidies lentement. Celles-ci sont tapissées de cristaux en aiguilles ou en tables rhomboédriques, transparentes, de couleur de topaze enfumée, ou bien bleu clair. L'analyse de ces cristaux fait ressortir la composition suivante :

```
Acide phosphorique.............................   38,75
Chaux..........................................   61,25
                              Total...............  100,00
```

On se trouve donc en présence d'un phosphate tétracalcique, constitué par l'union d'un équivalent d'acide phosphorique et de quatre équivalents de chaux. Ce phosphate est rapidement soluble dans l'acide citrique à 5 p. 100, et dans le citrate acide de Wagner, renfermant 1,5 p. 100 d'acide citrique libre. Le citrate alcalin le dissout en beaucoup moins grande proportion.

Ce phosphate particulier semble être dans la scorie combiné avec du silicate de chaux pour former du silico-phosphate. Cette nature spéciale du phosphate des scories et sa grande solubilité dans les acides faibles nous permettent de comprendre pourquoi ces résidus métallurgiques, comme nous le montrerons plus loin d'après l'expérience culturale, sont d'une efficacité bien plus grande que les phosphates naturels.

En ce qui concerne leur achat, les cultivateurs doivent exiger la garantie d'un taux minimum d'acide phosphorique et, de plus, d'un degré de finesse d'au moins 75 à 80 p. 100 au tamis n° 100. Il ne serait pas inutile d'exiger, en outre, que la presque totalité de l'acide phosphorique soit soluble dans l'acide citrique à 5 p. 100, pour éviter la fraude par les phosphates minéraux et le phosphate de Redonda. Le mélange de ces produits aux scories se reconnaît du reste facilement à l'aide du bromoforme : par suite de sa grande densité, la poudre de scories tombe au fond du liquide, tandis que ces phosphates restent à la surface.

Nous donnons, pour terminer, la composition d'un certain nombre de produits livrés par l'industrie :

1° *Scories de Jœuf (Meurthe-et-Moselle).*

Silice	7,8	p. 100.
Acide phosphorique	14,5	—
Chaux	54,5	—
Magnésie	4,4	—
Alumine	0,7	—
Fer calculé en peroxyde	14,5	—
Protoxyde de manganèse	4,2	—
Degré de finesse au tamis n° 100	85,0	—

2° *Scories de Valenciennes.*

Silice	12,6	—
Acide phosphorique	17,8	—
Chaux	47,3	—
Magnésie	3,3	—
Alumine	2,2	—
Fer calculé en peroxyde	14,4	—
Protoxyde de manganèse	3,6	—
Degré de finesse au tamis n° 100	85,0	—

3° *Scories de la Lorraine allemande.*

Silice	7,3	—
Acide phosphorique	14,8	—
Chaux	51,3	—
Magnésie	4,4	—
Alumine	0,6	—
Fer calculé en peroxyde	15,9	—
Protoxyde de manganèse	4,8	—
Degré de finesse au tamis n° 100	93,0	—

4° *Scories du Creusot.*

Silice	7,8	—
Acide phosphorique	14,9	—
Chaux	52,0	—
Magnésie	3,0	—
Fer en peroxyde	16,4	—
Manganèse, alumine, etc.	5,8	—

5° *Scories de la Haute-Marne.*

Silice	13,2	—
Acide phosphorique	8,6	—

Chaux.................................... 35,7 p. 100.
Magnésie................................. 19,3 —
Alumine.................................. 3,2 —
Fer en peroxyde.......................... 19,6 —
Protoxyde de manganèse................... 7,4 —
Degré de finesse au tamis n° 100 .... 72,0 —

6° *Scories du Morbihan.*

Silice................................... 14,6 —
Acide phosphorique....................... 11,3 —
Chaux.................................... 36,5 —
Magnésie................................. 8,5 —
Alumine.................................. 3,6 —
Fer calculé en peroxyde.................. 19,6 —
Protoxyde de manganèse................... 9,9 —
Degré de finesse au tamis n° 100 .... 96,0 —

Les résultats qui précèdent sont la moyenne d'analyses de
M. Aubin pour les n°ˢ 1, 2, 3, 5, 6, et de M. Paturel.

Superphosphates.

Dans tous les phosphates dont il vient d'être question,
sauf dans ceux d'alumine et dans les scories, l'acide phosphorique se trouve à l'état de combinaison tricalcique. Il est
insoluble dans l'eau, très faiblement soluble dans l'eau chargée d'acide carbonique, de même que dans les acides faibles,
comme l'acide acétique ou l'acide citrique à 1 ou 2 p. 100.
Dans les terres acides ou les terrains primitifs, ils donnent
généralement d'assez bons résultats, à l'exception des apatites.
Mais, malgré le grand état de division auquel on les amène
pour favoriser leur dissémination dans le sol, leur efficacité
dans les vieilles terres cultivées est très variable, suivant leur
origine et suivant les sols. C'est pourquoi, dès le début de
l'emploi des phosphates, on a cherché, par des traitements
chimiques, à les rendre plus assimilables par les plantes et
plus efficaces dans la généralité des sols.

En 1840, Justus de Liebig a donné l'idée de les traiter par
l'acide sulfurique pour les solubiliser, et M. Lawes, en 1842,
a inauguré l'industrie des superphosphates.

Quand on traite un phosphate minéral, ou d'os, par une quantité convenable d'acide sulfurique, celui-ci s'empare de deux équivalents de chaux, sur les trois que renferme le phosphate, et forme ainsi du sulfate de chaux ou plâtre d'une part, tandis que le phosphate tricalcique est transformé en phosphate acide de chaux soluble dans l'eau.

Dans la pratique de l'industrie, les réactions sont un peu plus compliquées, par suite de la présence de matières étrangères, telles que le carbonate de chaux, leperoxyde de fer et l'alumine, le fluorure de calcium, etc.; de sorte qu'en réalité le superphosphate renferme non seulement du plâtre et du phosphate monocalcique, soluble à l'eau, mais aussi un peu de phosphate tribasique inattaqué, du phosphate biba- sique, des phosphates de fer et d'alumine, de l'acide phos- phorique libre, etc.

Dans un produit aussi complexe, il n'est pas étonnant qu'il se produise, comme on l'a constaté, après la fabrication, des réactions successives qui ont pour effet de modifier l'état de combinaison de l'acide phosphorique. Ainsi, quand un super- phosphate a été préparé avec un phosphate renfermant du fer et de l'alumine, on voit sa richesse en acide phosphorique soluble dans l'eau diminuer depuis le moment de sa fabrica- tion jusqu'à une certaine limite, variable suivant les cas. C'est le phénomène de la rétrogradation qui, au début de la fabri- cation des superphosphates en France, a jeté un certain trouble dans les transactions. Le phosphate acide de chaux, formé par la réaction principale, peut, en effet, en réagissant sur le phosphate tricalcique ou le carbonate de chaux non attaqués, se transformer en phosphate bicalcique insoluble dans l'eau; d'un autre côté, le même phosphate acide, en contact de l'oxyde de fer et de l'alumine, forme des phos- phates de ces bases également insolubles.

Mais si les phosphates rétrogradés ne sont plus solubles dans l'eau, ils n'en demeurent pas moins très actifs sur la végétation. M. Pétermann l'a démontré d'une manière indis- cutable par des expériences de culture sur lesquelles nous reviendrons. Ils se distinguent du phosphate non attaqué par leur solubilité dans le citrate d'ammoniaque alcalin, qui aujourd'hui est le réactif le plus généralement adopté pour mesurer la valeur agricole des superphosphates. Ceux-ci doivent à notre époque s'acheter sur garantie d'un titre déterminé ou minimum en « acide phosphorique soluble dans l'eau et le citrate ».

Dans la pratique industrielle, on doit rechercher, pour fabriquer les superphosphates, des phosphates à haut titre, renfermant le moins possible de carbonate de chaux et de sesquioxydes de fer ou d'aluminium, parce que ceux-ci exigent, pour obtenir la transformation du phosphate tricalcique en phosphate soluble, une moins grande quantité d'acide sulfurique. Il faut aussi que le minerai soit aussi finement pulvérisé que possible, car alors l'attaque se fait beaucoup mieux.

A une certaine époque, alors que les superphosphates se vendaient à un prix élevé, quelques auteurs ont recommandé la fabrication du superphosphate à la ferme. Nous ne saurions aujourd'hui entrer dans cette voie, non seulement parce que cela ne nous semble pas devoir être économique, mais surtout à cause des dangers que présente la manipulation de l'acide sulfurique par les mains inexpérimentées de nos ouvriers ruraux.

Au lieu d'employer l'acide sulfurique pour solubiliser les phosphates, il est possible d'avoir recours à l'acide phosphorique. En faisant agir deux équivalents d'acide phosphorique trihydraté sur un équivalent de phosphate de chaux tribasique, on obtient trois équivalents de phosphate de chaux acide, soluble dans l'eau. Le produit peut doser de 40 à 45 p. 100 d'acide phosphorique soluble. L'acide phosphorique nécessaire est obtenu en traitant les phosphates par une quantité d'acide sulfurique assez grande pour saturer toutes les bases. On reprend la masse par l'eau, et l'on extrait le liquide acide au filtre-presse. Ce liquide est ensuite concentré. Cette fabrication se pratique dans les mines de Caceres, où l'on produit des superphosphates de 30 à 35 p. 100 d'acide phosphorique soluble.

Suivant les minerais employés pour leur fabrication, les superphosphates ont une composition variable. On y trouve l'acide phosphorique sous trois formes principales : l'acide phosphorique soluble à l'eau, qui est coté le plus cher; l'acide phosphorique insoluble dans l'eau, mais soluble dans le citrate, ou rétrogradé, qui a une valeur commerciale un peu moindre; et l'acide phosphorique insoluble, qui n'entre pas en ligne de compte dans l'estimation des produits.

Les superphosphates dérivés des apatites sont, en général, des produits riches; la rétrogradation n'y est pas à craindre et la majeure partie de l'acide phosphorique y est soluble dans l'eau.

Les superphosphates dérivés des phosphorites et des nodules, qui contiennent de notables quantités d'oxyde de fer et d'alumine, rétrogradent. Aussi sont-ils vendus, en France, d'après leur titre en acide phosphorique soluble dans l'eau et le citrate. Suivant la richesse des phosphates employés, on obtient des superphosphates dosant 10 à 12, 12 à 14, 14 à 16 p. 100 d'acide phosphorique soluble dans l'eau et le citrate, l'acide phosphorique soluble dans l'eau entrant dans la somme au moins pour les trois quarts.

Avec les phosphates riches de la Somme, on peut obtenir des produits dosant de 17 à 19 p. 100 d'acide phosphorique soluble.

En traitant les phosphates d'os, que nous avons examinés, on obtient les superphosphates d'os. On conçoit, d'après ce que nous avons vu, qu'il y en ait de différentes natures.

Avec les os bruts et les os dégraissés, on obtient les superphosphates d'os verts, ou os dissous, qui contiennent généralement de 2,5 à 3 p. 100 d'azote et de 12 à 14 p. 100 d'acide phosphorique soluble au citrate.

Avec les os dégélatinés, on fabrique des superphosphates qui titrent généralement de 0,5 à 0,6 d'azote, avec 16 à 18 p. 100 d'acide phosphorique soluble dans l'eau et le citrate, avec les deux tiers de la somme soluble dans l'eau. Ce sont des produits excellents qu'on adultère parfois en les additionnant soit de plâtre, pour abaisser leur titre, soit, au contraire, de phosphate précipité pour le relever. L'analyse chimique complète permet de déjouer ces falsifications, qui ne sont, du reste, pas très communes. Quand on les achète de seconde main, on est exposé à les voir mélangés à des superphosphates minéraux, qui sont toujours moins chers.

Enfin, on fabrique aussi des superphosphates de noir animal qui dosent entre 15 et 18 p. 100 d'acide phosphorique soluble dans l'eau et le citrate. Ils sont comparables aux précédents, dont ils diffèrent par la couleur foncée qu'ils possèdent.

Nous rappellerons, enfin, pour mémoire, les superphosphates de guano, ou guanos dissous, dont nous avons déjà parlé.

Phosphate précipité.

Dans certaines usines, au lieu de traiter les os directement à l'autoclave pour en extraire la gélatine, on les débarrasse auparavant de leur partie minérale, en les traitant par l'acide chlorhydrique étendu, qui ne touche pas à la matière organique de l'os, mais dissout tous les phosphates et les carbonates. La quantité d'acide employée doit être suffisante pour dissoudre la totalité des matières minérales. La solution acide, soutirée, est additionnée d'un lait de chaux qui forme un précipité volumineux de phosphate bicalcique ou de phosphate tricalcique, selon les quantités de chaux employées pour faire la précipitation, la température et aussi la manière d'opérer. Comme le phosphate bicalcique est soluble dans le citrate, tandis que l'autre ne l'est pas, les industriels ont tout avantage à le produire en aussi grande quantité que possible, car son prix de vente est plus élevé. Pour arriver à ce résultat, il convient de n'employer que la quantité exactement suffisante de chaux pour former le phosphate bicalcique, et de n'ajouter le lait de cette base que peu à peu et en agitant constamment pour qu'il n'y ait en aucun moment un excès de chaux en présence de l'acide phosphorique dissous. Cette fabrication, qui paraît très simple, est, au contraire, très délicate, et elle exige une grande expérience de la part de ceux qui la mettent en œuvre. Quand le précipité est obtenu, on l'essore et on le lave à la turbine, puis on le fait sécher à basse température.

On a aussi proposé de fabriquer des phosphates précipités par l'attaque des phosphates minéraux à bas titre, et à l'aide des scories de déphosphoration. Mais ces produits ne sont pas économiques.

Les phosphates précipités ont l'apparence d'une poudre blanche, généralement très fine, faiblement agglomérée et d'une homogénéité parfaite. Le phosphate bicalcique pur renfermerait 52 p. 100 d'acide phosphorique, mais dans l'industrie on n'arrive jamais à ce résultat théorique. Le produit renferme toujours des impuretés : chaux et magnésie carbonatées, oxyde de fer, alumine, et enfin de l'eau d'imbibition. Les phosphates précipités commerciaux ne dépassent jamais le titre de 42 p. 100 d'acide phosphorique et, en général, leur richesse est comprise entre 36 et 40 p. 100. Quand les produits sont bien fabriqués, la presque totalité de l'acide phosphorique est soluble dans le citrate, mais le phosphate bibasique lui-même devient difficilement soluble dans ce réactif quand il a été desséché à une température trop élevée et a, par suite, pris une texture cristalline. Bien qu'il soit très probable que le phosphate précipité, même insoluble dans le citrate, ait une action presque aussi marquée sur la végétation, à cause de sa finesse extrême, on ne doit, dans les achats de ce produit, tenir compte, pour fixer les prix, que de la dose de l'acide phosphorique soluble dans le citrate d'ammoniaque.

ACTION DES ENGRAIS PHOSPHATÉS.

Après avoir décrit sommairement les divers engrais phosphatés, nous avons à rechercher, d'après l'expérience, quelle est leur efficacité et à nous éclairer sur leur valeur relative dans les différents terrains.

Les *phosphates naturels* sont surtout employés avantageusement dans les terrains primitifs de l'ouest de la France, en Bretagne, notamment, où ils sont venus remplacer le noir animal, trop rare, et trop cher, par conséquent.

M. Lechartier, directeur de la Station agronomique de Rennes, a fait d'assez nombreuses expériences sur leur efficacité, et nous allons en rapporter quelques-unes, pour éclairer la question.

A Montauban de Bretagne, dans la culture du sarrasin, qui se montre très sensible à l'action des engrais phosphatés, il a obtenu en 1887 et 1888 les résultats suivants :

	Rendements.		Excédents.	
	Grain.	Paille.	Grain.	Paille.

a. Terre de bonne qualité, après blé fumé :

	qx.	qx.	qx.	qx.
Sans engrais	4,50	26,90	»	»
Phosphate de la Meuse	10,00	46,40	5,50	16,50

b. Champ voisin, sur avoine sans fumure :

Sans engrais	10,50	46,50	»	»
Phosphate des Ardennes	17,80	64,00	7,30	17,50

c. Sur défrichement (100 kilogrammes d'acide phosphorique par hectare) :

Sans engrais	2,07	3,13	»	»
Phosphate des Ardennes	21,50	19,00	19,43	15,87
Phosphate des Islettes	20,00	19,00	17,93	15,87

d. Sur pâture défrichée :

Sans engrais	1,10	1,40	»	»
Phosphate des Ardennes	18,00	16,00	16,90	14,60
— des Islettes	18,00	16,00	16,90	14,60

. Terre en culture normale, après choux fourragers :

Sans engrais	14,50	10,80	»	»
Phosphate des Ardennes	19,00	19,50	4,50	8,70
— des Islettes	18,50	19,50	4,00	8,70

Dans la culture du blé, à la ferme de Trois-Croix, près de Rennes, le même auteur a obtenu :

Sans engrais	18,72	37,35	»	»
Phosphate fossile	20,75	36,25	2,03	»

Enfin, dans d'autres séries d'expériences, M. Lechartier a comparé des phosphates d'origines diverses dans la culture du sarrasin. Nous en résumons ci-après les résultats :

Phosphates.	Nombre des essais.	Excédents.	
		Grain. qx.	Paille. qx.
Meuse et Ardennes	5	10,0	13,5
Cher	5	10,8	12,2
Midi	5	10,1	13,5
Somme	5	9,2	18,1
Boulonnais	4	9,8	15,2
Pernes	4	9,1	11,7
Côte-d'Or	4	10,0	14,1
Belgique	17	8,7	12,9

Sans vouloir tirer de ces expériences comparatives un classement, on peut en déduire que l'emploi des phosphates minéraux amorphes finement moulus est très avantageux dans les terrains défrichés de la Bretagne et dans les sols analogues, surtout pour la culture du sarrasin; dans les vieilles terres cultivées et pour le blé, ils deviennent d'une action moins nette.

D'après les expériences suivantes, faites en Angleterre par Wölcker, en sols variés, on peut se faire une idée de l'efficacité de la poudre d'os, des coprolithes moulus et du phosphate alumineux de Redonda.

a. En 1855, à la ferme du collège de Cirencester, on a cultivé les navets de Suède avec et sans poudre d'os, et l'on a obtenu :

	Racines à l'hectare. qx.
Sans engrais	130,56
Poudre d'os (900 kilogrammes)	220,84
Excédent	90,33

b. Dans la même ferme, en 1859, et pour la même plante cultivée, on a récolté :

	Racines à l'hectare. qx.
Sans engrais	369,43
Poudre d'os (375 kilogrammes)	464,05
Excédent	94,62

c. En 1868, à Escrickpark (York) sur prairie naturelle, et à Ballingham Hall (Ross), on a obtenu les rendements qui suivent :

	Escrick.	Ballingham.	
		A.	B.
	qx.	qx.	qx.
Sans engrais....................	16,59	94,59	112,05
Poudre d'os....................	42,30	122,40	140,10
Excédents.............	25,71	27,81	28,05

d. La même année, à Crooks Farm (Berwick), on a obtenu sans engrais 86qx,46, et avec 800 kilogrammes de poudre d'os 116qx,75, avec un excédent de 30qx,25.

e. En 1880, à Warrenfield, les navets de Suède ont donné les résultats ci-après :

	Racines.	Excédents.
	qx.	qx.
Sans engrais....................	442,59	»
Poudre d'os (376 kilogrammes)..........	484,15	41,56
Phosphate de Redonda.............	580,58	137,99
Coprolithes....................	530,44	87,85

f. Dans le même champ, les navets ont été suivis par une culture d'orge, qui, sans nouveaux engrais, a donné :

	Rendements.		Excédents.	
	Grain.	Paille.	Grain.	Paille.
	qx.	qx.	qx.	qx.
Sans engrais....	25,28	45,01	»	»
Poudre d'os...............	28,50	41,72	0,22	»
Phosphate de Redonda........	33,06	50,20	8,06	5,19
Coprolithes...............	27,04	42,05	1,73	»

g. A Warrenfield, encore, en 1894, on a essayé les mêmes engrais phosphatés sur les navets de Suède, et l'on a récolté :

	Racines.	Excédents.
	qx.	qx.
Sans engrais.....................	178,75	»
Poudre d'os (564 kilogrammes).........	314,17	135,38
Phosphate de Redonda (564 kilogrammes).	314,17	160,31
Coprolithes (564 kilogrammes)..........	316,48	137,73

h. A Woburn, en 1881, on a employé les mêmes engrais phosphatés sur les navets de Suède et les rendements ont été les suivants :

	Racines.	Excédents.
	qx.	qx.
Sans engrais	492,23	»
Phosphate de Redonda (628 kilogrammes).	669,86	177,63
Coprolithes (628 kilogrammes)...........	648,25	156,02
Poudre d'os (376 kilogrammes)	630,34	138,11

i. En 1882, sans nouvel engrais, on a fait dans le même champ de l'orge qui a produit :

	Rendements.		Excédents.	
	Grain.	Paille.	Grain.	Paille.
	qx.	qx.	qx.	qx.
Sans engrais.................	27,51	45,71	»	»
Phosphate de Redonda........	31,39	52,66	4,88	6,95
Coprolithes..................	35,66	55,35	8,15	9,64
Poudre d'os..................	30,03	46,52	2,51	0,81

Il est permis de conclure de ces expériences que, dans les sols d'Angleterre, les coprolithes finement moulus, de même que la poudre d'os en farine, ont une certaine efficacité sur la végétation des navets, mais que ces engrais sont moins actifs quand il s'agit des céréales. On reconnaît aussi que le phosphate d'alumine de Redonda a une action bien marquée sur le rendement, même plus marquée que celle de la poudre d'os et des coprolithes. Ces faits viennent corroborer les conclusions qu'avait tirées de ses expériences M. Andouard, et tendent à infirmer les affirmations de M. Grandeau.

Pendant dix années, au champ d'expériences de Cloches, en Eure-et-Loir, avec le concours de M. Oscar Benoist, nous avons essayé l'action du phosphate des Ardennes en poudre fine du commerce sur les principales cultures de notre région. Nous donnons ci-dessous les excédents de rendement obtenus pour trente-trois récoltes : 1° avec l'engrais complet à base de phosphate naturel ; 2° avec l'engrais sans acide phosphorique. Les deux groupes de parcelles ainsi comparées ne diffèrent entre eux que par la présence ou l'absence du phosphate des Ardennes, et la différence des excédents donne la valeur de l'action fertilisante, dans notre sol de limon des plateaux, pauvre en acide phosphorique, de ce phosphate minéral :

	Phosphate.		Sans phosphate.	
	Grain.	Paille.	Grain.	Paille.
	qx.	qx.	qx.	qx.
Blé (huit récoltes)..........	2,4	5,7	1,6	5,3
Avoine (neuf récoltes).......	2,3	7,4	1,9	6,0
Orge (deux récoltes)........	4,7	11,5	3,2	11,2
Betteraves à graine (deux réc.)	4,7	»	5,5	»

	Racines.	Foin sec.	Racines.	Foin sec.
	qx.	qx.	qx.	qx.
Betteraves (trois récoltes) ...	80,7	»	57,4	»
Pommes de terre (une récolte)	66,5	»	43,0	»
Carottes (une récolte).......	60,0	»	30,0	»
Luzerne (huit récoltes)	»	10,4	»	0,5

		Excédents produits par le phosphate.		
	Foin sec.	Grain.	Paille.	Racines.
	qx.	qx.	qx.	qx.
Blé	»	0,8	0,4	»
Avoine.....................	»	0,4	1,4	»
Orge.......................	»	1,5	0,3	»
Betteraves à graine.........	»	— 1,2	»	»
Betteraves.................	»	»	»	23,3
Pommes de terre	»	»	»	23,5
Carottes...................	»	»	»	30,0
Luzerne....................	10,9	»	»	»

Les excédents moyens dus au phosphate dans la culture des céréales se sont élevés à $0^{qx},9$ pour le grain et à $0^{qx},7$ pour la paille. Pour les betteraves à graines, l'effet a été nul. Il a été, au contraire, sensible pour les racines et tubercules, puisqu'il ressort à $25^{qx},6$. Enfin, c'est pour la luzerne qu'il s'est montré le plus favorable avec un surcroît de produit de $10^{qx},9$.

Les conclusions à tirer des essais de Cloches sont absolument défavorables à l'emploi des phosphates minéraux dans la culture des céréales. Les expériences précédentes nous ont déjà montré que, même en Bretagne, leur efficacité, dans les terres depuis longtemps cultivées, est beaucoup moins grande sur le blé que sur le sarrasin, et qu'en Angleterre leur efficacité s'est montrée très sensiblement plus grande pour les rutabagas que pour les céréales. Avec des différences d'intensité, nous avons observé les mêmes faits à Cloches.

Dans des expériences faites à Gas (Eure-et-Loir) avec le concours de M. Ovide Benoist, sur lesquelles nous reviendrons plus loin en détail, le phosphate des Ardennes, employé à la dose de 144 kilogrammes d'acide phosphorique à l'hectare en tête de l'assolement, a produit les excédents suivants de récolte, par rapport à la parcelle sans engrais phosphaté :

	Grain.	Paille.	Racines.
	qx.	qx.	qx.
Orge (1887)	1.25	4,05	»
Orge (1888)	2,52	1,81	»
Betteraves (1889)	»	»	53,3
Blé (1890)	— 0,17	+ 1,07	»
Orge (1891)	+ 0,40	+ 0,49	»

Ces résultats confirment amplement nos essais de Cloches et montrent le peu d'intérêt que présente, dans les sols considérés, l'emploi des phosphates naturels.

Mais dans les sols riches en matières organiques, comme notre ancien champ d'expériences de Lucé, près de Chartres, champ appartenant à la formation de l'argile à silex, les phosphates deviennent plus efficaces. Nous y avons constaté en moyenne une augmentation de $6^{qx},81$ de grain et de 12 ,90 de paille pour les céréales, et d'autre part de 49 quintaux pour le maïs fourrage.

Les *scories de déphosphoration* ont, dans la généralité des sols, une efficacité beaucoup plus grande que les phosphates naturels. Nous allons le montrer en présentant le résumé d'un certain nombre d'expériences dignes de foi exécutées dans différents pays.

Nous emprunterons d'abord à M. le Dr Paul Wagner, directeur de la Station agronomique de Darmstadt, un certain nombre d'expériences faites en plein champ, en Allemagne :

Sous la direction des professeurs Fleischer, Maercker, Stutzer, Fittbogen, etc., un très grand nombre d'agriculteurs ont exécuté, dans différentes fermes et sur des terrains de natures diverses, de nombreuses expériences aux champs, avec du phosphate Thomas moulu. Elles ont donné des résultats tout à fait remarquables sur les terrains marécageux et les prairies ; mais elles ont eu également sur la terre arable ordinaire (terre à orge, terre à blé, et diverses pièces de terres légères) une issue si favorable qu'on doit considérer le phosphate Thomas comme un engrais d'une application avantageuse pour toute espèce de terrains.

Nous citerons brièvement comme exemples les résultats suivants :

1° Dans les expériences de fumure de prairies qui ont été exécutées par la Station expérimentale de culture des marais à Brème, on a obtenu, comme moyenne de quatre expériences avec une fumure de 112 kilogrammes d'acide phosphorique Thomas par hectare, une augmentation de rendement de 33 p. 100, comparativement au terrain non fumé.

2° Deux autres expériences de la même station, exécutées sur une prairie marécageuse basse de qualité médiocre, ont indiqué un surcroît de rendement de 67 p. 100 avec une fumure de 150 kilogrammes d'acide phosphorique Thomas par hectare.

3° Schroeder-Schusen a obtenu un surcroît de rendement de 78 p. 100 avec 120 kilogrammes d'acide phosphorique de phosphate Thomas par hectare, appliqués à des prairies marécageuses.

4° Des expériences de fumure de prairies, faites sur les conseils de A. Stutzer par plusieurs agriculteurs de la province du Rhin, ont donné, comme moyenne de trois expériences exécutées en différents endroits, un surcroît de rendement de 49 p. 100 avec une fumure de 100 kilogrammes d'acide phosphorique Thomas, et de 50 kilogrammes de potasse à l'hectare.

5° Sur le domaine de Salleschen, on a obtenu, pour l'avoine, un surcroît de rendement de 19 p. 100 pour le grain, avec une dose de 40 kilogrammes, et de 52 p. 100 avec une dose de 100 kilogrammes d'acide phosphorique Thomas par hectare.

6° F. von Lachow a obtenu pour l'avoine un surcroît de rendement de 30 p. 100 en grain et de 20 p. 100 en paille avec une dose de 400 kilogrammes de phosphate Thomas par hectare.

7° Des résultats exceptionnellement favorables ont été obtenus par Ploetz dans des expériences de fumure exécutées sur de l'avoine en terrain marécageux, recouvert d'une couche de sable, d'après la méthode Cunrau. Une dose de 80 kilogrammes d'acide phosphorique Thomas par hectare a fourni les surcroîts de rendement suivants :

	Grain. p. 100.	Paille. p. 100.
Expérience *a*	121	144
— *b*	157	171
— *c*	154	152

On voit par ces résultats dans quelle mesure énorme le phosphate Thomas peut agir là où, par suite du défaut d'acide phosphorique, on n'obtenait que des récoltes exceptionnellement faibles (1000 de grains seulement par hectare dans le cas présent).

Chaque quintal d'acide phosphorique Thomas a, dans ces expériences, produit en moyenne un surcroît de rendement de 1937 kilogrammes de grain et de 3960 kilogrammes de paille, valant 437 fr. 50 (100 kilogrammes de grain = 15 francs ; 100 kilogrammes de paille = 3 fr. 75), tandis que l'engrais ne coûtait qu'environ 25 francs.

8° Sur le domaine de Weissagk, on a obtenu, sur l'avoine, avec 300 kilogrammes de phosphate Thomas par hectare, 13 p. 100, et avec 600 kilogrammes, 23 p. 100 de surcroît de rendement en grain.

Un grand nombre d'expériences au moyen du phosphate Thomas ont été exécutées sur les conseils du professeur Maercker, dans les terrains réputés les meilleurs de la province de Saxe. Comme plantes d'expérimentation, on se servit d'orge, d'avoine, de pommes de terre et de betteraves à sucre. Les résultats obtenus conduisent le professeur Maercker à la conclusion que le phosphate Thomas n'est pas seulement le phosphate sensiblement le plus avantageux pour le terrain marécageux, mais qu'il mérite aussi d'être employé dans les meilleurs sols. Dans aucune expérience on n'a pu observer que l'engrais de phosphate Thomas exerçât une influence nuisible sur les produits récoltés.

D'autres expériences faites aux champs sur l'effet du phosphate Thomas, et dont nous possédons les données, ou bien ont montré que l'acide phosphorique, par suite d'une trop grande richesse du sol en cet élément, a été tout à fait inactif, car les fumures correspondantes de superphosphate ou de phosphate précipité n'ont donné non plus aucun résultat, ou bien elles ont été exécutées avec si peu de rigueur et de précision que leurs résultats doivent être de prime abord considérés comme sans portée.

En Angleterre, à la ferme du collège de Cirencester, des expériences ont été faites sur trois lots de terrain divisés chacun en six parcelles qui ont reçu respectivement les fumures suivantes ramenées à l'hectare :

. *a.* Sans engrais ;

b. 188 kilogrammes de phosphate précipité de scories, renfermant 60 kilogrammes d'acide phosphorique ;

c. 502 kilogrammes de scories, contenant 88 kilogrammes d'acide phosphorique ;

. *d.* 878 kilogrammes de scories, renfermant 154 kilogrammes d'acide phosphorique ;

e. 2510 kilogrammes de scories contenant 439 kilogrammes d'acide phosphorique.

Nous donnons dans le tableau suivant les rendements et les excédents donnés par les turneps :

	Rendements par hectare.	Excédents par hectare.
	qx.	qx.
Sans engrais	199,35	»
Superphosphate	306,12	96,79
Phosphate précipité	322,10	122,75
500 kilogrammes scories	296,14	96,79
878 kilogrammes scories	319,39	120,04
2510 kilogrammes scories	302,43	103,08

On voit que les scories se sont montrées très efficaces, puisque, à la dose de 88 kilogrammes d'acide phosphorique à l'hectare, elles ont donné un surcroît de rendement supérieur à celui que le superphosphate a fourni avec un apport d'acide phosphorique de 58 kilogrammes.

Employées à la dose exagérée de 2500 kilogrammes par hectare, les scories ne se sont pas montrées supérieures à ce qu'elles sont à la dose moyenne de 500 kilogrammes; mais il convient de remarquer que cette quantité exagérée n'a eu aucun effet nuisible. Enfin, et c'est à retenir, le phosphate précipité s'est montré aussi efficace que le superphosphate.

En Belgique, M. Pétermann, directeur de la Station agronomique de Gembloux, a fait des expériences physiologiques pour déterminer la valeur agricole de l'acide phosphorique des scories. Voici comment il résume ses conclusions :

1° La scorie de déphosphoration, finement moulue, constitue une matière fertilisante d'une haute valeur ;

2° Dans mes expériences, entreprises avec deux céréales d'été (froment et avoine), cultivées dans deux sols pourvus en excès des autres éléments nutritifs essentiels, l'assimilation de l'acide phosphorique des scories s'est faite promptement ;

3° L'augmentation de la substance organique produite a été très importante dans le sol sablonneux ne renfermant que 0,1 p. 1000 d'acide phosphorique ; elle a été moins considérable, mais toujours manifeste, dans le sol sablo-argileux, à 0,65 p. 1000 d'acide phosphorique ;

4° La chaux libre contenue dans la scorie de déphosphoration a été sans action, quoique les sols expérimentés doivent être classés parmi ceux qui sont assez pauvres en chaux, l'un n'en renfermant que 2,37 p. 1000 et l'autre 1,55 ;

5° La forte proportion de protoxyde de fer contenue dans la scorie de déphosphoration n'a pas été nuisible à la production des céréales d'été ni à l'élaboration du sucre dans la betterave ou de la fécule dans la pomme de terre.

Également en Belgique, M. G. Smets, docteur ès sciences naturelles, a obtenu sur des prairies les résultats très intéressants que nous rapportons ci-dessous

	Sans engrais.	Scories.	Excédents.
	qx.	qx.	qx.
Florzé.....................	37,80	49,20	11,40
Harzé.....................	32,00	54,00	22,00
Clermont..................	52,00	63,50	11,50
Laminerie (1)..............	32,00	38,00	6,00
Thimister (1)..............	63,50	72,50	8,00

Passons maintenant à quelques résultats obtenus en France.

En 1887, au printemps, nous avons entrepris, avec M. Ovide Benoist, dans sa ferme de Gas (Eure-et-Loir), des essais pour nous rendre compte de la valeur des scories dans

(1) Prairies déjà améliorées par l'emploi des engrais phosphatés.

nos sols de limon. De 1887 à 1891 inclusivement, nous avons cultivé successivement dans le même champ, très pauvre en acide phosphorique, assez riche en potasse, en chaux, en magnésie, ainsi qu'en azote, deux orges, une betterave, un blé et une orge. Au début des expériences, on a répandu sous forme de scories finement moulues du commerce 144 kilogrammes d'acide phosphorique dans une partie du champ, tandis que l'autre restait sans engrais phosphaté. Les deux parcelles ont reçu des doses égales de nitrate de soude dans tous les cas. Nous avons constaté les excédents de récolte suivants imputables à l'effet des scories :

	Grain. qx.	Paille. qx.	Racines. qx.
Orge (1887).....................	11,75	13,95	»
Orge (1888).....................	7,92	5,40	»
Betteraves (1889)...............	»	»	213,30
Blé (1890).....................	3,03	11,62	»
Orge (1891).....................	1,79	1,71	»

L'acide phosphorique des scories s'est donc montré très efficace sur ces différentes récoltes successives et son action n'était pas encore annulée à la cinquième récolte.

En 1890-91, nous avons essayé comparativement les scories et les superphosphates, à quantité d'acide phosphorique égale, et avec un complément d'azote ammoniacal et nitrique identique, dans un certain nombre de champs de démonstration de blé d'automne. Les sols où ont eu lieu les essais étaient tous pauvres en acide phosphorique. A Villemesle, nous en avons trouvé 0^{gr},30 par kilogramme ; aux Goupillières, 0,29 ; à Villars, 0,50 ; tous ces sols étaient aussi peu riches en calcaire. Nous donnons dans le tableau suivant les résultats obtenus :

	Sans engrais.		Scories.		Superphosphate.	
	Grain. qx.	Paille. qx.	Grain. qx.	Paille. qx.	Grain. qx.	Paille. qx.
Villemesle.....	11,55	38,61	19,58	60,00	20,40	62,20
Les Goupillières	6,66	21,37	14,04	45,64	13,69	44,20
Villars.........	13,33	59,50	15,66	62,30	14,68	63,70
Moyennes......	10,51	39,82	16,20	55,98	16,25	56,36

Il ressort de ces trois essais les excédents moyens suivants :

	Grain. qx.	Paille. qx.
Scories	5,69	16,16
Superphosphate	5,74	16,54
Différence en faveur du superphosphate	0,05	0,38

Les scories se sont donc montrées dans ces expériences très efficaces sur la production du blé, et elles n'ont pas été sensiblement dépassées dans leur action par le superphosphate minéral.

Pour les céréales de printemps, les scories sont également efficaces. Nous avons fait les essais suivants sur l'orge, à la ferme de Bray dans le Perche, et en Beauce au village d'Alluyes. Les champs d'essais comprenaient une parcelle sans engrais, une parcelle fumée avec 200 kilogrammes de nitrate de soude et 400 kilogrammes de scories à 15 p. 100 d'acide phosphorique, et enfin, comme terme de comparaison, une dernière parcelle fumée avec 200 kilogrammes de nitrate de soude et 400 kilogrammes de superphosphate à 15 p. 100 d'acide phosphorique soluble dans l'eau et le citrate. Les résultats obtenus sont :

	Sans engrais.		Scories.		Superphosphate.	
	Grain. qx.	Paille. qx.	Grain. qx.	Paille. qx.	Grain. qx.	Paille. qx.
Bray	17,04	17,40	19,32	20,40	19,08	19,44
Alluyes	16,82	16,18	18,84	17,88	21,48	20,04
Moyennes	16,93	16,79	19,08	19,14	20,28	19,74

Les excédents obtenus sont :

	Grain. qx.	Paille. qx.
Scories	2,15	2,35
Superphosphate	3,35	2,95
Excédent dû au superphosphate	1,20	0,60

Dans cet essai, la scorie s'est montrée un peu moins efficace que le superphosphate.

Nos expériences et les nombreuses observations que nous

avons pu faire par la suite en grande culture nous permettent aujourd'hui d'affirmer que les scories phosphoreuses finement moulues constituent un engrais phosphaté de très réelle efficacité dans tous les sols et pour toutes les plantes de notre région. Elles confirment pleinement les expériences faites à l'étranger et elles sont aussi corroborées par les nombreux résultats favorables obtenus dans les différents départements par nos collègues.

C'est ainsi que M. Boiret, professeur départemental d'agriculture, a essayé les scories de déphosphoration dans le département de la Haute-Savoie, où il a constaté que leur emploi est très avantageux, principalement dans les prairies :

A Habère-Poche, dans un sol silico-argileux ne renfermant qu'une trace de calcaire et $0^{gr},43$ d'acide phosphorique par kilogramme, il a obtenu sur une prairie naturelle et en une seule coupe :

	1897.	1898.	Total.
	qx.	qx.	qx.
Sans engrais	15,0	16,0	31,0
1 000 kilogrammes scories	25,0	40,0	65,0
500 kilogrammes superphosphate	25,0	22,0	47,0

L'excédent produit par les scories s'élève en moyenne à 17 quintaux par an.

Dans un autre pré du même lieu, il a obtenu, avec 900 kilogrammes de scories par hectare, les rendements en foin suivants :

	qx.
Sans engrais	30,0
Scories	55,0
Excédent	25,0

Les scories, dans ces essais, se sont montrées très efficaces. Sans nous étendre davantage sur les recherches de M. Boiret, nous pouvons ajouter qu'il a reconnu que les scories constituent un engrais phosphaté très efficace non seulement pour les prairies naturelles, mais encore pour les prairies artificielles et les céréales.

Mon collègue M. Battanchon, professeur départemental d'agriculture de Saône-et-Loire, a publié l'expérience suivante relative à l'emploi des scories dans la culture des pommes de terre :

« Dans le sol cultivé en céréales, contenant seulement 0,06 p. 100 d'acide phosphorique et 0,077 p. 100 de calcaire, à prix égal les scories sont d'un emploi plus avantageux que les superphosphates ; elles procurent des rendements plus élevés et, de plus, elles laissent dans le sol, à la disposition des cultures subséquentes, un stock d'acide phosphorique bien plus considérable. C'est d'ailleurs ce que l'on va constater d'une façon saisissante encore avec les pommes de terre.

« Pour celles-ci, qui étaient des *Instituts de Beauvais*, la plantation a été divisée en trois parcelles.

« La première, que nous appellerons *a*, devant servir de témoin, n'a rien reçu. La récolte y a été de 10 833 kilogrammes de tubercules.

« La seconde, *b*, a été fumée avec l'engrais suivant :

Nitrate de soude	100 kil.
Chlorure de potassium	200 —
Superphosphate à 12 p. 100	300 —
Prix de revient	97 fr.

« Elle a fourni une récolte de 22 500 kilogrammes de pommes de terre.

« Quant à la parcelle *c*, elle a reçu le même engrais, sauf que le superphosphate a été remplacé par 800 kilogrammes de scories moulues du Creusot ; le prix a été le même, soit 97 francs.

« Par le simple fait de cette substitution, le poids de la récolte de pommes de terre s'est trouvé porté à 32 800 kilogrammes. C'est donc une différence de plus de 10 000 kilogrammes de racines uniquement due au remplacement du superphosphate par un poids de scories représentant une dépense égale. Il y a là un effet tout à fait remarquable. »

Nous ne parlerons pas des expériences de M. Grandeau, au Parc des Princes ; leurs résultats si probants sont trop connus du monde agricole pour qu'il y ait la moindre utilité à les rééditer.

Il résulte de tous ces faits, et de beaucoup d'autres que nous aurions pu rapporter, que, de l'avis des savants comme de celui des praticiens, les scories de déphosphoration sont une source très précieuse d'acide phosphorique pour l'agriculture européenne.

Les *superphosphates* jouissent auprès des cultivateurs d'une estime bien méritée. Ce sont, en effet, des engrais qui nous offrent l'acide phosphorique sous une forme très rapidement assimilable par les végétaux, et qui agissent favorablement dans presque tous les sols, sauf dans les terrains acides, dont ls viennent aggraver le défaut capital.

Les superphosphates les plus employés en France sont ceux qui renferment l'acide phosphorique sous forme soluble dans l'eau et le citrate d'ammoniaque, qu'ils proviennent des os ou des phosphates minéraux.

Pendant longtemps, on ne regardait comme rapidement assimilable que l'acide phosphorique immédiatement soluble à l'eau et l'on ignorait la valeur de l'acide rétrogradé. Aujourd'hui, si ce dernier est un peu moins cher, il est également estimé comme matière fertilisante. Nous avons déjà vu, dans ce qui précède, que le phosphate précipité, qui se rapproche comme constitution du phosphate rétrogradé, est d'une aussi grande efficacité que le phosphate soluble à l'eau, dans les expériences relatives à l'étude des scories exécutées au collège de Cirencester. Mais il convient de donner de ce fait une démonstration scientifique et indiscutable. Nous l'emprunterons à M. Petermann, directeur de la Station agronomique de Gembloux. On verra plus loin que nos propres expériences viennent les corroborer.

En opérant sur la culture de l'orge, dans la serre de la station, M. Petermann a obtenu les poids de grain suivants :

Sans engrais phosphaté............................ 20gr,66
Acide phosphorique soluble à l'eau............... 25gr,32
Acide phosphorique rétrogradé.................... 23gr,98
Phosphate précipité.............................. 27gr,31
Phosphate précipité chauffé...................... 21gr,83

Le phosphate précipité chauffé était devenu insoluble dans le citrate d'ammoniaque.

Dans la culture des pois, le même agronome a obtenu les quantités de grains qui suivent :

Sans acide phosphorique........................... 46,24
Acide phosphorique soluble à l'eau 50,48
Acide phosphorique rétrogradé.................... 49,58
Phosphate précipité 54,20
Phosphate précipité chauffé, insoluble au citrate. .. 47,11

En égalant à 100 les résultats produits par l'acide phosphorique soluble à l'eau, on obtient pour les autres formes de ce corps les valeurs relatives suivantes :

	Orge.	Pois.	Moyennes.
Acide phosphorique soluble..........	100	100	100
Acide phosphorique rétrogradé.......	95	98	96
Acide phosphorique précipité.........	108	107	108
Acide phosphorique précipité insoluble au citrate.......................	86	93	89

La différence d'efficacité entre l'acide phosphorique soluble à l'eau et l'acide phosphorique rétrogradé du superphosphate ne dépasse pas 4 p. 100 en moyenne. Le phosphate précipité bicalcique est un peu plus efficace que l'acide phosphorique soluble du superphosphate, mais, quand il a été chauffé et est devenu insoluble dans le citrate, il perd son avantage non seulement sur l'acide soluble à l'eau, mais encore sur l'acide rétrogradé.

Par une expérience, citée par le même agronome, M. Dael von Koerth, près de Mayence, a reconnu que, lorsqu'on ajoute à une fumure azotée suffisante des quantités égales d'acide phosphorique soluble et d'acide phosphorique rétrogradé, on obtient de l'orge les mêmes poids de grain, et avec l'acide phosphorique rétrogradé une quantité de paille plus forte qu'avec le soluble.

Comme on le verra plus loin, quand nous étudierons les rapports du sol et des divers engrais phosphatés, il n'y a là rien que de naturel, car l'acide soluble rétrograde rapidement dans le sol. L'avantage qu'il présente, c'est de pouvoir s'y incorporer d'une façon plus parfaite et plus rapide dans une épaisseur plus grande.

La question de la valeur relative de l'acide phosphorique

soluble et de l'acide rétrogradé des superphosphates étant vidée, examinons maintenant, d'après l'expérience, quelle est l'efficacité de cet engrais sur la production de nos principales plantes agricoles.

Nous extrairons d'abord de nos *Dix années d'expériences à Cloches* le tableau suivant, où sont consignés les excédents de récolte produits par l'emploi du superphosphate pour trente et une cultures :

	Engrais complet superphosphate.		Engrais sans acide phosphorique.	
	Grain.	Paille.	Grain.	Paille.
	qx.	qx.	qx.	qx.
Blé (8 récoltes).............	7,10	13,3	1,60	5,3
Avoine (9 récoltes).........	4,80	13,4	1,90	6,0
Orge (2 récoltes)...........	5,50	12,8	3,20	11,2
Betterave à graine (2 réc.).	5,36	»	0,55	»
	Racines.	Foin.	Racines.	Foin.
	qx.	qx.	qx.	qx.
Betteraves (3 récoltes).....	157,2	»	57,2	»
Pommes de terre (1 récolte).	105,0	»	30,0	»
Carottes (1 récolte)........	205,0	»	30,0	»
Luzerne (8 récoltes)	»	14,7	»	0,5

Les excédents dus au superphosphate sont les suivants :

	Grain.	Paille.	Racines.	Foin.
	qx.	qx.	qx.	qx.
Blé..............................	5,5	8,0	»	»
Avoine.........................	2,9	5,4	»	»
Orge......	2,3	1,6	»	»
Betteraves à graine............	4,8	»	»	»
Betteraves., ...	»	»	100,0	»
Carottes......................	»	»	175,0	»
Pommes de terre	»	»	62,0	»
Luzerne........................	»	»	»	15,2

Pour toutes nos récoltes, le superphosphate s'est montré très efficace dans ce sol de Cloches très pauvre en acide phosphorique total (0^{gr},5 par kilogramme) et en acide phosphorique facilement attaquable par l'acide citrique faible (0^{gr},017).

A la ferme de Gas, dans un sol également pauvre en acide phosphorique, nous avons, dans le même champ, pris cinq récoltes sur une fumure de 144 kilogrammes d'acide phosphorique soluble dans l'eau, donnée en tête de l'assolement. Les excédents obtenus par rapport à la parcelle sans engrais phosphaté sont rapportés ci-dessous :

	Grain. qx.	Paille. qx.	Racines. qx.
Orge (1887)......................	14,75	11,70	»
Orge (1888)......................	7,56	1,48	»
Betteraves (1889)...............	»	»	224,0
Blé (1890)......................	3,57	7,50	»
Orge (1891).....................	1,08	1,46	»

Cette expérience montre, outre la grande efficacité de l'engrais que nous étudions en ce moment, que son action s'est fait sentir d'une manière très nette pendant quatre années consécutives. On peut donc sans crainte employer en tête de l'assolement de fortes doses d'acide phosphorique : on est sûr que cette avance payera largement ses frais.

Dans les champs de démonstration scolaires organisés en Eure-et-Loir, nous avons obtenu des résultats très nets par l'emploi des superphosphates. Nous donnons ci-après les excédents moyens obtenus en comparant l'engrais complet à base de superphosphate avec l'engrais sans acide phosphorique :

	Grain. qx.	Paille. qx.	Racines. qx.
Orge (1897, 12 essais)..............	4,85	4,03	»
Betteraves (1898, 12 essais).........	»	»	37,0
Blé (1899, 14 essais)..............	4,23	5,86	»
Avoine (1900, 15 essais)............	1,29	2,20	»
Pommes de terre (1901, 16 essais)...	»	»	12,0

Il est à noter que, dans ces moyennes, entrent trois champs dont le sol est très riche en acide phosphorique assimilable et où les engrais phosphatés sont sans aucun effet ; cela a contribué à abaisser les moyennes.

Sur un défrichement de luzerne, à Gas, M. Ovide Benoist a cultivé du blé avec addition, dans une partie du champ, de 800 kilogrammes de superphosphate à 18 p. 100 d'acide phosphorique soluble dans l'eau. Il a obtenu un excédent en grain de $6^{qx},5$, et de $13^{qx},8$ de paille. Au blé a succédé une bette-

rave à graine qui a donné un surcroît de production de
6qx,5 de grain. Le sol a donné à l'analyse 0gr,58 d'acide
phosphorique total.

A Mousseau, dans le canton de Courville, M. Létang a
employé, dans la culture du blé, du superphosphate à 14
p. 100 de soluble au citrate dans différentes conditions. Le
sol était pauvre en acide phosphorique, car nous n'y avons
trouvé par l'analyse que 0gr,48 de ce corps par kilogramme
de terre normale sèche. Les excédents obtenus ont été les
suivants :

	Grain. qx.	Paille. qx.
Superphosphate seul	8.85	10,15
Superphosphate et parcage	17,71	21,96
Parcage seul	9,57	14,09

A Manouyau, près de La Loupe, dans une argile à silex
renfermant seulement 0gr,27 d'acide phosphorique par kilogramme, M. Garnier a cultivé du blé avec et sans engrais
phosphaté à la dose de 350 kilogrammes à l'hectare. Les
engrais phosphatés ont été additionnés de 140 kilogrammes
de sulfate d'ammoniaque et de 120 kilogrammes de nitrate de
soude. Il a obtenu les excédents de récolte suivants :

	Grain. qx.	Paille. qx.
Superphosphate minéral	7.28	24,87
Superphosphate d'os	10,98	43,98
Scories	8,74	32,00

Dans des conditions analogues, à la ferme de Buternay,
près La Ferté-Vidame, on a obtenu les excédents ci-après :

	Grain. qx.	Paille. qx.
Superphosphate minéral	4,50	3,80
Superphosphate d'os	5,30	14,10
Scories	2,00	7,60

Sur une avoine, à La Masure, près de Combres, dans un
sol dosant seulement 0gr,35 d'acide phosphorique par kilogramme, on a obtenu, avec 150 kilogrammes de superphosphate à l'hectare, un excédent de 3gr,5 de grain, et en ajou-

tant à la fumure minérale 150 kilogrammes de nitrate,
8^{qx},3 de surcroît de grain.

Sur l'avoine également, à Maintenon, M. Evette a obtenu
les excédents suivants :

	Grain. qx.	Paille. qx.
Nitrate (150 kilogrammes)...................	3,06	5,94
Superphosphate (150 kilogrammes)..........	6,48	7,63

Avec l'orge, dans le même champ et des fumures semblables, les excédents ont été :

	Grain. qx.	Paille. qx.
Nitrate seul..............................	6,48	4,32
Nitrate et superphosphate.................	10,80	8,91

A Meslay-le-Grenet, dans un sol renfermant seulement
0^{gr},46 d'acide phosphorique total par kilogramme et 0^{gr},034 de
soluble dans l'acide citrique à 2 p. 100, M. Cailleaux a obtenu
dans la culture de l'avoine, avec 250 kilogrammes d'acide
phosphorique à l'hectare d'une part, et de l'autre avec
la même quantité d'acide phosphorique additionné de 100 kilogrammes de nitrate de soude, les excédents qui suivent :

	Grain. qx.	Paille. qx.
Superphosphate seul.......................	5,30	8,46
Superphosphate et nitrate.................	8,92	14,76

A Moresville, près de Bonneval, chez M. Ricois, dans un
sol dosant 0^{gr},57 d'acide phosphorique total, dont 0^{gr},147 de
soluble à l'action citrique faible, nous avons cultivé de l'orge
avec superphosphate seul et avec superphosphate et nitrate,
à raison de 500 kilogrammes du premier et de 200 kilogrammes du second. Les excédents ont été :

	Grain. qx.	Paille. qx.
Superphosphate seul.....	4,68	8,00
Superphosphate et nitrate.................	13,86	17,94

Le même essai a été fait à Charonville, près d'Illiers, chez
M. Germond ; le sol dosait 0^{gr},49 d'acide phosphorique total,
dont 0^{gr},088 de soluble dans l'acide citrique faible. On a
obtenu les excédents ci-après ·

	Grain. qx.	Paille. qx.
Superphosphate seul......................	2,67	5,00
Superphosphate et nitrate.................	6,34	10,33

Nous empruntons aux expériences de Wölcker, le regretté chimiste de la Société royale d'agriculture d'Angleterre, un certain nombre de faits qui nous semblent convenir parfaitement pour achever la démonstration de la grande valeur agricole des superphosphates.

A la ferme du collège de Cirencester, on a employé le superphosphate en 1855 pour la culture des navets de Suède ou rutabagas, dans un sol très pauvre en acide phosphorique, et l'on a obtenu les excédents suivants de racines par hectare :

	qx.
Superphosphate d'os (830 kilogrammes)...............	211,08
Superphosphate minéral (1250 kilogrammes)	161,69

Les deux engrais étaient employés à valeur égale (125 francs).

En 1856, à la même ferme, et toujours avec les rutabagas, on a obtenu par hectare les excédents qui suivent :

Superphosphate d'os (750 kilogrammes)	135,15
Superphosphate d'os (1500 kilogrammes	147,05
Superphosphate d'os (375 kilogrammes)	130,27

En 1857, on a obtenu, toujours sur la même culture et à Cirencester .

	Excédents. qx.
Superphosphate du commerce (375 kilogrammes)..	107,24
Superphosphate d'os (375 kilogrammes)......... .	79,13
Superphosphate d'os du commerce (375 kilogr.).. .	82,60
Superphosphate d'os fabriqué à la ferme (375 kilogr.).	101,01
Superphosphate de cendre d'os	59,29

En 1859, les excédents suivants ont été obtenus, toujours sur les rutabagas :

	qx.
Superphosphate (250 kilogrammes)...............	65,92
Superphosphate (375 kilogrammes)......	71,95
Superphosphate (125 kilogrammes)......	65,92
Superphosphate de cendre d'os (375 kilogrammes).	152,46

En 1860, à Craigie-House-Farm, on a obtenu les surcroîts de rendement ci-après, dans la culture des navets de Suède :

Par hectare.
qx.

Superphosphate de cendre d'os (627 kilogrammes).. 267,81
Superphosphate de cendre d'os (627 kilogrammes).. 209,81
Superphosphate de cendre d'os (1380 kilogrammes). 349,73

En 1864, à Woodhorn Manor (Morpeth), les rutabagas, avec 500 kilogrammes de superphosphate de cendre d'os, ont donné un excédent de rendement en racines s'élevant à 130^{qx},06.

En 1866, à Tubney Warren (Abingdon), avec 375 kilogrammes de superphosphate, on a obtenu un excédent de rendement en racines de 129^{qx},12 et de 173^{qx},73.

En 1869, avec 376 kilogrammes de superphosphate minéral, on a obtenu sur les rutabagas les excédents suivants :

qx.

Les Lizards 111.32
Tubney Warren 126,90

Avec les betteraves mangolds, en 1865, à Henfields (Bewdley), le superphosphate d'os, à la dose de 500 kilogrammes à l'hectare, a produit un excédent de 295^{qx},02 de racines. En 1870, à Escrick-House-Farm (York), 375 kilogrammes de superphosphate minéral ont donné un excédent de betteraves de 37^{qx},66. En 1866, sur la pomme de terre, à Carleton (Carlisle), l'emploi de 500 kilogrammes de superphosphate a donné un excédent de tubercules de 20^{qx},11 dans une terre renfermant plus de 1 gramme d'acide phosphorique par kilogramme.

A Woodhorn-Manor-Farm (Morpeth), en 1865, on a obtenu, par l'emploi de 500 kilogrammes de superphosphate de cendre d'os dans une culture de trèfle mélangé de ray-grass, un excédent de fourrage vert de 54^{qx},73. La même année, à Bourton-Grange (Shropshire), la même fumure a donné un excédent de 8^{qx},75 de foin sec de trèfle et ray-grass. A Tubney-Warren-Farm, en 1867, sur trèfle, on a obtenu un excédent de fourrage vert de 67^{qx},25, avec 500 kilogrammes de superphosphate minéral.

Sur prairies naturelles, à Bourton-Grange-Farm, en 1865,

une fumure de 500 kilogrammes de superphosphate minéral a produit un excédent de foin sec de 9^{qx},64.

En 1880, à Warrenfield, sur les rutabagas, on a obtenu les excédents suivants :

Par hectare.

	qx.
Superphosphate minéral (628 kilogrammes)........	167,21
Superphosphate d'os (440 kilogrammes)..........	142,26

En 1881, sur la même culture à Lansomefield, on a obtenu comme excédents :

	qx.
Superphosphate minéral (628 kilogrammes).......	195,37
Superphosphate d'os (376 kilogrammes)..........	178,53

On pourrait citer nombre d'autres expériences, qui conduiraient toutes à la même conclusion : les superphosphates d'os et minéraux fournissent l'acide phosphorique sous une forme très active dans les sols les plus divers et pour les plantes à végétation rapide.

ASSIMILABILITÉ RELATIVE DES DIVERS ENGRAIS PHOSPHATÉS.

Nous avons entrepris en 1886 une série d'expériences culturales pour nous rendre compte de la facilité plus ou moins grande avec laquelle sont assimilés par les diverses plantes que l'on produit dans notre région les engrais phosphatés variés que le commerce ou l'industrie offrent à l'agriculture. Nous allons ici résumer ces essais exécutés dans des terrains d'origine géologique variée, sur les céréales, les racines, et les prairies artificielles, dont les détails ont été publiés annuellement dans nos *Rapports sur les champs d'expériences et de démonstration*.

I. — Les sols qui ont servi de base à nos études appartenaient au limon des plateaux, à l'argile à silex, à l'argile plastique et aux sables du Perche. Nous donnons dans le tableau suivant leur analyse sommaire :

	Azote. p. 100.	Ac. phosp. p. 100.	Potasse. p. 100.	Chaux. p. 100.
Limon des plateaux :				
Gas, près la Croix	0,141	0,058	0,108	0,600
Cloches	0,132	0,051	0,086	0,600
Serville	0,116	0,039	0,165	0,266
Sours	0,133	0,074	0,274	0,244
Villars	0,149	0,050	0,510	»
Argile à silex :				
Vigny	0,185	0,049	0,110	0,164
La Sablonnière	0,108	0,031	0,072	0,162
Les Moulins	0,137	0,025	0,097	0,475
La Ferté-Vidame	0,134	0,030	0,068	0,430
Manouyau	0,127	0,027	0,087	0,551
Villemesle (1891)	0,098	0,030	0,084	0,135
Villemesle (1890)	0,063	0,026	0,078	0,193
Les Goupillières	0,121	0,029	0,038	0,017
Lucé	0,174	0,145	0,076	0,334
Sables du Perche :				
Margon	0,185	0,040	0,120	»
Argile plastique :				
Archevilliers	0,154	0,142	0,120	0,042

Nos expériences les plus importantes et les plus prolongées
ont eu pour théâtre nos champs d'expériences de Gas et de
Cloches, situés tous deux dans le limon des plateaux, le premier au commencement de la Beauce proprement dite, et le
second dans le Drouais. Dans les autres sols, sauf à Lucé, où
nous les avons poursuivies deux ans, nos expériences se sont
bornées à une seule culture, et avaient surtout pour but de
vérifier en terrain varié les conclusions auxquelles nous
avaient déjà conduit nos recherches.

II. — Au printemps de 1887, dans un champ situé sur le bord
de la route de Gas à Gallardon, près de la Croix, M. Ovide
Benoist défricha, dans une luzerne de trois ans, une bande de
terre qui fut divisée en cinq parcelles de 2ª,60 chacune, où
l'on sema respectivement de l'acide phosphorique sous
forme :

1º De phosphate naturel des Ardennes, finement pulvérisé ;

2º De phosphate précipité, soluble au citrate d'ammoniaque
alcalin ;

3° De superphosphate minéral, soluble à l'eau ;

4° Enfin, de scories de déphosphoration Thomas Gilchrist en poudre extra-fine, comme on les livre au Syndicat agricole de Chartres.

Dans les phosphates minéraux, l'acide phosphorique se trouve à l'état de phosphate tribasique plus ou moins agrégé et résistant ; dans le phosphate précipité, on le rencontre à l'état de phosphate bicalcique, sous forme de précipité chimique, c'est-à-dire en poudre aussi ténue qu'on peut l'imaginer ; dans le superphosphate minéral, il se trouve à l'état de phosphate monocalcique ou acide, entièrement soluble dans l'eau ; enfin, dans les scories, il constitue une combinaison calcique instable, que Wagner appelle *tétraphosphate de chaux*, et qui est attaquable en petite partie par le citrate d'ammoniaque alcalin, et en presque totalité par l'acide citrique à 5 p. 100.

Nous avions affaire à un limon sablo-argileux, très peu calcaire, moyennement riche en matière organique. Géologiquement, ce sol appartient au limon quaternaire de Beauce, et les expériences que nous y avons faites peuvent être généralisées dans leurs résultats à tous les sols de même formation.

Nous devons même ajouter qu'elles s'adaptent aussi bien à tous les sols dérivant de l'argile ou conglomérat à silex, aux sables du Perche, et aux argiles plus ou moins glauconieuses de la même région, d'après les nombreux renseignements qui nous sont parvenus de ces régions agricoles et les expériences que nous y avons faites et dont nous donnerons plus loin les résultats.

Au point de vue chimique, le sol était à l'origine très riche en azote. Cela n'a rien de surprenant pour un défrichement de luzerne. La potasse y dépassait la quantité caractéristique d'un sol suffisamment riche en cette base pour qu'une addition sous forme de sulfate ou de chlorure soit inutile. Il en était de même pour la chaux et la magnésie. Seul l'acide phosphorique s'y trouvait en quantité notablement inférieure à ce qui est nécessaire à une production normale.

On ne doit pas s'étonner, dès lors, de l'action remarquable

des engrais phosphatés sur nos récoltes. Dans un tel sol, riche en azote, potasse, chaux, magnésie, humus, le rendement devait être seulement influencé par l'acide phosphorique, en vertu de ce principe que la récolte est proportionnelle à celui des éléments fertilisants qu'on trouve en moindre quantité dans le sol.

Chacune des cinq parcelles du champ, sauf celle qui était destinée à servir de témoin, a reçu, calculé à l'hectare, 144 kilogrammes d'acide phosphorique sous l'une des formes précédemment indiquées, et l'engrais fut enterré à la charrue.

Pour les emblavures postérieures, il n'a été introduit dans le sol aucun engrais phosphaté. La deuxième orge, les betteraves et le blé, ainsi que la dernière orge ont donc uniquement profité des reliquats des fumures phosphatées antérieures. On a donné aux betteraves seulement 200 kilogrammes de nitrate de soude, ainsi qu'au blé qui fut cultivé ensuite.

Dans tous les cas, les parcelles n'ont jamais différé que par la nature de la fumure phosphatée distribuée à l'origine des essais.

Nous réunissons dans le tableau suivant les rendements que nous avons obtenus pendant nos cinq années de culture :

	ANNÉES.							
	1887, ORGE		1888, ORGE		1889, BETTERAVES.	1890, BLÉ		1891, ORGE	
	grain.	paille.	grain.	paille.		grain.	paille.	grain.	paille.
	qx.	qx.	qx.	qx.	qx.	x.	qx.	qx.	qx.
Sans engrais....	19,75	22,05	30,57	43,52	242,96	20,00	50,35	27,85	31,98
Phosphate.	21,00	26,00	38,13	37,80	296,29	19,83	51,42	28,25	32,47
Scories....	31,50	36,00	38,49	41,72	456,29	23,03	61,97	29,64	33,69
Superphosphate	33,50	33,75	38,13	37,80	467,03	23,57	57,85	28,93	30,54
Précipité...	33,75	36,50	41,00	43,52	465,25	22,85	58,21	30,34	33,04

Nous avons calculé les excédents de récolte attribuables à

l'action de l'engrais phosphaté pour chaque culture, et formé le tableau qui suit :

	ANNÉES							
	1887, ORGE		1888, ORGE		1889, BET-TERAVES.	1890. BLÉ		1891, ORGE	
	grain.	paille.	grain.	paille.		grain.	paille.	paille.	paille.
	qx.	qx.	qx.	qx.	qx.	qx.	qx.	qx.	qx.
Phosphate.	1,25	4,05	2,52	1,81	53,3	—0,17	+1,07	+0,40	+0,49
Scories....	11,75	13,95	7,92	5,40	213,3	+3,03	11,62	1,79	+1,71
Superphos-phate ...	14,75	11,70	7,56	1,48	224,0	3,57	7,50	1,08	—1,46
Précipité ..	14,00	14,45	10,45	7,20	222,3	2,85	7,86	2,49	+1,06

Lorsqu'on considère ces rendements, on est frappé de la régularité qu'ils présentent relativement dans chaque parcelle. Les déductions que nous pourrons tirer de leur étude ne présenteront donc aucun caractère aléatoire ou douteux. Les moyennes que l'on peut établir ne diffèrent jamais de sens avec les résultats particuliers. Aussi attachons-nous une grande importance aux expériences de Gas. Installées et poursuivies avec une rare intelligence des nécessités du problème à résoudre par notre ami, et contrôlées scrupuleusement, rien n'y a été livré au hasard, rien n'en est la conséquence.

III. — Au point de vue si important de l'efficacité relative que nous allons considérer d'abord, les divers engrais phosphatés que nous avons employés se rangent presque toujours dans le même ordre pendant nos cinq années de culture :

Phosphate précipité,
Superphosphate,
Scories de déphosphoration,
Phosphate des Ardennes.

En examinant les choses de plus près, on verrait qu'ils forment deux groupes. A lui seul le phosphate minéral forme le premier, qui jouit seulement d'une efficacité assez faible ; tandis que le phosphate précipité, le superphosphate et les scories forment le second, qui est beaucoup plus actif. Le tableau suivant fait ressortir ce groupement :

	EXCÉDENT DÛ AU		EXCÉDENT sur le phosphate.
	Phosphate minéral.	Précipité, superphosphates, scories.	
	qx.	qx.	qx.
Orge (grain)........	1,30	8,00	6,70
Blé (grain).........	0,17	3,15	2,93
Betteraves (racines).	53,30	219,80	166,50

Des écarts de cette importance ne sauraient être accidentels, surtout quand on constate que, pendant cinq ans, ils sont toujours dans le même sens, et qu'on voit, de plus, qu'ils se reproduisent dans d'autres localités avec une pareille régularité.

Nous avons dressé le graphique ci-après (fig. 4) où nous

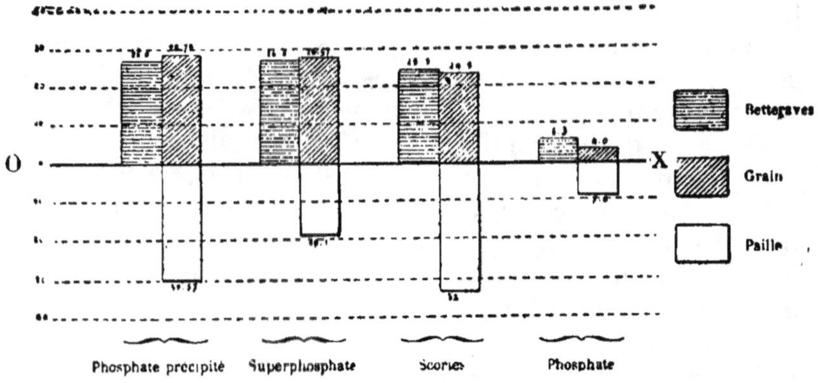

Fig. 4. — Excédents totaux obtenus.

avons figuré par des rectangles de hauteurs proportionnelles les excédents totaux obtenus en grain, pailles et racines, afin de mieux faire saisir la réalité de ce que nous avançons, en montrant d'une manière frappante pour les yeux le groupement naturel des engrais phosphatés relativement à leur assimilabilité. Le gain produit en excédent de récolte sur la parcelle sans engrais est exprimé en quintaux et figuré par les rectangles hachés obliquement situés au-dessus de la ligne OX; les excédents de paille sont figurés par les rectangles non couverts de hachures, situés au-dessous de cette ligne. Enfin, les excédents de racines, calculés à l'état de siccité des céréales séchées à l'air, sont figurés par des rectangles à hachures horizontales, tangents aux rectangles des grains.

Cette série d'essais nous paraît donc démontrer clairement que, dans les sols constitués par le limon quaternaire de la Beauce, les phosphates minéraux, sans être complètement inactifs, sont toutefois beaucoup moins efficaces que les scories, les superphosphates et les phosphates précipités. Si l'on considère les récoltes globales des céréales, et les racines, d'autre part, en égalant à 100 les excédents dus aux phosphates, on obtient :

Pour les céréales (blé et orge)...................... 478
Pour les racines 413

Mais nous arriverons mieux à faire ressortir les résultats de ces essais en réduisant nos excédents à la même unité, le franc. Car, en vérité, c'est plutôt la valeur produite qui mesure l'efficacité de l'engrais que le poids de récolte obtenu. Cela nous permettra, de plus, de représenter par un seul nombre les résultats de nos cinq récoltes pour chaque parcelle. Pour établir le tableau suivant, qui donne pour chaque récolte la valeur des excédents obtenus, nous avons estimé :

L'orge à 17 francs le quintal ;
Le blé à 25 francs ;
La paille d'orge à 3 francs ;
La paille de blé à 3 fr. 50 ;
Les betteraves à 2 francs.

	ANNÉES								
	1887, ORGE		1888, ORGE		1889	1890, BLÉ		1891, ORGE		TOTAUX
	grain.	paille.	grain.	paille.	BETTE-RAVES.	grain.	paille.	grain.	paille.	
	fr.	fr.	fr.	fr.	fr.	fr.	fr.	fr.	fr.	fr.
Phosphate...	21,25	12,15	32,84	5,43	106,60	0,00	0,00	6,80	1,47	186,54
Scories......	199,75	41,85	134,64	16,20	426,60	75,75	40,67	30,43	5,13	951,02
Superphosph.	250,75	35,10	138,52	4,44	148,00	89,25	26,25	15,36	»	1.007,67
Précipité	238,00	42,75	177,65	21,60	444,60	71,25	27,51	42,33	3,18	1.068,87

Déduisons des totaux représentant la somme des valeurs obtenues en excédent de récoltes sur chaque parcelle la dépense d'engrais effectuée, et nous aurons le produit net de chaque essai, produit que nous devons considérer comme représentant l'efficacité totale de l'engrais.

Le phosphate minéral des Ardennes avait coûté 43 fr. 20, à raison de 0 fr. 30 l'unité d'acide phosphorique; les scories 44 fr. 64; le superphosphate soluble à l'eau 93 fr. 60, et enfin le phosphate précipité 79 fr. 20. Le bénéfice de chaque opération a donc été :

		Francs.
Pour les phosphates	....	143,34
Pour les scories	....	906,38
Pour le superphosphate	....	914,07
Pour le phosphate précipité	....	989,67

Pour faciliter les comparaisons, nous présentons ci-dessous ces résultats en prenant : 1° comme terme de comparaison le superphosphate soluble à l'eau, dont nous égalons le produit net à 100 ; 2° en calculant la valeur produite par 1 kilogramme d'acide phosphorique ; et 3° en calculant la valeur produite par 1 franc de chaque engrais phosphaté employé :

	VALEUR relative.	VALEUR PRODUITE PAR	
		1 kilogramme d'acide phosphorique.	1 franc d'engrais.
		fr.	fr.
Phosphate............	15,6	1,03	3,31
Scories..............	99	6,29	20,20
Superphosphate......	100	6,34	9,76
Phosphate précipité...	108	6,87	12,49

De quelque manière que l'on envisage ces expériences, elles font ressortir la supériorité des superphosphates, des phosphates précipités et des scories sur les phosphates minéraux. On constate, de plus, que les scories sont les engrais phosphatés les plus économiques, puisque, douées d'une efficacité presque égale, elles coûtaient alors presque moitié moins que les superphosphates.

IV. — Les expériences de Gas démontrent aussi clairement la durée de l'action des engrais phosphatés. Au bout de la quatrième année, il restait encore quelque chose d'efficace des fumures phosphatées antérieures. Après la cinquième récolte, toutefois, nous devons considérer la fumure comme épuisée pratiquement. Il n'est même pas à conseiller, dans les terres pauvres comme les nôtres, d'attendre aussi longtemps pour réitérer les additions d'engrais phosphatés.

	VALEURS PRODUITES par les engrais phosphatés.				
	1re année.	2e année.	3e année.	4e année.	5e année.
	fr.	fr.	fr.	fr.	fr.
Phosphate..........	33,40	38,27	106,60	»	8,27
Scories............	241,60	150,64	426,60	116,42	35,56
Superphosphate ...	285,85	142,96	448 »	115,50	15,36
Précipité..........	280,75	199,25	444 »	98,76	45,51

Le graphique (fig. 5) résume d'une façon saisissante les résultats consignés dans le tableau précédent des excédents de valeur produits chaque année par les fumures phosphatées expérimentées, et prouve que, dans les circonstances où nous

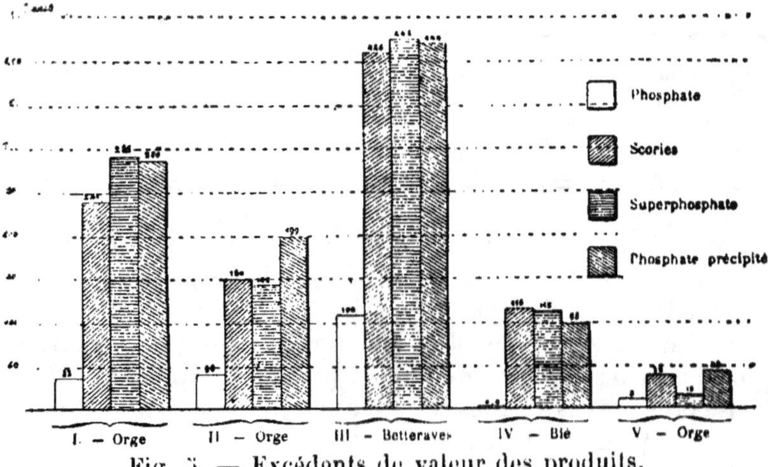

Fig. 5. — Excédents de valeur des produits.

étions placés, on devait refumer le terrain après la quatrième année.

Dans les conditions ordinaires de la pratique, où l'on ne répand pas plus de la moitié de ce que nous avons donné au sol d'engrais phosphaté, il ne faudrait pas, croyons-nous, attendre plus de deux ou trois ans au plus pour renouveler la fumure.

V. — Au champ d'expériences de Cloches, nous avons étudié de 1886 à 1895 inclusivement, dans deux séries de parcelles contiguës, l'influence relative du phosphate minéral et du superphosphate. Les quantités d'acide phosphorique épandues ont toujours été supérieures dans la série au phosphate. Nous donnons dans le tableau suivant les excédents moyens de rendement obtenus dans chaque série, pour les différentes plantes cultivées, en faisant observer que les emblaves ont toujours reçu, avec la fumure phosphatée, l'azote et la potasse ainsi que le plâtre dans les mêmes proportions. Il n'a donc pu y avoir d'autre cause de différence dans le rendement que l'assimilabilité de l'acide phosphorique sous les deux formes essayées, et dans aucun cas l'acide sulfurique n'a pu manquer.

1º Engrais complet au superphosphate :

	Grain.	Paille.	Racines.	Foin.
	qx.	qx.	qx.	qx.
Blé (8 récoltes)................	7,10	13,3	»	»
Avoine (9 récoltes)	4,80	13,4	»	»
Orge (2 récoltes)...............	5,50	12,8	»	»
Betterave à graine (2 récoltes)..	5,36	»	»	»
Betteraves (3 récoltes)	»	»	157,2	»
Pommes de terre (1 récolte)...	»	»	105,0	»
Carottes (1 récolte)...........	»	»	205,0	»
Luzerne (8 récoltes)..........	»	»	»	14,7
Moyennes proportionnelles....	5,84	13,3	156,3	14,7

2º Engrais complet au phosphate :

Blé (8 récoltes)	2,40	5,7	»	»
Avoine (9 récoltes)............	2,30	7,4	»	»
Orge (2 récoltes)	4,70	1,5	»	»
Betterave à graine (2 récoltes)..	4,07	»	»	»
Betteraves (3 récoltes)	»	»	80,7	»
Pommes de terre (1 récolte) ..	»	»	66,5	»
Carottes (1 récolte)	»	»	60,0	»
Luzerne (8 récoltes)	»	»	»	10,4
Moyennes proportionnelles....	2,79	7,1	73,3	10,4
Excédent en faveur du super-phosphate.................	3,05	6,2	83,0	4,3

Des dix années d'expériences dont nous venons de relater les résultats, il découle donc que le remplacement de l'acide phosphorique insoluble des nodules par l'acide phosphorique soluble à l'eau et au citrate du superphosphate, même en diminuant la dose, a élevé les rendements en moyenne de :

3^{qx},05 de grain et 6^{qx},20 de paille, pour les céréales ;
83 quintaux pour les plantes sarclées ;
4^{qx},30 pour la luzerne.

Il est donc hors de doute que l'acide phosphorique soluble à l'eau et au citrate est dans le limon des plateaux bien supérieur à l'acide phosphorique insoluble des nodules. Les essais poursuivis à Cloches confirment pleinement les conclusions que nous avons tirées plus haut des cinq années d'études à Gas.

D'un autre côté, il faut reconnaître que ces expériences-ci

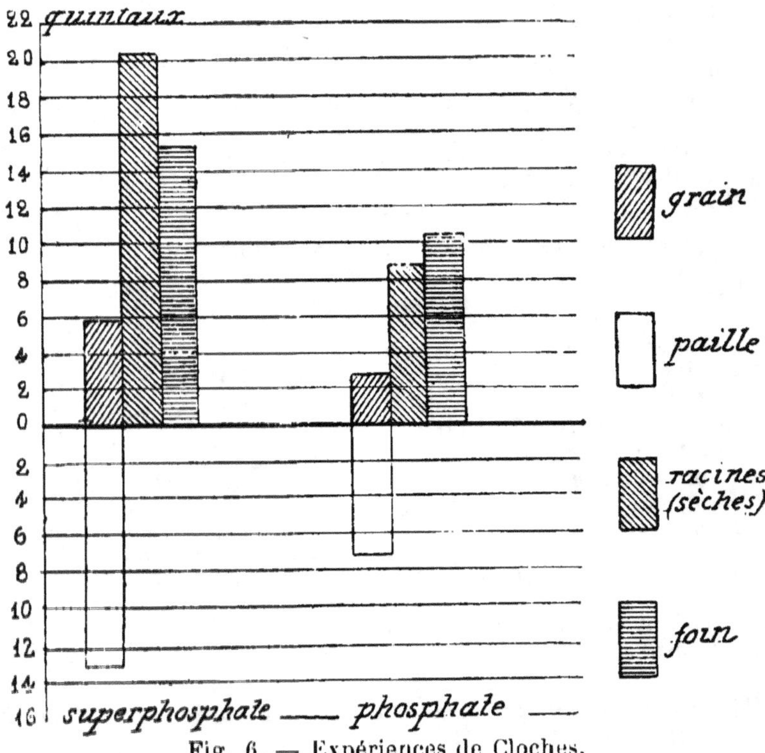

Fig. 6. — Expériences de Cloches.

sont plus favorables aux phosphates que les autres ; mais cela n'a rien qui puisse surprendre, puisque chaque année le sol y a reçu une nouvelle quantité d'acide phosphorique toujours plus forte sous forme de phosphate que sous celle de superphosphate. *D'autre part, on doit considérer que les prairies artificielles et les racines utilisent mieux le phosphate que les céréales.*

Le diagramme (fig. 6) fait ressortir les déductions précédentes (le rendement des racines y est exprimé en matière sèche, à raison de 12 p. 100 du poids brut).

VI. — Au printemps 1886, à Lucé, nous avons entrepris des expériences qui ont duré deux ans sur l'action des engrais. Une série de parcelles recevait de l'engrais complet au superphosphate et une autre série l'engrais complet au phosphate naturel ; dans une troisième série, nous donnions un engrais azoté avec superphosphate, et dans une quatrième le même engrais azoté additionné de phosphate. Les excédents obtenus par rapport à la parcelle sans engrais sont consignés ci-dessous :

	PHOSPHATE			SUPERPHOSPHATE		
	grain.	paille.	fourr. vert.	grain.	paille.	fourr. vert.
Orge Chevallier (1886). (c) [1]	6,0	15,1	»	6,0	14,4	»
Id. .... (a) [2]	9,75	17,9	»	8,25	15,9	»
Maïs fourrage........... (c)	»	»	86,5	»	»	38,0
Id. .... (a)	»	»	82,0	»	»	13,2
Blé (1886-1887)........... (c)	6,25	13,6	»	6,37	10,88	»
Id. .... (a)	3,75	9,75	»	3,25	6,50	»
Avoine (1886)........... (c)	3,0	9,8	»	6,1	17,4	»
Id. .... (a)	2,8	12,1	»	4,6	18,9	»
Id. (1887)........... (c)	12,75	13,25	»	13,5	14,75	»
Id, ... (a)	11,25	11,75	»	13,80	14,95	»
Totaux............	54,55	103,25	168,5	61,87	113,68	51,2
Moyennes........	6,81	12,90	84,25	7,73	14,21	25,15

1. (c) Engrais azoté, potassique et phosphaté.
2. (a) Engrais azoté et phosphaté.

Dans le sol considéré, dérivé de l'argile à silex, mais très riche en matière organique, et riche en acide phosphorique, ce qui s'explique par sa situation dans le village et près de l'église, les phosphates minéraux ont une efficacité presque égale à celle des superphosphates, en moyenne. La légère supériorité de ces derniers, quand on considère les céréales, se change en infériorité pour le maïs. L'examen des détails fait voir aussi que, sauf pour l'avoine, l'égalité d'action des deux engrais phosphatés est presque complète.

Quoi qu'il en soit, ces expériences, qui font ressortir franchement l'efficacité des phosphates simplement moulus dans les sols riches en humus, nous confirment comme impression finale la supériorité des superphosphates, surtout si on les rapproche des précédentes.

VII. — Enfin, nous résumons dans le tableau suivant les résultats que nous avons obtenus dans les terrains divers où nous avons cherché à vérifier les conclusions de nos précédentes études. La fumure phosphatée était toujours associée à une fumure azotée, et la seule différence qu'il y avait entre les parcelles était relative à la forme de l'acide phosphorique ou à son origine :

DÉSIGNATION DES SOLS. Culture du blé.	EXCÉDENTS OBTENUS EN SOLS NORMALEMENT FUMÉS avec les engrais phosphatés ci-dessous :									
	superphosphate d'os		superphosphate minéral		thermophosphate		scories		phosphate	
	grain.	paille.	grain.	paille.	grain.	paille.	grain.	paille.	grain.	paille.
	qx.	qx.	qx.	qx.	qx.	qx.	qx.	qx.	qx.	qx.
Archevilliers (1889-90).....	»	»	5,08	»	5,06	»	2,74	»	0,62	»
Vigny (1889-90)............	9,60	25,32	8,87	22,78	»	»	7,88	21,16	»	»
La Sablonnière (1889-90)...	9,52	28,86	8,55	28,62	»	»	8,00	25,42	»	»
Les Moulins (1889-90)......	2,01	9,45	3,77	15,46	»	»	3,50	15,00	»	»
Serville (1888-89)..........	1,90	14,90	2,70	12,10	»	»	4,00	10,40	»	»
Sours (1888-89)............	1,83	2,60	0,83	»	»	»	1,33	3,30	»	»
La Ferté-Vidame (1888-89).	5,30	14,10	4,50	3,80	»	»	2,00	7,60	»	»
Margon (1888-89)...........	4,80	17,90	1,20	10,90	»	»	5,10	17,90	»	»
Manouyau (1888-89)........	10,98	43,98	7,28	24,87	»	»	8,74	32,01	»	»
Villemesle (1888-89)	»	»	2,89	2,24	»	»	3,66	10,01	1,63	8,09
Villemesle (1890-91).......	»	»	8,85	23,59	»	»	8,03	21,39	»	»
Villars (1890-91)...........	»	»	1,33	4,20	»	»	2,33	2,80	»	»
Les Goupillières (1890-91)..	»	»	7,00	22,80	»	»	7,40	23,00	»	»
Totaux...............	45,94	157,11	62,85	171,36	»	»	64,71	189,99	2,25	8,09
Moyennes............	5,74	19,63	4,83	14,28	5,06	»	4,97	15,83	1,12	8,09
Valeur des excédents..	143f,50	68f,70	120f,75	49f,98	»	»	124f,25	55f,40	28f,00	28f,32
	212,20		170,73				179,65		56,32	

Les excédents constatés dans ces diverses terres, bien que variant dans leur intensité, se présentent presque toujours dans un ordre identique ; aussi les moyennes peuvent-elles être considérées comme représentant avec exactitude les valeurs relatives des divers engrais phosphatés soumis à l'essai.

Si nous laissons de côté le thermophosphate, que nous n'avons cité qu'à titre de curiosité, nous voyons que les superphosphates d'os ont montré une légère supériorité sur les superphosphates minéraux et les scories; que ces deux derniers engrais ont une activité presque identique ; tandis que le phosphate, bien qu'il ne soit pas inutile, vient bien loin après. Il y a là une confirmation fort nette de nos essais de Gas et de Cloches, et cela en sols souvent très différents.

Le graphique suivant (fig. 7) fait ressortir très clairement les conclusions que nous venons de tirer.

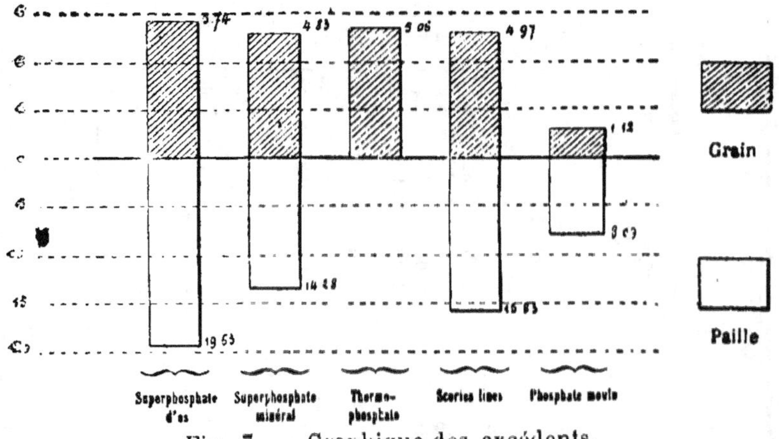

Fig. 7. — Graphique des excédents.

Si, d'autre part, nous calculons la valeur des excédents obtenus, nous trouvons, après en avoir défalqué le prix d'achat des 60 kilogrammes d'acide phosphorique de la fumure, soit : 42 francs pour le superphosphate d'os, 30 francs pour le superphosphate minéral, 10 francs pour les scories et les phosphates, qu'il reste un bénéfice, dû à l'engrais, de

170 francs pour le premier, de 140 francs pour le second, de 164 francs pour les scories, et de 41 francs pour les phosphates. En prenant pour unité de comparaison le superphosphate minéral, nous trouvons les valeurs relatives suivantes :

Superphosphate d'os 121
Scories 117
Superphosphate minéral............................ 100
Phosphate 29

VIII. — Nous pouvons déduire de nos *cent trente-trois récoltes* les conclusions suivantes :

Dans les terres formées par le limon quaternaire, l'argile à silex, l'argile plastique ou les sables du Perche :

1° Les superphosphates, les phosphates précipités et les scories sont, en général, les engrais phosphatés les plus économiques ;

2° Leur efficacité, à égalité d'acide phosphorique, est de trois à quatre fois plus grande que celle des phosphates ;

3° Toutefois, quand, par hasard, ces sols sont très fortement enrichis de matières organiques, les phosphates ont une action presque égale, quoique un peu inférieure à celle des superphosphates ;

4° Les scories de déphosphoration sont aussi favorables que les superphosphates minéraux ;

5° La durée des engrais phosphatés, mêmes solubles à l'eau, employés à haute dose, est de plusieurs années. Leur effet économique est loin d'être épuisé par la première récolte, de sorte que, pour le juger, il convient de considérer toutes les plantes de la rotation.

IX. — Pour corroborer nos expériences, nous ne croyons pas inutile de rapporter les conclusions tirées par M. Wagner, directeur de la Station agronomique de Darmstadt, de ses recherches sur le même sujet :

Si nous représentons par 100 les résultats moyens dus au superphosphate, nous obtenons, pour l'effet des autres phosphates, les valeurs suivantes :

Poudre d'os....................................... 10
Coprolithes en poudre............................. 9

Si les nombres proportionnels sont différents des nôtres, le classement des engrais phosphatés qui en résulte est absolument le même. L'importance de la finesse des scories est démontrée.

ACTION RÉCIPROQUE DES ENGRAIS PHOSPHATÉS ET DE LA TERRE ARABLE.

Les engrais phosphatés employés en agriculture sont d'origine diverse, et l'on constate par l'expérience que leur efficacité varie, de même que la rapidité de leur action, avec la nature de la combinaison que forme l'acide phosphorique d'une part, et, de l'autre, avec la nature du sol.

Nous avons démontré plus haut que, dans les sols provenant du limon des plateaux, de même que dans ceux qui ont pour origine l'argile à silex, les superphosphates et les scories de déphosphoration finement moulues sont très supérieurs aux phosphates naturels réduits en farine. On sait, comme l'ont prouvé les expériences de Bobière et de M. Lechartier, celles de M. Grandeau et de M. Jamieson et les nôtres, que, dans les sols de landes de la Bretagne, et dans les sols très riches en terreau, cette inégalité d'action disparaît presque entièrement.

C'est pourquoi il nous a paru intéressant de rechercher quelles modifications l'acide phosphorique des divers engrais phosphatés, qu'il soit soluble dans l'eau, l'acide acétique, le citrate d'ammoniaque alcalin ou les acides forts, subit dans les sols des formations diverses que l'on rencontre le plus souvent dans le département d'Eure-et-Loir ; et de constater quels rapports il peut y avoir entre les modifications observées et l'efficacité de l'engrais.

Dans ce but, nous avons fait réagir, sur du superphosphate des scories de déphosphoration ou du phosphate naturel, cinq terres différentes, dont deux appartenaient à l'argile à silex, deux au limon quaternaire, et enfin une était originaire des argiles vertes ou glauconieuses du Perche.

Pour faciliter l'exposition de ce qui va suivre, nous réunirons dans les tableaux suivants : 1° les résultats de l'analyse des sols ; 2° ceux de l'analyse des engrais considérés :

COMPOSITION physique et chimique des sols employés.	TERRE PROVENANT DE				
	limon quaternaire.		argile à silex.		argiles du Perche.
	Houville.	Cloches.	La Sablonnière.	Manouyau.	St-Cyr la Rosière.
Graviers	2,00	»	4,00	3,00	4,60
Sable	80,70	80,20	»	89,50	57,50
Sable impalpable					26,00
Calcaire	0,80	0,50	0,30	0,60	0,11
Argile et matières organiques	16,50	19,30	»[1]	6,90	12,35
Matière organique	»	»	»	»	2,200
Azote	0,103	0,132	0,108	0,110	0,227
Acide phosphorique total	0,068	0,051	0,031	0,037	0,050
Acide phosphorique soluble à l'acide acétique	0,003	0,0027	0,0043	»[2]	0,001
Acide phosphorique soluble au citrate	0,028	0,0185	0,00176	0,000	0,0071
Potasse	0,276	0,086	0,072	0,142	0,021
Chaux	0,460	0,355	0,162	0,338	0,259
Magnésie	0,117	0,148	0,048	0,172	»
Oxyde de fer et alumine	5,232	0,934	2,800	3,213	»

1. Dans les échantillons de sols de la même ferme, on a trouvé de 0,38 à 1,8 p. 100 d'argile colloïdale seulement.
2. Non dosé.

Composition des engrais.

	ACIDE PHOSPHORIQUE			
	soluble à l'eau.	soluble au citrate.	soluble à l'acide acétique.	Total.
Superphosphates	16,3	18,6	19,6	20,9
Scories	»	5,5	8,54	18,3
Phosphate	»	0,0576	0,0909	27,9

Pour étudier les modifications subies par l'acide phosphorique des divers engrais cités plus haut, par suite de leur contact prolongé avec les sols dont nous venons d'indiquer l'origine et la composition, nous avons introduit dans de petites
fioles de 25 à 50 grammes de terre, additionnés de $0^{gr},200$ à
$0^{gr},400$ d'engrais phosphatés. Puis le mélange intime de la
terre et de l'engrais était humecté avec de l'eau distillée et
abandonné à lui-même pendant sept mois.

Au bout de ce temps, tout le contenu de chaque ballon a
été soumis à un traitement convenable, par les mêmes
méthodes qui avaient servi pour les sols, pour y rechercher
l'acide phosphorique soluble dans l'eau, dans l'acide acétique
ou le citrate. Nous allons, pour chaque groupe géologique de
sols et pour chaque engrais considéré, exposer les résultats de
nos recherches.

Le *limon des plateaux*, représenté dans cette étude par une
terre de Houville, près Chartres, et par le sol de notre champ
d'expériences de Cloches, au nord du canton de Nogent-le-
Roi, est une terre très favorable à la culture. Sa considération
est très importante pour Eure-et-Loir, car elle en occupe la
plus grande partie et dans tous les cas la plus fertile.

Physiquement le limon n'a pas de défauts. On ne peut lui
reprocher que sa pauvreté en acide phosphorique. Mais il
rachète cela par sa richesse en azote toujours, et en potasse
dans la plupart des cas.

Dans ces terrains, les superphosphates sont employés depuis
longtemps avec avantage, et les scories de déphosphoration y
sont aussi en faveur. Les phosphates, au contraire, ne se
sont jamais répandus dans l'usage courant. Nous donnons
dans le tableau suivant les résultats de nos observations sur
les superphosphates rapportés à 1 kilogramme de terre fine :

	TERRE ADDITIONNÉE de superphosphate		
	au début.	après 7 mois.	différences.
A. — LIMON DE HOUVILLE.	gr.	gr.	gr.
Acide phosphorique — total	2,352	2,352	0,000
soluble au citrate	1,768	1,968	+0,200
soluble à l'acide acétique	1,598	1,093	—0,505
soluble à l'eau	1,304	0,160	—1,144
soluble dans l'acide acétique, moins soluble dans l'eau	0,294	0,933	+0,639
soluble dans le citrate, moins soluble dans l'eau	0,464	1,808	+1,344
B. — LIMON DE CLOCHES.			
Acide phosphorique — total	2,182	2,182	0,000
soluble au citrate	1,673	1,844	+0,171
soluble à l'acide acétique	1,595	0,735	—0,860
soluble à l'eau	1,304	0,224	—1,080
soluble dans l'acide acétique, moins soluble à l'eau	0,291	0,511	+0,220
soluble au citrate, moins soluble à l'eau	0,369	1,620	+1,251

Si l'on considère d'abord l'acide phosphorique soluble dans l'eau; on reconnaît, comme on le sait, du reste, depuis long-temps, qu'il disparaît presque entièrement du sol, en devenant insoluble dans ce véhicule.

La terre de Houville en a fixé par hectare, pesant 3 millions de kilogrammes, 3 432 kilogrammes sur 3 912 qu'elle avait reçus, soit 88 p. 100. Le limon de Cloches en a insolubilisé 3 240 kilogrammes, soit 83 p. 100.

Cet acide phosphorique soluble à l'eau, qui a rétrogradé, se retrouve et au delà sous forme soluble dans le citrate d'ammoniaque. Nous constatons, en effet, que dans les terres qui nous occupent il y avait en moyenne, au début des expériences, $0^{gr},4165$ d'acide phosphorique soluble au citrate d'ammoniaque, soit 1 249^{kg},5 par hectare de terre arable, tandis que nous en trouvons à la fin, après sept mois de réaction, 1^{gr},714 par kilogramme, ou par hectare 5 142 kilogrammes. Il a disparu 3 336 kilogrammes d'acide phosphorique soluble à l'eau. Nous en retrouvons 3 892 kilogrammes qui sont devenus solubles au citrate, ce qui constitue un excédent de 556 kilogrammes sur la rétrogradation de l'élément utile du phosphate acide.

En dehors de la rétrogradation du phosphate soluble, il semble donc qu'il se soit produit un autre effet. Il y aurait eu formation, aux dépens de l'acide phosphorique insoluble de la terre et de l'engrais, de phosphate assimilable. L'acidité de l'engrais aurait attaqué le sol et en même temps les matières humiques seraient intervenues : sur 0^{gr},4965 d'insoluble que renfermait en moyenne le mélange à l'origine, il s'en est solubilisé 0^{gr},185, soit 39 p. 100.

Dans les sols qui nous occupent, bien que la chaux ne soit pas abondante, cette base suffirait largement pour expliquer la rétrogradation de l'acide phosphorique soluble à l'eau. Toutefois, nous devons reconnaître que la chaux du sol n'est intervenue que pour bien peu dans la réaction.

En effet, l'acide acétique, qui ne dissout que les phosphates de protoxydes et spécialement le phosphate de chaux précipité, ne décèle qu'un faible gain de cette combinaison. On gagne avec le limon de Houville 0^{gr},639 et avec le sol de Cloches 0^{gr},220, soit en moyenne 0^{gr},430 d'acide phosphorique qu'on peut présumer fixé sur la chaux. C'est 1 290 kilogrammes par hectare, sur 3 336, qui ont rétrogradé. Les sesquioxydes de fer et d'aluminium ont donc joué ici un rôle prépondérant, puisqu'ils ont retenu 2045 kilogrammes d'acide phosphorique. C'est dans la terre de Houville qu'il s'est formé le plus de phosphate bibasique de chaux; c'est là aussi que nous trouvons le plus de calcaire.

En résumé, dans le limon, et dans les conditions de l'expérience, l'acide phosphorique soluble à l'eau est devenu insoluble presque entièrement (85 p. 100), en passant pour une faible part à l'état de phosphate bicalcique (33 p. 100), et pour la majeure partie à l'état de phosphate de fer et d'alumine (52 p. 100). En même temps, les matières organiques et l'acidité de l'engrais font apparaître une quantité supplémentaire notable d'acide phosphorique soluble au citrate.

Si l'on considère que, dans cette expérience, la dose de l'engrais phosphaté incorporée au sol a été considérablement exagérée, il ne nous paraît pas douteux que, dans la pratique courante, la fixation de l'acide phosphorique soluble par le sol ne soit complète. On comprendrait difficilement, en effet, qu'une terre, qui peut absorber plus de 3 000 kilogrammes d'acide phosphorique soluble par hectare, en laisse échapper une parcelle, quand on ne lui en incorpore au maximum que quarante à cinquante fois moins.

Nous avons recherché, dans les mêmes sols, comment se comportent les phosphates basiques : les scories de déphosphoration finement moulues et les phosphates minéraux. Voici nos résultats :

Action réciproque du limon et des scories.

	TERRE DE LIMON additionnée de scories		
	au début.	après 7 mois.	différence.
1º LIMON DE HOUVILLE.	gr.	gr.	gr.
Acide phosphorique (total	2,144	2,144	»
soluble au citrate	0.720	1,569	+ 0,849
soluble à l'acide acétique	0,710	0,625	— 0,085
2º LIMON DE CLOCHES.			
Acide phosphorique (total	1,974	1,974	»
soluble à l'acide acétique	0.710	0.638	— 0,072

Les scories mélangées au limon des plateaux se modifient profondément. Le phosphate basique devient presque entièrement soluble au citrate. La proportion du soluble dans l'acide acétique diminue un peu, mais le fait principal est le précédent. Si nous ramenons nos chiffres à l'hectare, on voit que, sur 4 302 kilogrammes d'acide phosphorique ajouté, comprenant 1 320 kilogrammes de soluble au citrate, il y a, après sept mois de contact, 2 547 kilogrammes d'acide phosphorique insoluble dans le citrate qui sont devenus solubles dans ce réactif. C'est 82 p. 100 de l'insoluble.

Ce résultat est bien fait pour expliquer l'avantage que trouve la pratique à l'emploi des scories. En effet, supposons une fumure de 540 kilogrammes de scories donnant au sol 100 kilogrammes d'acide phosphorique total par hectare, dont 30 kilogrammes sont dès l'origine solubles dans le citrate. Des 70 kilogrammes d'insolubles, il y en aura 57 de solubilisés au bout de quelques mois, et la récolte aura eu à sa disposition, en réalité, 87 kilogrammes d'acide phosphorique soluble au citrate et, par suite, très assimilable.

Action réciproque du limon et des phosphates.

	LIMON DE HOUVILLE additionné de phosphate		
	au début.	après 7 mois.	différence.
Acide phosphorique total............	2,919	2,919	»
— soluble au citrate............	0,284	0,810	+0,526
— soluble à l'acide acétique...	0,037	0,329	+0,292

Ici, nous trouvons, comme précédemment à propos des superphosphates et des scories, qu'il y a formation d'acide phosphorique soluble au citrate. 526 milligrammes par kilogramme de terre ont été solubilisés et pris sur les 2gr,239 d'insoluble ajoutés au sol ; ce qui correspond à 23 p. 100. On trouve aussi un gain d'acide phosphorique soluble dans l'acide acétique ; ce gain peut s'expliquer par la désagrégation lente du phosphate sous l'action de l'eau chargée d'acide carbonique.

Si nous supposons, comme tout à l'heure, que nous ayons donné à un champ d'un hectare une fumure de 100 kilo-

grammes d'acide phosphorique sous forme de phosphate
minéral, la récolte dans les sept premiers mois aura eu à sa
disposition 23 kilogrammes d'acide phosphorique soluble
au citrate, tandis qu'avec les scories elle en aurait eu 87,
et 100 avec les superphosphates. Il n'est donc pas étonnant
qu'en fumant le sol comparativement avec les superphosphates,
les scories et les phosphates, à quantité égale d'acide phosphorique, on obtienne des résultats tout à fait différents. L'efficacité relative de ces engrais, déterminée par nos expériences
culturales, est bien comparable à celle que nous avons
déduite ici. Le tableau suivant en fait foi :

	ASSIMILABILITÉ RELATIVE D'APRÈS	
	les expériences culturales.	l'étude actuelle.
Superphosphate..............	100	100
Scories	95	87
Phosphates minéraux	33	23

Les deux terres formées par *l'argile à silex*, qui nous ont
donné, avec les superphosphates, les résultats consignés dans
le tableau suivant, sont sablonneuses et pauvres en calcaire.
Les sesquioxydes de fer et d'aluminium s'y trouvent en
quantité moyenne. Dans l'une et l'autre, les engrais chimiques
donnent des résultats remarquables, quand ils sont constitués
par les superphosphates ou les scories, additionnés de nitrate
de soude.

	TERRE ADDITIONNÉE de superphosphate		
	au début.	après 7 mois.	différence.
TERRE DE LA SABLONNIÈRE.	gr.	gr.	gr.
Acide phosphorique — total	1,982	1,982	
soluble au citrate	1,531	1,799	+0,268
soluble à l'acide acétique	1,585	0,971	- 0,614
soluble à l'eau	1,304	0,208	—1,096
soluble à l'acide acétique, moins soluble à l'eau	0,281	0,763	+0,482
soluble au citrate, moins soluble à l'eau	0,227	1,591	+1,364
TERRE DE MANOUYAU.			
Acide phosphorique — total	2,042	2,042	
soluble au citrate	1,488	1,865	+0,377
soluble à l'acide acétique	1,568	1,405	—0,163
soluble à l'eau	1,304	0,288	—1,016
soluble à l'acide acétique, moins soluble à l'eau	0,264	1,117	+0,853
soluble au citrate, moins soluble à l'eau	0,184	1,577	+1,393

Les modifications subies par les superphosphates, dans ces terres d'argile à silex sablonneuses, sont de même nature que celles que nous avons observées précédemment dans le limon des plateaux.

L'acide phosphorique soluble à l'eau disparaît rapidement. La rétrogradation atteint 84 p. 100 dans le premier sol, et 78 p. 100 dans le second. La moyenne de 81 p. 100 est un peu inférieure à celle obtenue dans le limon. Mais en vérité cela n'a pas d'importance, car les doses d'acide phosphorique rétrogradé dépassent infiniment celles qu'on peut employer.

L'acide phosphorique rétrogradé se trouve en partie combiné à la chaux, puisqu'il se dissout dans l'acide acétique, mais aussi aux sesquioxydes de fer et d'aluminium, puisqu'on le retrouve et au delà soluble au citrate. Dans le sol de La Sablonnière, 37 p. 100 de l'acide phosphorique ajouté à l'état soluble ont été fixés par les protoxydes ; et dans la terre de Manouyau, 65 p. 100 ; les sesquioxydes en ont absorbé respectivement 47 et 13 p. 100.

Le limon, quoique plus riche en calcaire, a formé plus de phosphates alumino-ferriques que les sols sablonneux qui nous occupent ici. La faiblesse de leur teneur en argile colloïdale en donne l'explication beaucoup mieux que leur dosage en sesquioxydes. L'alumine hydratée ferrugineuse de l'argile est en bien meilleure situation pour absorber l'acide phosphorique que les grains de sable ferrugineux et feldspathiques.

Comme dans le limon, il y a ici gain d'acide phosphorique soluble au citrate, sur ce que renfermaient le sol et l'engrais à l'origine. Sous l'influence de l'humidité, l'acidité du superphosphate et l'acide humique ont réagi sur les réserves insolubles. 48 à 50 p. 100 de celles-ci ont été désagrégées.

On voit donc que, dans les terres sablonneuses formées par l'argile à silex, l'acide phosphorique des superphosphates rétrograde rapidement, malgré le peu de calcaire et d'argile colloïdale constatés. La fixation est faite par la chaux (la magnésie) et les sesquioxydes. Les proportions varient suivant les quantités relatives du calcaire et des oxydes hydratés alumino-ferriques renfermés dans le sol. Le sol le plus riche en calcaire retient l'acide phosphorique surtout à l'état de phosphate de chaux, et le moins riche surtout à l'état de phosphate de sesquioxydes.

Nous n'avons pas étudié spécialement l'action des scories sur ces sols. Les expériences culturales démontrent qu'elles y sont très efficaces. Il y a toutes probabilités pour qu'elles s'y comportent comme dans le limon.

Les *glaises vertes du Perche*, auxquelles appartient le dernier échantillon que nous avons étudié, n'occupent en Eure-et-Loir qu'une étendue restreinte, comme le Perche du reste. On les rencontre de Nogent-le-Rotrou à Authon. La terre que nous avons employée avait été recueillie par nous à Saint-Cyr-la-Rosière, dans l'Orne.

Action réciproque des superphosphates et de l'argile verte du Perche.

| | TERRE ADDITIONNÉE de superphosphate | | |
	au début.	après 7 mois.	différence.
	gr.	gr.	gr.
Acide phosphorique total	2,172	2,172	
soluble au citrate	1,498	1,901	+0,403
soluble à l'acide acétique	1,639	1,066	—0,573
soluble à l'eau	1,304	0,112	—1,192
soluble à l'acide acétique, moins soluble à l'eau	0,335	0,954	+0,619
soluble au citrate, moins soluble à l'eau	0.194	1,789	+1,595

La fixation de l'acide phosphorique soluble est considérable, comme dans les autres terrains; elle atteint 91 p. 100 et correspond à 4560 kilogrammes par hectare. La chaux (magnésie) et les sesquioxydes interviennent dans le phénomène d'absorption. La première a retenu 47 p. 100 de l'acide phosphorique soluble, et les derniers 44 p. 100.

Pendant la durée de l'expérience, il s'est également produit une modification des phosphates insolubles, correspondant à un gain de 0gr,403 d'acide phosphorique soluble au citrate, gain qui atteint 44 p. 100 sur les réserves.

Le tableau suivant donne les résultats obtenus avec les scories :

| | TERRE ADDITIONNÉE de scories | | |
	au début.	après 7 mois.	différence.
	gr.	gr.	gr.
Acide phosphorique total	1,964	1,964	»
— soluble au citrate	0,450	1,287	+0,837
— à l'acide acétique	0,754	1,018	+0,264

Sur 1 514 milligrammes d'acide phosphorique insoluble au citrate, il s'en est transformé 837, qui sont devenus solubles dans ce réactif. C'est une proportion de 55 p. 100. En même temps, il y a eu accroissement du soluble dans l'acide acétique : 21 p. 100. Cette expérience confirme entièrement celle que nous avons rapportée plus haut. Les scories se modifient profondément dans le sol et leurs modifications expliquent leur grande efficacité.

En somme, dans le limon quaternaire, l'argile à silex et les glaises vertes du Perche, les engrais phosphatés que nous avons étudiés se comportent de la même manière. L'acide phosphorique soluble y est absorbé en quantité considérable. En se fixant, il devient soluble au citrate en totalité et pour partie soluble dans l'acide acétique. De plus, on constate dans tous les cas un accroissement de l'acide phosphorique soluble au citrate aux dépens des réserves insolubles.

Les phosphates naturels sont attaqués par la terre, mais très lentement, tandis que les scories le sont avec une très grande intensité. On conçoit dès lors que celles-ci aient une influence bien plus sensible sur l'augmentation des rendements.

Le tableau récapitulatif ci-après appuie les conclusions qui précèdent :

| | ACIDE PHOSPHORIQUE | | | | | |
| | soluble fixé | | | insoluble rendu assimilable. | | |
	total.	par le calcaire.	par les sesquioxydes.	des réserves.	des scories.	des phosphates.
	p. 100.	p. 100.	p. 100.	p. 100.	p. 100.	p. 100.
Limon des plateaux..	85	33	52	39	82	23
Argile et silex	81	51	30	49	»	»
Glaises vertes........	91	47	44	44	55	»
Moyennes.....	86	44	42	44	69	23

Il fait ressortir en outre l'intensité des réactions pour chaque nature du sol.

VI. — ENGRAIS POTASSIQUES.

Les principaux engrais potassiques auxquels l'agriculture française a recours sont le chlorure de potassium et le sulfate de potasse.

Chlorure de potassium. — Chimiquement pur, le chlorure de potassium est un sel blanc, cristallisé en cubes, d'une saveur salée. Il n'est pas hygroscopique comme le sel de cuisine et, à la température de 0° C., 1 litre d'eau en dissout 300 grammes. On voit qu'il est très soluble.

Il est constitué par la combinaison du chlore avec le potassium. On trouve dans 100 parties de sel :

Chlore......................................	47,6
Potassium	52,4

Cette quantité de métal alcalin correspond à 61,3 p. 100 de potasse ou oxyde de potassium.

Mais les chlorures du commerce n'ont pas cette pureté. Ceux que l'on retire en France des salins de betteraves, ou des cendres de varechs, sont les plus riches. On y trouve souvent jusqu'à 56 à 57 p. 100 de potasse. Le plus souvent, aujourd'hui, à cause de la concurrence allemande, on pousse le raffinage moins loin, et les chlorures renferment de 78 à 82 p. 100 de sel pur, ou en moyenne 50 p. 100 de potasse.

Les chlorures provenant des marais salants de la Camargue ne contiennent que 75 p. 100 de chlorure de potassium pur, ou 47 p. 100 de potasse. Leur origine se décèle par la présence du sulfate de magnésie.

Les chlorures allemands proviennent des gisements de Stassfurt. Le commerce nous offre généralement en France le chlorure cinq fois concentré, qui dose 80 à 85 p. 100 de sel pur, soit de 50 à 53 p. 100 de potasse totale.

Sulfate de potasse. — Le sulfate de potasse est moins soluble dans l'eau que le chlorure de potassium. Un litre d'eau à 12° C. n'en dissout que 105 grammes. Ses cristaux ont la forme de prismes droits à base rhomboïdale; ils sont inaltérables à l'air, durs, de saveur salée et amère à la fois.

Pur, il contient :

Acide sulfurique anhydre........   45,9
Potasse...............................   54,1

Les sulfates de potasse livrés à l'agriculture sont extraits des salins, des cendres et du kaïnite.

Les sulfates de potasse originaires des salins de betteraves sont généralement riches. Ils dosent de 95 à 96 p. 100 de sel pur. Ils renferment, par conséquent, 51 p. 100 de potasse en moyenne.

Le sulfate de potasse n° 1 de Stassfurt renferme de 90 à 95 p. 100 de sel pur et, par suite, dose de 48 à 51 p. 100 de potasse. Le plus souvent même ces produits allemands ne renferment que 85 p. 100 de sel pur ou 46 p. 100 de potasse.

De ce qui précède, il nous semble donc naturellement découler qu'il est indispensable de n'acheter les sels de potasse qu'avec garantie d'un titre minimum de potasse soluble anhydre (KO). Ces sels cristallisés, blancs, peuvent en effet être falsifiés avec la plus grande facilité. On les additionne de chlorure de sodium, ou sel marin, de sulfate de soude, de sulfates bruts, ou de chlorures mal raffinés.

Il faut non seulement demander au chimiste le dosage de la potasse, mais encore celui de l'acide sulfurique et celui du chlore, selon que l'on a acheté du sulfate ou du chlorure, car le dosage de la potasse seul n'indique pas l'état de combinaison de cette potasse et le sulfate est toujours plus cher que le chlorure.

Cela tient à ce que le sulfate de potasse est très demandé par l'industrie, dont la concurrence est redoutable pour l'agriculture. De plus, ce sel est plus coûteux à préparer que le chlorure. Nous aurons à voir si l'excédent de prix du sulfate, à égalité de richesse en potasse, excédent qui est en général de 1/5 par degré, est compensé par une supériorité de valeur agricole.

Les sels de potasse, mélangés au sol par un hersage, viennent en contact avec l'humidité qui imbibe les particules terreuses et se dissolvent rapidement. Il se forme une solution très concentrée aux points où sont tombés les cristaux. Les graines en germination qui viennent en contact avec ces solutions plus ou moins saturées sont corrodées et périssent. Il faut donc répandre les sels potassiques un certain temps avant la semaille, pour que, par suite des pluies, le sel puisse se diffuser au travers de tout le sol et, par suite, sa dissolution s'allonger.

La solution de sels de potasse, ainsi mélangée au sol par les eaux pluviales, voit sa potasse se fixer sur les particules terreuses. Cette fixation s'opère sur l'argile et sur l'humus, après l'intervention du carbonate de chaux, qui transforme les sels qui nous occupent en carbonate de potasse, en laissant comme résidus des sulfate ou chlorure de calcium. Cette propriété particulière et très remarquable des terres empêche les engrais potassiques, toujours solubles naturellement, d'être entraînés par les eaux qui traversent les sols. On ne retrouve en réalité que très peu de potasse dans les eaux courantes.

Le pouvoir absorbant du sol fixe la potasse si bien, en effet, qu'il n'y en a pas plus de 1/5 qui puisse dépasser la profondeur de 22 centimètres, dans un terrain de bonne composition moyenne ; et cette fraction se trouve certainement absorbée avant que la solution n'ait atteint 50 centimètres de profondeur.

Par exemple, en vingt-deux ans, un champ de Rothamsted a reçu 1133 kilogrammes de potasse dans les engrais, et les récoltes en ont prélevé 369 kilogrammes. Il devait donc en rester dans le sol 763 kilogrammes. L'analyse en a retrouvé, dans la première couche de 22 centimètres d'épaisseur, 530 kilogrammes. Il n'en est donc passé que 234 kilogrammes dans le sous-sol en vingt-deux ans, soit 11 kilogrammes par année.

D'après les expériences de Way, les sols peuvent absorber de 1 à 3 grammes de potasse par kilogramme. Cela correspond à un minimum de 3000 kilogrammes par hectare.

Dans les terres franches, argilo-calcaires ou humo-calcaires, on peut, sans risque aucun, employer les engrais potassiques longtemps à l'avance. Ils ont ainsi toute facilité de se diffuser et de se transformer en carbonate potassique, en se fixant sur les particules terreuses. Sulfate ou chlorure, dans ces bonnes conditions, ne peuvent avoir aucun inconvénient.

Les terres calcaires proprement dites, et les sels crayeux, qui manquent à la fois de terreau et d'argile, sont incapables de retenir la potasse soluble. Dès lors, elle est entraînée par les eaux qui traversent le sol. Ici, il ne faut donc pas répandre les sels potassiques longtemps à l'avance. Ils ne peuvent être donnés qu'avant le dernier labour qui précède la semaille, et en quantité strictement nécessaire pour une seule récolte. Ce sont ces sols qui, du reste, ont le plus besoin d'engrais potassiques.

Dans les sols sablonneux, pauvres en humus, très perméables, les propriétés absorbantes sont très faibles. Il faut y employer les engrais de potasse avec les mêmes précautions que dans les craies.

Si la terre est une tourbe acide, elle ne pourra, malgré sa richesse en matière humique, retenir la potasse, que les eaux pluviales entraîneront facilement, car le défaut de calcaire, rendant impossible la transformation du sulfate ou du chlorure en carbonate de potasse, empêche tout pouvoir absorbant de se manifester. Il sera nécessaire, dans ce cas, d'appliquer les engrais potassiques à petites doses, répétées pour chaque récolte.

Dans toutes les terres non calcaires, sablonneuses, argileuses ou tourbeuses, si l'analyse du sol indique une pauvreté en potasse qui exige son apport comme engrais, il nous paraît indispensable, pour assurer le succès d'une pareille fumure, de chauler ou marner le terrain au préalable.

Cette nécessité de la transformation des sulfate et chlorure de potassium dans le sol par le calcaire, pour que ces engrais restent fixés et perdent leur causticité nuisible aux racines, est la cause d'une perte correspondante de calcaire. Il est urgent donc, dans les sols pauvres en carbonate de chaux, de tenir compte de cet effet de décalcarisation.

Kaïnite. — Le kaïnite est un mélange de sulfate de potasse et de sulfate de magnésie, avec des proportions variables de chlorure de magnésium et de sel marin.

17.

A l'état brut, ce minéral a la composition suivante en moyenne :

Eau	14,0
Sulfate de potasse	24,0
Sulfate de magnésie	16,5
Chlorure de magnésium	13,0
Sel marin	31,0
Gypse	1,5

La seule substance utile de ce minéral est la potasse, qui y entre pour une proportion de 12,96 p. 100.

Le sel marin qu'on y rencontre est au moins inutile comme engrais. Il en est de même du sulfate de magnésie.

Mais le *chlorure de magnésium* est un sel tout à fait nuisible à la végétation. Aussi l'emploi du kaïnite brut n'est-il pas à recommander. En général, on vend à la culture du kaïnite préparé, c'est-à-dire qui a subi une calcination au rouge ; par là, on détruit le chlorure de magnésium en chassant le chlore, et il reste en place de la magnésie calcinée, qui n'offre aucun inconvénient.

Lorsqu'on achète du kaïnite, il faut exiger non seulement la garantie d'un dosage d'environ 12 p. 100 de potasse anhydre, mais encore celle de l'absence de chlorure de magnésium.

Le chlorure de magnésium est un sel très hygroscopique, c'est-à-dire qu'il absorbe avec avidité la vapeur d'eau atmosphérique. Il rend très difficile la conservation en sacs des sels bruts.

Ajoutons, pour terminer, que le kaïnite se rencontre en abondance dans les gisements de New-Stassfurt et de Leopolds-Hall, ainsi qu'à Kalusz, dans la partie orientale des monts Karpathes.

Engrais potassiques divers. — Nous avons déjà parlé du nitrate de potasse, en décrivant les engrais azotés. Nous avons signalé ses avantages et ses inconvénients. Il est inutile d'y revenir ici, sauf pour dire qu'il fournit la potasse à un prix beaucoup plus élevé que le sulfate et le chlorure, qui doivent, par conséquent, lui être préférés, à l'exception de quelques cas

spéciaux que nous indiquerons à propos de la fumure
spéciale des plantes.

Le *carbonate de potasse* à l'état pur est un sel blanc cristallisé, caustique, qui renferme :

    Potasse...................................... 68,11
    Acide carbonique............... 31,89

Connu sous le nom de *potasse* dans le commerce, il est
très employé dans l'industrie des savons et des verres. Aussi
son prix est-il toujours trop élevé pour qu'on puisse l'employer comme engrais.

Les carbonates de potasse du commerce proviennent soit
de la décomposition du sulfate de potasse, soit des cendres
de bois, ou des salins de betteraves. M. Joulie leur assigne la
composition moyenne suivante :

    Carbonate de potasse........................... 87,14
    Chlorure de potassium.......................... 3,20
    Sulfate de potasse............................. 1,97
    Carbonate de soude............................. 6,30
    Eau, etc....................................... 4,39

Les carbonates de potasse provenant des suints renfermeraient :

    Carbonate de potasse........................... 76,45
    Carbonate de soude............................. 4,59
    Sulfate de potasse............................. 4,24
    Chlorure de potassium.......................... 7,28
    Eau, etc....................................... 7,44

Le taux de potasse réelle varie dans ces sels de 52 à 63 p. 100.

On extrait des eaux mères des marais salants un produit
potassé qui contient 9 à 11 p. 100 de potasse réelle. Les salins
du Midi ont la composition suivante :

    Sulfate de potasse............................. 18,1
    Sulfate de magnésie............................ 14,8
    Chlorure de magnésium.......................... 14,0
    Chlorure de sodium............................. 20,7
    Eau, etc. 22,4

L'abondance des sels de magnésie et surtout du chlorure

de magnésium rend l'emploi de ces salins assez difficile. Il faut les enterrer très longtemps à l'avance en sol nu, sinon ils pourraient nuire à la végétation en brûlant les plantes. Pour détruire le chlorure de magnésium, il conviendrait de leur faire subir un grillage comme au kaïnite.

En évaporant, puis en calcinant les vinasses de distilleries de mélasse, on obtient un salin très riche en potasse, que l'on vend comme engrais sous le nom de *salins de betteraves*. On y trouve en moyenne :

Carbonate de potasse	35
Carbonate de soude	16
Chlorure de potassium	17
Sulfate de potasse	6
Matières insolubles	9
Eau	18

Pendant la calcination, il se forme d'ordinaire un peu de cyanures. Quand la proportion en est peu élevée, il n'y a guère à s'en inquiéter ; dans tous les cas, il est nécessaire de se rendre compte, par l'analyse, de la quantité de ce poison avant de faire l'achat de ces produits.

Les suints, qui imprègnent la laine, en sont extraits par des lavages à l'eau, et la concentration de celle-ci, puis la dessiccation du résidu et sa calcination, permettent d'en retirer un salin riche en potasse. On y trouve :

Carbonate de potasse	86,8
Chlorure de potassium	6,2
Sulfate de potasse	2,8
Silice, eau, etc	4,2

Les cendres végétales sont généralement assez riches en potasse. Dans les pays de landes, on brûle les fougères, les bruyères et les genêts, et leurs cendres charbonneuses, riches en potasse, sont employées comme engrais. M. Petermann y a trouvé :

Cendres de fougères	28,90 p. 100 de potasse.
— de bruyères	16,50	—
— de genêts	31,35	—

Les cendres de varechs sont également riches en potasse. Elle s'y rencontre à la dose de 6 à 15 p. 100.

Mais les cendres de bois qui proviennent des foyers domestiques ou industriels sont plus généralement répandues. Leur richesse en potasse est variable suivant les essences et leur origine. Voici quelle est leur teneur en potasse et en acide phosphorique d'après différents auteurs :

	Potasse.		Ac. phosphorique.	
Chêne............................	8 à	16	6 à	8
Hêtre............................	8	12	5	7
Orme............................	20	25	8	10
Peuplier........................	10	15	10	13
Pin.............................	10	15	3	4

Dans les cendres, la plus grande partie de la potasse se trouve à l'état de carbonate, et une petite proportion à l'état de sulfate et de silicate. Comme les autres engrais potassiques, à cause des variations de leur richesse, les cendres ne doivent être achetées qu'après en avoir fait doser la potasse et l'acide phosphorique.

Nous avons employé à la culture du tabac, en 1880, un engrais potassique envoyé par M. Kuhlmann. C'était une suie des carneaux des fours à prussiate de potasse. L'action de ce produit s'est montrée satisfaisante. M. Grandeau lui a trouvé la composition suivante :

Sulfate de potasse.............................	64,23
Chlorure de potassium..........................	2,37
Sulfure de potassium...........................	0,35
Potasse en excès	0,15
Résidu insoluble dans l'eau.....................	25,07
Eau, etc.	7,83
(Potasse pure anhydre.......... 36,67)	

Le *sulfocarbonate de potasse*, qu'on a employé beaucoup pour le traitement des vignes phylloxérées, est une combinaison du sulfure de carbone avec le sulfure de potassium. On le trouve dans le commerce sous forme d'une dissolution dense, d'apparence huileuse, d'une couleur jaune rougeâtre foncée, et d'une odeur sulfureuse. Il communique à l'eau une coloration très intense. Sa densité est de 35° à 40° Baumé. Il dose de 18 à 22 p. 100 de potasse et de 16 à 18 p. 100 de sulfure de carbone. Outre sa grande action insecticide, ce produit constitue un véritable engrais potassique.

ACTION DES ENGRAIS POTASSIQUES.

Les engrais potassiques n'ont pas l'importance générale des engrais azotés ou phosphatés, et la plupart des agronomes, en se basant sur la richesse des sols en potasse attaquable par les acides forts, ont une tendance à conclure à l'inutilité de leur emploi dans la majeure partie des terres.

M. Grandeau estime que leur application aux sols de Lorraine est peu avantageuse. Avec M. Colomb-Pradel, et dans des parties différentes de la Beauce, j'ai reconnu que les engrais potassiques sont rarement utiles, car ils sont rarement payés par les excédents de récolte obtenus. Or, ce qui est vrai pour la Beauce et pour le Perche le serait aussi, d'après MM. Pagnoul, Gatellier et Dehérain, pour la Brie, le pays de Caux, le Vexin, la Picardie, l'Artois et la Flandre, dont le sol appartient aux formations tertiaires et quaternaires. Dans le Plateau central, la Bretagne et la Vendée, le Maine et l'Anjou, le Cotentin et le Bocage normand, dont les sols sont constitués soit par les terrains primitifs, soit par les terrains éruptifs, l'emploi de la potasse semble généralement inutile. Il en est de même dans les sols liasiques du Nivernais.

Il n'en est pas moins vrai, cependant, que dans bien des cas particuliers on obtient avec les engrais potassiques des résultats très avantageux, toutes les fois évidemment que le sol est pauvre en *potasse assimilable*. Nous allons ci-après donner quelques exemples de leur efficacité ; puis, en nous occupant de la fumure rationnelle des terres, nous reviendrons sur le sujet, pour montrer dans quels cas spéciaux il est nécessaire d'avoir recours à leur emploi.

Au champ de démonstration scolaire annexé à l'École primaire supérieure de Bonneval, que dirige depuis sa fondation M. Singlas, les engrais potassiques, par une exception qui mérite d'être signalée en Beauce, produisent un effet assez remarquable. Nous résumons dans le tableau suivant les résultats obtenus sur diverses cultures pendant quatre années consécutives :

	Excédents de rendement.			
	Engrais complet.		Sans potasse.	
	Grain.	Paille.	Grain.	Paille.
	qx.	qx.	qx.	qx.
Blé (4 récoltes).........	9,1	27,8	2,8	13,9
Avoine (4 récoltes)......	5,5	11,5	4,7	7,0
Orge (3 récoltes)........	6,6	15,0	3,8	17,4

	Excédents de rendement.	
	Engrais complet.	Sans potasse.
	Racines.	Racines.
	qx.	qx.
Pommes de terre (5 récoltes)	68,1	20,7
Carottes fourragères............	174,0	75,0
	Foin.	Foin.
Prairie artificielle (9 récoltes)...	18,8	1,0

Pour toutes les cultures essayées, dans ce sol provenant de l'argile à silex, l'emploi de la potasse a donné des résultats très marqués, comme le montre le tableau suivant des excédents dus à cet engrais :

	Grain.	Paille.	Racines.	Foin.
	qx.	qx.	qx.	qx.
Blé...................	6,3	13,9	»	»
Avoine...............	0,8	4,5	»	»
Orge	2,8	»	»	»
Pommes de terre......	»	»	47,4	»
Carottes	»	»	99,0	»
Prairie artificielle......	»	»	»	17,8

C'est que le sol du champ de démonstration de l'École de Bonneval est pauvre en potasse assimilable; nous n'y avons, en effet, trouvé, par kilogramme de terre normale sèche, que $0^{gr},13$ de potasse soluble dans l'acide azotique faible au titre de 0,013 d'acidité, exprimée en hydrogène.

A son champ d'expériences de Dreux, M. Allard, professeur spécial d'agriculture, a constaté des faits analogues, dans un sol remanié de même formation géologique. Nous donnons ci-dessous, pour les diverses cultures faites de 1893 à 1900 inclusivement, les excédents moyens de rendement dus à la potasse :

1° *Céréales.*

	Excédents de rendement dus à la potasse.	
	Grain.	Paille.
	qx.	qx.
Blé (13 récoltes).....................	5,46	6,92
Avoine (17 récoltes)..................	2,54	3,86
Orge (10 récoltes)...................	2,83	3,34

2° *Légumineuses à graines.*

	Grain.	Paille.
Lentilles (3 récoltes).............	5,4	7,7

3° *Plantes sarclées.*

	Racines ou tubercules.
	qx.
Pommes de terre (6 récoltes).................	45,1
Betteraves (6 récoltes).....................	89,1
Carottes	163,7

4° *Fourrages verts.*

	Herbe.
	qx.
Maïs (10 récoltes)...............................	82,6
Moha (10 récoltes)...............................	41,0
Vesces de mars (3 récoltes)........	35,4
Pois bisailles (3 récoltes).....................	25,2
Vesces d'hiver (3 récoltes).....................	14,0
Alpiste (2 récoltes)............................	11,7
Millet (2 récoltes).............................	102,6
Sarrasin (9 récoltes)	48,2

Nous n'avons trouvé dans ce sol, par kilogramme de terre normale sèche, que $0^{gr},11$ de potasse soluble dans l'acide azotique faible.

A notre champ d'expériences de Cloches, nous avons reconnu l'utilité de l'emploi des sels de potasse principalement pour les racines, le blé et la luzerne. Voici les résultats moyens de nos dix années d'expériences :

	Excédents.			
	Engrais complet.		Sans potasse.	
	Grain.	Paille.	Grain.	Paille.
	qx.	qx.	qx.	qx.
Blé (8 récoltes).........	7,1	13,3	5,6	12,3
Avoine (9 récoltes).....	4,82	13,45	3,2	13,08
Orge (2 récoltes).......	5,5	12,25	5,0	10,5
		Foin.		Foin.
		qx.		qx.
Luzerne (8 récoltes)...........		14,75		11,8

	Excédents.	
	Engrais complet.	Sans potasse.
	Racines.	Racines.
	qx.	qx.
Betteraves fourragères (2 réc.)	145,0	106,0
Betteraves à sucre (1 récolte)	181,6	156,5
Pommes de terre (1 récolte)	109,0	55,0
Carottes fourragères	205,0	165,0

Les excédents de récolte dus à l'effet de la potasse sont les suivants :

	Grain.	Paille.	Racines.	Foin.
	qx.	qx.	qx.	qx.
Blé	1,3	2,0	»	»
Avoine	1,62	0,37	»	»
Orge	0,50	1,75	»	»
Luzerne	»	»	»	2,93
Betteraves fourragères.	»	»	39,0	»
Betteraves à sucre	»	»	25,1	»
Pommes de terre	»	»	54,0	»
Carottes	»	»	40,0	»

La potasse a donc marqué nettement son effet sur la luzerne et les racines, tandis que les céréales y ont été moins sensibles. Ce sol est riche en potasse totale attaquable par l'acide fluorhydrique, et en potasse attaquable par l'acide azotique bouillant ; mais il est pauvre en potasse assimilable, soluble dans l'acide citrique ou l'acide azotique de même acidité. Nous n'y en avons trouvé que $0^{gr},17$ par kilogramme de terre normale sèche.

Dans les champs de démonstration scolaires que nous avons institués en Eure-et-Loir, nous avons en moyenne obtenu des résultats sensibles de l'emploi des engrais potassiques. Nous donnons ci-dessous les excédents moyens constatés dans les parcelles avec engrais complet et dans celles à engrais sans potasse :

	Engrais complet.		Engrais sans potasse.	
	Grain.	Paille.	Grain.	Paille.
	qx.	qx.	qx.	qx.
Blé (1898-99 ; 14 champs).	10,03	18,39	4,86	9,60
Orge (1897 ; 12 champs)..	9,50	15,30	5,90	9,97
Avoine (1900 ; 15 champs).	3,62	7,30	2,74	5,2
	Racines.		Racines.	
	qx.		qx.	
Betteraves (1898 ; 14 champs)....	80,6		47,9	
Pommes de terre (1901 ; 16 ch.)..	49,0		34,2	

Les excédents dus à l'action de la potasse sont établis ci-dessous :

	Grain.	Paille.	Racines.
	qx.	qx.	qx.
Blé	5,17	8,79	»
Orge........................	3,60	5,33	»
Avoine......................	0,88	2,10	»
Betteraves..................	»	»	32,7
Pommes de terre............	»	»	14,8

La richesse en potasse assimilable de nos divers sols varie de $0^{gr},11$ à $0^{gr},25$ par kilogramme de terre normale, et la moyenne générale est de $0^{gr},16$.

Dans la Brie, et sur une terre argileuse, M. Zolla a obtenu les résultats suivants de l'emploi de la potasse dans la culture de la luzerne :

	qx.
Sans potasse...................................	45,75
Avec 230 kilogrammes de potasse	53,90
Excédent dû à la potasse............	8,15

Ce terrain, d'après l'analyse de M. Joulie, dosait $1^{gr},60$ de potasse soluble dans l'eau régale, par kilogramme de terre fine.

Les sols crayeux de la Champagne manquent en général de potasse assimilable. M. de Johanna obtenu, près de Reims, dans la culture du blé, les résultats suivants :

	Grain.	Paille.
	qx.	qx.
Engrais complet.................. ...	27,85	70,00
Sans potasse.......................	10,15	40,25
Excédent dû à la potasse........	17,70	29,75

Dans l'Aube, M. Seurat a récolté en blé :

	Grain.	Paille.
	qx.	qx.
Engrais complet....................	23,0	46,2
Sans potasse.......................	12,6	3,6
Excédent dû à la potasse........	10,4	12,6

Dans les terrains dérivés des calcaires jurassiques, la potasse assimilable est souvent en trop faible quantité. En une prairie de cette nature, M. Colin a obtenu :

	Foin.
	qx.
Engrais complet......	33,33
Sans potasse......	30,28
Excédent dû à la potasse......	3,05

Les sols sablonneux des Landes de Gascogne sont dans le même cas, comme l'a reconnu par l'expérience M. Gayon, directeur de la Station agronomique de Bordeaux.

Les sols tourbeux sont aussi pauvres en potasse assimilable. M. Rimpau, pour le colza, a obtenu à Cunrau, sans fumure, une récolte proportionnelle à 7; l'acide phosphorique fit monter le rendement à 12; la potasse seule, à 13; enfin le mélange de potasse et d'acide phosphorique, à 43.

Sur une prairie tourbeuse de l'Aisne, M. Giot, instituteur à Pierrefonds, a obtenu :

	Foin.
	qx.
Sans engrais......	28,88
Kaïnite (1000 kilogrammes)......	26,37
Scories (1000 kilogrammes)......	58,20
Scories et kaïnite......	69,00
Excédent en faveur de la potasse....	10,80

M. Lechartier, directeur de la Station agronomique de Rennes, sur un sol granitique riche en potasse totale, a obtenu avec le blé :

	Grain.	Paille.
	qx.	qx.
Engrais sans potasse......	14,48	22,81
Engrais complet......	23,67	22,79
Excédent dû à la potasse......	9,19	0,02

Dans la culture du topinambour, il a constaté que la potasse seule augmentait le rendement dans une forte proportion, en sol granitique dosant 3 grammes de potasse attaquable par l'acide azotique bouillant; il a récolté :

	Tubercules.
	qx.
Sans engrais......	200,0
Chlorure de potassium......	350,0
Excédent dû à la potasse......	150,0

En fin de compte, ces expériences nous semblent suffisantes pour démontrer que les engrais potassiques ne doivent pas être délaissés systématiquement, car dans bien des contrées, que l'habitude fait considérer comme assez riches en potasse, il existe des sols, plus nombreux qu'on ne le croit, où ils peuvent jouer un rôle important, de même que dans les sols crayeux, sablonneux ou tourbeux.

VII. — LÉGISLATION, SYNDICATS, VALEUR COMMERCIALE DES ENGRAIS.

Réglementation du commerce des engrais.

Le commerce des engrais est aujourd'hui réglementé par la loi du 4 février 1888, concernant la répression des fraudes ; en voici le texte :

Article premier. — Seront punis d'un emprisonnement de six jours à un mois et d'une amende de 50 à 2 000 francs ou de l'une de ces deux peines seulement :

Ceux qui, en vendant ou mettant en vente des engrais ou amendements, auront trompé ou tenté de tromper l'acheteur, soit sur leur nature, leur composition ou le dosage des éléments utiles qu'ils contiennent, soit sur leur provenance, soit par l'emploi, pour les désigner ou les qualifier, d'un nom qui, d'après l'usage, est donné à d'autres substances fertilisantes.

En cas de récidive dans les trois ans qui ont suivi la première condamnation, la peine pourra être élevée à deux mois de prison et 4 000 francs d'amende.

Le tout sans préjudice de l'application du paragraphe 3 de l'article 1er de la loi du 27 mars 1851, relatif aux fraudes sur la quantité des choses livrées, et des articles 7, 8 et 9 de la loi du 23 juin 1857, concernant les marques de fabrique et de commerce.

Art. 2. — Dans les cas prévus à l'article précédent, les tribunaux peuvent, en outre des peines ci-dessus portées, ordonner que les jugements de condamnation seront, par extraits ou intégralement, publiés dans les journaux qu'ils détermineront et affichés sur les portes de la maison et des ateliers ou magasins du vendeur et sur celles des mairies de son domicile et de celui de l'acheteur.

En cas de récidive dans les cinq ans, ces publications et affichages seront toujours prescrits.

Art. 3. — Seront punis d'une amende de 11 à 15 francs inclusivement ceux qui, au moment de la livraison, n'auront pas fait connaître à l'acheteur, dans les conditions indiquées à l'article 4 de la présente loi, la provenance naturelle ou industrielle de l'engrais ou de l'amendement vendu et sa teneur en principes fertilisants.

En cas de récidive dans les trois ans, la peine de l'emprisonnement pendant cinq jours au plus pourra être appliquée.

Art. 4. — Les indications dont il est parlé à l'article 3 seront fournies, soit dans le contrat même, soit dans le double de commission délivré à l'acheteur au moment de la vente, soit dans la facture remise au moment de la livraison.

La teneur en principes fertilisants sera exprimée par les poids d'azote, d'acide phosphorique et de potasse contenus dans 100 kilogrammes de marchandise facturée telle qu'elle est livrée, avec l'indication de la nature ou de l'état de combinaison de ces corps, suivant les prescriptions du règlement d'administration publique dont il est parlé à l'article 6.

Toutefois, lorsque la vente aura été faite avec stipulation du règlement du prix d'après l'analyse à faire sur échantillon prélevé au moment de la livraison, l'indication préalable de la teneur exacte ne sera pas obligatoire, mais mention devra être faite du prix du kilogramme de l'azote, de l'acide phosphorique et de la potasse contenus dans l'engrais tel qu'il est livré, et de l'état de combinaison dans lequel se trouvent ces principes fertilisants. La justification de l'accomplissement des prescriptions qui précèdent sera fournie, s'il y a lieu, en l'absence de contrat préalable ou d'accusé de réception de l'acheteur, par la production, soit du copie de lettres du vendeur, soit de son livre de factures régulièrement tenu à jour et contenant l'énoncé prescrit par le présent article.

Art. 5. — Les dispositions des articles 3 et 4 de la présente loi ne sont pas applicables à ceux qui auront vendu, sous leur dénomination usuelle, des fumiers, des matières fécales, des composts, des gadoues ou boues de ville, des déchets de marchés, des résidus de brasserie, des varechs et autres plantes marines pour engrais, des déchets frais d'abattoirs, de la marne, des faluns, de la tangue, des sables coquilliers, des chaux, des plâtres, des cendres ou des suies provenant des houilles ou autres combustibles.

Art. 6. — Un règlement d'administration publique prescrira les procédés d'analyse à suivre pour la détermination des matières fertilisantes des engrais, et statuera sur les autres mesures à prendre pour assurer l'exécution de la présente loi.

Art. 7. — La loi du 27 juillet 1867 est et demeure abrogée.

Art. 8. — La présente loi est applicable à l'Algérie et aux colonies.

Le règlement d'administration publique prévu par la loi précédente est ainsi conçu :

Article premier. — Tout vendeur d'engrais ou amendement, autre que l'un de ceux mentionnés à l'article 5 de la loi du 4 février 1888, est tenu d'indiquer, soit dans le contrat de vente, soit dans le double de la commission délivré à l'acheteur au moment de la vente, soit dans une facture remise ou envoyée à l'acheteur au moment de la livraison ou de l'expédition de l'engrais ou amendement :

1° Le nom dudit engrais ou amendement ;

2° Sa nature ou la désignation permettant de le différencier de tout autre engrais ou amendement ;

3° Sa provenance, c'est-à-dire le nom de l'usine ou de la maison qui l'a fabriqué ou fait fabriquer, s'il s'agit d'un produit industriel, ou le lieu géographique d'où il est tiré, s'il s'agit d'un engrais naturel, soit pur, soit simplement trié et pulvérisé.

Art. 2. — Les indications prescrites par l'article qui précède doivent être complétées par la mention de la composition de l'engrais ou amendement.

Cette composition doit être exprimée par les poids des éléments fertilisants contenus dans 100 kilogrammes de la marchandise facturée, telle qu'elle est livrée et dénommée ci-après :

Azote nitrique ;

Azote ammoniacal ;

Azote organique ;

Acide phosphorique en combinaison soluble dans l'eau ;

Acide phosphorique en combinaison soluble dans le citrate d'ammoniaque ;

Acide phosphorique en combinaison insoluble ;

Potasse en combinaison soluble dans l'eau.

Pour l'azote organique et la potasse en combinaison soluble dans l'eau, l'origine ou l'indication de la matière première dont ils proviennent doit être mentionnée.

Dans tous les cas, la teneur par 100 kilogrammes d'engrais ou amendement est exprimée en azote élémentaire (Az), en acide phosphorique anhydre (PhO^5), et en potasse anhydre (KO).

Les mots « pour cent » dans l'indication du dosage doivent être exprimés en toutes lettres.

Art. 3. — Lorsque la vente est faite avec stipulation du règlement du prix d'après l'analyse à faire sur échantillon prélevé au moment de la livraison, l'indication de la composition de l'engrais ou amendement, telle qu'elle est exigée par l'article 2 qui précède, n'est pas obligatoire ; mais le vendeur est tenu de mentionner, en outre des prescriptions de l'article 1er :

Le prix du kilogramme d'azote nitrique ;

Le prix du kilogramme d'azote ammoniacal ;

Le prix du kilogramme d'azote organique ;

Le prix du kilogramme d'acide phosphorique en combinaison soluble dans l'eau ;

Le prix du kilogramme d'acide phosphorique en combinaison soluble dans le citrate d'ammoniaque ;

Le prix du kilogramme d'acide phosphorique en combinaison insoluble ;

Le prix du kilogramme de potasse en combinaison soluble dans l'eau.

Pour l'azote organique et la potasse en combinaison soluble dans l'eau, l'origine ou l'indication de la matière première dont ils proviennent doit être mentionnée.

Les prix se rapportent toujours au kilogramme d'azote élémentaire (Az), d'acide phosphorique anhydre (PhO^5) et de potasse (KO).

Art. 4. — Les infractions aux dispositions de la loi du 4 février 1888 et à celles du présent règlement d'administration publique seront constatées par tous officiers de police judiciaire et agents de la force publique.

S'il y a doute ou contestation sur l'exactitude des indications mentionnées dans les contrats de vente, factures ou commissions destinées à l'acheteur, il peut être procédé, soit d'office, soit à la demande des parties intéressées, à la prise d'échantillon et à l'expertise de l'engrais ou amendement vendu.

Art. 5. — Au cas où il est procédé à la prise d'échantillon, à la demande des parties intéressées, les échantillons sont prélevés contradictoirement par les parties au lieu de la livraison.

Si le vendeur refuse d'assister à la prise d'échantillons ou de s'y faire représenter, il y est procédé, à la requête et en présence de l'acheteur ou de son représentant, par le maire ou le commissaire de police du lieu de la livraison.

Art. 6. — Quand il est procédé d'office à la prise d'échantillon, celle-ci est faite par le maire de la localité, ou son adjoint, ou le commissaire de police, soit dans les magasins ou entrepôts, soit dans les gares ou ports de départ ou d'arrivée.

Art. 7. — Les échantillons sont toujours pris en trois exemplaires ; chacun d'eux est enfermé dans un vase en verre ou en grès verni, immédiatement bouché avec un bouchon de liège, sur lequel le magistrat qui aura procédé à la prise d'échantillon attachera une bande de papier qu'il scellera de son sceau.

Une étiquette engagée dans l'un des cachets porte le nom de l'engrais ou amendement, la date de la prise d'échantillon et le nom de la personne ou du fonctionnaire ou agent qui requiert l'analyse.

Art. 8. — Chaque prise d'échantillon est constatée par un procès-verbal qui relate :

1º La date et le lieu de l'opération ;

2º Les noms et qualités des personnes qui y ont procédé ;

3º La copie des marques et étiquettes apposées sur les enveloppes de l'engrais ou amendement ;

4º La copie du contrat de vente, du double de la commission ou de la facture ;

5º La marque imprimée sur les cachets et la couleur de la cire ;

6º Le nombre des colis dans lesquels ont été prélevés des échantillons, ainsi que le nombre total des colis composant le lot échantillonné ;

7º Enfin, toutes les indications trouvées utiles pour établir l'authenticité des échantillons prélevés et l'identité industrielle de la marchandise vendue.

Art. 9. — Des trois exemplaires de chaque échantillon d'engrais ou amendement, l'un est remis ou envoyé au vendeur, l'autre est transmis à un chimiste-expert pour servir à l'analyse, le troisième est conservé en dépôt au greffe du tribunal de l'arrondissement, pour servir, s'il y a lieu, à de nouvelles vérifications ou analyses.

Dans le cas où la prise d'échantillon a lieu d'un commun accord ou à la requête de l'acheteur, les parties peuvent convenir du choix du chimiste-expert.

En cas de désaccord, ou en cas de prise d'échantillon d'office, le chimiste-expert est désigné par le juge de paix du canton, sur la réquisition du magistrat qui a procédé à l'opération ou, à son défaut, de la partie la plus diligente.

L'échantillon est remis au chimiste-expert ; en même temps transmission est faite à celui-ci de la copie des énonciations de provenance et de dosage formulées par le vendeur, conformément aux articles 3 et 4 de la loi et des articles 1er, 2 et 3 du présent décret.

Art. 10. — L'expertise est faite par l'un des chimistes-experts désignés par le ministre de l'Agriculture et dont la liste est revisée tous les ans dans le courant du mois de janvier.

Les frais de l'expertise sont réglés par un tarif arrêté par le ministre.

Art. 11. — L'analyse de l'échantillon doit être effectuée dans un délai de dix jours au plus, à partir du jour de la remise de l'échantillon au chimiste-expert.

Art. 12. — L'analyse doit être faite d'après les procédés indiqués ci-après :

I. — *Préparation de l'échantillon.*

L'échantillon doit être amené à un état d'homogénéité parfaite.

II. — *Dosage des éléments utiles.*

1° AZOTE.

a. Azote nitrique.

On transforme l'acide nitrique en bioxyde d'azote au moyen de l'ébullition avec le protochlorure de fer, et l'on compare le volume du bioxyde d'azote obtenu au volume que donne une quantité connue de nitrate pur.

b. Azote ammoniacal.

On distille en présence d'un alcali la matière additionnée

d'eau, en se servant d'un appareil à serpentin ascendant.

L'ammoniaque est recueillie dans l'acide titré.

c. Azote organique.

On le détermine par le chauffage de la matière avec la chaux sodée, qui le transforme en ammoniaque qu'on reçoit dans une liqueur titrée. Les nitrates qui peuvent se trouver dans l'engrais sont préalablement enlevés.

On dose encore l'azote organique en traitant la matière par l'acide sulfurique additionné d'un peu de mercure ; l'azote amené ainsi à l'état de sulfate d'ammoniaque est dosé comme il est dit au paragraphe précédent ; il y a lieu aussi d'exclure l'azote nitrique.

2° ACIDE PHOSPHORIQUE.

a. Acide phosphorique total.

On dissout l'engrais ou amendement dans l'acide chlorhydrique, et l'on maintient en dissolution l'oxyde de fer et l'alumine ainsi que la chaux par du citrate d'ammoniaque. On précipite l'acide phosphorique à l'état de phosphate ammoniaco-magnésien, qu'on calcine pour le transformer en pyrophosphate, et l'on pèse.

Si la chaux est en trop forte proportion, on l'élimine au préalable par l'oxalate d'ammoniaque.

b. Acide phosphorique en combinaison soluble à l'eau.

On traite la matière par l'eau distillée, en évitant un contact prolongé ; on filtre et, dans la solution filtrée, on précipite l'acide phosphorique et l'on dose celui-ci comme il est dit dans le paragraphe précédent (*a*).

c. Acide phosphorique en combinaison soluble dans le citrate d'ammoniaque.

On traite la matière à froid par le citrate d'ammoniaque alcalin, en laissant le contact se prolonger pendant douze heures, et l'on précipite dans la solution l'acide phosphorique à l'état de phosphate ammoniaco-magnésien.

Pour les trois dosages (*a, b* et *c*), au lieu de précipiter directement l'acide phosphorique à l'état de phosphate ammoniaco-magnésien, on peut, au préalable, le précipiter par le nitromolybdate d'ammoniaque en solution nitrique. Le précipité obtenu est dissous dans l'ammoniaque, et l'on détermine l'acide phosphorique en le transformant, comme dans les cas précédents, en phosphate ammoniaco-magnésien.

3º Potasse en combinaison soluble a l'eau.

a. Dosage à l'état de perchlorate.

La potasse est amenée à l'état de perchlorate ; celui-ci est lavé à l'alcool, séché et pesé.

b. Dosage par le platine réduit.

La potasse est précipitée à l'état de chlorure double de platine et de potassium ; ce précipité, lavé à l'alcool, est traité par le formiate de soude, qui précipite le platine métallique, dont on prend le poids après lavage et calcination. De la quantité de platine on déduit le poids de la potasse.

c. Dosage à l'état de chlorure double de platine et de potassium.

On amène les sels de potasse à l'état de chloroplatinate, qu'on pèse après lavage à l'alcool et dessiccation.

Le ministre de l'Agriculture règle, par une instruction, sur l'avis conforme du Comité consultatif des stations agronomiques et des laboratoires agricoles, les détails de chacun des procédés d'analyse mentionnés ci-dessus.

Art. 13. — Le chimiste-expert, dans son rapport, indique les tolérances d'écart qui lui paraissent admissibles, en tenant compte :

1º Du degré d'homogénéité dont l'engrais est susceptible ;

2º Des changements qu'il a pu subir suivant sa nature entre la livraison et l'analyse ;

3º Et enfin du degré de précision des procédés d'analyse suivis.

Il conclut en donnant son avis sur les circonstances qui ont pu, indépendamment de la volonté du vendeur, modifier la composition de l'engrais.

Art. 14. — Le rapport du chimiste-expert est déposé au greffe du tribunal qui a procédé à la désignation de l'expert. Avis du dépôt est donné par l'expert aux parties intéressées, au moyen d'une lettre recommandée.

Si le vendeur conteste l'analyse, il doit faire sa déclaration dans un délai de huit jours à partir du dépôt, le jour de la notification non compris. Dans ce cas, le troisième exemplaire de l'échantillon est soumis à une contre-expertise par un chimiste-expert choisi sur la liste dressée par le ministre et désigné par le président du tribunal de l'arrondissement où il a été procédé à la prise d'échantillon.

Art. 15. — Le chimiste-expert chargé de la contre-expertise fait, dans les huit jours à partir de celui où l'échantillon lui a été remis, l'analyse de l'engrais ou de l'amendement et rédige son rapport dans les formes indiquées à l'article 13 ci-dessus.

Art. 16. — Le rapport du chimiste-expert chargé de la contre-expertise est déposé au greffe du tribunal civil où il a été procédé à la prise d'échantillon.

Avis du dépôt est donné par l'expert aux parties intéressées, au moyen d'une lettre recommandée.

Art. 17. — Les rapports des chimistes-experts, ensemble les procès-verbaux de prise d'échantillons, sont transmis au procureur de la République pour y être donné telle suite que de droit.

Art. 18. — Cette transmission a lieu, par les soins du chimiste-expert, dans les huit jours qui suivent l'expiration du délai imparti par l'article 15 pour contester l'analyse, quand l'analyse n'a pas été contestée par le vendeur, et par ceux du chimiste chargé de la contre-expertise, au cas où il a été procédé à cette opération dans les quarante-huit heures qui suivent la clôture du rapport.

Art. 19. — Le ministre de l'Agriculture est chargé de l'exécution du présent décret qui sera inséré au *Bulletin des lois* (10 mai 1889).

Enfin le ministre de l'Agriculture, pour préciser les conditions de l'application de la loi et du décret précités, a adressé aux préfets la circulaire suivante :

Monsieur le Préfet, j'ai l'honneur de vous adresser ci-inclus un exemplaire :

1o De la loi du 4 février 1888 concernant la répression des fraudes dans le commerce des engrais ;

2o Du décret du 10 mai 1889 portant règlement d'administration publique pour l'exécution de la loi précitée ;

3o Du rapport du Comité des stations agronomiques et des laboratoires agricoles sur les méthodes à suivre pour la prise d'échantillons et l'analyse des matières fertilisantes, méthodes dont l'application pour les expertises légales est devenue obligatoire en vertu de l'article 12 du décret portant règlement d'administration publique ;

4° La liste des chimistes-experts dressée par l'Administration sur l'avis du Comité des stations agronomiques et des laboratoires agricoles, en exécution de l'article 10 du règlement susvisé.

J'appelle tout particulièrement votre attention sur ces divers documents, dont l'importance ne saurait vous échapper et qui forment un ensemble de dispositions dont le but est d'assurer à l'agriculture une protection efficace contre les fraudes pouvant être pratiquées dans la vente des engrais.

Le règlement d'administration publique devait, aux termes de l'article 6 de la loi, prescrire les procédés d'analyse à suivre pour la détermination des matières fertilisantes des engrais et statuer sur les autres mesures à prendre pour assurer l'exécution de la loi.

L'examen approfondi auquel la préparation de ce document a donné lieu de la part de l'Administration supérieure et du Conseil d'État permet d'espérer que la tâche des fonctionnaires et agents chargés de faire appliquer la loi du 4 février 1888 sera facile.

Je crois devoir cependant vous soumettre quelques observations sur les principales dispositions du décret du 10 mai, afin de mettre bien en lumière l'esprit général qui a présidé à la rédaction de ce document et ne laisser aucune place dans votre esprit aux erreurs d'interprétation.

Les articles 1er, 2 et 3 du décret ont trait aux indications que le vendeur d'engrais est tenu, aux termes de la loi, de faire figurer soit dans le contrat de vente, soit dans le double de la Commission, soit dans la facture, afin d'éclairer l'acheteur sur la valeur de l'engrais. Il n'est fait exception à cette règle que pour les engrais ou amendements mentionnés à l'article 5 de la loi qui sont vendus tels quels et sous leur dénomination usuelle.

Les indications que le vendeur est obligé de fournir sont : le nom, la provenance, la nature, la composition et la teneur en principes fertilisants de l'engrais ou de l'amendement.

Il importe tout d'abord, Monsieur le Préfet, de bien définir ces différents termes.

Nom. — Par nom, il faut entendre la désignation sous laquelle l'engrais ou amendement est connu ou vendu.

Vous remarquerez, Monsieur le Préfet, que l'article 1er

de la loi considère comme une tromperie ou tentative de tromperie l'emploi, pour désigner ou qualifier un engrais, d'un nom qui, d'après l'usage, est donné à d'autres substances fertilisantes.

Ainsi la vente ou la mise en vente, sous le nom de *guano*, d'un engrais fabriqué, alors même que cet engrais aurait la richesse du guano en éléments utiles, constitue une tromperie ou une tentative de tromperie sur la dénomination en même temps que sur la nature du produit. Les mots « ou qualifier » dont se sert le législateur ont pour but d'interdire formellement de faire entrer les noms d'engrais déjà connus, comme *guano*, *noir d'os*, etc., dans la dénomination d'un engrais nouveau.

Provenance. — Le règlement d'administration publique définit suffisamment ce qu'il faut désigner sous ce nom. C'est le lieu géographique d'où est tiré le produit s'il s'agit d'un engrais naturel comme le guano du Pérou, ou le nom de l'usine ou de la maison qui le fabrique ou le fait fabriquer, s'il s'agit d'un produit industriel.

Nature. — Par nature, il faut entendre l'ensemble des propriétés qui caractérisent la marchandise et la différencient de toute autre. Il y a tentative de tromperie sur la nature de l'engrais quand l'indication fournie soit dans le contrat, soit dans le double de commission, soit dans la facture, s'applique à une marchandise différente de celle qui est vendue ou mise en vente. Ainsi la désignation du cuir torréfié sous le nom de *sang desséché*, de poudre de corozo sous le nom de *poudre d'os*, de la tourbe torréfiée ou coke de Boghead sous le nom de *noir*, de schistes pulvérisés sous le nom de *phosphates*, de terre rougeâtre sous le nom de *guano*, constitue une tromperie sur la nature de l'engrais, parce que ces diverses matières ne possèdent pas l'ensemble des propriétés des engrais sous le nom desquels elles sont vendues ou mises en vente, bien qu'elles en aient plus ou moins l'aspect extérieur.

Composition. — Les chimistes distinguent deux sortes de compositions : la composition qualitative, qui est l'énumération des composants essentiels dont une substance est formée, et la composition quantitative, qui indique pour chaque composant la proportion pour laquelle il entre dans l'ensemble.

Le dosage des éléments utiles, qui n'est autre que la composition quantitative dans ce qu'elle a d'essentiel en matière d'engrais, étant spécialement visé dans l'article 1er de la loi, il ne peut être question pour la tromperie sur la composition que de la composition qualitative. On reconnaîtra donc l'existence de cette tromperie lorsque le marchand d'engrais annoncera comme entrant dans la composition de l'engrais mis en vente ou vendu des substances qui ne s'y trouvent pas.

DOSAGE DES ÉLÉMENTS UTILES. — En ce qui concerne le dosage des éléments utiles qui fait l'objet de l'article 2 du règlement d'administration publique, il y aura tromperie ou tentative de tromperie lorsque l'analyse de l'engrais vendu ou mis en vente révélera pour un ou plusieurs des éléments énumérés à l'article 4 de la loi (azote, acide phosphorique et potasse) un dosage (quantité contenue dans 100 kilogrammes d'engrais à l'état normal) inférieur à celui qui aura été annoncé conformément aux prescriptions de l'article 3 de la loi.

Toutefois, la tentative de tromperie ou la tromperie ne pourra être admise que si l'écart entre le dosage garanti et le dosage trouvé dépasse les écarts d'homogénéité admissibles pour ces sortes de marchandises et les limites d'erreurs inhérentes aux méthodes d'analyse suivies.

Vous remarquerez que l'article 2 du règlement d'administration publique mentionne, parmi les éléments fertilisants, l'acide phosphorique en combinaison insoluble ; il doit être bien entendu que cette mention s'applique à l'acide phosphorique insoluble dans l'eau ou dans le citrate d'ammoniaque, mais soluble dans les acides minéraux. L'acide phosphorique soluble seulement dans les acides est assimilable par les végétaux et est utilisé par l'agriculture ; il a donc une valeur propre ; aussi, pour prévenir toute confusion, les marchands d'engrais pourront employer la mention suivante : acide phosphorique en combinaison insoluble dans l'eau et le citrate d'ammoniaque, mais soluble dans les acides.

Aux termes de l'article 4 du décret, tous officiers de police judiciaire, tous agents de la force publique ont qualité pour constater les infractions aux dispositions de la loi et à celles du présent règlement d'administration publique ; s'il y a doute ou seulement contestation sur l'exactitude des indications fournies par le vendeur, il peut être procédé, soit d'office, soit à la demande des parties intéressées, à la prise d'échantillon et à l'expertise de la marchandise suspecte.

Il y a grand intérêt à distinguer si la prise d'échantillon a lieu dans les conditions prévues par l'article 5 du règlement, c'est-à-dire à la demande des parties intéressées, ou de l'une d'elles seulement, ou dans les conditions prévues par l'article 6, c'est-à-dire d'office.

Dans le premier cas, en effet, l'opération devra toujours être faite contradictoirement au lieu de la livraison ; dans le second, elle pourra s'effectuer non seulement au lieu de la livraison, mais encore dans les magasins ou entrepôts, ou dans les gares ou ports de départ ou d'arrivée.

Il en résulte que l'Administration se trouve investie d'un droit dont elle pourra user sans mise en demeure préalable, mais seulement lorsqu'elle aura de sérieux motifs pour le faire. Il ne faut pas perdre de vue que l'abus de ce droit deviendrait une source de vexations pour les commerçants honnêtes, en même temps qu'il apporterait les plus fâcheuses entraves à la liberté des transactions. L'Administration ne devra donc se servir de l'arme que le législateur a mise entre ses mains qu'avec la plus grande circonspection et lorsqu'elle y sera autorisée par de graves indices ou de fortes présomptions. Dans tous les cas, la prise d'échantillon d'office devra être faite en présence du vendeur ou de son représentant.

Que la prise d'échantillon ait lieu d'office ou sur la requête de l'acheteur ou de son représentant, c'est le maire ou le commissaire de police qui devra procéder à cette opération. Toutefois, dans la pratique, l'Administration ne saurait **trop** recommander à ces officiers de police judiciaire de se faire assister, autant que possible, par le chimiste-expert ou par le professeur d'agriculture du département ou de l'un des départements limitrophes, de telle façon que la prise d'échantillon s'effectue dans les conditions les plus régulières et d'après les procédés les plus sûrs, afin que l'échantillon soit la reproduction exacte de la marchandise.

Cette opération de la prise d'échantillon présente une si grande importance que je crois devoir reproduire ici les instructions contenues dans le rapport du Comité des stations agronomiques :

« Les engrais peuvent se présenter sous des formes variables: tantôt ils sont pulvérulents, tantôt en masses agglomérées ou pâteuses, tantôt en morceaux durs ou débris plus ou moins gros, tantôt à l'état de pâte plus ou moins liquide, plus ou moins homogène, tantôt enfin à l'état d'un liquide fluide.

« Lorsque les engrais sont pulvérulents, et c'est le cas le plus général, leur prise d'échantillon n'offre pas de difficulté. Quand ils sont en sacs, à l'aide d'une sonde suffisamment longue, on prendra l'échantillon dans le sac lui-même, en procédant de la manière suivante :

« On ouvre un des angles du sac et l'on y plonge la sonde en la dirigeant en diagonale vers l'angle opposé; on répète la même opération successivement sur chacun des quatre angles du sac; mais, lorsque le lot est considérable, il faut répéter la même opération sur un certain nombre de sacs pris au hasard. On réunit tous les produits de ces prélèvements, on les place sur une toile ou sur un papier, et on les remue à la main ou avec une spatule, assez longtemps pour que l'homogénéité puisse être regardée comme parfaite ; une partie de ce mélange, représentant 300 à 400 grammes, est placée dans un flacon de verre qu'on bouche avec un liège.

« Lorsque les engrais pulvérulents sont en tonneaux, on perce les deux fonds du tonneau de deux trous, au moyen d'une vrille ; ce trou doit être assez grand pour qu'on puisse y introduire la sonde, ce qu'on fait en s'éloignant autant que possible de l'axe du tonneau. Le mélange se fait d'ailleurs comme précédemment.

« Lorsque l'engrais est en tas, on peut également se servir de la sonde pour y prélever l'échantillon moyen ; mais il fau. avoir soin de faire pénétrer cet instrument jusque dans les parties centrales du tas, de même que jusque dans les parties inférieures. Si le tas est trop volumineux pour qu'on puisse arriver à ce résultat, le meilleur moyen consiste à faire une tranchée vers le centre du tas et à prélever ensuite dans un grand nombre de points placés dans les différentes parties du tas, en y comprenant ceux que la tranchée a rendus libres, les échantillons au moyen de la sonde.

« Lorsque l'engrais est en masse pâteuse ou compacte, et qu'il se trouve en sacs ou en tonneaux, il est indispensable de vider plusieurs sacs pris au hasard sur un plancher ou sur des dalles préalablement balayées ; on mélange alors à la pelle le tas obtenu et l'on prélève en différents points de ce tas des pelletées de l'engrais. Ce nouvel échantillon formé est divisé et mélangé, pulvérisé ou concassé, autant que possible, avec une batte ou un marteau; on mélange finalement à la main cette matière plus ou moins pulvérulente et on l'introdui* dans un flacon ou une boîte métallique.

« Quand l'échantillon est primitivement en tas, on procède de la même manière, en pratiquant une tranchée, comme il a été expliqué plus haut.

« On ne doit dans aucun cas, dans l'une ou l'autre de ces opérations, éliminer les pierres ou les parties étrangères de l'engrais ; elles doivent entrer dans l'échantillon prélevé dans une proportion autant que possible égale à celle dans laquelle elles existent dans l'engrais.

« Des matières peu homogènes, rognures, chiffons, etc., sont disposées en tas et bien mélangées à la pelle ; sur ce mélange on prélève, à la main, dans un très grand nombre d'endroits, une poignée de matière, on réunit le produit de tous ces prélèvements, qu'on mélange de nouveau avec la main et sur lequel on prend finalement l'échantillon destiné à l'analyse.

« Moins la matière est homogène, plus grand devra être l'échantillon destiné à l'analyse ; dans quelques cas, il faut prélever jusqu'à 3 et 4 kilogrammes de matière. Cet échantillon est introduit dans une boîte métallique ou dans une caisse en bois hermétiquement fermée.

« Les engrais qui sont en pâte plus ou moins liquide (par exemple les vidanges), peuvent présenter deux cas : ou bien ils sont homogènes, et alors il suffit de les mélanger à la pelle et d'en remplir un flacon ; ou bien ils se séparent en deux parties, l'une plus fluide, l'autre plus consistante ; dans ce cas, il est indispensable de prélever de l'une et de l'autre dans une proportion égale à la proportion dans laquelle elles existent dans le lot à examiner.

« Les parties liquides sont remuées et aussitôt, sans laisser le temps de déposer, on en prélève une quantité proportionnelle.

« Les parties solides sont divisées à la bêche ; on y prélève un échantillon égal proportionnel, et l'on réunit les deux lots dans un grand flacon à large goulot hermétiquement bouché. »

Toutes les fois que la prise d'échantillon aura lieu d'un commun accord, l'Administration n'aura pas à intervenir et les parties pourront convenir du choix de l'expert et s'adresser à tel chimiste qu'elles s'entendront pour désigner.

Mais dans le cas de désaccord entre l'acheteur et le vendeur ou de prise d'échantillon d'office, c'est au juge de paix du canton qu'il appartiendra exclusivement de désigner le chimiste-expert, sur la réquisition du maire ou de son adjoint, ou du commissaire de police qui aura procédé à la prise d'échantillon, ou, à leur défaut, à la partie la plus diligente. Toutefois, le troisième paragraphe de l'article 9 doit être combiné avec l'article 10 et le juge de paix ne pourra choisir l'expert que sur une liste dressée à cet effet par le ministre de l'Agriculture. Le désaccord des parties ou la prise d'échantillon d'office constitue, en effet, une présomption de fraude ; il est donc indispensable que, dans ce cas, l'analyse ne puisse être confiée qu'à des chimistes d'une compétence scientifique indiscutable. Vous remarquerez, Monsieur le Préfet, que si l'Administration limite, dans certaines circonstances, le choix des juges de paix aux experts portés sur la liste, elle entend garantir les parties contre les abus du privilège, et l'article 10 du décret stipule que les frais de l'expertise seront réglés d'après un tarif arrêté par le ministre de l'Agriculture.

Les articles 11 et 12 fixent d'autre part les délais qui seront impartis aux chimistes-experts pour effectuer l'analyse des échantillons et déterminent les procédés d'analyse qu'ils devront employer. Il était nécessaire en effet de prévenir des lenteurs aussi préjudiciables à l'acheteur, qui a besoin d'être fixé sans retard sur la valeur de l'engrais, qu'au vendeur lui-même, qu'on ne saurait laisser trop longtemps sous le coup d'une suspicion peut-être imméritée. Il importait également de fixer d'avance les procédés d'analyse, afin d'entourer de toutes les garanties désirables les opérations qui seront, dans certains cas, le point de départ et la base des poursuites judiciaires. Il va sans dire que les procédés indiqués ne sont pas immuables et que l'Administration se réserve de modifier ses instructions au fur et à mesure des progrès ou des découvertes de la science.

Il était équitable de tenir compte des changements qui peuvent se produire dans la composition des engrais entre le moment de leur mise en vente ou de leur livraison et le moment de l'analyse. Certaines circonstances peuvent en effet modifier la proportion primitive des éléments fertilisants contenus dans l'engrais et, d'autre part, il ne faut pas perdre de vue que les procédés d'analyse recommandés, quelle que soit d'ailleurs leur supériorité, ne sont pas susceptibles d'une précision absolue : l'article 13 confère donc aux chimistes-experts un certain pouvoir d'appréciation en vertu duquel ils indiqueront dans leurs rapports les écarts qui leur paraissent admissibles entre les résultats de l'analyse et les déclarations du vendeur.

Aux termes de l'article 14, le rapport du chimiste-expert doit être déposé au greffe du tribunal qui a procédé à sa désignation. Avis de ce dépôt est donné par l'expert aux parties intéressées au moyen d'une lettre recommandée. L'expert, lorsqu'il réside au siège du tribunal qui a procédé à sa désignation, devra, par mesure de prudence, effectuer en personne le dépôt de son rapport et de l'échantillon ; dans le cas contraire, il devra transmettre son rapport par la poste comme pli recommandé et déposer l'échantillon au greffe du lieu où il a fait l'analyse.

Le deuxième paragraphe de cet article prévoit le cas où le vendeur contesterait les résultats de l'expertise. Le troisième exemplaire de l'échantillon prélevé suivant les prescriptions de l'article 7 doit, dans cette occurrence, être soumis à une contre-expertise confiée à un chimiste-expert choisi sur la liste dressée par le ministre et désigné par le président du tribunal de l'arrondissement où il a été procédé à la prise de l'échantillon.

Les articles 15 et 16 fixent les règles de la contre-expertise et les articles 17 et 18 s'occupent de la mise en mouvement de l'action publique en prescrivant la transmission au procureur de la République des procès-verbaux de prise d'échantillon, ainsi que des rapports des chimistes chargés de l'expertise et de la contre-expertise.

Les instructions du Comité des stations agronomiques sur la prise d'échantillon et l'analyse des engrais complètent l'article 12 du décret du 10 mai 1889 en indiquant, d'une façon très précise, la manière de procéder suivant la nature des engrais ou des amendements ; elles permettent aux maires ou à leurs adjoints, ainsi qu'aux commissaires de police qui ne seraient pas familiarisés avec ce genre d'opération et qui ne pourraient se faire assister d'un chimiste ou d'un professeur d'agriculture, d'effectuer les prélèvements d'échantillons dans des conditions régulières et conformes aux données scientifiques.

D'autre part, elles constituent un guide certain pour tous les chimistes-experts et assurent l'unité et la précision des procédés d'analyse qui sont indispensables pour maintenir l'autorité et l'efficacité des prescriptions du législateur.

Quant à la liste des chimistes-experts, elle sera revisée tous les ans, dans le courant de janvier, afin d'être modifiée ou complétée suivant les circonstances.

Bien que le règlement ne contienne aucune disposition relative au payement des frais d'expertise, il doit être entendu que l'État supporte les frais des analyses faites à la demande des autorités compétentes si les résultats de la vérification ne sont pas défavorables au vendeur, et que les frais des analyses faites à la requête des particuliers sont payés d'après les conventions des parties et, en cas de silence à ce sujet, par celle qui, à la suite de la vérification, est reconnue en faute, c'est-à-dire par le vendeur si ses indications sont fausses, par l'acheteur s'il a sollicité à tort une analyse.

En terminant, je crois devoir vous rappeler que l'article 471, paragraphe 15, du Code pénal demeure applicable à toutes les contraventions auxquelles pourra donner lieu la violation des dites prescriptions.

Je vous serai obligé, Monsieur le Préfet, de donner la plus large publicité à la loi, au décret portant règlement d'administration publique, à la liste des experts et à la présente circulaire. Ces documents, indépendamment de leur insertion dans le *Recueil des actes administratifs* de votre département, figureront utilement dans le *Bulletin des Communes* et dans les principaux organes départementaux. Il est essentiel, en effet, que les agriculteurs connaissent les mesures qui ont été prises par le gouvernement de la République pour les protéger contre un genre de fraude dont ils n'ont souffert que trop longtemps et qui n'a pas peu contribué à retarder les progrès de la culture.

Je compte enfin, Monsieur le Préfet, sur votre vigilance et votre fermeté pour faire produire à l'œuvre du législateur tous ses effets, en exerçant une surveillance des plus attentives sur le commerce des engrais, et en usant de toutes les facilités que vous donne la législation pour faire constater par qui de droit toutes les infractions aux prescriptions de la loi et du règlement d'administration publique, et vérifier la nature de toutes les marchandises qui paraîtraient suspectes aux fonctionnaires ou agents placés sous vos ordres.

Nous compléterons ce commentaire officiel de la législation actuelle du commerce des engrais, en donnant le texte de l'arrêté ministériel fixant le tarif des expertises d'engrais :

Article premier. — Le tarif d'expertise des engrais est fixé à 10 francs par élément dosé et à 25 francs pour le rapport. Toutefois, les frais d'expertise d'un engrais ou amendement, quel que soit le nombre des éléments dosés, ne pourront s'élever à une somme supérieure à 50 francs.

GAROLA. — Engrais.   19

Art. 2. — Les prises d'échantillons sont fixées à 6 francs pa
vacation de trois heures au plus. Les frais de déplacement
seront remboursés sur état.

Art. 3. — Le Conseiller d'État, directeur de l'Agriculture,
est chargé de l'exécution du présent arrêté.

(Paris, le 19 juin 1889.)

Enfin, pour terminer cette importante question du contrôle
des engrais, nous croyons être utile aux cultivateurs en mettant sous leurs yeux les considérations générales qui précèdent le rapport du Comité des stations agronomiques sur les
méthodes d'analyse à employer, considérations qui se réfèrent
à l'interprétation des résultats de l'analyse.

En décrivant les méthodes analytiques qui, dans l'état
actuel de nos connaissances, nous paraissent les plus propres
à conduire à des résultats exacts, nous avons cru devoir tenir
compte des conditions dans lesquelles se trouvent placés les
laboratoires d'analyse qui ont à effectuer, dans un temps
déterminé, un certain nombre d'opérations.

Il ne s'agissait donc pas uniquemen t de la précision des
procédés, mais encore de la facilité et de la rapidité de leur
application. C'est à ce double point de vue que la Commission
chargée spécialement de cette étude s'est placée, et, dans le
choix qu'elle a fait parmi les méthodes analytiques, elle a tenu
grand compte des nécessités de la pratique du laboratoire,
mais elle a toujours subordonné toutes les autres considérations
à celle de l'exactitude à obtenir dans le dosage.

Les méthodes qui n'ont pas été jugées suffisamment précises ont été écartées. Mais la Commission n'a pas la prétention d'avoir fait une œuvre définitive ; elle croit devoir laisser
ouverte l'inscription de procédés nouveaux ou perfectionnés,
lorsque ceux-ci auront fait leurs preuves.

Il existe quelquefois pour la détermination d'une même
substance des moyens différents qui conduisent au résultat
exact. Chaque fois que ce cas s'est présenté, la Commission a
adopté ces diverses méthodes, laissant à l'opérateur le choix
de celle que lui indiqueront ses habitudes, ses ressources, ses
préférences personnelles. Mais il ne faut pas oublier que la
précision absolue est impossible à atteindre.

L'exactitude des opérations ne dépend pas seulement des

méthodes : elle dépend aussi des opérateurs; il y a donc deux causes d'erreur qui tendent à éloigner les chiffres obtenus dans l'analyse du chiffre vrai : l'erreur inhérente au procédé, l'erreur personnelle à l'analyste. Les chiffres que donne le dosage ne sont donc pas mathématiquement égaux au chiffre exprimant la quantité réelle de la substance envisagée, et les écarts pourront être d'autant plus grands que la méthode est susceptible de moins de précision et l'opérateur moins habile.

De là résulteront des divergences entre les résultats obtenus par divers chimistes, divergences qui, dans l'esprit de personnes peu initiées, pourront ébranler la confiance dans l'utilité et la valeur de l'épreuve analytique et embarrasser les tribunaux chargés de réprimer les fraudes. Les inconvénients de ces divergences sont apparents plutôt que réels, et il convient de les discuter.

Dans les transactions commerciales, il suffit d'avoir des chiffres se rapprochant assez de la vérité absolue pour que l'écart soit sans préjudice appréciable pour l'acheteur ou pour le vendeur, et il y a une certaine latitude dans laquelle peuvent se mouvoir les résultats que l'on peut appeler pratiquement exacts. Il faut donc admettre un écart permis, une tolérance, entre le titre indiqué et celui que donne l'analyse.

De là la nécessité de se rendre compte du degré de certitude qu'offre l'analyse chimique des matières fertilisantes.

C'est une tendance des personnes qui ne sont pas initiées aux sciences expérimentales d'attribuer à celles-ci plus de puissance qu'elles n'en ont en réalité. Il est du devoir de ceux qui sont chargés de préciser les conditions de l'intervention de la science dans les applications industrielles et commerciales de prémunir contre une confiance trop absolue dans les résultats de laboratoire.

On s'imagine souvent que le nombre des décimales est l'indice d'une plus grande exactitude; rien n'est moins vrai, et le chimiste qui se rend compte de la valeur des chiffres ne s'attachera jamais à porter ce nombre au-delà de ce qui rentre dans les limites des quantités dont il peut répondre. En général, quand les résultats sont rapportés à 100 de matière analysée, le maximum de précision qu'on puisse espérer ne dépasse pas une unité de la première décimale; il n'y a donc à tenir aucun compte d'une seconde et surtout d'une troisième décimale, et, par suite, il est superflu de les employer en exprimant le résultat de l'analyse.

Encore, dans la plupart des cas, n'est-ce pas d'une unité de la première décimale, mais de plusieurs, que les chimistes peuvent s'écarter pour un même produit. On doit donc regarder comme pratiquement concordants les résultats qui ne diffèrent entre eux que d'un petit nombre d'unités de la première décimale, et ce nombre d'unités pourra être d'autant plus grand que la quantité du corps à doser est elle-même plus grande par rapport à la matière analysée.

Pour fixer les idées, nous citons quelques résultats :

Analyse d'un phosphate naturel.

	Acide phosphorique.
Quantité réelle	17,3 p. 100.
Premier résultat	17,4 —
Autre résultat	17,0 —

Le marchand qui aura vendu avec garantie de 17,50 p. 100 d'acide phosphorique, alors que l'analyse n'aura trouvé que 17, n'est donc pas convaincu de fraude, puisque l'écart entre les deux chiffres peut provenir du fait de l'analyse aussi bien que d'un manquant réel. Il n'en serait pas de même si l'écart était plus grand.

Analyse d'un phosphate précipité.

	Acide phosphorique.
Quantité réelle	37,0 p. 100.
Premier résultat	36,5 —
Autre résultat	37,5 —

Là encore nous devons admettre que ces divers chiffres sont suffisamment concordants pour les besoins du commerce et que le vendeur qui aurait garanti 37 p. 100, alors que l'analyse n'a trouvé que 36,5, n'est pas convaincu de fraude.

Analyse d'un nitrate de soude.

	Nitrate pur.
Quantité réelle	92,3 p. 100.
Premier résultat	91,8 —
Autre résultat	92,8 —

Même observation que pour les cas précédents.

Dosage d'azote dans un engrais organique.

	Azote.
Quantité réelle	3,3 p. 100.
Premier résultat	3,4 —
Autre résultat	3,2 —

Ici, les quantités étant plus faibles, on ne peut tolérer que de plus faibles écarts.

Ces exemples ne fixent pas les limites ; ils ne sont destinés qu'à montrer que les analystes peuvent s'écarter, en plus ou en moins, de la vérité absolue.

Sans multiplier ces exemples, on peut dire que chaque fois que les écarts ne dépassent pas 1 p. 100 de la substance dosée ou deux unités de la première décimale, les résultats doivent être regardés comme concordants.

Dans certains cas, les écarts peuvent être plus grands.

C'est au chimiste à déterminer, dans chaque cas particulier où il a à se prononcer sur la fraude dans le commerce des engrais, si l'écart entre le chiffre annoncé et le chiffre trouvé est assez faible pour être imputable aux imperfections de l'analyse, ou s'il est de nature à incriminer l'engrais analysé.

Le chimiste doit donc apporter de la prudence et du tact dans l'interprétation de ses résultats. Aussi est-il à désirer que les personnes chargées de se prononcer sur ces questions aient non seulement la pratique des opérations, mais encore les connaissances scientifiques nécessaires pour attribuer à chaque donnée analytique sa véritable valeur. Le choix de l'expert n'est donc pas indifférent.

Dans le cas de contestations, une plus grande attention s'impose à ce dernier ; aussi ne doit-il pas se borner à un seul essai pour se mettre à l'abri des causes d'erreur accidentelles.

Nous n'entrerons pas dans le détail des méthodes analytiques, qui n'ont pas d'intérêt direct pour les cultivateurs, mais nous devons faire observer que cette législation et cette organisation du contrôle des engrais, que l'on a considérées à juste raison comme un grand progrès, n'auraient pas été suffisantes pour permettre aux cultivateurs moyens et petits de pouvoir recourir aux engrais de commerce sans crainte d'être trompés. Si, depuis que cette loi est suspendue sur la tête des fraudeurs, on a pu constater que le commerce s'était dans une certaine mesure moralisé, il n'en est pas moins vrai qu'il reste une fissure dont savent profiter largement, dans le fond des campagnes, les exploiteurs marrons de l'ignorance de nos paysans. Si la loi, en effet, se montre très exigeante au sujet de la composition des engrais, elle laisse complètement de côté la question de la valeur commerciale des principes fertilisants. Le principe sacré de la liberté des transactions a présidé à sa confection, et le législateur n'a pas aperçu que cet amour de l'absolu aurait pour résultat de rendre à peu près caduque l'œuvre qu'il avait entreprise. Il n'y a en effet que les maladroits qui se laissent prendre dans le filet légal ; et les maladroits sont rares parmi les aigrefins qui parcourent nos villages pour y escroquer nos cultivateurs. Tous les marchés qu'ils font signer sont en règle parfaite avec la loi du 4 février 1888 et le règlement d'administration publique du 10 mai 1889. Il n'y a eu que quelques exceptions tout à fait au début. Leurs factures portent même que toute réclamation qui ne sera pas parvenue dans les dix jours, et que toute analyse qui ne sera pas faite sur un échantillon prélevé conformément aux prescriptions du règlement d'administration publique, seront considérées comme nulles et non avenues. Quelle crainte pourraient-ils avoir de l'analyse légale ? Ils se gardent bien de ne pas fournir le titre garanti, car leur bénéfice est assez grand pour que leur conscience leur permette ce scrupule. Je n'en donnerai pour preuve que le dernier cas qui vient de venir à ma connaissance : un cultivateur d'Allaines, près Janville, en Eure-et-Loir, a acheté au voyageur d'une maison de... 3 sacs d'un engrais avec la garantie suivante :

Azote organique de viande...................... 1 à 2 p. 100.
Acide phosphorique soluble à l'eau et au citrate.. 4 à 5   —

pour le modeste prix de 16 fr. 50 les 100 kilogrammes. Il faut ajouter, pour être exact, que le délai de payement est d'une année. Or cet engrais vaut de 4 à 5 francs au maximum et mon cultivateur n'a été volé que de 34 francs, intérêt déduit.

Le Parlement belge n'a pas été si timoré que le Parlement français. Il ne s'est pas laissé aveugler par l'éclat des principes intangibles de l'économie politique, et pour protéger les cultivateurs, qui forment toujours et dans tous les pays la masse la moins éclairée de la population, il n'a pas hésité à introduire dans la loi sur la répression de la fraude dans le commerce des engrais un article qui réprime cette vente à des prix scandaleux. « La lésion de plus du quart donne à l'acheteur l'action en réduction de prix. » Grâce à cette mesure protectrice, les petits cultivateurs belges sont assurés de ne pas payer leurs engrais quatre fois ce qu'ils valent, ils ne peuvent être surfaits que du quart de leur prix au cours moyen du jour.

D'un autre côté, même dans le cas de fraude manifeste, la loi française ne permet au cultivateur de faire condamner le fraudeur que dans des conditions fort onéreuses. C'est que la partie du règlement qui autorise l'Administration à poursuivre d'office n'est jamais mise en vigueur. Les fonctionnaires n'aiment pas à engager leur responsabilité. Alors le cultivateur lésé est obligé de se porter partie civile après avoir porté plainte au procureur de la République. S'il gagne en première instance et en appel, il a dû faire plus de frais que la perte à lui infligée par le fraudeur. En voici un exemple, que j'ai cité au Congrès international de Chimie appliquée de Paris en 1896 : « J'ai eu l'occasion de faire appliquer cette loi (loi de 1888). Mais la justice que l'Europe nous envie est d'un prix tellement élevé, bien qu'elle soit gratuite, que dans aucune circonstance, pour ma part, je n'oserais conseiller à un cultivateur trompé d'intenter une action judiciaire. Au Syndicat agricole de Chartres, nous avons eu malheureusement à constater une fraude dans une livraison de nitrate de soude.

« Dans treize sacs envoyés à différents petits cultivateurs nous avions constaté la présence de 25 p. 100 de sable. Cela remonte à loin ; mais, par suite des circonstances de la procédure, de l'appel et de la liquidation judiciaire du négociant, les frais n'ont pu être liquidés que depuis quelques semaines.

« La fraude constatée, nous avions aussitôt porté plainte au Parquet ; mais celui-ci ne voulut poursuivre qu'à la condition que l'on se portât partie civile, c'est-à-dire que le Syndicat répondît des frais du procès. Le Syndicat a gagné son procès. Il a obtenu la condamnation du fraudeur à un mois de prison, 500 francs d'amende, 1 franc de dommages-intérêts envers le Syndicat et chacun des cultivateurs intéressés, et à la publication du jugement dans trois journaux. Le délinquant a été en outre condamné aux frais. Le jugement de première instance a été confirmé en appel.

« Les frais du procès se sont élevés à 1909 fr. 30, mais, la liquidation judiciaire n'ayant pu verser que 800 fr. 05, le Syndicat agricole de Chartres a dû payer 1109 fr. 25 pour solder l'affaire. A cette époque, le nitrate coûtait 25 francs les 100 kilogrammes. Pour treize sacs à 25 p. 100 de sable, le préjudice s'élevait à 81 francs. La comparaison montre que c'est une belle affaire. Le Syndicat a obtenu par contre un bénéfice moral indéniable. Mais un cultivateur isolé, qui aurait acheté même un wagon de nitrate, aurait fait une opération déplorable en poursuivant le fraudeur. »

En présence de cette situation de fait, les cultivateurs, pour défendre leurs intérêts, ont eu recours à la création des syndicats. C'est vers 1883 que les premiers syndicats agricoles ont été fondés dans les départements de Lot-et-Garonne et de Loir-et-Cher, par mes distingués collègues et amis MM. de l'Ecluse et Tanviray. L'idée qui a donné naissance à ce genre d'association est sortie de la nécessité où se trouvaient les cultivateurs d'augmenter leur production pour abaisser les prix de revient des produits agricoles concurrencés à outrance par les terres nouvelles. Les engrais étaient les éléments indispensables pour atteindre le but. On les avait bien déjà à sa disposition, mais ils étaient à des prix exorbitants, hors de proportion avec leur valeur réelle et les produits qu'on en pouvait tirer. Ils étaient, de plus, sujets à de nombreuses falsifications et leur commerce était entre les mains de courtiers marrons, qui n'épargnaient rien pour profiter de l'ignorance des habitants des campagnes. La loi de 1888, sur la répression de la fraude dans le commerce des engrais, n'existait pas. De rares agriculteurs, préparés par une éducation technique spéciale, pouvaient seuls, sans crainte de duperie, les employer pour accroître leurs rendements.

Si l'on voulait relever l'agriculture française, il fallait cependant que la petite et la moyenne culture fussent mises à même d'appliquer les nouvelles découvertes de la science agronomique. Il fallait que l'emploi des engrais chimiques ne restât pas l'apanage des privilégiés de la fortune et de l'intelligence. Il fallait les démocratiser.

C'est ce qu'ont tenté, avec un succès qui s'est répercuté sur la France entière, de l'Ecluse et Tanviray. Les noms de ces ouvriers de la première heure doivent être gardés pieusement au fond du cœur de tous ceux que l'agriculture fait vivre, au fond du cœur de tous ceux qui aiment la France, car la prospérité de l'industrie du sol est le plus sûr garant de la prospérité du pays tout entier.

Le 21 mars 1884, le Parlement a voté la loi sur les Syndicats professionnels. Cette loi, qui avait pour principal objet d'autoriser les ouvriers de l'industrie à se grouper et à s'entendre pour défendre leurs intérêts, fut amendée au Sénat, lors de sa dernière délibération, sur l'initiative de M. Oudet, sénateur du Doubs. A l'article 3, portant : « Les syndicats professionnels ont uniquement pour objet la défense des intérêts économiques, industriels et commerciaux », il fit ajouter les mots « et agricoles ». C'est par cette petite porte que les syndicats agricoles ont pénétré dans notre législation. Si humble qu'ait été cette origine légale, l'agriculture s'empressa de se réclamer de la loi. Les syndicats de Lot-et-Garonne et de Loir-et-Cher se placèrent sous son égide, et bientôt la Beauce elle-même, malgré le calme traditionnel de ses habitants, secouait son antique torpeur et fondait les syndicats agricoles de Châteaudun, de Dreux, de Chartres, du Perche, de Souancé et de Maintenon. Aujourd'hui, plus de 7000 agriculteurs praticiens sont groupés dans ces œuvres de mutualité et de progrès.

Dans la France entière, il s'est produit un mouvement analogue et synchrone. On y peut compter actuellement plus de 2500 syndicats agricoles, comprenant plus de un million d'agriculteurs. C'est donc avec juste raison qu'on a pu dire que la loi de 1884, votée en faveur des ouvriers du commerce et de l'industrie, avait surtout profité à l'agriculture.

La loi sur les syndicats est ainsi conçue :

Article premier. — Sont abrogés la loi des 14-17 juin 1791 et l'article 416 du Code pénal.

Les articles 291, 292, 293, 294 du Code pénal et la loi du 18 avril 1834 ne sont pas applicables aux syndicats professionnels.

Art. 2. — Les syndicats ou associations professionnels, même de plus de vingt personnes exerçant la même profession, des métiers similaires ou des professions connexes concourant à l'établissement de produits déterminés, pourront se constituer librement sans l'autorisation du Gouvernement.

Art. 3. — Les syndicats professionnels ont exclusivement pour objet l'étude et la défense des intérêts économiques, industriels, commerciaux et agricoles.

Art. 4. — Les fondateurs de tout syndicat professionnel devront déposer les statuts et les noms de ceux qui, à un titre quelconque, seront chargés de l'administration ou de la direction.

Ce dépôt aura lieu à la mairie de la localité où le syndicat est établi, et, à Paris, à la Préfecture de la Seine.

Ce dépôt sera renouvelé à chaque changement de la direction ou des statuts.

Communication des statuts devra être donnée par le maire ou par le préfet de la Seine au procureur de la République.

Les membres de tout syndicat professionnel chargés de l'administration ou de la direction de ce syndicat devront être Français et jouir de leurs droits civils.

Art. 5. — Les syndicats professionnels régulièrement constitués, d'après les prescriptions de la présente loi, pourront librement se concerter pour l'étude et la défense de leurs intérêts économiques, industriels, commerciaux et agricoles.

Ces unions devront faire connaître, conformément au deuxième paragraphe de l'article 4, les noms des syndicats qui les composent.

Elles ne pourront posséder aucun immeuble ni ester en justice.

Art. 6. — Les syndicats professionnels de patrons ou d'ouvriers auront le droit d'ester en justice.

Ils pourront employer les sommes provenant des cotisations.

Toutefois, ils ne pourront acquérir d'autres immeubles que ceux qui seront nécessaires à leurs réunions, à leurs bibliothèques et à des cours d'instruction professionnelle.

Ils pourront, sans autorisation, mais en se conformant aux autres dispositions de la loi, constituer entre leurs membres des caisses spéciales de secours mutuels et de retraites.

Ils pourront librement créer et administrer des offices de renseignements pour les offres et les demandes de travail.

Ils pourront être consultés sur tous les différends et toutes les questions se rattachant à leur spécialité.

Dans les affaires contentieuses, les avis du syndicat seront tenus à la disposition des parties, qui pourront en prendre communication et copie.

Art. 7. — Tout membre d'un syndicat professionnel peut se retirer à tout instant de l'association, nonobstant toute clause contraire, mais sans préjudice du droit pour le syndicat de réclamer la cotisation de l'année courante.

Toute personne qui se retire d'un syndicat conserve le droit d'être membre des sociétés de secours mutuels et de pensions de retraite pour la vieillesse, à l'actif desquelles elle a contribué par des cotisations ou des versements de fonds.

Art. 8. — Lorsque des biens auront été acquis contrairement aux dispositions de l'article 6, la nullité de l'acquisition ou de la libéralité pourra être demandée par le procureur de la République ou par les intéressés. Dans le cas d'acquisition à titre onéreux, les immeubles seront vendus, et le prix en sera déposé à la caisse de l'association. Dans le cas de libéralité, les biens feront retour aux disposants ou à leurs héritiers ou ayants cause.

Art. 9. — Les infractions aux dispositions des articles 2, 3, 4, 5 et 6 de la présente loi seront poursuivies contre les directeurs ou administrateurs des syndicats et punies d'une amende de 16 à 200 francs. Les tribunaux pourront en outre, à la diligence du procureur de la République, prononcer la dissolution du syndicat et la nullité des acquisitions d'immeubles faites en violation des dispositions de l'article 6.

Au cas de fausse déclaration relative aux statuts et aux noms et qualités des administrateurs ou directeurs, l'amende pourra être portée à 500 francs.

Art. 10. — La présente loi est applicable à l'Algérie.

Elle est également applicable aux colonies de la Martinique, de la Guadeloupe et de la Réunion. Toutefois, les travailleurs étrangers et engagés sous le nom d'immigrants ne pourront faire partie des syndicats.

Cette loi a été interprétée par la circulaire ministérielle du

25 août 1884, adressée aux préfets, dont nous extrayons les passages suivants :

La loi du 21 mars 1884, en faisant disparaître toutes les entraves au libre exercice du droit d'association pour les syndicats professionnels, a supprimé, dans une pensée libé-rale, toutes les autorisations préalables, toutes les prohibi-tions arbitraires, toutes les formalités inutiles. Elle n'exige de la part de ces associations qu'une seule condition pour leur établissement régulier, pour leur fondation légale : la publi-cité. Faire connaître leurs statuts, la liste de leurs sociétaires, justifier en un mot de leur qualité de syndicats professionnels, telle est, au point de vue des formes qu'elles doivent observer, la seule obligation qui incombe à l'association....

La pensée dominante du Gouvernement et des Chambres dans l'élaboration de cette loi a été de développer parmi les travailleurs l'esprit d'association.

Le législateur a fait plus encore. Pénétré de l'idée que l'association des individus suivant leurs affinités profession-nelles est moins une arme de combat qu'un instrument de progrès matériel, moral et intellectuel, il a donné aux syn-dicats la personnalité civile pour leur permettre de porter au plus haut degré de puissance leur bienfaisante activité. Grâce à la liberté complète d'une part, à la personnalité civile de l'autre, les syndicats, sûrs de l'avenir, pourront réunir les ressources nécessaires pour créer et multiplier les utiles ins-titutions qui ont produit chez d'autres peuples de précieux résultats : caisses de retraites, de secours, de crédit mutuel, cours, bibliothèques, sociétés coopératives, bureaux de ren-seignements, de placement, de statistiques, etc.

Quant à la création des syndicats, laissez l'initiative aux intéressés qui, mieux que vous, connaissent leurs besoins. Un empressement généreux mais imprudent ne manquerait pas d'exciter des méfiances. Abstenez-vous de toute démarche qui, mal interprétée, pourrait donner à croire que vous prenez parti pour les ouvriers contre les patrons ou pour les patrons contre les ouvriers. Il faut et il suffit que l'on sache que les syndicats professionnels ont toutes les sympathies de l'Admi-nistration, et que les fondateurs sont sûrs de trouver auprès de vous les renseignements qu'ils auraient à demander. Il sera bon qu'un de vos bureaux soit spécialement chargé de ré-pondre à toutes les demandes d'éclaircissements qui vous seraient adressées. Dans ses rapports avec les fondateurs, il s'inspirera de cette idée que son rôle est de faciliter ces utiles créations. En cette matière, comme en toute autre, le rôle de l'Administration républicaine consiste à aider, non à compliquer.

Le syndicat une fois créé, il s'agira de lui faire produire tous ses résultats. Si, comme je n'en doute pas, vous avez pu montrer à ces associations ouvrières à quel point le Gouvernement s'intéresse à leur développement, vous pourrez encore leur rendre les plus grands services, quand il s'agira pour elles d'entrer dans la voie des applications. Vous serez fréquemment consulté sur les formalités à remplir pour l'établissement de ces œuvres et sur les différentes opérations que comporte leur fonctionnement. Il est indispensable que vous vous prépariez à ce rôle de conseiller et de collaborateur dévoué, par l'étude approfondie de la législation qui les régit et des organismes similaires existant en France ou à l'étranger. Cette tâche sera facilitée par le commentaire succinct de la loi du 21 mars que vous trouverez un peu plus loin.

Cette loi a remis complètement aux travailleurs le soin et les moyens de pourvoir à leurs intérêts. On n'y trouve aucune disposition de nature à justifier l'ingérence administrative dans leurs associations. Les formalités qu'elle exige sont très peu nombreuses et très faciles à remplir. Son laconisme, qui est tout à l'avantage de la liberté, pourra causer au début quelques hésitations et quelques incertitudes. Il serait difficile de prévoir à l'avance toutes les difficultés qui pourront surgir. Elles devront toujours être tranchées dans le sens le plus favorable au développement de la liberté.

L'article 1er abroge la loi des 14-17 juin 1791, qui défendait aux membres du même métier ou de la même profession de former entre eux des associations professionnelles, et l'article 416 du Code pénal ainsi conçu : « Seront punis d'un emprisonnement de six jours à trois mois et d'une amende de seize à trois cents francs, ou de l'une de ces deux peines seulement, tous ouvriers, patrons et entrepreneurs d'ouvrage qui, à l'aide d'amendes, de défenses, proscriptions, interdictions prononcées par suite d'un plan concerté, auront porté atteinte au libre exercice de l'industrie et du travail ».

De cette abrogation résultent les conséquences suivantes :

1° Le fait de se concerter, en vue de préparer une grève,

n'est plus un délit, ni pour les syndicats de patrons, d'ouvriers, d'entrepreneurs d'ouvrage, ni pour les ouvriers patrons, entrepreneurs d'ouvrage non syndiqués ;

2° Cessent d'être considérées comme des atteintes au libre exercice de l'industrie et du travail, les amendes, défenses, proscriptions, interdictions prononcées par suite d'un plan concerté.

Mais demeure punissable, aux termes des articles 414 et 415 du Code pénal, quiconque, à l'aide de violences, voies de fait, menaces ou manœuvres frauduleuses, aura amené ou maintenu, tenter d'amener ou de maintenir une cessation concertée de travail dans le but de forcer la hausse ou la baisse des salaires ou de porter atteinte au libre exercice de l'industrie et du travail.

Le paragraphe 2 de l'article 1er déclare non applicables aux syndicats professionnels les articles 291, 292, 293, 294 du Code pénal et la loi du 30 avril 1834, qui considèrent comme illicite toute association de vingt personnes formée sans l'agrément préalable du Gouvernement, et frappent de peines exceptionnelles les auteurs de provocations à des crimes ou à des délits faites au sein de ces assemblées, ainsi que les chefs, directeurs ou administrateurs de l'association.

Cet article 1er consacre la liberté complète d'association, mais seulement au profit des associations professionnelles.

Les articles 2 et 3 définissent les associations appelées à jouir du bénéfice de la présente loi. Ce sont les associations professionnelles dont les membres exercent la même profession ou des professions similaires concourant à l'établissement de travaux déterminés, et qui ont exclusivement pour but, aux termes de l'article 3, l'étude et la défense des intérêts économiques, industriels, commerciaux ou agricoles.

Les groupements réalisant ces conditions ont le droit, quel que soit le nombre de leurs membres, de se former sans autorisation du Gouvernement.

Du silence de la loi ou des discussions qui ont eu lieu dans les Chambres, il faut conclure :

1° Qu'un syndicat peut recruter ses membres dans toutes les parties de la France ;

2° Que les étrangers, les femmes, en un mot tous ceux qui sont aptes, dans les termes de notre droit, à former des conventions régulières, peuvent faire partie d'un syndicat ;

3° Que ces mots : « professions similaires concourant à l'établissement d'un produit déterminé » doivent être entendus dans un sens large. Ainsi, sont admis à se syndiquer entre eux tous les ouvriers concourant à la fabrication d'une machine, à la construction d'un bâtiment, d'un navire, etc... ;

4° Que la loi est faite pour tous les individus exerçant un métier ou une profession, par exemple les employés de commerce, les cultivateurs, fermiers, ouvriers agricoles, etc.

En accordant la liberté la plus large aux syndicats professionnels, la loi, pour toute garantie, leur demande une déclaration de naissance par l'article 4, qui prescrit le dépôt des statuts et des noms de ceux qui, à un titre quelconque, seront chargés de l'administration ou de la direction.

La publicité est en effet le corollaire naturel et indispensable de la liberté d'association ; c'est la seule garantie possible de l'observation de cette condition exigée par la loi, le caractère professionnel de l'association.

Cette simple formalité ne saurait inspirer aucune inquiétude aux syndicats ni les exposer à aucune vexation. Au contraire, elle présente cet avantage précieux de limiter le champ étroit où peut s'exercer la surveillance de l'État. D'ailleurs, la publicité répugne si peu aux syndicats que, sous le régime de la tolérance, nombre d'entre eux ont spontanément demandé aux préfets de recevoir leurs statuts et de les conserver dans les archives des préfectures.

Le même article porte que le dépôt doit être renouvelé à chaque changement de la direction ou des statuts.

La loi ne pouvait être moins formaliste. Elle n'exige ni la rédaction sur papier timbré, ni l'impression. La loi ne fixant pas le nombre d'exemplaires qui devront être déposés, il convient de se référer aux précédents et de considérer que le dépôt de deux exemplaires sera suffisant.

Comme j'attache une grande importance à constituer de sérieuses archives des syndicats professionnels, qui permettront de se rendre compte des effets produits par la loi du 21 mars, vous voudrez bien prendre les mesures nécessaires pour me transmettre copie de ces documents. Vous me renseignerez également sur les institutions fondées par les syndicats.

Toutes ces indications, réunies au ministère et tenues à la disposition de tous les intéressés, seront une source précieuse de renseignements pour ceux qui voudront les consulter.

. L'authenticité des statuts doit être établie par des signatures. La loi est muette sur ce point. Bornez-vous à demander qu'ils soient certifiés par le président et le secrétaire et donnez à MM. les maires des instructions en ce sens.

J'ai été consulté sur le point de savoir si le dépôt des statuts ou des noms des directeurs ou administrateurs doit être accompagné d'une déclaration spéciale. Cette déclaration est inutile. Il suffit que le règlement statutaire soit certifié au bas du texte et que les noms des directeurs et administrateurs, s'ils ne sont pas mentionnés dans les statuts, soient, dans une seule et même pièce, indiqués et certifiés par le président et le secrétaire.

Tout dépôt d'un des documents précités doit être constaté par un récépissé du maire et, à Paris, du Préfet de la Seine. Ce récépissé est exigible immédiatement. Il suffit de l'établir sur papier libre.

Il sera indispensable que, dans chaque mairie, il soit tenu un registre spécial, où seront mentionnés à leur date le dépôt des statuts de chaque syndicat, le nom des administrateurs ou directeurs, la délivrance du récépissé. Ce registre fera foi de l'accomplissement des formalités; il permettra de remédier à la perte possible du récépissé de dépôt.

L'obligation, pour les syndicats en formation, d'opérer le dépôt n'existe qu'à partir du jour où les statuts ont été arrêtés, où, par conséquent, le syndicat est matériellement formé. Jusque-là, les fondateurs ont toute liberté de se réunir pour en concerter les dispositions, sans être exposés aux pénalités des articles 291 et suivants du Code pénal ou à celles de l'article 9 de la présente loi.

L'article 5 reconnaît la liberté des unions des syndicats professionnels régulièrement constitués, aux termes de la présente loi. Elles n'ont besoin, pour se former, d'aucune autorisation préalable. Il suffit qu'elles remplissent les formalités prescrites par les articles 4 et 5 combinés, c'est-à-dire qu'elles déposent à la mairie du lieu où leur siège est établi et, s'il est établi à Paris, à la Préfecture de la Seine, le nom des syndicats qui les composent. Si l'union est régie par des statuts, elle doit également les déposer. Il est également nécessaire que l'union fasse connaître le lieu où siègent les syndicats unis.

Les autres formalités à remplir sont les mêmes pour les unions et pour les syndicats.

La loi du 21 mars n'accorde, à aucun degré, aux unions de syndicats la faveur de la personnalité civile. Il a été reconnu qu'elles pouvaient s'en passer. Elle a réservé ce privilège aux syndicats professionnels par l'article 6.

Grâce à lui, le syndicat devient une personne juridique d'une durée indéfinie, distincte de la personne de ses membres, capable d'acquérir et de posséder des biens propres, de prêter, d'emprunter, d'ester en justice, etc. Ainsi, ces associations professionnelles, d'abord proscrites, puis tolérées, sont élevées par la loi du 21 mars au rang des établissements d'utilité publique, et, par une faveur inusitée jusqu'à ce jour, elles obtiennent cet avantage, non en vertu de concessions individuelles, mais en vertu de la loi et par le seul fait de leur création. Les pouvoirs publics en aucun temps, en aucun pays, n'ont donné une plus grande preuve de confiance et de sympathie aux travailleurs.

La personnalité civile n'appartient qu'aux syndicats régulièrement constitués. Elle est pour eux le droit commun et leur est acquise en l'absence de toute déclaration spéciale de volonté dans les statuts.

La personnalité civile accordée aux syndicats n'est pas complète, mais suffisante pour leur donner toute la force d'action et d'expansion dont ils ont besoin. C'est aux tribunaux qu'il appartiendra de statuer sur les difficultés que pourra soulever l'usage de cette faculté. Je me borne à mettre en relief les dispositions de la loi à cet égard et à en déduire les conséquences certaines.

Le patrimoine des syndicats se compose du produit des cotisations et des amendes, de meubles et valeurs mobilières et d'immeubles. A l'égard des immeubles, la loi leur permet d'acquérir seulement ceux qui sont nécessaires à leurs réunions, à leurs bibliothèques et à des cours d'instruction professionnelle. Ces immeubles ne doivent pas être détournés de leur destination. Les syndicats contreviendraient à la loi s'ils essayaient d'en tirer un profit pécuniaire direct ou indirect par location ou autrement.

Aucune disposition ne leur défend ni de prendre des immeubles à bail, quel qu'en soit le nombre et quelle que soit la durée des baux, ni de prêter, ni d'emprunter, ni de vendre, échanger ou hypothéquer leurs immeubles. Ils font un libre emploi des sommes provenant des cotisations : placements, secours individuels, en cas de maladie, de chômage ; achats de livres, d'instruments ; fondations de cours d'enseignement professionnel, etc. Ces divers actes ne sont soumis à aucune autorisation administrative. Ils seront décidés et réalisés conformément aux règles établies par les statuts. Il en sera de même des procès ou des transactions.

Il importe que les syndicats prévoient, dans leurs règlements, comment ces actes seront délibérés et votés, et par quels mandataires ils seront représentés, soit dans la réalisation des actes, soit en justice.

Les syndicats peuvent, sans autorisation, mais en se conformant aux autres prescriptions de la loi, constituer entre leurs membres des caisses spéciales de secours mutuels et de retraites.

Il a été expressément entendu que la loi du 21 mars dernier laissait subsister (sauf la nécessité de l'autorisation préalable) toute la législation relative à ces sociétés. Si donc rien ne s'oppose à ce que les membres d'un syndicat professionnel forment entre eux des sociétés de secours mutuels avec ou sans caisse de secours mutuels, il demeure évident que ceux qui voudraient bénéficier des avantages réservés aux sociétés de secours mutuels approuvées ou reconnues devraient se pourvoir conformément aux lois spéciales sur la matière, dont le mécanisme vous est connu et n'a pas à être rappelé ici.

J'appelle tout particulièrement votre attention sur le point suivant : il résulte, tant du texte de la loi (article 5, paragraphe 4 ; article 7, paragraphe 2) que des discussions, que les sociétés syndicales de secours mutuels doivent posséder une individualité propre et avoir une administration et une caisse particulières. Il en est de même des sociétés de retraites qui peuvent bien se greffer sur les sociétés de secours mutuels et faire caisse commune avec elles, mais dont le patrimoine ne doit pas se confondre avec celui des syndicats. D'ailleurs, une telle confusion serait fatale à la prospérité de ces œuvres et des syndicats eux-mêmes, et je ne doute pas que les intéressés ne sentent la nécessité de garantir, d'une manière complète, l'affectation exclusive de leurs ressources à l'objet particulier de leur établissement. Mais le syndicat demeure libre de prélever sur son propre fonds des secours individuels et purement gracieux. La pratique de ces libéralités accidentelles ne constitue pas un syndicat à l'état de société de secours mutuels, tant que le droit de chacun au secours n'est pas proclamé ni réglé.

L'article 7 assure la liberté des syndiqués. Il porte que tout membre d'un syndicat professionnel peut se retirer à tout instant de l'association, mais sans préjudice du droit, pour le syndicat, de réclamer la cotisation de l'année. C'est là tout ce que le syndicat peut obtenir en justice contre le membre qui en sort de son plein gré. En cas d'exclusion, les cotisations arriérées sont seules exigibles.

Aux termes du paragraphe 2 du même article, toute personne qui se retire d'un syndicat conserve le droit d'être membre des sociétés de secours mutuels et de pensions de retraite pour la vieillesse, à l'actif desquelles elle a contribué par des cotisations ou versements de fonds. Elle ne saurait être exclue de ces sociétés que pour une des causes prévues par leur règlement spécial.

Cette disposition est, on le voit, inconciliable avec l'existence d'une caisse commune aux syndicats et aux sociétés créées dans leur sein.

L'article 8 sanctionne les dispositions qui limitent la capacité d'acquérir et de posséder des syndicats professionnels.

L'article 9 punit de peines relativement légères les infractions aux articles 2, 3, 4, 5 et 6 de la présente loi ; quant aux associations qui, sous le couvert de syndicats, ne seraient point en réalité des sociétés professionnelles, c'est la législation générale, et non la loi du 21 mars, qui leur serait applicable.

Par définition, le syndicat agricole est une association formé eentre agriculteurs, propriétaires fermiers, métayers, ouvriers agricoles, et toutes personnes exerçant des professions connexes, concourant à la production agricole, pour l'étude et la défense des intérêts économiques agricoles. C'est l'identité ou l'analogie de la profession qui forme la base du syndicat, qui justifie le groupement, et tous les membres qui le composent doivent être intéressés à la production du sol.

La fondation d'un syndicat agricole est la chose la plus simple du monde : on réunit quelques hommes de bonne volonté; on organise au besoin une conférence, afin d'exposer les principaux services rendus par le syndicat agricole, en insistant spécialement sur ceux qui répondent le mieux aux besoins locaux. Puis on recueille les adhésions des fondateurs, on leur présente un modèle de statuts, qui est discuté, amendé s'il y a lieu, et enfin voté. On élit ensuite le bureau, dont les membres doivent posséder la qualité de Français et jouir de leurs droits civils. Le syndicat est ainsi constitué : il ne lui reste plus, pour pouvoir fonctionner légalement, qu'à faire le dépôt des statuts à la mairie du siège social, sur papier libre, ainsi que la liste des administrateurs. Un récépissé de la mairie en donnera constatation.

Les statuts du syndicat doivent naturellement préciser le but qu'il poursuit. Si les opérations à entreprendre au début visent principalement l'achat collectif des engrais, semences, machines, etc., nécessaires à l'exploitation lucrative du sol, la plupart des statuts se réfèrent à des opérations très multiples et très larges. Les initiateurs du mouvement syndical ont compris que ce serait rabaisser le rôle de l'association professionnelle que de lui assigner un but aussi étroit. Ils ont conçu le syndicat comme un organisme complet, capable de se suffire à lui-même, comme la cellule-germe de toutes les institutions destinées à améliorer le sort des habitants des campagnes.

Nous donnons ci-après comme exemple les statuts du Syndicat agricole de Chartres, qui compte à l'heure actuelle 3 800 membres.

SYNDICAT AGRICOLE

DE L'ARRONDISSEMENT DE CHARTRES.

Statuts.

Article premier. — Entre les agriculteurs de l'arrondissement de Chartres, soussignés, et tous ceux qui adhéreront aux présents statuts, il est constitué une association syndicale sous la dénomination de *Syndicat agricole de l'arrondissement de Chartres.*

Art. 2. — Ce Syndicat a pour but, d'une manière générale, l'étude et la défense des intérêts économiques et agricoles de ses membres, et spécialement :

1° L'achat en commun de tous les engrais et autres matières

premières utiles à l'agriculture, — des outils et machines agricoles, — des semences, des reproducteurs, et en résumé de tout ce qui est nécessaire pour l'exploitation avantageuse du sol ;

2° De faciliter, entre les cultivateurs syndiqués, et aussi entre eux et les membres des autres syndicats agricoles, les échanges directs des produits de la ferme, afin de faire bénéficier les uns et les autres des commissions que prélèvent les intermédiaires ;

3° De faciliter, soit par l'institution d'une exposition permanente d'échantillons des produits du sol, soit par tout autre moyen, les rapports directs des producteurs ruraux et des consommateurs ;

4° D'aider, comme conséquence des paragraphes 1, 2, 3, à la répression de la fraude dans le commerce des engrais, des semences, et en un mot de tous les produits agricoles ;

5° De donner à tous les syndiqués qui en feront la demande des renseignements sur l'emploi économique et judicieux des engrais, sur le choix des semences, des instruments et outils agricoles, des méthodes de culture et d'exploitation du bétail, etc. ;

6° De rechercher par suite expérimentalement, avec le concours désintéressé de ses membres : a) les conditions de l'emploi économique des engrais ; — b) les variétés de semences et de bétail à recommander ; — c) les méthodes de culture préférables, etc. ;

7° De resserrer les liens naturels que la similitude des intérêts économiques et techniques crée entre les syndiqués.

Art. 3. — Le siège du Syndicat est à Chartres.

Sur la convocation du président, il se réunit deux fois par an en assemblée générale.

Art. 4. — Aux réunions, le bureau rend compte des opérations depuis la réunion précédente et de la situation financière du Syndicat.

Art. 5. — Le nombre des sociétaires est illimité.

Pour faire partie du Syndicat, il faut être présenté par deux membres et admis à l'une des assemblées générales.

Le bureau peut accepter les nouveaux membres, mais seulement à titre provisoire.

Art. 6. — Le Syndicat est administré par un bureau composé de dix membres.

Art. 7. — Le bureau choisit dans son sein un président, un vice-président, un secrétaire et un trésorier.

Art. 8. — Le bureau est élu en assemblée générale, à la majorité des membres présents.

Il est renouvelable tous les cinq ans. — Les membres sortants sont rééligibles.

Art. 9. — En cas de besoin, le bureau peut adjoindre au secrétaire un agent salarié.

Art. 10. — Toutes les délibérations sont prises à la majorité des sociétaires présents. En cas de partage des voix, celle du président est prépondérante.

Art. 11. — Le bureau peut, pour des raisons graves dont il est seul juge, prononcer l'exclusion d'un membre. — Cette décision est prise d'office contre tout sociétaire qui n'aurait pas rempli fidèlement ses engagements quant au paiement des achats faits par l'intermédiaire du Syndicat.

Art. 12. — Le budget des recettes du Syndicat se compose :

1° Des cotisations de ses membres ;

2° D'un prélèvement proportionnel à l'importance des achats et des ventes effectués par son intermédiaire ;

3° Des dons et legs qu'il pourra recevoir.

Art. 13. — La cotisation des membres du Syndicat est fixée annuellement à la somme de deux francs.

Elle doit être versée dans les trois premiers mois de l'exercice entre les mains du trésorier ; passé ce délai, elle sera recouvrée par l'intermédiaire de l'administration des postes, aux frais du retardataire.

La cotisation de l'année en cours est due intégralement, à quelque époque que l'on soit admis dans l'association, ou bien que l'on se retire.

Art. 14. — Sur tous les achats effectués par l'intermédiaire du Syndicat, il sera prélevé une prime de deux pour cent.

L'adjudicataire de la fourniture devra en verser le montant dans la caisse du trésorier, dans les trente jours qui suivront la passation du marché. — Il devra donc tenir compte de cette obligation dans sa soumission.

Art. 15. — Un règlement spécial déterminera les redevances dues au Syndicat pour les ventes effectuées par son intermédiaire. Dans aucun cas elles ne devront dépasser un pour cent.

Art. 16. — Le budget des dépenses du Syndicat se compose :

1° Des frais de publicité de toutes sortes nécessités par les opérations ;

2° Des frais de correspondance ;

3° Des frais de contrôle des engrais et semences ;

4° Des frais de publication du bulletin de ses comptes rendus ;

5° Des frais de l'agence, lorsque la nécessité de son établissement sera reconnue ;

6° Et enfin de toutes les sommes nécessaires à la réalisation des opérations prévues par les statuts.

Art. 17. — Aucune dépense imprévue par les statuts ne peut être engagée par le président sans avoir préalablement été votée par le bureau.

Art. 18. — Les poursuites à exercer contre les fournisseurs du Syndicat qui n'auraient pas loyalement rempli leurs engagements seront faites au nom de l'acheteur intéressé, mais aux frais et diligence du Syndicat.

Tous les membres de l'association s'engagent solidairement à contribuer au paiement des frais de poursuite.

Art. 19. — Aucun procès ne pourra être engagé sans l'assentiment du bureau.

Les membres du bureau ne contractent, en raison de leur gestion, aucune obligation personnelle ni solidaire relativement aux engagements du Syndicat ; ils ne répondent que de l'exécution de leur mandat (art. 32 du Code de commerce).

Art. 20. — Le président convoque les sociétaires en assemblée générale. Les membres du bureau se réunissent sur son invitation pour discuter les intérêts du Syndicat.

Il préside les réunions et dirige les débats.

C'est lui qui centralise, plusieurs fois par an, avec l'aide du bureau, toutes les commandes faites par les membres du Syndicat. L'assemblée générale fixe les dates extrêmes auxquelles doivent, pour chaque saison, être remises les commandes des sociétaires.

Art. 21. — Le secrétaire rédige le procès-verbal de chaque séance. Il en est donné lecture au commencement de celle qui suit. Il est chargé de la correspondance, sous la direction du président.

Art. 22. — Le trésorier est chargé de la comptabilité : il encaisse les recettes et effectue les paiements sur les bons signés du président.

Il rend compte tous les ans, en assemblée générale, de la situation financière.

Art. 23. — Toutes les fonctions des membres du bureau sont gratuites.

Art. 24. — Dans leurs centres respectifs, les membres du bureau sont les représentants de l'association. Ils centralisent les demandes et les offres des cultivateurs syndiqués de leur rayon pour les transmettre au président. Ils ont en outre pour mission essentielle de veiller à la réception des envois, et aux prises d'échantillons authentiques, d'après le mode opératoire adopté par le bureau, en gare d'arrivée.

Art. 25. — Les achats faits pour le compte des syndiqués seront payés comptant, c'est-à-dire à trente jours après la date de la livraison, avec escompte, ou à six mois sans escompte.

Les sociétaires qui désireraient de plus longs termes devront s'entendre à cet effet avec les vendeurs.

Le Syndicat n'est pas une entrave au crédit dont les cultivateurs ont besoin, mais il n'est pas responsable de la solvabilité de ses membres.

Art. 26. — Le paiement ne peut en aucun cas être exigé par le vendeur qu'après le contrôle de la livraison et approbation de la facture par le président.

Art. 27. — Toute proposition faite en assemblée générale doit être écrite et déposée sur le bureau.

Art. 28. — Toutes demandes tendant à modifier les présents statuts devront être signées de vingt membres et communiquées au bureau quinze jours au moins avant l'une des assemblées générales. Elles ne pourront être acceptées qu'à la majorité des deux tiers des membres présents.

Art. 29. — La dissolution du Syndicat agricole de l'arrondissement de Chartres ne pourra être décidée qu'en assemblée générale, à la majorité de la moitié plus un de la totalité des membres syndiqués.

En cas de dissolution, l'actif du Syndicat sera versé dans la caisse d'une institution de bienfaisance choisie par l'assemblée générale.

L'achat en commun des engrais, des semences et des machines, qui forme une des principales et la plus ancienne branche d'action des syndicats, n'a pas été sans soulever quelques protestations, notamment de quelques Chambres de commerce, peu au courant de la manière d'opérer des associations syndicales, qui, en réalité, ne servent que d'intermédiaires gratuits entre les négociants ou fabricants et leurs membres. Elles ont réclamé qu'on leur applique la patente comme à des commerçants, qui ne travaillent que pour réaliser des bénéfices le plus élevés possible sur leurs acheteurs. En réponse à ces réclamations, le ministre du Commerce a publié un commentaire de la loi du 21 mars 1884, dont nous extrayons les passages suivants, dont l'importance n'échappera pas aux intéressés :

Aux termes de l'article 632 du Code de commerce, paragraphe premier, la loi répute acte de commerce tout achat de denrées et marchandises pour les revendre soit en nature, soit après les avoir travaillées et mises en œuvre.

Pour constituer l'acte de commerce spécifié par la loi, il faut donc, non seulement qu'il y ait eu achat, et que les choses achetées soient des denrées ou marchandises, il faut encore que l'achat soit fait avec l'intention de revendre la marchandise ou la denrée achetée. Il faut donc considérer la destination de l'objet acquis. Tous les auteurs de la jurisprudence s'accordent à reconnaître que celui qui achète pour consommer ne fait pas un acte de commerce, l'intention d'une revente avantageuse étant indispensable pour imprimer à l'achat le caractère commercial.

Tel est précisément le cas des syndicats agricoles.

Il paraît établi que les diverses associations qui ont motivé les réclamations parvenues à mon administration se sont bornées à créer des *offices* pour l'achat de matières premières ou de machines utiles à l'agriculture, de manière à les obtenir à meilleur marché et de meilleure qualité, *au profit de leurs membres* ; que ces associations sont administrées gratuitement, et n'ont *retiré aucun bénéfice* de leur entremise, faisant simplement profiter les sociétaires de tous les avantages résultant du mode d'achat et que si, parfois, elles ont majoré dans une faible mesure le prix d'acquisition des produits, rien ne permet d'affirmer que cette majoration ait eu d'autre but que de couvrir leurs frais de gestion. Elles auraient agi, par conséquent, d'une manière désintéressée.

Ces considérations ont déterminé M. le Ministre des Finances à ne pas assujettir les syndicats agricoles à l'impôt de la patente. Et quand M. le Ministre de l'Intérieur, en énumérant les créations permises à ces associations, mentionnait, par exemple, les offices de renseignements, les bureaux de placement, etc., il ne suivait pas plus étroitement le texte légal que les syndicats qui entendent créer à leur siège social des offices pour étudier les cours des marchés et pour assurer à leurs membres, dans les meilleures conditions de prix et de qualité, l'acquisition des matières premières : graines, engrais, outils, machines agricoles, etc., qui leur sont nécessaires.

On peut dire que la loi de 1884, si elle ne conférait pas le droit de faire des opérations semblables, ne pourrait être pour les agriculteurs l'objet d'aucune application vraiment pratique. S'il était établi, par exemple, que telle ou telle association ne s'est pas bornée à faire profiter ses seuls adhérents des avantages réalisés par le syndicat, qu'elle en a étendu le bénéfice à des personnes étrangères, que le syndicat, en un mot, ou ses membres, se sont livrés à des actes commerciaux tels que les définit le Code de commerce, il est évident que les associations signalées devraient être mises en demeure de se renfermer dans la limite des attributions qui leur ont été assignées par le législateur de 1884.

Dans la pratique courante, les syndicats réunissent au printemps et à l'automne, pour les deux principales époques de semailles, les commandes d'engrais de leurs adhérents ; puis ils passent des marchés, soit de gré à gré avec des fournisseurs choisis, soit par adjudications publiques ou restreintes. Les prix étant fixés et les conditions de livraison déterminées, ils transmettent les commandes aux adjudicataires et en surveillent l'exécution. Voici les principales clauses du cahier des charges du Syndicat de Chartres, comme exemple :

1° Le vendeur déclare avoir pris connaissance des articles 14, 25 et 26 des statuts du syndicat et prend l'engagement de se soumettre aux obligations que ces articles lui imposent.

2° Il s'engage à livrer les engrais à lui achetés, franco de port et d'emballage, en sacs plombés, dans toutes les gares du département d'Eure-et-Loir et des cantons limitrophes.

En dehors de ces limites, les frais de port sont à la charge du destinataire depuis la dernière gare du réseau comprise dans le périmètre préindiqué jusqu'à destination.

Dans tous les cas, le soussigné s'engage à faire l'avance des frais de transport supplémentaires, et à se couvrir du supplément déboursé par sa facture sur le destinataire.

3° Le poids des substances livrées s'entend du poids net, défalcation faite du poids des emballages, à moins de stipulation nettement établie lors de la passation du marché.

4° Pour les commandes à livrer de suite, l'expédition des engrais achetés et la transmission au bureau du syndicat des récépissés d'expédition s'y référant devront avoir lieu dans les quinze jours qui suivront l'envoi de la commande au vendeur par le secrétaire du syndicat, dont le registre copies de lettres fera foi en ce qui concerne cette date.

Pour les commandes dont la date de livraison aura été fixée par l'acheteur dans un délai plus long, l'expédition et la transmission des récépissés devront se faire dix jours au moins avant la date indiquée.

5° Tout retard dans l'envoi du récépissé ou des engrais donnera droit à une indemnité de un demi p. 100 de la valeur du produit, pour chaque jour de retard, au profit du destinataire.

6° Les engrais simples ou mélangés seront en poudre homogène et facile à semer.

7° Le paiement au comptant, c'est-à-dire à trente jours (art. 25 des statuts), donnera droit à un escompte de deux et demi p. 100 et le paiement à trois mois à un escompte de un et demi p. 100 ; il aura lieu à six mois sans escompte. Les acheteurs qui voudraient un délai de paiement dépassant ce dernier terme devront s'arranger avec le fournisseur directement.

8° Le bureau du syndicat remettra au fournisseur, le jour de la passation du marché, la liste des commandes arrivées à cette date.

9° Le fournisseur s'engage, par le fait de l'adjudication, à fournir aux mêmes conditions toutes les commandes qui lui seraient faites jusqu'au 1er juillet 19.. inclus (ou jusqu'au 1er janvier 19.. inclus).

10° L'échantillonnage des marchandises a lieu à l'arrivée en gare, et avant la livraison, par les soins d'un représentant du syndicat, à qui tous pouvoirs sont donnés à cet effet, pour prélever trois échantillons, les étiqueter, les sceller, et en déposer un à la mairie du lieu, un autre au syndicat, et envoyer le troisième, s'il y a lieu, à l'expéditeur. En cas d'absence du représentant du syndicat, il est procédé par le destinataire à la prise d'échantillon en présence de témoins.

11° En cas de contestation sur les dosages, ou de différences, l'un des échantillons sera analysé par M. Grandeau, inspecteur général des stations agronomiques, ou encore dans une station agronomique.

Les résultats trouvés tranchent le différend sans appel.

Les frais de contre-analyse seront à la charge de la partie qui l'aura réclamée.

Tous les engrais seront achetés aux 100 kilos, avec un titre minimum garanti comme ci-dessous, *et non au degré*.

12° Tout manquant sur le titre minimum garanti ne dépassant pas 1 degré sera déduit selon sa valeur calculée au prix de l'unité.

Au delà de 1 degré, la réfaction sera basée sur le double de la valeur du manquant.

13° Les analyses de contrôle seront faites d'après les méthodes recommandées par le Comité des stations agronomiques de France.

14° Le soumissionnaire garantit d'une manière absolue la pureté, l'origine et le dosage des engrais indiqués ci-après :

15° *Superphosphate d'os.* — Le vendeur garantit qu'ils sont *d'os pur*, exempts de phosphate précipité ou de superphosphate minéral. Azote 0,5 à 1 p. 100 ; acide phosphorique soluble à l'eau et au citrate, 16 p. 100 au minimum, dont les deux tiers au moins solubles à l'eau.

16° *Superphosphate minéral soluble à l'eau et au citrate.* — Acide phosphorique soluble à l'eau et au citrate, 14 p. 100 au minimum.

17° *Superphosphate minéral soluble à l'eau.* — Acide phosphorique soluble dans l'eau, 14 p. 100 au minimum.

18° *Nitrate de soude.* — 15 p. 100 d'azote au minimum.

19° *Sulfate d'ammoniaque.* — Exempt de cyanures, sulfocyanures, et sulfate de protoxyde de fer. Azote ammoniacal, 20 p. 100 au minimum.

20° *Phosphates minéraux.* — Dosant au minimum 18 p. 100 d'acide phosphorique. Mouture impalpable.

21° *Scories de déphosphoration.* — Poudre impalpable, 18 p. 100 au minimum d'acide phosphorique.

22° *Chlorure de potassium.* — Exempt de chlorure de magnésium ; potasse 50 p. 100.

23° *Kaïnite.* — Dosant au minimum 12 p. 100 de potasse.

24° *Sang desséché pur.* — Dosant au minimum 13 p. 100 d'azote, garanti exempt de toute matière azotée étrangère.

25° *Corne torréfiée.* — Dosant au minimum 14 p. 100 d'azote.

26° *Phospho ordinaire.* — Dosant 3 p. 100 d'azote nitrique au printemps ou ammoniacal à l'automne, et 12 p. 100 au minimum d'acide phosphorique soluble dans l'eau et le citrate.

27° *Phospho surazoté.* — Dosant 5 p. 100 d'azote nitrique au printemps, ou ammoniacal à l'automne, et 10 p. 100 au moins d'acide phosphorique soluble à l'eau et au citrate.

28° Etc.

A la réception de leur commande, tous les membres du syndicat, si petits acheteurs qu'ils soient, ont la faculté de prélever des éohantillons et de les faire analyser gratuitement à la Station agronomique. Ce contrôle officieux a donné les meilleurs résultats. Il a permis de reconnaître qu'en général les fournisseurs se sont montrés dignes de la confiance que leur avait accordée le conseil d'administration.

En résumé, en ce qui concerne l'achat et l'utilisation des engrais, l'action des syndicats agricoles a été d'une efficacité incontestable et incontestée. Elle a non seulement eu pour résultat une grande diminution des prix, dont toute l'agriculture, même dissidente, a profité, mais encore une moralisation presque absolue de ce commerce. Et les fabricants comme les commerçants loyaux, loin d'avoir à se plaindre de cette intervention de la mutualité, ont été les premiers à en profiter, par suite de l'extension considérable que leurs affaires ont pu prendre. Seuls les courtiers interlopes ont été dérangés dans leur petit commerce, et nous ne perdrons pas notre temps à gémir sur leur sort.

Pour démontrer que l'éclosion des syndicats agricoles a bien eu pour résultat une baisse de prix très importante, nous avons relevé dans le tableau suivant les prix des engrais les plus importants, dans les mercuriales publiées par le *Journal d'Agriculture pratique* pour la première semaine de septembre des années 1880, 1890 et 1900. Ces prix s'entendent par quantités d'au moins 10000 kilogrammes sur wagon à Paris :

	1880. Francs.	1890. Francs.	1900. Francs.
Sulfate d'ammoniaque (20 p. 100 d'azote)	52,50	29,65	30,95
Nitrate de soude (15-16 p. 100 d'azote).	41,50	20,15	20,50
Sang desséché (11-13 p. 100 d'azote).	27,00	22,75	20,30
Superphosphate d'os (16-18 p. 100 d'acide phosphorique soluble au citrate)	16,00	12,75	8,60
Superphosphate minéral (16-18 p. 100 d'acide phosphorique soluble au citrate)	15,00	10,80	6,56

Il en résulte pour la valeur de l'unité :

	1880.	1890.	1900.
Azote ammoniacal	2,625	1,482	1,547
Azote nitrique	2,76	1,340	1,367
Azote du sang	2,45	2,065	1,846

Acide phosphorique soluble au citrate :

	1880.	1890.	1900.
Superphosphate d'os	1,00	0,796	0,537
Superphosphate minéral	0,94	0,674	0,410

Or, c'est de 1884 à 1890 que se sont constitués les syndicats les plus importants, et c'est aussi dans cette période que les prix se sont abaissés de la façon la plus manifeste. De 1890 à 1900, les fluctuations ne présentent que des différences peu grandes, et l'on doit admettre que les limites inférieures des prix sont obtenues. Nous avons fait relever depuis son origine les prix des adjudications du Syndicat de Chartres et nous les reproduisons ci-après :

RÉSULTATS DE L'ADJUDICATION.

Syndicat agricole de Chartres. — Résultats

	SUPER. OS, 1/2 azote, 16 acide phosphorique.		SUPER. CITRATE. 14 p. 100 acide phosphorique.		SUPER. EAU. 14 p. 100 acide phosphorique.		NITRATE de soude, 15 p. 100 azote.		SULFATE ammoniaque. 20 p. 100 azote.		PHOSPHATE minéral, 18 p. 100 acide phosphorique.	
	Print.	Aut.	Print.	Aut.	Print.	Aut.	Print.	Aut.	Print.	Aut.	Print.	Aut.
1886.......	»	11,20	»	7,20	»	»	»	»	»	32,50	»	»
1887.......	10,72	11,20	6,80	6,85	8,40	7,50	26,60	24,25	31,15	36,00	5,25	5,25
1888.......	10,88	12,18	6,59	6,62	7,24	7,13	»	24,50	34,55	32,80	5,35	5,25
1889.......	11,12	11,80	6,88	7,84	7,32	8,71	29,25	»	34,50	34,40	5,60	4,50
1890.......	12,50	12,40	8,80	8,68	9,55	9,20	25,35 / 23,45	22,65	33,20	32,70	4,80	4,40
1891.......	12,16	11,50	8,39	6,69	9,08	7,24	20,445	22,50	31,00	31,05	4,10	4,25
1892.......	11,28	10,18	6,89	7,33	7,62	8,15	25,15	22,75	29,75	29,10	3,65	3,60
1893.......	11,49	10,85	7,69	7,50	8,34	8,20	25,45	»	28,95	38,30	3,70	»
1894.......	11,45	11,60	7,55	7,15	8,45	7,90	24,26 / 25,00	24,20	37,00	37,00	3,60	3,70
1895.......	11,90	10,90	6,90	5,90	7,65	6,45	23,80 / 24,40	22,75	31,25	28,50	3,50	3,30
1896.......	10,35	9,15	6,40	6,40	7,00	6,90	20,85	21,50	25,10	23,25	3,45	3,60
1897.......	8,75	8,15	6,30	5,83	6,89	6,40	21,75	19,50	22,50	22,20	3,40	3,70
1898.......	8,40	9,40	5,80	6,80	6,50	7,45	20,60	20,75	25,20	27,00	3,00	3,30
1899.......	8,95	9,60	6,15	6,90	6,75	7,50	20,475	21,20	27,75	»	3,10	3,25
1900.......	9,60	8,70	6,40	5,80	7,05	6,40	21,40	21,55	31,55	31,45	3,70	3,70
1901.......	8,45	8,65	5,90	6,60	6,75	7,14	22,80	24,35	30,40	30,00	3.50	4,24
1902.......	8,65	»	6,60	»	7,20	»	»	»	30,75	»	3,75	»

des adjudications depuis sa formation.

SCORIES, 18 p. 100 acide phosphorique.		CHLORURE, 50 p. 100 potasse.		KAÏNITE, 12 p. 100 potasse.		SANG desséché, 13 p. 100 azote.		CORNE torréfiée, 14 p. 100 azote.		PHOSPHO OR. 3 p. 100 azote nitrique ou ammoniacal, 12 p. 100 acide phosphorique citrate.		PHOSPHO surazoté. 5 p. 100 azote nitrique ou ammoniacal, 10 p. 100 acide phosphorique citrate.	
Print.	Aut.	Print.	Aut.	Print.	Aut.	Print.	Aut.	Print.	Aut.	Print.	Aut.	Print.	Aut.
»	»	»	21,25	»	»	»	21,25 (11°)	»	»	»	14,15	»	14,15
»	»	21,75	21,50	»	»	23,14	»	21,00	»	12,25	16,25	14,95	16,25
5,50	4,85	22,70	»	»	7,60	23,40	20,00 (11°)	22,40	»	13,30	14,40	15,40	14,40
5,10	5,15	22,25	22,35	6,95	7,80	22,22 (11°)	27,20	22,10	23,20	13,60	16,00	16,50	16,00
5,15	5,00	22,40	22,15	7,50	7,50	27,00	25,85	»	22,95	14,05	15,15	15,95	15,15
5,10	5,10	21,90	22,25	7,25	7,00	26,15	23,50	24,65	21,49 (13°)	11,92	13,45	13,30	13,45
5,24	5,09	22,20	22,50	6,90	7,00	23,30	22,30	22,50	21,90	11,45	14,00	13,95	14,00
5,35	5,39	22,85	22,95	6,80	6,75	21,75	26,80	22,00	26,75	11,70	15,45	13,90	15,45
5,98	5,58	22,25	22,80	6,80	6,90	26,75	»	27,00	»	11,65	16,35	13,85	16,35
5,40	5,14	22,60	21,75	6,85	6,80	23,15	25,15	24,50	22,00	11,95	12,80	14,20	12,80
4,45	4,30	21,95	22,30	6,70	6,75	20,90	19,75	»	19,00	10,95	11,60	12,90	11,60
4,40	4,74	22,04	21,00	6,70	6,70	19,25	18,70	»	18,80	10,09	10,60	10,94	10,60
4,94	4,79	21,55	22,30	6,60	6,85	23,20	25,75	»	22,10	10,38	12,85	12,15	12,85
5,35	5,20	22,40	22,00	6,75	6,70	24,60	24,60	»	»	10,15	14,71	12,25	14,70
5,10	5,10	22,50	21,95	6,60	6,25	24,00	22,95	»	»	11,25	13,10	13,25	13,20
5,39	5,49	22,30	21,89	6,49	6,60	24,00	24,80	»	»	11,20	13,10	13,45	13,10
6,30	»	20,00	»	5,75	»	24,50	»	24,00	»	11,49	»	13,49	»

VIII. — PRATIQUE DE LA FUMURE ET FUMURE DES CÉRÉALES.

Nous avons étudié jusqu'ici d'abord la question de savoir quels sont les aliments des plantes; puis comment, dans l'état actuel du marché des engrais, on peut les leur fournir; et, enfin, les précautions qu'il convient de prendre dans leur achat. Il nous reste, à cette heure, à élucider le problème de leur emploi économique. Pour rendre plus objectif l'exposé de nos idées à ce sujet, et le rendre, par conséquent, plus clair, nous allons prendre comme exemple la fumure du blé d'hiver, en indiquant à son sujet les principes généraux et les règles pratiques sur lesquelles on peut s'appuyer pour résoudre la question qui nous intéresse dans les différents cas qui peuvent se présenter.

Le premier point à éclaircir est celui de savoir quelles sont les quantités d'éléments fertilisants nécessaires à la formation d'une récolte suffisante pour être rémunératrice. En ce qui concerne le blé, nous admettrons qu'il faut tendre à obtenir un rendement de 40 hectolitres à l'hectare, ou 32 quintaux métriques de grain, avec la paille correspondante. Ce rendement pourra paraître élevé à d'aucuns; mais, outre qu'il faut toujours viser haut, on doit reconnaître que ce produit s'obtient souvent dans les fermes bien conduites à l'époque actuelle.

Nous avons démontré ailleurs (1) qu'une telle récolte, en y comprenant aussi bien les organes souterrains que les parties aériennes, exige pour se constituer les quantités suivantes d'éléments nutritifs :

Azote	125 kil.
Acide phosphorique	76 —
Chaux	61 —
Potasse	150 —

Ce sont là les exigences absolues du blé. Mais il ne nous suffit pas de les connaître. Il nous importe, de plus, de savoir

(1) Garola. *Les Céréales* (Librairie Firmin-Didot). — Les graphiques insérés dans ce chapitre sont empruntés à cet ouvrage.

à quelles époques spéciales la plante éprouve le besoin le plus énergique de chacun des principes fertilisants préindiqués. Il faut que nous sachions si l'absorption des principes nutritifs est uniforme, ou si, au contraire, elle a une intensité plus grande à certaines époques du développement de la plante. Nous devons donc examiner la marche de l'absorption des principes nutritifs.

Nous l'avons, en conséquence, étudiée, et nous avons reconnu que si l'on égale à 100 la quantité de chacune des substances fertilisantes absorbées, au moment où la plante en contient le plus, celle-ci en a pris aux diverses phases de sa végétation les quantités suivantes :

	Tallage.	Floraison.	Maturité.
Azote	3,6	72,4	100,0
Acide phosphorique	4,0	73,1	100,0
Chaux	4,9	86,0	100,0
Potasse	6,1	100,0	71,3
Matière sèche formée	2,2	69,2	100,0

Le graphique suivant (fig. 8) traduit pour l'œil cette marche de l'absorption des éléments nutritifs.

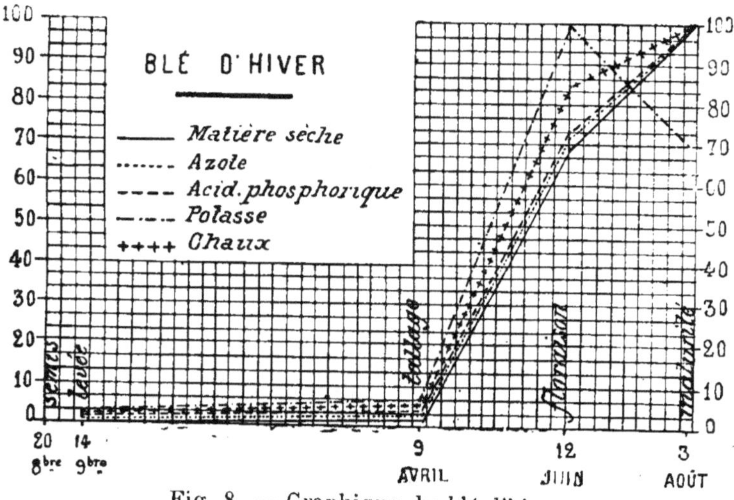

Fig. 8. — Graphique du blé d'hiver.

Tandis que, de la levée au tallage, la formation de la matière organique, d'une part, et l'assimilation des principes nutritifs de l'autre, suivent une marche peu rapide, du tallage à la floraison l'activité de la végétation devient considérable. En un peu plus de deux mois alors, le blé, qui occupe le sol pendant neuf mois, a absorbé 69 p. 100 de son azote et de son acide phosphorique, 81 p. 100 de sa chaux et 94 p. 100 de sa potasse. Il a tiré du sol toute la potasse qui lui est indispensable ; mais il continue, bien qu'avec une activité décroissante, à puiser les autres éléments de sa nutrition.

A cette intensité d'absorption des éléments nutritifs correspond évidemment un plus grand besoin d'engrais assimilables. Il paraît difficile, en effet, que la plante puisse tirer, en si peu de temps, une quantité aussi élevée de matériaux alimentaire des réserves du sol, qui ne deviennent assimilables que lentement. Les heureux résultats qu'on obtient des fumures en couverture, au printemps, sur les blés qui ont souffert de l'hiver, confirment cette déduction. Si l'absorption des éléments nutritifs du sol se poursuivait régulièrement pendant toute la période de végétation, la plante, ayant beaucoup plus de temps pour se satisfaire, serait évidemment moins sensible à l'adjonction au terrain de quelques kilogrammes d'azote ou d'acide phosphorique, quand on y en trouve trois cents à quatre cents fois plus que l'apport que l'on en fait.

Pour ce qui est de l'azote, on reconnaît sans peine qu'il vaut mieux le répandre au printemps qu'à l'automne, puisque c'est en mai que le blé l'assimile surtout avec avidité. Dès le début du tallage, à cause de la basse température, la nitrification du sol est très lente. Le blé a *faim* d'azote. Il faut lui en donner une petite provision sous une forme très assimilable, pour lui permettre d'attendre que les réserves du sol, en nitrifiant, lui fournissent une quantité d'azote assimilable en rapport avec son appétit. A cette époque, 100 kilogrammes de nitrate de soude à l'hectare constituent pour lui un *cordial* très salutaire.

Ce qui est l'évidence même pour l'azote doit être également admis pour les autres principes fertilisants. Le besoin d'engrais qu'ont les plantes ne dépend pas uniquement du rapport qu'il y a entre les ressources totales du sol et la somme des éléments nutritifs prélevés par la récolte ; il est largement sous la dépendance de la marche de l'absorption. Plus celle-ci est rapide, plus aussi il y a nécessité de donner une forte fumure. Si, au lieu d'être régulière, l'absorption se localise à certaines époques, c'est l'indication d'un besoin d'engrais d'autant plus fort que la période sera plus courte.

La plante sera, d'autre part, d'autant plus exigeante en engrais que la rapidité de l'absorption des éléments nutritifs sera plus grande que celle de la formation de la matière organique. Il existe une relation directe, en effet, entre la formation de la matière organique et l'absorption de l'eau, ou plutôt de la solution nutritive qui alimente le courant de la transpiration. Nous avons constaté cette relation dès le début de cet ouvrage. L'absorption de l'eau par les racines est en quelque sorte une fonction de la production de la matière sèche, et nous avons vu que les sels nutritifs ont pour effet d'en diminuer la quantité nécessaire. Nous en conclurons donc que, si la marche de l'absorption des éléments nutritifs est parallèle à celle de la production de la matière sèche, la solution nutritive peut rester à un titre constant, sans que la plante en souffre. Si, par contre, la marche de l'absorption des éléments nutritifs est plus active, il faudra une solution plus riche, et la plante se trouvera bien d'un apport d'engrais très assimilable. Si la production de la matière organique marche plus vite que l'absorption, c'est l'indice que le besoin d'engrais diminue.

Or, pendant la végétation hivernale, l'absorption des principes nutritifs suit une marche qui ne s'écarte que peu de celle de la formation de la matière organique. A partir du tallage, au contraire, se manifeste une divergence qui va en croissant jusqu'à la floraison. Il en résulte que, pendant cette période, le blé doit avoir à sa disposition de grandes provisions d'engrais facilement assimilables. Ce besoin est surtout intense au moment de la formation des épis.

En ce qui concerne les éléments minéraux, la potasse et la chaux sont absorbées avec le plus d'avidité. Ce sont aussi les éléments indispensables à la réussite du froment. Leur abondance dans le sol est la condition primordiale de la bonne venue de cette plante. On ne peut cultiver le blé avantageusement que dans les terres qui renferment du calcaire ou dans celles qui ont été chaulées ou marnées. Le blé réussit toujours mieux dans les sols argileux, constamment riches en potasse, que dans les sols siliceux ou calcaires dépourvus de cette substance. Dans les sols argilo-calcaires, favorables au blé, le rendement dépend de l'acide phosphorique et de l'azote.

L'acide phosphorique favorise beaucoup le premier développement de la plante et le tallage. Il donne aux tiges une grande résistance à la flexion, en permettant la formation d'un tissu cellulaire à parois très épaisses ; il combat donc la tendance à la verse qui est la pierre d'achoppement de la culture intensive. Enfin, il hâte très sensiblement la maturation et diminue les risques d'échaudage et de rouille.

L'azote joue un rôle moins important pour la production du blé, mais il est loin toutefois d'être négligeable. Il faut en ménager la distribution avec grand soin, pour éviter l'exubérance de végétation herbacée, qui compromettrait le rendement en grain et favoriserait les végétations cryptogamiques parasitaires.

C'est par l'intermédiaire des racines que la plante tire du sol ses éléments nutritifs. Cette absorption varie, nous venons de le voir, d'une époque à l'autre de la végétation. Il en est de même du développement des racines. Pour le blé d'hiver, d'un rendement de 40 hectolitres à l'hectare, nous avons trouvé les poids de racines sèches suivants aux diverses périodes de la végétation :

Au tallage	68 kil.
A la floraison	1.017 —
A la maturité	1.525 —

Il nous semble évident que le besoin d'engrais rapidement assimilable que ressentira la plante devra être d'autant plus intense que l'unité de racines aura à absorber dans les vingt-quatre heures une plus grande quantité d'éléments nutritifs. Nous appelons *travail radiculaire* le poids des substances nutritives absorbées en vingt-quatre heures, en moyenne, par 1 gramme de racines sèches. Plus il est élevé dans une période donnée, relativement aux autres, plus il y aura urgence de fournir à cette époque des engrais facilement assimilables. Si l'on compare des plantes différentes de la même famille, le travail radiculaire est l'indice de leur aptitude relative à tirer parti des ressources du sol. Les plantes qui ont le travail radiculaire moyen le plus élevé profitent moins des réserves du sol, et exigent des fumures plus abondantes. Quand il s'agit de plantes de familles différentes chez lesquelles l'acidité du suc radiculaire varie davantage, les comparaisons sont d'une moins grande précision, par suite de cette capacité intrinsèque correspondant à une puissance variable pour attaquer les aliments insolubles ; mais, toutefois, le sens des indications n'en demeure pas moins une donnée précieuse.

Pour le blé d'hiver, le travail d'absorption journalier des racines est, suivant les périodes :

	Milligr.
De la levée au tallage	3,8
Du tallage à la floraison	9,4
De la floraison à la maturité	0,9

Il résulte de là une confirmation des déductions qui ont été tirées des considérations précédentes. C'est du tallage à la floraison que le travail radiculaire est le plus fort. Il est presque trois fois plus grand que pendant la première période, et dix fois plus considérable que pendant la maturation.

Nous connaissons maintenant les besoins absolus du blé d'hiver ; nous avons déterminé les quantités totales de matières nutritives nécessaires à une belle récolte ; nous savons à quel moment il faut les fournir et sous quelle forme ; il nous reste à étudier le mode économique de leur emploi. L'intervention de l'engrais, en effet, dans les sols arables, n'a pour but que d'élever le rendement naturel jusqu'à un point tel qu'il soit largement rémunérateur. Pour arriver à ce dernier résultat, il faut que nous ayons grand soin de ne donner au sol que ce qui lui est strictement nécessaire. La fumure rationnelle dépend à la fois des besoins de la plante et des ressources assimilables du sol. Elle est destinée à établir l'équilibre entre les premiers et les dernières.

La *connaissance du sol* est donc indispensable pour déterminer la fumure. A l'aide de l'analyse, on peut aujourd'hui être renseigné d'une manière positive sur la composition de la fumure à adopter pour les plantes cultivées et le blé en particulier. Nous considérons qu'un sol, de profondeur suffisante, qui contient, par kilogramme de terre normale sèche : 1 gramme d'azote total ; 1 gramme d'acide phosphorique total, dont $0^{gr},2$ assimilable, c'est-à-dire soluble dans l'acide citrique faible à 2 p. 100, en vingt-quatre heures de contact, dont huit heures d'agitation continue ; et 1 gramme de potasse attaquable par l'acide azotique bouillant, dont $0^{gr},3$ assimilable, c'est-à-dire soluble dans l'acide azotique faible, d'une acidité équivalente à $0^{gr},013$ d'hydrogène pour 100, à la condition qu'elle soit calcaire, ou sinon qu'on la marne, est doué d'une bonne fertilité moyenne.

Un tel terrain étant cultivé en bon père de famille, c'est-à-dire maintenu constamment en bon état de propreté et d'ameublissement ; assolé d'une manière convenable, avec succession rationnelle de plantes sarclées, de céréales, et de légumineuses fourragères, destinées à empêcher le stock d'azote de s'amoindrir ; recevant enfin régulièrement le fumier de ferme produit par l'exploitation ; un tel terrain donnera des récoltes rémunératrices de céréales à la condition de recevoir, sous forme d'engrais chimiques complémentaires, du tiers à la moitié de l'azote total des récoltes, et la moitié de leur acide phosphorique ; la restitution directe de la potasse et de la chaux n'est pas alors nécessaire à cause de l'intervention du fumier dans l'assolement pour la première et des engrais phosphatés qui contiennent toujours beaucoup de la dernière.

Dans cette terre idéale, nous emploierions donc pour le blé d'hiver de 40 à 60 kilogrammes d'azote sous forme facilement assimilable, et de 35 à 40 kilogrammes d'acide phosphorique soluble à l'eau et au citrate. Ces doses correspondent pour la fumure azotée à 200 et 300 kilogrammes de sulfate d'ammoniaque, ou bien à 260 et 400 kilogrammes de nitrate de soude ; ou bien encore à 300 et 460 kilogrammes de sang desséché, les quantités les plus élevées ne s'appliquant qu'aux sols où la nitrification est très difficile. En ce qui concerne la fumure phosphatée, on répandrait de 250 à 300 kilogrammes de superphosphate à 14 p. 100.

Mais, d'après ce qui résulte de l'étude que nous venons de faire sur la marche de l'absorption, et d'après ce que nous savons sur les rapports des engrais avec le sol, il convient de pratiquer l'épandage des engrais à des époques convenables pour assurer au mieux leur efficacité. Nous répandrons le superphosphate avant le semis en l'enterrant par un bon hersage ou un coup de scarificateur. Quant à la fumure azotée, nous la diviserons en deux parties. La première sera distribuée à l'automne, sous forme de sulfate d'ammoniaque (100 kilogrammes) ou de sang desséché (200 kilogrammes) ; elle sera largement suffisante pour suffire aux premiers besoins de la plante, qui, nous l'avons vu, ne sont pas très considérables jusqu'au printemps ; le reste de la fumure azotée sera distribué en couverture au réveil de la végétation en mars ou avril au plus tard, sous forme de nitrate de soude. Ce mode de procéder a deux avantages : d'abord il répond le mieux aux besoins de la plante, puis il permet d'assurer la plus grande efficacité possible à l'azote employé, en évitant d'une part les pertes qui pourraient se produire en hiver par suite du lessivage du sol, et surtout en permettant au cultivateur de tenir compte des conditions spéciales de la végétation. Il arriverait, en effet, souvent, quand l'automne et l'hiver sont doux, et que, par suite, la nitrification peut se poursuivre longtemps à l'automne et commencer de bonne heure au printemps, que les doses d'azote préindiquées, si elles étaient appliquées d'un seul coup à l'automne, seraient trop fortes, et produiraient un développement herbacé trop considérable, susceptible d'amener la verse. Si l'on ne donne en automne que le strict nécessaire en azote, pour assurer un développement normal des jeunes plantes, on peut, au printemps, suivant leur aspect, régler d'une manière plus précise ce qu'il convient d'ajouter comme complément. Si les plantes sont chétives et jaunâtres, on donnera la dose pleine de nitrate ; au contraire, on la diminuera si la végétation est vigoureuse ; avec une teinte vert bleuâtre des feuilles, on la supprimera.

Mais il s'en faut de beaucoup que les terres auxquelles le

cultivateur a affaire présentent cette composition typique de la fertilité moyenne. Les différents sols que l'on cultive sont plus ou moins riches ou pauvres en un ou plusieurs des éléments fertilisants fondamentaux. Suivant ces variations de richesse, la fumure également doit varier. On comprend facilement, en effet, que si la teneur en azote, en acide phosphorique ou en potasse dépasse les taux préindiqués, le sol étant plus riche, on pourra diminuer l'intensité de la fumure ; et, inversement, qu'il faudra l'augmenter dans une certaine mesure lorsque le taux d'un ou de plusieurs éléments fertilisants sera inférieur à la moyenne que nous avons indiquée.

Pour le blé et les céréales en général, l'*emploi de l'acide phosphorique* cesse d'être avantageux au point de vue économique quand les sols en contiennent sous forme assimilable ou soluble dans l'acide citrique faible plus de $0^{gr},3$ par kilogramme. Quant à la potasse, elle devient nécessaire lorsque la terre n'en renferme plus sous forme assimilable que $0^{gr},15$ environ.

En ce qui concerne l'*azote*, il y a des distinctions à faire, car le dosage total de ce corps est insuffisant pour nous permettre d'apprécier la vitesse de sa nitrification. Une fumure azotée peut être nécessaire encore dans des sols renfermant de 1 gramme à 2 grammes d'azote, et même plus, si la terre n'est pas calcaire. Dans les terres non calcaires, en effet, l'azote organique ne se transforme pas en nitrate assimilable. Il n'y a que la fermentation ammoniacale, beaucoup plus lente, qui contribue à proportionner aux végétaux l'azote assimilable qui leur est nécessaire. Cette réserve posée, qu'à richesse égale d'azote la fumure azotée doit être plus forte dans les sols non calcaires que dans les sols calcaires, il est toujours prudent, pour les céréales et pour le blé en particulier, de diminuer la dose de la fumure azotée dès que le titrage du sol dépasse 1 gramme. C'est ainsi que, dans les sols de limon des plateaux et d'argile à silex de la Beauce, où la richesse en azote varie de $1^{gr},2$ à $1^{gr},4$ par kilogramme, il ne faut pas donner plus de 30 à 35 kilogrammes d'azote soluble au blé d'hiver. Une plus forte quantité amènerait souvent la verse et la rouille.

Si, d'autre part, la terre est moins riche que le sol type, il faudra, avons-nous dit, forcer la fumure. Mais si le taux d'azote descend trop bas, à un demi-gramme et au-dessous, il ne serait plus économique de vouloir tirer d'une terre aussi pauvre des récoltes intensives. Il faut la consacrer soit à la forêt, soit à la culture extensive des fourrages. Dans les sols peu calcaires au-dessous de 1 gramme d'azote par kilogramme dans la terre, on augmentera la dose de la fumure proportionnellement au déficit constaté ; on pourra aller au maximum à 60 kilogrammes à l'hectare pour. le blé en sulfate d'ammoniaque et nitrate de soude. Les fumures azotées organiques sont dans ce cas très recommandables. On doit viser avant tout à produire beaucoup de fumier, et, à défaut, acheter des tourteaux et des poudrettes qui demandent deux ans environ pour se décomposer entièrement. Il va sans dire qu'alors les doses d'azote incorporées au sol seront plus considérables que celles que nous avons indiquées plus haut, et qui se rapportent à des engrais immédiatement assimilables.

En ce qui concerne l'*acide phosphorique*, au-dessous du taux de 1 gramme par kilogramme, dont $0^{gr},2$ de soluble dans l'acide citrique faible, il convient de forcer la dose de l'engrais phosphaté, et dans aucun cas il ne peut y avoir d'inconvénient à donner au sol trop d'acide phosphorique. L'expérience a démontré que, au-dessous de ces dosages, la récolte est toujours mauvaise pour le rendement en grain du blé, si l'on ne donne pas une dose supérieure à 40 kilogrammes d'acide phosphorique soluble dans l'eau et le citrate par hectare. La plante se forme et se développe bien, si les autres principes fertilisants ne manquent pas, mais le rendement en grain est maigre et ne dépasse pas 20 hectolitres à l'hectare, pour un dosage en acide phosphorique soluble dans l'acide citrique faible de $0^{gr},1$. Dans un tel sol, on ne fera donc jamais que des demi-récoltes, à moins que la verse et la rouille ne réduisent encore le rendement. Pour les sols dosant moins de $0^{gr},5$ d'acide phosphorique total, ou moins de $0^{gr},1$ du même principe fertilisant assimilable, il ne faudra pas hésiter à employer au moins 60 kilogrammes de cet élément nutritif. Si l'on opère dans un sol à la fois riche en

azote et pauvre en acide phosphorique, on devra toujours se
montrer généreux en superphosphate, car l'excès d'acide
phosphorique assimilable combat les tendances à une végétation trop exubérante par excès d'azote et prévient, par la
précocité qu'il imprime à la récolte, les chances fâcheuses de
l'échaudage. En termes généraux, dans les terres pauvres en
acide phosphorique, on emploiera *au moins* de 400 à 500 kilogrammes de superphosphate à 15 p. 100.

Enfin, nous n'emploierons la potasse pour le blé d'hiver et
les autres céréales que dans les terres calcaires ou sableuses,
généralement très pauvres en cet élément, si le fumier manque, alors que le dosage en potasse assimilable tombera au-
dessous de $0^{gr},2$ à $0^{gr},15$ par kilogramme. La dose à employer
variera de 100 à 150 kilogrammes de chlorure de potassium
ou de sulfate de potasse à l'hectare. On enterrera toujours la
potasse quelque temps avant le semis, à moins d'avoir affaire
à des sols dépourvus de pouvoir absorbant; auquel cas il sera
préférable de la répandre au printemps en couverture, comme
le nitrate.

Pour donner plus de précision aux indications qui précèdent, il convient de prendre en considération la *succession
des cultures et des fumures* dans l'assolement. Car il est bien
évident que ces conditions peuvent modifier considérablement nos conclusions relatives à la nature et à la quantité
des principes fertilisants à introduire dans la fumure rationnelle. Nous avons, dans la discussion qui précède, d'autre part,
laissé intentionnellement de côté le fumier de ferme, car il
était plus clair et plus net de ne parler dans cet exposé des
principes de la fumure que des éléments fertilisants isolés.
Mais il ne faudrait pas que le lecteur s'imaginât que, dédaigneux
du passé, nous n'avons d'yeux que pour les engrais chimiques,
et que nous ne considérons le fumier que du haut de nos
principes. En en faisant l'étude spéciale, nous avons démontré
que, pour toutes les récoltes de notre contrée, nous avions
toujours obtenu des résultats plus avantageux en ayant
recours à l'emploi combiné du fumier à dose moyenne et des
engrais complémentaires. Nous sommes donc persuadé que,
dans la culture du blé d'hiver, il n'y a pas de meilleur mode

de fumure que celui-là, quand on sème cette céréale sur
jachère ou demi-jachère. On répand par hectare environ
vingt tonnes de fumier et l'on complète cet apport par des engrais chimiques suivant la nature du sol, en tenant compte
des éléments fertilisants contenus dans l'engrais de ferme. Si
le sol renferme 1 gramme d'azote par kilogramme, et qu'il
soit calcaire, comme le fumier est lui-même déjà riche en cet
élément, il ne sera plus nécessaire de fournir la dose totale
que nous avons indiquée. Il suffira de 150 kilogrammes de
nitrate de soude répandus au printemps pour assurer, pendant
l'époque de grande activité de l'absorption, une alimentation
azotée suffisante. Dans les terres plus riches, comme celles de
Beauce ou de Brie, renfermant $1^{gr},2$ à $1^{gr},4$ d'azote, on se
contentera de 100 kilogrammes de nitrate, à moins que le blé
n'ait beaucoup peiné en hiver. Dans les sols pauvres en azote,
au contraire, on pourra aller jusqu'à 200 kilogrammes de
nitrate, ou augmenter la dose de fumier jusqu'à 30 000 kilogrammes quand cela sera possible.

Sauf dans les terres très pauvres en *potasse*, le fumier
assure au blé une provision suffisante de cet aliment. Il n'y
aura donc pas lieu de s'en inquiéter dans la pratique. Toutefois, si la dose de fumier n'était pas élevée, et que la terre
renferme moins de $0^{gr},15$ de potasse assimilable, on ajouterait
100 kilogrammes de chlorure de potassium.

Quant à l'*acide phosphorique*, il sera toujours nécessaire.
En général, c'est l'élément fertilisant le moins abondant dans
le fumier, et cette pauvreté s'accentue dans les terres mal
pourvues de ce corps. Aussi n'hésiterons-nous pas à recommander de toujours compléter la fumure de fumier de ferme
destinée au blé d'hiver par un apport d'engrais phosphaté
assez élevé. Certes, ce que fournit le fumier n'est pas négligeable, mais l'acide phosphorique qu'il contient n'est cédé
que lentement aux racines, au fur et à mesure de la combustion lente de cet engrais organique. D'un autre côté, le fumier
apporte une quantité relativement très élevée d'azote et de
potasse ; c'est pourquoi nous croyons, sinon nécessaire, du
moins très prudent, de fournir avec le fumier les mêmes
doses de superphosphate ou de scories que nous avons indi-

quées plus haut, soit de 250 à 500 kilogrammes suivant la richesse du sol.

En Beauce, notamment, on fume très souvent le sol destiné au blé d'hiver par le *parcage*. Nous avons vu que par là on apporte surtout de fortes doses d'azote et de potasse et une quantité moyenne seulement d'acide phosphorique, à peine suffisante dans les sols de richesse moyenne. Il faudra donc employer en outre du parcage une dose de superphosphate croissante avec la pauvreté du sol. Dans une expérience que nous avons faite en 1887-88, avec le concours de M. Létang, l'addition de 60 kilogrammes d'acide phosphorique soluble au citrate à un parcage exécuté à raison d'une demi-tête par mètre carré, dans un sol pauvre en acide phosphorique, a produit un excédent de récolte très important :

	Grain. qx.	Paille. qx.
Superphosphate seul	8,65	10,15
Parcage seul	10,68	13,76
Parcage plus superphosphate	17,71	21,96

Quand les conditions économiques le permettent, on supplée au fumier et au parcage par l'usage des tourteaux de graines oléagineuses impropres à l'alimentation. On répand environ 1 200 kilogrammes de tourteaux à l'hectare, renfermant 60 kilogrammes d'azote et 20 kilogrammes d'acide phosphorique au plus. On devra compléter cette fumure par 200 à 500 kilogrammes de superphosphate, suivant la pauvreté du sol en acide phosphorique assimilable. Dans les sols pauvres en potasse, il faudra ajouter du chlorure de potassium dans les proportions préindiquées.

Après les *prairies artificielles*, trèfles, luzerne, sainfoin, qui enrichissent le sol en azote facilement assimilable, le blé pousse généralement avec une grande vigueur, il prend une couleur vert bleuâtre, caractéristique d'une végétation exubérante, et fournit un très grand rendement en paille, avec peu de grain. Souvent, la rouille se met de la partie, et presque toujours l'échaudage survient. On évite tous ces inconvénients, qui sont le résultat d'un excès d'azote assimilable dans le sol, par un apport énorme de superphosphate. Chez M. Ovide

Benoist, à Gas, en 1886-87, nous avons cultivé le blé sur un
défrichement de luzerne de trois ans, et obtenu les résultats
suivants, dans un sol pauvre en acide phosphorique :

	Rendement par hectare.	
	Grain. qx.	Paille. qx.
Sans engrais....................................	18,0	31,9
Superphosphate (800 kilogrammes)...........	25,1	45,7
Excédent dû au superphosphate.............	7,1	13,8

Au contraire, après une récolte de *betteraves fourragères*
ou de *betteraves à sucre* qui auraient reçu une forte dose de
superphosphate ou de scories, comme c'est l'habitude générale,
il conviendra, pour obtenir une bonne récolte de froment, de
se borner à donner au sol une fumure azotée moyenne. Nous
conseillons d'ordinaire 100 kilogrammes de sulfate d'ammoniaque à l'automne et 100 kilogrammes de nitrate de
soude au printemps. Le blé, en effet, dans ces conditions, est
bien plutôt exposé à manquer d'azote que d'acide phosphorique, et l'on observe dans la généralité des cas que la plante
est jaunâtre au printemps, puis pousse peu en paille, signe
caractéristique pour les praticiens du manque d'azote. Mais, si
l'on a fait les racines seulement sur du fumier, les choses
n'en vont plus de même, et il devient utile de donner à la fois
de l'azote et de l'acide phosphorique; et même, dans certains
terrains très pauvres en ce dernier principe fertilisant, comme
nous en avons dans l'argile à silex, l'argile à meulières et les
sables de Fontainebleau, après une grosse récolte de racines
n'ayant reçu qu'une dose modérée de superphosphates avec le
fumier, il ne faut pas hésiter à fournir un supplément d'environ 300 kilogrammes d'engrais phosphaté.

« A Grouasleux, chez M. Maudemain, avec 31 kilogrammes
d'azote nitrique et 60 kilogrammes d'acide phosphorique
soluble au citrate, après betteraves fourragères, nous avons
obtenu le rendement de 28^{qx},1 de froment avec 62 quintaux
de paille. Le terrain laissé sans engrais ne fournissait que
17^{qx},6 de grain avec 35^{qx},6 de paille. Grâce à la fumure, qui
revenait alors à 84 francs (1887-88), nous avons obtenu un
accroissement de produit de 370 francs.

« Après ses cultures de *pommes de terre* Richter's Imperator, dont il obtient de si beaux rendements grâce à sa bonne fumure de fumier, de nitrate et d'engrais phosphaté, M. Ch. Egasse récolte à Archevilliers, près de Chartres, d'excellents blés avec une simple couverture de 100 à 150 kilogrammes de nitrate de soude, un peu plus, un peu moins, selon que l'hiver a été plus ou moins rude. » (*Les Céréales.*)

De l'ensemble de la discussion qui précède, nous pouvons déduire, comme conclusion générale relative à la détermination de la fumure rationnelle des plantes agricoles, que cette dernière est sous la dépendance :

1° Des besoins absolus de la plante considérée ;

2° De la marche de l'absorption des principes nutritifs ;

3° De la marche relative de l'absorption des éléments nutritifs, et de la formation de la matière organique ;

4° De l'aptitude relative de chaque plante à tirer parti des ressources du sol (travail radiculaire) ;

5° Des ressources du sol ;

6° Des fumures administrées pour les récoltes antérieures.

En tenant compte dans chaque situation particulière de ces différentes conditions, le cultivateur n'éprouvera pas de peine pour arriver à la solution du problème de l'emploi économique des engrais.

FUMURE DES AUTRES CÉRÉALES.

Les développements dans lesquels nous sommes entré pour la fumure du blé d'hiver vont nous permettre d'être beaucoup plus bref en ce qui concerne les autres céréales. Nous donnons d'abord dans le tableau *a* leurs besoins absolus en éléments nutritifs ; puis, dans le tableau *b*, la marche de l'absorption des principes alimentaires et de la formation de la matière organique ; enfin, dans le tableau *c*, la marche du travail radiculaire et le travail radiculaire moyen. Grâce à ces documents, nous pourrons établir ensuite en quelques lignes les conditions de fumure les plus convenables pour chacune des plantes que nous avons à étudier dans cette série.

a. *Quantités d'éléments nutritifs nécessaires pour l'alimentation d'une bonne récolte.*

	Rendement.	Azote.	Acide phosphor.	Chaux.	Potasse.
	hectol.	kil.	kil.	kil.	kil.
Blé de mars	40	138	74	62	195
Seigle d'hiver..........	35	110	39	64	131
Escourgeon d'hiver	50	86	36	40	50
Orge de mars	40	86	79	43	90
Avoine de mars........	50	126	79	38	129
Sarrasin	30	68	44	117	87
Maïs précoce..........	40	68	29	29	82
Millet commun........	40	66	57	31	112

b. *Marche de l'absorption des éléments nutritifs et de la formation de la matière sèche.*

		Matière sèche.	Azote.	Acide phosphor.	Chaux.	Potasse.
Blé de mars....	T	13,70	14,83	20,14	22,84	26,66
	F	88,97	100,00	74,21	100,00	100,00
	M	100,00	80,90	100,00	68,50	79,30
Seigle d'hiver..	T	6,40	12,14	14,50	9,40	15,10
	F	48,10	81,70	58,90	52,50	82,50
	M	100,00	100,00	100,00	100,00	100,00
Escourg. d'hiv..	T	7,40	13,80	11,60	18,30	24,30
	F	27,00	36,50	32,30	42,50	100,00
	M	100,00	100,00	100,00	100,00	93,70
Orge de mars..	T	3,25	7,15	4,41	4,62	3,81
	F	32,74	34,09	37,12	31,50	28,27
	M	100,00	100,00	100,00	100,00	100,00
Avoine de mars.	T	20,28	39,83	14,32	18,02	13,31
	F	58,82	63,07	52,91	57,94	36,92
	M	100,00	100,00	100,00	100,00	100,00
Maïs quarantain.	T	1,70	6,30	1,90	5,00	4,40
	F	31,30	39,80	29,70	61,30	100,00
	M	100,00	100,00	100,00	100,00	73,70
Millet commun.	T	2,80	8,20	3,80	4,97	7,30
	F	37,70	59,70	42,90	55,17	96,50
	M	100,00	100,00	100,00	100,00	100,00
Sarrasin........	T	2,67	3,59	3,02	3,43	4,02
	F	75,70	62,63	75,58	100,00	100,00
	M	100,00	100,00	100,00	64,27	48,90

c. Marche du travail radiculaire et travail radiculaire moyen.

	1re période.	2e période.	3e période.	Travail moyen.
Blé de mars........	26,79	14,19	0,10	14,50
Seigle d'hiver......	4,09	9,13	2,01	4,80
Escourgeon d'hiver.	2,60	8,88	4,00	3,80
Orge de printemps..	7,09	9,42	6,00	7,00
Avoine de mars....	10,30	1,55	1,13	2,80
Maïs quarantain....	30,13	15,20	3,21	13,30
Millet.............	21,76	36,92	4,70	22,00
Sarrasin...........	62,50	62,70	3,30	38,00

Nota. — Dans le tableau *b*, T = tallage, F = floraison,
M = maturité. Dans le tableau *c*, la première période va jusqu'au tallage pour les cinq premières plantes, et jusqu'à l'âge
d'un mois environ pour les trois dernières. La seconde période va du tallage à la floraison et la troisième de la floraison
à la maturité. Le travail radiculaire moyen embrasse toute
la période de la végétation depuis la levée jusqu'à la maturité.

BLÉ DE MARS.

A égalité de rendement en grain, le blé de mars a sensiblement les mêmes exigences totales en acide phosphorique
et chaux que le blé d'hiver, mais il absorbe plus d'azote et
de potasse. Toutefois, on ne saurait trouver dans la comparaison de ces quantités totales des raisons suffisantes pour
expliquer les différences de besoins d'engrais des blés d'hiver
et de printemps. Ces derniers sont, en effet, plus exigeants que
les premiers sous le rapport de la fumure; mais, si l'on considère la marche de l'absorption des principes nutritifs (fig. 9),
les faits s'expliquent facilement.

Le blé de mars, en effet, de la levée au tallage, qui ne sont
séparés que par un bon mois, produit une quantité de matière
organique relativement plus grande que le blé d'hiver pendant la même période, d'une durée près de six fois plus
longue. L'absorption des principes nutritifs sans exception est
alors plus rapide encore que la production de la matière végétale. Il y a donc un besoin d'engrais très développé au début

de la végétation. La potasse, la chaux, puis l'acide phosphorique sont alors absorbés avec une grande activité. L'azote
vient ensuite.

Du tallage à la floraison, l'activité de l'absorption atteint
son maximum, comme pour le blé d'hiver ; mais c'est l'absorption de l'azote qui devient le fait prédominant. A la floraison, la plante a tiré du sol tout ce qu'il lui faut de potasse,
de chaux et d'azote, mais elle continue à absorber l'acide
phosphorique, jusqu'à la maturité. En résumé, chez le blé de
mars, l'assimilation marche sensiblement plus vite que chez
le blé d'hiver, et, avant le tallage, le besoin d'engrais est plus

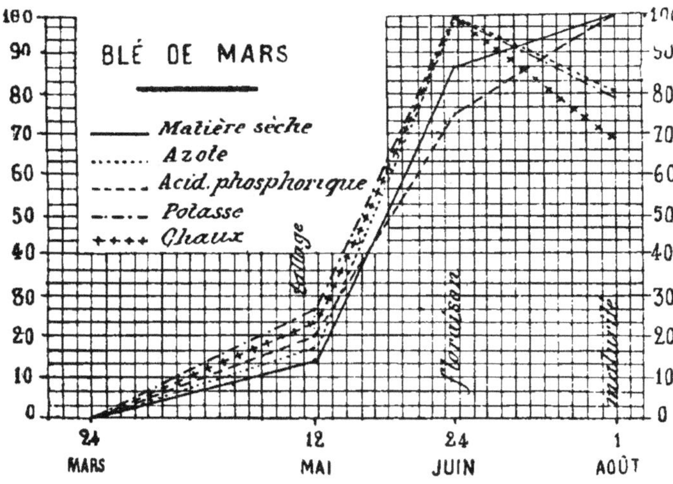

Fig. 9. — Marche de l'absorption des éléments nutritifs.

grand. Pour les deux blés, la potasse et la chaux sont les éléments absorbés avec le plus d'activité jusqu'à la floraison ; le
besoin d'azote se fait surtout sentir du tallage à la floraison,
et il est plus intense pour les céréales de printemps. Le besoin
d'acide phosphorique atteint son maximum au moment du
tallage dans les deux cas ; il est plus grand pour le blé de
mars.

Si, maintenant, nous comparons le développement des racines chez les deux blés, nous voyons que le blé de mars est

beaucoup moins bien pourvu sous ce rapport que le **blé** d'hiver.

	Racines p. 100 des parties aériennes.	
	B. d'hiver.	B. de mars.
Tallage...............................	48,5	19,6
Floraison...............................	18,0	14,2
Maturité...............................	17,4	9,7

Il en résulte que le travail radiculaire, comme on le voit au tableau *c*, est beaucoup plus élevé pour le blé de printemps. Enfin, chez ce dernier, pendant le tallage le travail d'absorption de l'unité de racines est sept fois plus fort que pour le blé d'hiver; il est encore une fois et demie plus fort pendant la floraison. Le besoin d'engrais est donc beaucoup plus grand.

Nous conclurons que dans le sol type il faudra donner au blé de mars 45 kilogrammes d'azote nitrique ou 300 kilogrammes de nitrate de soude et 40 kilogrammes d'acide phosphorique soluble au citrate, soit 300 kilogrammes de superphosphates, qu'on enterrera par le hersage qui précède le semis. On modérera la dose d'azote dans les sols riches et l'on augmentera l'acide phosphorique dans les terres pauvres. La potasse sera utile dans les sols qui en sont mal pourvus, à la dose de 100 à 150 kilogrammes de chlorure de potassium. La rapidité de l'absorption dès le début de la végétation implique que l'emploi direct du fumier de ferme ne peut convenir. Cet engrais devrait être enterré pour la récolte précédente. Pour le reste, nous renvoyons à ce que nous avons dit du blé d'hiver.

SEIGLE D'AUTOMNE.

Si l'on rapproche les quantités de principes nutritifs consommés par une récolte de 35 hectolitres de seigle de celles qui sont relatives au froment, on remarque que le seigle exige un peu moins d'azote et d'acide phosphorique; quant à la potasse, il en est de même. Mais ces nombres ne donnent pas l'explication de ces constatations de la pratique, à savoir

que le seigle est moins exigeant en calcaire que le froment,
bien que les deux plantes prélèvent à peu près la même quantité de chaux pour produire une belle récolte, et, d'autre part,
que le seigle soit, dans les sols médiocrement pourvus d'acide
phosphorique, peut-être plus sensible encore que le froment
à l'action des engrais phosphatés, bien que ce dernier absorbe
une plus grande quantité totale de ce principe fertilisant.

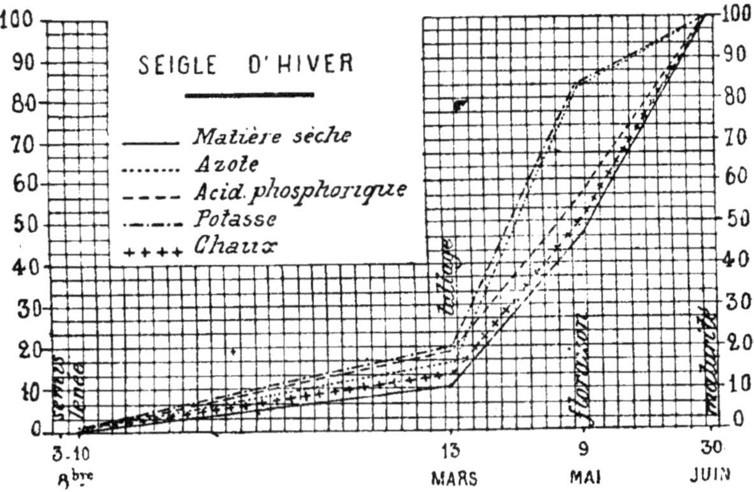

Fig. 10. — Marche de l'absorption des éléments nutritifs.

Eh bien, si nous jetons un regard sur la marche de l'absorption des principes nutritifs (fig. 10), nous sommes de suite
éclairés sur ces deux points. Pendant la première phase de
la végétation du seigle, les éléments nutritifs considérés sont
absorbés avec plus de rapidité que ne se forme la matière
végétale ; cela dénote déjà que le seigle est très sensible à
l'action des engrais facilement assimilables dès le début de la
végétation, et jusqu'à la fin de la floraison ; car, du tallage à
cette dernière phase, la rapidité de l'assimilation s'accentue
encore plus que chez le froment. Comme pour ce dernier,
l'absorption de la potasse est encore plus active jusqu'à la
floraison, mais, au lieu que la chaux vienne immédiatement
après, on la voit reléguée au dernier rang ; nous comprenons

dès lors sans peine que le seigle soit moins exigeant que le blé sur la nature calcaire du terrain.

En observant la marche de l'assimilation de l'acide phosphorique, on voit que, pendant la première jeunesse du seigle d'hiver, ce corps est celui que la plante absorbe avec le plus d'avidité après la potasse ; dans les sols silico-argileux ou silico-calcaires, pauvres en acide phosphorique, comme c'est le cas de nos sols de la Beauce et du Perche, dérivés du limon des plateaux et de l'argile à silex, les superphosphates ou les scories de déphosphoration doivent donc jouer un rôle capital dans le départ du seigle. Cette prépondérance de l'acide phosphorique est remplacée, à partir du tallage, par celle de l'azote, mais jusqu'à la floraison et même à la maturité le besoin de ce premier élément minéral reste très vif.

Quant à l'azote, il est absorbé avec une extrême avidité du tallage à la floraison.

On peut dire en somme que, dans cette période automnale, le seigle a faim d'acide phosphorique et qu'il a surtout faim d'azote dans le temps qui s'écoule depuis le tallage jusqu'à la fin de la floraison.

Chez le seigle d'hiver, le développement proportionnel des racines suit une marche voisine de celle que nous avons constatée chez le froment d'automne. Le travail d'absorption quotidien du gramme de racines sèches est également de même ordre :

	Racines p. 100 de parties aériennes. Milligr.	Travail radiculaire moyen. Milligr.
De la levée au tallage	44,4	4,1
Du tallage à la floraison	17,8	9,1
De la floraison à la maturité	17,8	2,0

Le travail radiculaire est deux fois plus considérable pendant la seconde période que pendant la première, et il est en somme à cette époque égal à celui que nous avons trouvé pour le blé. C'est alors aussi qu'en général le besoin d'engrais est le plus intense et que les fumures rapidement assimilables produisent le plus d'effet.

Dans la terre type, on donnera au seigle d'hiver de

35 à 45 kilogrammes d'azote et environ 20 à 30 kilogrammes
d'acide phosphorique soluble au citrate, soit 200 kilogrammes
de sulfate d'ammoniaque ou 300 kilogrammes de sang
desséché, avec 200 kilogrammes de superphosphate. Si l'on a
donné du fumier, on le complétera par la dose de superphosphate indiquée. Dans les terres riches en azote, on réduira la
fumure azotée à 150 ou même à 100 kilogrammes de sulfate
d'ammoniaque ; et le plus souvent il faudra, à cause de la
pauvreté générale des sols en acide phosphorique, doubler la
quantité de superphosphate. Il conviendra, pour le détail de
l'application, de se reporter au blé d'hiver.

ESCOURGEON D'HIVER.

Des céréales examinées jusqu'ici, l'escourgeon d'hiver est
celle qui présente les exigences totales les moins élevées. La

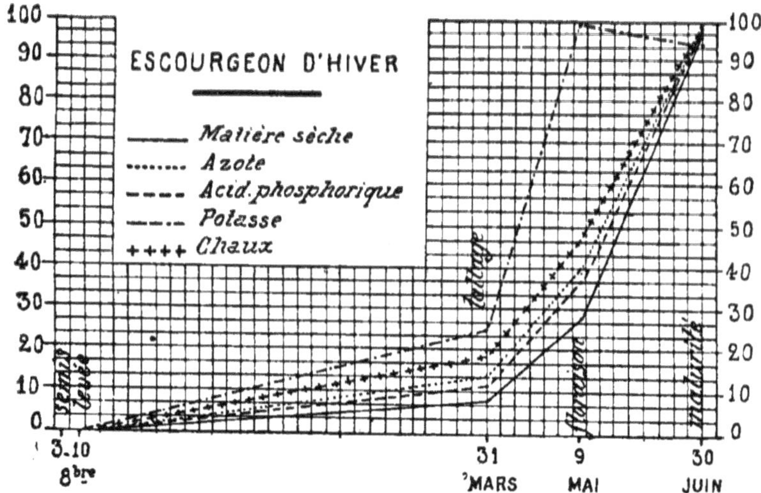

Fig. 11. — Marche de l'absorption des éléments nutritifs.

potasse est absorbée en quantité beaucoup moindre que par
les froments et le seigle ; la chaux également. L'acide phosphorique est en quantité à peu près égale à celle que l'on
trouve dans le seigle et n'atteint que la moitié de celle que

renferme le froment. C'est l'azote que la plante absorbe en plus grande abondance.

L'examen de la marche de l'absorption des éléments nutritifs (fig. 11) nous montre que l'assimilation de ceux-ci est plus rapide que la formation de la matière végétale sèche de la levée au tallage, et surtout du tallage à la floraison. Depuis cette dernière époque jusqu'à la maturité, l'absorption continue bien, sauf pour la potasse, mais avec une intensité décroissante. Comme pour les céréales précédentes, c'est donc au printemps, avant le tallage et jusqu'à la floraison pleine, que l'escourgeon présente le plus intense besoin d'engrais. Parmi les éléments fertilisants, la potasse est absorbée avec le plus d'avidité, bien que la quantité totale ne soit pas considérable ; la chaux vient ensuite : ce qui nous fait admettre que cette céréale préfère avant tout les sols calcaires argileux, riches en potasse sans être trop humides en hiver. L'azote vient en troisième ligne et l'acide phosphorique au dernier rang.

Il y a là une différence très notable avec ce que nous avons constaté pour les autres céréales d'hiver, chez lesquelles le besoin d'acide phosphorique est presque toujours supérieur au besoin d'azote.

Dans des essais d'engrais faits dans les mêmes conditions et avec le même sol que nos recherches sur l'absorption, nous avons observé que, tandis que le sol sans engrais nous donnait 100 de grain, nous avions :

Avec azote et potasse................................. 212
Avec azote et acide phosphorique.................... 200
Avec potasse et acide phosphorique.................. 122

L'azote est donc l'élément fertilisant qui a joué le plus grand rôle dans l'augmentation de la production.

L'escourgeon a un développement radiculaire relativement plus grand que le seigle et le froment d'hiver, pendant les deux périodes les plus actives de l'absorption. Il en découle que le travail effectué par chaque gramme de matière sèche des organes souterrains doit être plus faible, et que l'escourgeon est moins exigeant sous le rapport de la fertilité naturelle ou acquise que les autres, car si, dans la période de maturation, le contraire se produit, il n'en est pas moins vrai que la plante, prolongeant plus longtemps son activité radiculaire, peut mieux utiliser les réserves du sol.

Nous plaçons ci-après, en regard du développement radiculaire proportionnel, le travail d'absorption quotidien d'un gramme de racines sèches :

	Racines p. 100 de parties aériennes. Milligr.	Travail radiculaire moyen. Milligr.
De la levée au tallage	58,9	2,6
Du tallage à la floraison	21,5	8,9
De la floraison à la maturité	12,0	4,0

C'est aussi pendant la période qui va du tallage à la floraison que le travail d'absorption est le plus considérable. Il est nécessaire, d'après les détails du phénomène, qu'à cette époque le sol soit mieux garni surtout d'azote, de chaux et de potasse facilement assimilable. L'acide phosphorique ne vient qu'ensuite.

Pendant la période de maturation, les racines continuent à travailler encore activement ; elles extraient l'azote avec autant d'avidité que précédemment, ainsi que la chaux, et l'acide phosphorique plus vivement que jamais. L'absorption de la potasse est finie, comme nous l'avons déjà vu pour le blé.

Dans la terre type de fertilité moyenne, on donnera à l'escourgeon d'hiver une fumure renfermant de 30 à 43 kilogrammes d'azote facilement assimilable, avec au moins 20 kilogrammes d'acide phosphorique soluble au citrate. On pourra la composer de 150 à 200 kilogrammes de sulfate d'ammoniaque et de 200 kilogrammes de superphosphate. On réduira ou l'on augmentera les doses suivant la composition du sol, en se réglant sur ce que nous avons déjà dit à ce sujet. La potasse pourra être utile dans les sols exclusivement calcaires ou sableux d'une richesse inférieure à 0^{gr},15 par kilogramme de potasse assimilable ; on la donnera à raison de 50 à 100 kilogrammes de chlorure de potassium par hectare.

ORGE A DEUX RANGS DE PRINTEMPS.

De même que le blé de mars est relativement plus exigeant que le blé d'automne, ainsi l'orge à deux rangs de printemps a des besoins d'engrais plus élevés que l'orge carrée d'hiver ; et l'expérience nous a prouvé que ces besoins sont d'autant plus considérables que le semis est plus retardé.

Pour un égal rendement, l'orge d'été a besoin de tirer du sol plus d'azote et de chaux, beaucoup plus d'acide phosphorique et de potasse que l'escourgeon d'hiver.

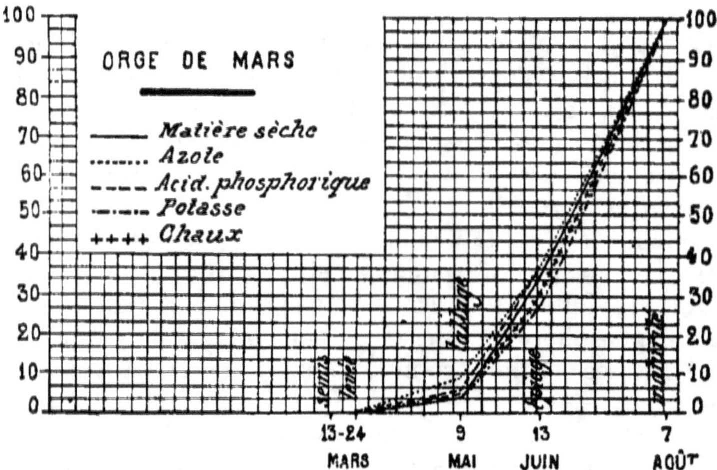

Fig. 12. — Marche de l'absorption des éléments nutritifs.

L'étude de la marche de l'absorption des éléments nutritifs (fig. 12) nous montre que l'azote et l'acide phosphorique sont les aliments dont le besoin, sous forme rapidement assimilable, se fait le plus sentir. La chaux et la potasse, au contraire, sont assimilées avec moins d'avidité.

Les essais d'engrais nous ont montré que l'acide phosphorique favorisait énormément le premier développement et le tallage de l'orge, ainsi que sa maturation précoce.

Il suit de là que, dans la culture de l'orge de printemps,

l'emploi du nitrate de soude et du superphosphate (aussi des scories dans les sols peu calcaires) est tout indiqué. Les sels de potasse, au contraire, ne doivent pas produire beaucoup d'effet. Dans les expériences que nous avons poursuivies à Cloches et à Lucé, l'emploi de la potasse n'a jamais été favorable à l'orge, et cependant le sol de Cloches est influencé favorablement par les engrais potassiques pour le blé, l'avoine, etc. Nous voyons aujourd'hui pourquoi : c'est la conséquence d'un mode d'absorption lent et régulier, qui permet à la plante de tirer du sol tout ce qui lui est nécessaire. Au contraire de ce qui a paru pour la potasse, nos essais culturaux depuis 1885 nous ont toujours donné les meilleurs résultats par l'emploi du nitrate de soude et du superphosphate.

Le développement radiculaire relatif de l'orge est assez considérable, bien qu'il soit inférieur à celui que nous constaterons pour l'avoine. Voici dans quelles proportions sont développées les racines aux diverses phases de la végétation, et quelle est l'intensité d'absorption quotidienne de l'unité radiculaire :

	Racines p. 100 de parties aériennes. Milligr.	Travail radiculaire moyen. Milligr.
De la levée au tallage	52,0	7,1
Du tallage à la floraison	45,0	9,4
De la floraison à la maturité	11,0	6,0

C'est pendant la deuxième période de la végétation de l'orge de printemps que l'activité radiculaire atteint son maximum. A partir de l'épiage, l'absorption par gramme de racines diminue très sensiblement. Avant le tallage, au contraire, les racines fonctionnent presque avec la même intensité que jusqu'à l'épiage. C'est donc surtout dans la période qui s'étend de la levée à la floraison, principalement depuis les environs du tallage, que le besoin d'engrais est le plus intense. L'azote est plus demandé dans la première phase, tandis que l'acide phosphorique l'est un peu plus dans la seconde.

Pour l'orge de printemps, dans le sol moyen que nous avons pris pour type, il conviendra donc de donner de 30 à 45 kilogrammes d'azote, sous forme de nitrate de soude, soit de 200 à 300 kilogrammes de cet engrais immédiatement assimilable. Le poids le plus élevé ne devra, bien entendu, être employé que dans de rares exceptions, pour des orges qui ne seraient pas destinées à la brasserie, et dans des terres où l'on ne craindrait pas la verse. Il faut éviter, en effet, pour la fabrication de la bière, les orges trop riches en matières azotées, car on obtient, dans ce cas, des bières qui se conservent mal et deviennent troubles par suite des fermentations secondaires que favorise la richesse du liquide en albuminoïdes solubles.

En acide phosphorique, on n'hésitera pas à recourir à 40 ou 45 kilogrammes de cet élément fertilisant, sous forme de superphosphate, soit 300 kilogrammes par hectare de cet engrais.

Suivant la richesse du sol en azote et en acide phosphorique, on diminuera la dose d'azote jusqu'à 15 kilogrammes, et l'on augmentera celle d'acide phosphorique jusqu'à 60 kilogrammes.

De leurs longues recherches, MM. Lawes et Gilbert concluent à l'emploi de 45 kilogrammes d'azote ammoniacal et nitrique et de 60 kilogrammes d'acide phosphorique soluble à l'eau et au citrate.

En Beauce, nous avons généralement obtenu les meilleurs résultats, dans nos sols assez riches en azote et pauvres en acide phosphorique, avec 200 kilogrammes de nitrate de soude et 400 kilogrammes de superphosphate à 15 p. 100.

Dans le cas où l'on ensemencerait l'orge sur défrichement de prairie artificielle, il conviendrait de supprimer l'azote et d'augmenter sensiblement la fumure en acide phosphorique. On doit également supprimer l'azote, quand on sème dans l'orge une prairie artificielle, car un trop grand développement de la céréale nuirait à cette dernière.

Quant à la potasse, on ne l'emploiera, à la dose de 100 kilogrammes de chlorure de potassium, que dans les sols pauvres, contenant moins de $0^{gr},15$ de cette base par kilogramme à l'état assimilable. Enfin, il ne convient pas d'employer le fumier pour cette céréale de printemps, pas plus que pour les autres céréales de mars, car il se décompose trop lentement pour assurer l'alimentation abondante et riche qui est nécessaire dès le début de la végétation.

AVOINE DE PRINTEMPS.

Une belle récolte d'avoine consomme beaucoup plus d'azote et de potasse, autant d'acide phosphorique et presque autant de chaux qu'une bonne récolte d'orge. L'avoine est cependant beaucoup moins exigeante en engrais que cette dernière. L'état de la marche de l'absorption et du développement des racines va nous expliquer cette anomalie apparente (fig. 13).

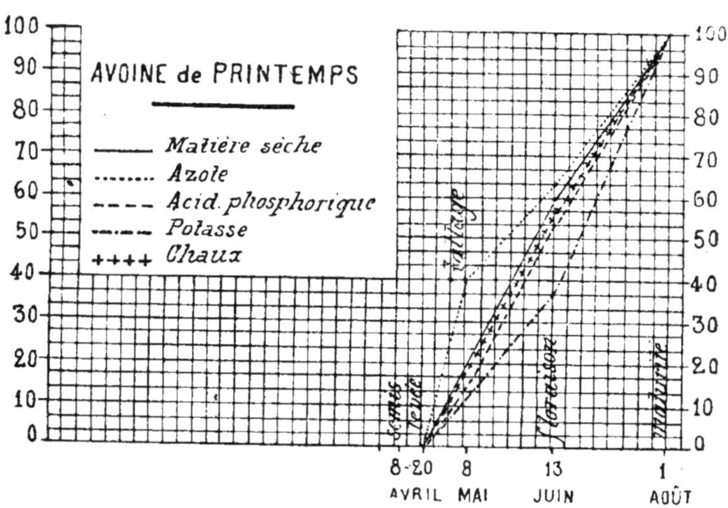

Fig. 13. — Marche de l'absorption des éléments nutritifs.

Quand on examine la marche suivie, d'une part, par la formation de la substance végétale, et, de l'autre celle de l'assimilation des éléments nutritifs, on est frappé de la régularité presque rectiligne des courbes représentatives de ces phénomènes. Cela indique que la plante peut absorber au jour le jour, pendant toute sa vie, les éléments fertilisants, et qu'à aucune époque elle n'en éprouve un besoin extraordinaire, sauf pour l'azote, dont le besoin se fait sentir avec une très grande intensité de la levée au tallage, puis de là jusqu'à l'épiage.

L'avoine a donc besoin de trouver, avant l'épiage, dans le sol où elle végète, une provision d'azote très rapidement assimilable. Le nitrate de soude employé à petite dose sera très favorable à la production. Les engrais phosphatés solubles ne semblent pas aussi nécessaires. Il suffit que la plante trouve à sa disposition pendant le cours de sa vie le quantum total de cet élément qu'elle absorbe. Elle n'en est pas affamée à certaines époques, comme d'azote. Il en est de même de la chaux. Il y a là une différence notable avec ce que nous avons constaté pour l'orge.

La potasse présente, à la fin de la végétation, une activité d'absorption plus grande qu'au début, sans que, dans aucun cas, elle ne dépasse l'activité de formation de la matière organique.

Ces résultats expérimentaux nous conduisent à admettre que la fumure de l'avoine doit surtout être azotée, et qu'il faut lui donner dès le début de l'azote très soluble. On obtient toujours de belles avoines sur les défrichements de prairies artificielles, qui laissent un sol très riche en azote rapidement nitrifiable.

L'emploi du nitrate de soude, après un blé qui a reçu des engrais phosphatés, dans les sols pauvres en cet élément, donne aussi de bons résultats. Les superphosphates employés à doses variables ne donnent pas d'accroissements comparables à ceux qu'ils procurent pour l'orge de printemps, le blé ou les racines.

Le développement radiculaire de l'avoine est relativement beaucoup plus considérable que celui de l'orge de printemps, et le travail radiculaire, par suite, est généralement moins élevé. Voici quelques chiffres pour fixer les idées :

	Racines p. 100 de parties aériennes. Milligr.	Travail radiculaire moyen. Milligr.
Tallage	76,6	10,3
Floraison	100,0	1,5
Maturité	66,6	1,3

Le travail radiculaire total est environ sept fois plus grand avant le tallage qu'après. Mais c'est surtout pour l'azote que la différence s'accentue. L'avoine a donc besoin d'engrais avant le tallage, mais le besoin d'azote est à lui seul trois fois plus intense que celui de tous les autres éléments réunis. En consultant notre ouvrage sur *les Céréales*, on trouvera tous les détails de cette démonstration, que le défaut de place nous empêche d'exposer ici.

Chez l'orge, le travail radiculaire est considérable pendant toute la végétation ; cette céréale est donc beaucoup plus exigeante que l'avoine.

De ce que c'est un fait certain que l'avoine est, de toutes les céréales, celle qui est le mieux organisée pour tirer du sol les dernières traces d'éléments fertilisants, il n'en faudrait pas conclure, pour justifier une pratique malheureusement trop générale, qu'il n'y a pas utilité à la fumer. Une fumure modérée, au contraire, en rapport avec les besoins de la plante, sa place dans l'assolement et la richesse du sol, est presque toujours rémunératrice. On cultive presque toujours chez nous cette céréale de printemps sur un blé ou sur un défrichement de prairie artificielle. Après un blé fumé comme nous l'avons indiqué, on peut, sans grands frais, obtenir un rendement élevé par le simple emploi au semis de 150 kilogrammes de nitrate de soude, les reliquats d'acide phosphorique étant suffisants pour assurer une bonne grenaison. On descendra la dose de nitrate à 125 kilogrammes dans les sols renfermant $1^{gr},25$ à $1^{gr},40$ d'azote par kilogramme. Il y a en effet un danger à éviter : le risque d'échaudage. Trop d'azote produirait une végétation exubérante, et la végétation retardée pourrait être entravée par les coups de soleil de juillet. Si l'on a été un peu chiche de superphosphate pour le blé, on fera bien de joindre au nitrate 200 à 300 kilogrammes de cet engrais, surtout en sols pauvres. Quant à la potasse, elle n'est utile que dans les terres qui en renferment moins de $0^{gr},15$ par kilogramme, à l'état assimilable. Enfin le fumier est d'une décomposition trop lente pour donner un résultat favorable.

Quand l'avoine vient sur un défrichement de prairie, il

faut se borner à donner une forte dose de superphosphate, comme nous l'avons déjà indiqué pour le blé et pour l'orge. Dans ces conditions, on obtient presque toujours des rendements élevés en grain et en paille.

MAÏS.

A égalité de rendement, les exigences totales du maïs, cultivé pour le grain, sont moins élevées que celles du blé et des autres céréales. La quantité de tiges et feuilles produite est en effet relativement faible, ce qui diminue sensiblement les besoins de principes fertilisants.

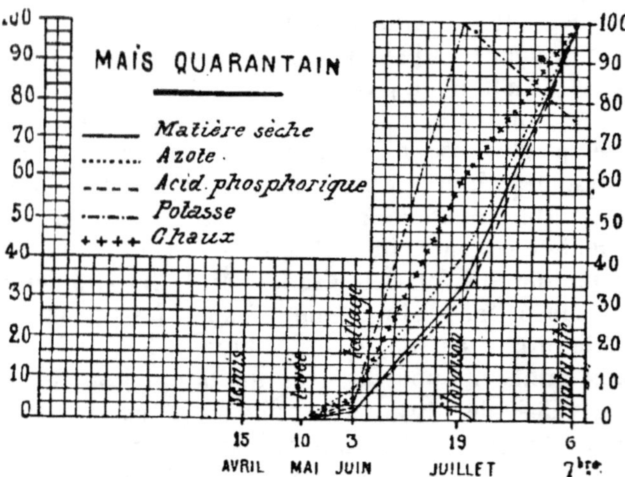

Fig. 14. — Marche de l'absorption des éléments nutritifs.

En considérant la marche de l'absorption des principes nutritifs (fig. 14), on reconnaît que le maïs précoce a un grand besoin d'éléments fertilisants de toutes sortes dans le premier mois qui suit la levée. L'azote surtout est absorbé avec avidité, puis viennent la chaux et la potasse ; l'acide phosphorique ferme la marche. Depuis lors jusqu'à la floraison, les besoins de potasse et de chaux s'accentuent et deviennent prédominants, tandis que l'absorption de l'azote reste sensiblement la même. L'acide phosphorique, après le premier tiers de cette seconde période, voit la courbe de son absorption passer au-dessous de celle de la formation de la matière sèche. Le besoin qu'en a la plante se ralentit donc dès lors, sans avoir jamais été très accentué. De la floraison à la maturité, l'absorption de la potasse s'arrête, celle de la chaux et celle de l'azote diminuent. L'acide phosphorique continue à être absorbé régulièrement.

L'examen du travail radiculaire nous montre qu'il est un peu plus élevé que pour le blé de mars. Dans la première période, il est deux fois plus grand que dans la seconde, et dix fois plus grand que pendant la maturation. Il en résulte que le besoin d'engrais très assimilables est très grand pendant le premier mois, et grand encore jusqu'à la floraison.

Nous déduisons de ces observations que le maïs a surtout besoin d'engrais azotés solubles, nitrate de soude ou, mieux, sulfate d'ammoniaque, dans les sols argilo-calcaires assez riches en chaux et en potasse. Une dose moyenne de super-phosphate favorisera le départ de la végétation, mais il ne semble pas que, sauf dans les sols pauvres en acide phosphorique, il soit utile de recourir à des quantités élevées de cet engrais. Dans les sols pauvres en potasse, il faudra assurer la provision nécessaire de cet élément fertilisant par une fumure de fumier de ferme donnée à la récolte précédente, ou par du chlorure de potassium répandu avant le semis, à la dose de 100 à 150 kilogrammes de ce sel par hectare.

Le maïs ne craignant pas la verse, on peut lui appliquer des fumures intensives. Quand on a recours au fumier enterré avant l'hiver, on peut en employer, d'après Burger, jusqu'à 70 000 kilogrammes à l'hectare, et obtenir alors de 65 à 75 hectolitres de grain à l'hectare. Dans une terre en bon état de fertilité moyenne, on donnera sous forme d'engrais chimique 300 kilogrammes de nitrate de soude et autant de superphosphate. Dans les sols sablonneux ou très calcaires, pauvres en potasse, on ajoutera 150 kilogrammes de chlorure de potassium.

MILLET COMMUN.

L'absorption des quantités d'éléments nutritifs que nous avons reconnues nécessaires à la production d'une récolte de 25 quintaux de millet se fait avec rapidité jusqu'à la floraison (fig. 15). Pendant le début de la végétation (premier mois),

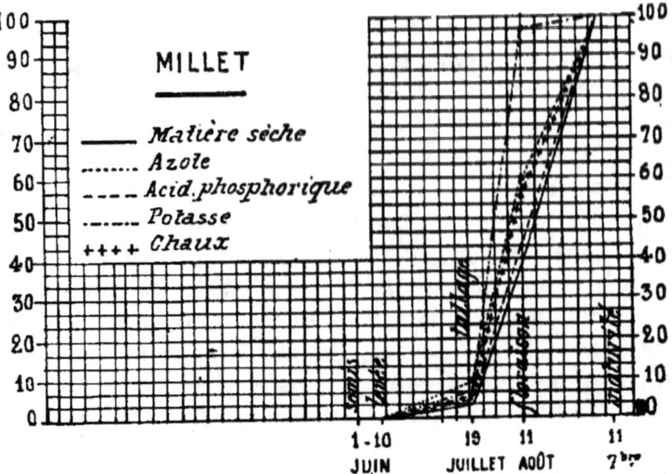

Fig. 15. — Marche de l'absorption des éléments nutritifs.

c'est pour l'azote que la plante a le plus d'avidité ; viennent ensuite et par ordre la potasse, la chaux et l'acide phosphorique. Depuis lors jusqu'à la floraison, l'absorption de la potasse prend le dessus ; l'azote est toujours absorbé avidement ; la chaux et l'acide phosphorique conservent leurs positions. La régularité avec laquelle ce dernier élément fertilisant est absorbé depuis la levée jusqu'à la maturité implique qu'à aucune époque de sa végétation le millet n'a un besoin spécial de cet engrais. De même que pour le maïs, on n'emploiera les superphosphates qu'à petites doses dans les sols moyens, et dans les sols pauvres on augmentera un peu la quantité. L'emploi de l'azote nitrique est, au contraire, nettement indiqué. Il en est de même du chaulage ou du marnage dans les terres non calcaires, et des sels de potasse dans les sols très calcaires ou sablonneux qui sont peu pourvus de cette base.

L'examen du travail radiculaire montre qu'il est très élevé jusqu'à la floraison, et que les engrais à employer doivent être choisis parmi les plus assimilables.

Quand on fait le millet après une céréale, il convient d'employer, en sol de fertilité moyenne, de 150 à 200 kilogrammes de nitrate de soude, avec 250 kilogrammes de superphosphate. Après la culture des racines, il suffira de 150 kilogrammes de nitrate, si ces plantes sarclées ont reçu des engrais phosphatés abondants. Enfin, après un défrichement de trèfle, il suffira de 300 à 400 kilogrammes de superphosphate. Naturellement, on augmenterait les doses d'acide phosphorique dans les sols pauvres, et l'on donnerait de 100 à 150 kilogrammes de chlorure de potassium dans les sols qui exigent de la potasse.

SARRASIN OU BLÉ NOIR.

On a l'habitude de ranger le sarrasin dans la classe des céréales. C'est la seule raison qui nous amène à en parler en ce moment, quoiqu'il soit difficile de comparer à des graminées une plante de la famille des polygonées.

Une belle récolte de sarrasin, de 30 hectolitres à l'hectare, absorbe, comme nous l'avons vu, les quantités suivantes d'éléments nutritifs :

Azote	68 kil.
Acide phosphorique	44 —
Chaux	117 —
Potasse	87 —

Ce sont donc les exigences en chaux qui dominent; sous ce rapport, elles dépassent celles des céréales. Les quantités d'azote, d'acide phosphorique et de potasse sont près de moitié moindres que celles que nous avons précédemment constatées.

« La marche de l'absorption des principes nutritifs (fig. 16) nous montre que c'est pour la potasse et la chaux que le sarrasin a la plus grande avidité. Dans la première période de la végétation, l'absorption de tous les éléments nutritifs est plus rapide que la formation de la matière sèche, comme c'est général pour les plantes qui nous ont occupé jusqu'ici. La rapidité de l'absorption est dans l'ordre décroissant : potasse, azote, chaux et acide phosphorique. Il est donc probable qu'une petite fumure de nitrate de soude, dans les sols ordinairement riches en potasse où l'on cultive

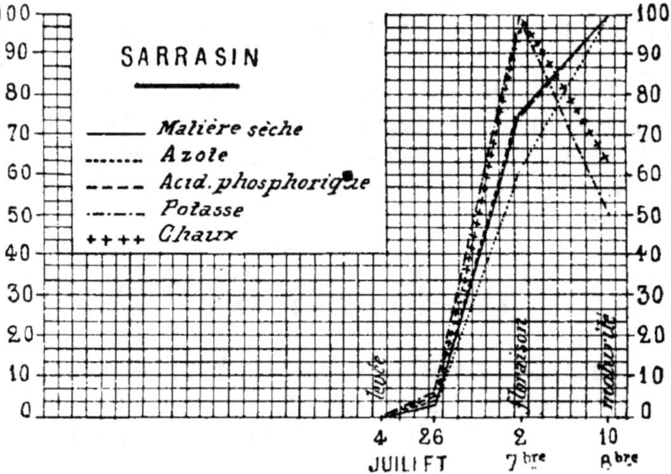

Fig. 16. — Marche de l'absorption des éléments nutritifs.

le blé noir, complétée par du phosphate de chaux, donnerait de bons résultats. A partir du commencement de la floraison jusqu'à la pleine fleur, la plante continue à avoir besoin de potasse et de chaux, tandis que l'on voit la courbe de l'azote s'abaisser au-dessous de celle de la matière végétale, et la courbe de l'acide phosphorique suivre presque exactement cette dernière, jusqu'à la maturité. Il en résulte que le sarrasin se contente d'engrais phosphatés et azotés à lente décomposition relative, à la condition d'assurer le départ de la végétation par un petit apport d'engrais solubles. Une terre enrichie par des reliquats d'anciennes fumures lui convient parfaitement.

« Le faible développement radiculaire du blé noir nous conduit, d'autre part, à penser que le sarrasin est une plante exigeante en éléments fertilisants, et qu'on ne saurait en attendre de gros rendements que dans les terrains relativement riches en potasse, chaux et acide phosphorique. Mais si l'on veut récolter du grain, il faut éviter l'exubérance de la végétation, qu'on recherche, au contraire, pour la production fourragère. Si, malgré ses besoins absolus élevés, le sarrasin est considéré comme peu épuisant, c'est certainement parce qu'il végète à une époque où la nitrification est en pleine activité et où, par suite de la destruction rapide de la matière organique, il trouve facilement autour de lui les aliments dont il a un grand besoin.

« Le travail d'absorption exécuté par jour par 1 gramme de matière sèche des racines est élevé pendant les deux premières périodes de la végétation. Il diminue beaucoup ensuite jusqu'à la maturité. » (*Les Céréales*, par l'auteur.)

En Bretagne, où l'on cultive surtout le sarrasin, on se contente de lui donner une fumure de noir animal ou de phosphates naturels ; 300 kilogrammes de phosphate sont largement suffisants. Dans les sols crayeux ou sablonneux, il conviendra d'y ajouter de la potasse à la dose de 100 à 150 kilogrammes de chlorure ou de sulfate. On pourra donner 100 kilogrammes de nitrate de soude quand le sol ne sera pas suffisamment pourvu d'azote assimilable.

IX. — FUMURE DES PLANTES SARCLÉES.

POMMES DE TERRE.

Les pommes de terre sont certainement les plus importantes de toutes les plantes à tubercules ou à racines charnues que nous allons passer en revue, à cause de leur triple rôle de plantes alimentaires pour l'homme, de plantes fourragères et de plantes industrielles (fabrication de l'alcool et de la fécule).

Le rendement maximum moyen que nous ayons constaté en grande culture sur des étendues de 7 à 16 hectares s'est élevé à 410 quintaux. Dans des champs d'expériences de surface réduite, nous avons obtenu jusqu'à 550 quintaux avec la variété *Richter's Imperator*. Les rendements satisfaisants en culture soignée sont voisins de 300 quintaux. Il est évident qu'une telle production ne peut s'obtenir que dans des sols parfaitement cultivés et, de plus, copieusement pourvus de tous les éléments nutritifs que réclame la solanée qui nous occupe.

Nous avons recherché par la culture expérimentale quels sont les besoins absolus d'une belle récolte de pommes de terre, en tenant compte des parties aériennes, des tubercules et du système radiculaire, et nous avons obtenu les résultats suivants pour une récolte de 400 quintaux de tubercules, en variété *Magnum bonum*.

Azote	202 kil.
Acide phosphorique	75 —
Potasse	365 —
Chaux	171 —

M. A. Girard, en étudiant huit variétés, comparativement avec la *Richter's Imperator*, qu'il a popularisée en France, a trouvé, sans tenir compte des racines, une absorption de 193 kilogrammes d'azote, 38 kilogrammes d'acide phosphorique et 332 kilogrammes de potasse, pour des récoltes de 300 à 350 quintaux.

Une belle récolte de pommes de terre puise donc dans le sol plus d'azote qu'un excellent blé, autant d'acide phosphorique, et infiniment plus de potasse et de chaux. Une bonne culture de cette plante exige donc un sol largement fumé.

La marche de l'absorption des éléments nutritifs (fig. 17) et du travail radiculaire, que nous avons déterminée, est résumée dans les tableaux suivants :

a. Marche de l'absorption en centièmes des maxima.

Plantation (1).

	0 jour (2).	65 j.	100 j.	129 j.	184 j.
Matière sèche	16,28	18,36	65,49	93,85	100,00
Azote	12,98	35,61	65,13	85,49	100,00
Acide phosphor.	9,17	14,52	48,81	77,50	100,00
Potasse	11,55	17,80	69,51	95,19	100,00
Chaux	4,67	24,37	81,85	100,00	98,82

(1) La levée a eu lieu le 33e jour.
(2) Proportion d'éléments nutritifs apportés par les plants.

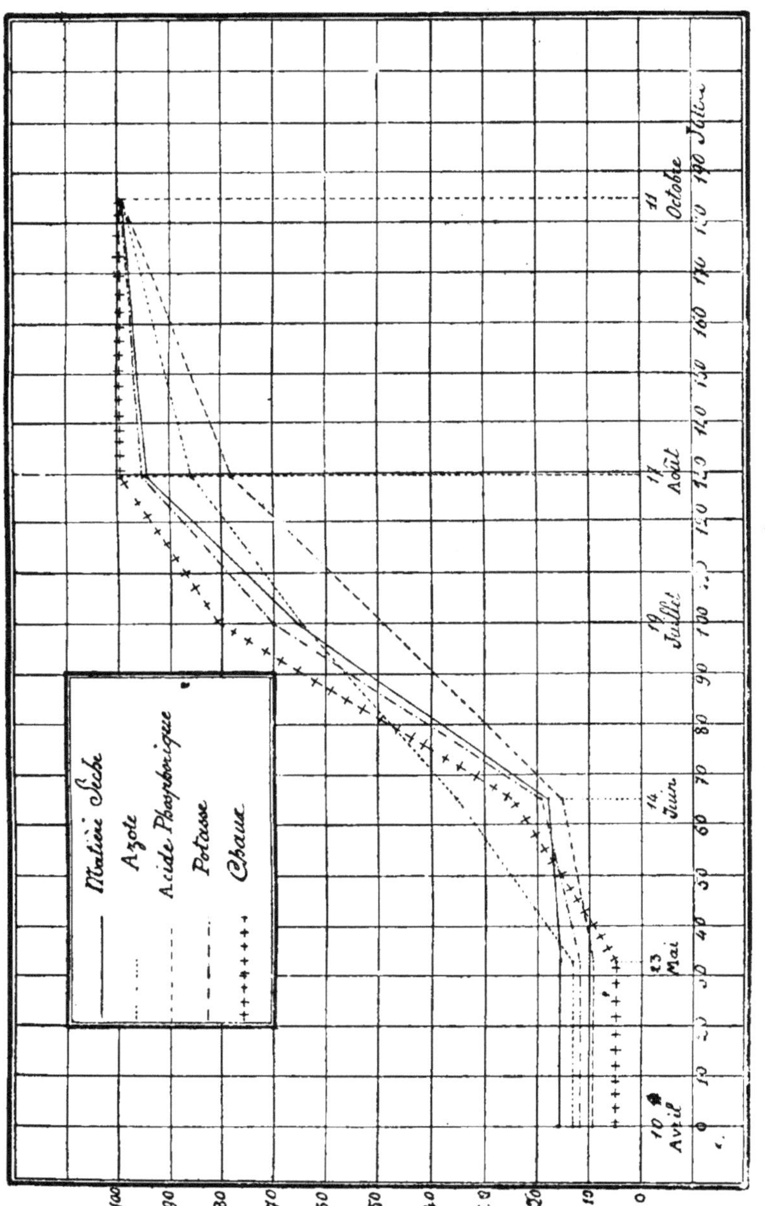

Fig. 17. — Pomme de terre.

b. *Marche générale du travail radiculaire.*

	Milligr.
De la levée au 65e jour	17,91
Du 65e au 100e jour	22,72
Du 100e au 129e jour	11,49
Du 129e au 184e jour	2,05

Depuis la levée (23 mai) jusqu'à la mi-juin, la pomme de terre *Magnum bonum* a absorbé les proportions suivantes des éléments nutritifs principaux :

Azote	22,63 p. 100.
Acide phosphorique	5,35 —
Potasse	6,15 —
Chaux	19,70 —

pendant qu'elle formait 2,08 p. 100 de sa matière sèche. L'absorption des éléments nutritifs est donc, pendant cette première période, beaucoup plus active que la formation de la matière végétale, surtout pour l'azote et pour la chaux. Pour la potasse, elle est aussi plus considérable, puisqu'elle est triple, et, en ce qui concerne l'acide phosphorique, elle est encore plus que double.

Cette prépondérance de l'absorption sur la production de la matière organique est un indice certain d'un grand besoin d'éléments nutritifs très facilement assimilables durant le premier mois de la végétation de la pomme de terre.

Le travail radiculaire total est très élevé à cette époque, s'il n'atteint pas tout à fait le maximum. Il est très fort, surtout pour l'azote, la chaux et la potasse. Cela dénote un grand besoin d'éléments assimilables.

Pendant le second mois, du 14 juin au 19 juillet, la proportion de matière sèche créée est beaucoup plus considérable, puisqu'elle atteint 47,13 p. 100 ; et pendant ce temps l'absorption relative des principaux éléments fertilisants s'élève aux quantités ci-après :

Azote	30,52 p. 100.
Acide phosphorique	34,29 —
Potasse	31,71 —
Chaux	57,48 —

L'activité de la formation de la matière organique n'est plus dépassée alors que par l'absorption de la chaux et de la potasse. Toutefois, celle de l'acide phosphorique et de l'azote reste considérable, bien que relativement beaucoup moindre que durant le premier mois. Il n'en reste pas moins évident que, pendant cette période, la plante a toujours de grandes exigences de chaux surtout et de potasse ; celles-ci diminuent pour l'azote et l'acide phosphorique, tout en restant élevées. Ce qui confirme cette manière de voir, c'est que, pendant ce temps, le travail radiculaire total se trouve plus élevé que dans le mois précédent; il reste constant pour la chaux, il tombe à moitié pour l'azote, mais il a plus que doublé pour l'acide phosphorique et il a triplé pour la potasse.

Pendant le troisième mois de la végétation (19 juillet-17 août), la proportion de matière sèche formée est de 28,36 p. 100. L'activité formatrice est donc en décroissance. Voyons ce qu'il en est de l'activité de l'absorption. Elle est alors pour

L'azote.................................... 20,36 p. 100.
L'acide phosphorique...................... 28,79   —
La potasse................................. 23,58   —
La chaux.................................. 13,13   —

Ces proportions sont, sur toute la ligne, inférieures à ce qu'elles étaient pendant les mois précédents. Tout en restant élevé, le besoin d'engrais rapidement assimilable diminue sensiblement de 10 p. 100 pour l'azote, de 15 p. 100 pour l'acide phosphorique, de 25 p. 100 pour la potasse et de 39 p. 100 pour la chaux.

Ces constatations nous permettent de déduire qu'il est important que la fumure ou le sol puissent tenir à la disposition de la plante jusqu'au milieu d'août une bonne provision d'acide phosphorique assimilable.

Enfin, pendant la dernière période de nos essais, de la mi-août au commencement d'octobre, l'activité végétative va en décroissant d'une manière très marquée. En cinquante-cinq jours, il ne se forme plus que 6,15 p. 100 de la matière sèche. C'est une période d'organisation plutôt qu'une période de formation. Pendant ce temps, l'absorption devient nulle

pour la chaux et faible pour les autres aliments; cependant,
elle reste notable pour l'acide phosphorique, comme le montre
le tableau suivant :

Azote	14,51 p. 100.
Acide phosphorique	22,50 —
Potasse	4,81 —
Chaux	0,00 —

En même temps, le travail radiculaire total s'abaisse considérablement, quoiqu'il demeure plus de deux fois plus grand
que pour le blé pendant sa maturation. Il devient inférieur
au cinquième de ce qu'il était dans la troisième période. Nul
pour la chaux, il est relativement très faible pour la potasse
(un tiers de la période antérieure), pour l'azote (10/26) et
pour l'acide phosphorique (10/24).

Il en résulte que nous avons le droit de conclure que l'emploi du fumier de ferme ne saurait être qu'avantageux dans
la culture qui nous occupe, en assurant sur la fin de la végétation l'alimentation de la plante suivant la lenteur de ses
besoins : les engrais chimiques complémentaires donneront
satisfaction aux exigences de la première partie de la végétation.

Liebscher tire des expériences faites par Stöckhardt, Ander-
son, E. Wolff, Kellermann, Kreusler, etc., des conclusions
analogues : « Nous savons, dit-il, que dans la culture de la
pomme de terre le fumier de ferme produit surtout d'excellents effets; ce qui s'accorde bien avec ce fait qu'en août et
en septembre, alors que le fumier d'étable est décomposé par
la chaleur du soleil, la pomme de terre ressent encore un vif
besoin de tous les éléments nutritifs importants et, en outre,
avec la longue durée de sa végétation qui lui permet d'utiliser
les engrais agissant lentement. Mais la pomme de terre accepte
aussi avec reconnaissance des engrais facilement solubles,
particulièrement des engrais azotés, dans les sols légers des
engrais potassiques et dans tous les sols des phosphates (à ces
derniers elle préfère cependant l'azote). »

Comparons maintenant ces déductions aux résultats de nos
expériences de culture en plein champ, dans le sol de Cloches,

assez riche en azote, pauvre en acide phosphorique, faiblement pourvu en potasse assimilable, quoique très riche en potasse totale. Dans *Dix années d'expériences agricoles à Cloches*, nous résumons ainsi les effets des engrais sur la culture de la pomme de terre :

« La pomme de terre a donc été très reconnaissante de la fumure qu'elle a reçue. C'est la confirmation évidente de nos expériences d'Archevilliers. Une forte fumure bien appropriée est la condition expresse d'un fort rendement.

« Le fumier à raison de 30000 kilogrammes seul nous donne un excédent de 79 quintaux ou de 88 p. 100. La petite fumure complétée par le superphosphate et le nitrate de soude élève le rendement encore plus : 105 p. 100. Cela confirme ce que nous avons reconnu déjà pour les autres récoltes, à savoir : que l'emploi du fumier à dose moyenne et des engrais complémentaires est plus avantageux que celui de fortes fumures de fumier seul.

« L'engrais complet au superphosphate nous donne un excédent de 117 p. 100. » Dans l'engrais complet, l'azote nitrique a élevé le rendement de 23 p. 100. Dans ce sol pauvre en potasse assimilable, le chlorure de potassium a élevé le rendement de 56 p. 100, et l'acide phosphorique soluble au citrate de 69 p. 100.

Il nous semble donc incontestable que, dans une terre de composition moyenne douée de bonnes propriétés chimiques, franche en un mot, on ne doive espérer un rendement très abondant de la solanée qui nous occupe avec une fumure constituée comme il suit :

Fumier de ferme bien décomposé............	20.000 kil.
Superphosphate de chaux	500 —
Chlorure de potassium.......................	150 —
Nitrate de soude	250 —

Les doses d'acide phosphorique et de potasse devront être augmentées dans les sols pauvres, et pourront être diminuées dans les sols riches. On les enterrera avant la plantation. Quant au fumier, il sera enfoui avant l'hiver si c'est possible.

Le nitrate de soude sera répandu au moment du hersage, que l'on donne généralement à l'époque de la levée.

BETTERAVES.

Nous ne ferons pas de distinction, à propos de la fumure, entre les betteraves fourragères et les betteraves à sucre, car nous démontrerons ailleurs que les premières doivent être cultivées dans les mêmes conditions que les dernières pour obtenir par hectare la plus grande quantité possible, non pas de poids brut, mais d'éléments nutritifs pour les animaux.

D'après nos recherches, une récolte de 40 000 kilogrammes de betteraves intermédiaires a besoin pour se constituer, en tenant compte des feuilles, des racines charnues et des radicelles, de trouver dans le sol :

Azote	165 kil.
Acide phosphorique	73 —
Potasse	404 —
Chaux	101 —

Ces quantités ne sont pas exagérées ; on peut même dire qu'elles sont souvent dépassées dans la bonne culture et les années favorables. Ces exigences de la betterave sont très élevées surtout pour la potasse ; elles dépassent pour l'azote celles d'une très forte récolte de blé ; il en est de même pour la chaux, et elles sont à peu près égales pour l'acide phosphorique.

Mais, pour régler la fumure de la plante qui nous occupe, la connaissance de ses exigences totales en principes nutritifs n'est pas suffisante. Il faut que nous examinions à quels moments la betterave éprouve le besoin le plus intense de chacune des matières fertilisantes les plus importantes (fig. 18), car il conviendra de prendre les mesures nécessaires pour qu'à cet instant précis le sol soit à même de satisfaire amplement à l'absorption des radicelles. La considération du développement de celles-ci et du travail qu'elles ont à effectuer par unité de matière sèche est susceptible aussi d'éclairer le problème de la fumure pratique. Les tableaux *a* et *b* indiquent es résultats de nos déterminations sous ces divers rapports :

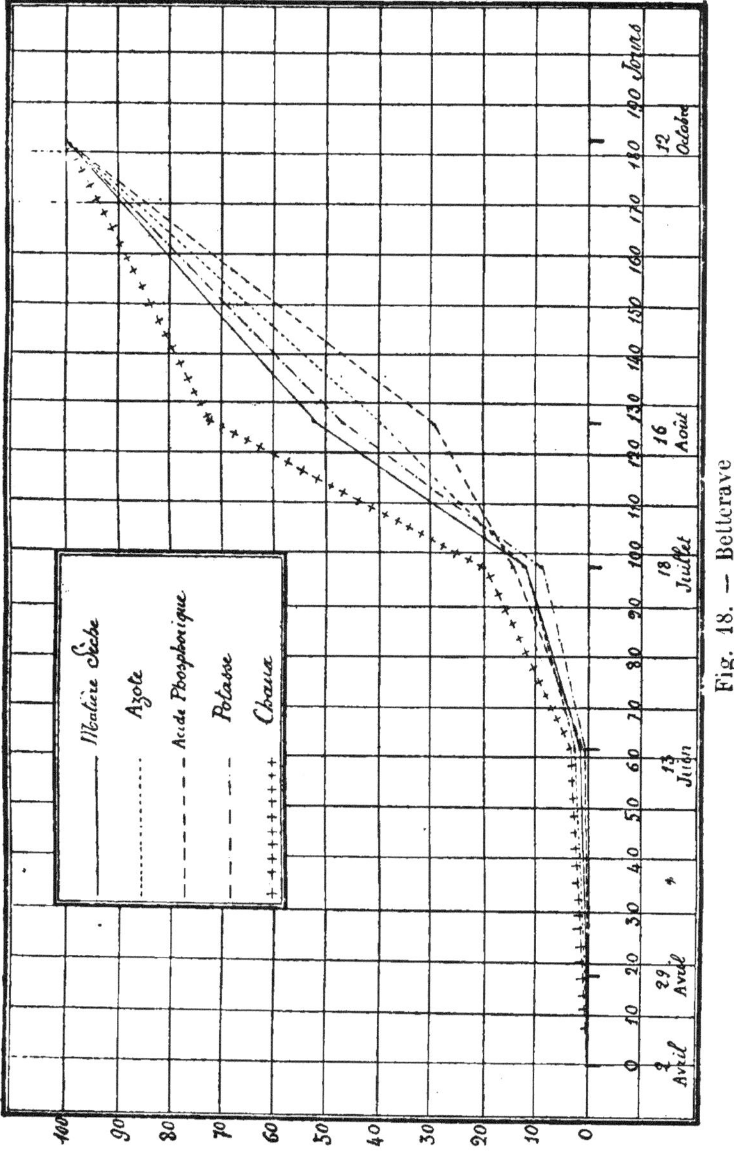

Fig. 18. — Betterave

a. *Marche de l'absorption des principes nutritifs en centièmes des maxima.*

	13 juin.	18 juillet.	16 août.	12 octobre.
Matière sèche	1,08	11,48	52,24	100,00
Azote	2,26	11,70	38,83	100,00
Acide phosphorique	0,72	13,07	29,14	100,00
Potasse	0,89	8,80	47,10	100,00
Chaux	2,56	19,88	72,43	100,00
Formation de la racine	0,12	7,75	45,62	100,00

b. *Travail radiculaire.*

	Milligr.
De la levée au 13 juin (50 jours)	17,55
Du 13 juin au 18 juillet (35 jours)	51,98
Du 18 juillet au 16 août (29 jours)	19,95
Du 16 août au 12 octobre (57 jours)	14,89

Entre le *semis* et la *mi-juin* s'écoulent deux mois pendant lesquels la formation de la matière sèche ne dépasse guère 1 p. 100 du maximum. Mais si l'activité de la création de la substance organique est relativement faible, on observe cependant que l'azote et la chaux sont absorbés avec une certaine avidité, puisqu'on en trouve dans la plante 2,26 pour le premier et 2,56 pour la seconde en centièmes de la quantité la plus élevée. Ces proportions sont beaucoup plus élevées que celle de la formation de la substance sèche. Si l'on égale celle-ci à 100, l'absorption relative de l'azote devient 209 et celle de la chaux 237. La jeune betterave concentre donc alors dans ses tissus l'azote et la chaux. C'est un indice de l'importance de leur action sur le premier développement de la plante. La potasse et l'acide phosphorique, au contraire, sont absorbés avec beaucoup moins d'activité.

Si l'on considère le travail d'absorption des radicelles, on reconnaît qu'il est maximum pour l'azote, qu'il est presque égal pour la potasse, que pour la chaux il est encore élevé, mais qu'il est très faible pour l'acide phosphorique. L'azote, la chaux et la potasse sont donc les principes nutritifs qu'à cette époque la betterave demande à trouver dans le sol sous la forme la plus assimilable ; l'acide phosphorique est loin d'être exigé dans les mêmes proportions. Toutefois, il faut remarquer que, pendant toute sa vie, la betterave a une très grande aptitude à absorber la potasse : elle n'est pendant cette période qu'environ le quart du maximum qu'elle peut atteindre ; tandis que pour l'azote elle atteint déjà plus de la moitié du maximum, et près de la moitié pour la chaux.

Cela nous conduit à penser que, pendant les deux premiers mois de sa vie, la racine qui nous occupe est favorablement influencée par l'azote assimilable et par la chaux facilement soluble, telle qu'elle se trouve dans les superphosphates.

Pendant le *mois suivant* (mi-juin à mi-juillet), l'activité végétative est beaucoup plus grande. La formation de la matière sèche est dix fois plus forte, et en même temps les proportions de chaux, d'acide phosphorique, d'azote et de potasse absorbées s'élèvent beaucoup. Du 13 juin au 18 juillet, la plante a formé 10,04 p. 100 de sa substance sèche et absorbé les proportions suivantes des principaux éléments nutritifs :

Chaux	17,32 p. 100.
Acide phosphorique	12,35 —
Azote	9,44 —
Potasse	7,81 —

Il se produit ici un fait remarquable : tandis que l'absorption de la chaux devient largement dominante, celle de l'acide phosphorique, qui était peu importante au début, s'accentue fortement et prend le second rang. L'azote ne vient qu'assez loin en arrière, ainsi que la potasse.

Nous pensons pouvoir déduire de cette remarque que le superphosphate de chaux est un engrais qui convient admirablement à la betterave, à cause, en grande partie, de l'apport important de chaux phosphatée et de sulfate de chaux qui résulte de son emploi, et aussi du phosphate très assimilable qu'il renferme. Nous avons démontré ailleurs (*Dix années d'expériences agricoles à Cloches*), l'excellent effet du superphosphate, mais nos essais d'alors n'étaient pas de nature à nous permettre de faire la distinction entre l'effet du sel de chaux soluble et celui du phosphate acide.

Le travail radiculaire pendant cette période est très élevé pour tous les éléments nutritifs, et il atteint son maximum.

Il dénote un grand besoin d'engrais assimilables. Le gramme de radicelles sèches absorbe 52 milligrammes de substances nutritives, quantité que nous n'avons observée pour aucune céréale.

De la *mi-juillet* à la *mi-août*, l'activité de la formation de la matière sèche s'élève considérablement. Pendant ce quatrième mois de la végétation, la plante crée 40 p. 100 de sa substance, et l'absorption des éléments nutritifs s'élève dans une même proportion, comme on le voit en examinant les nombres suivants représentant l'absorption relative pendant cette courte période :

```
Chaux.........................................  52,55 p. 100.
Potasse.......................................  38,30   —
Azote.........................................  27,13   —
Acide phosphorique ...........................  16,07   —
```

L'absorption proportionnelle de la chaux est toujours la plus considérable de beaucoup. Sa courbe reste beaucoup au-dessus de celle de la formation de la matière végétale et diverge sensiblement. La betterave continue donc à en avoir grand besoin. Pour la potasse, l'azote et l'acide phosphorique, les courbes restent au-dessous de celle de la substance sèche. Celle de la potasse la suit presque parallèlement, de sorte que, malgré l'intensité absolue de la consommation de cette base, il ne semble pas bien nécessaire de faire intervenir à cette époque les engrais potassiques, car il est évident que nous avons affaire à une plante très bien organisée pour tirer c et élément du sol. La courbe de l'azote, comme celle de l'acide phosphorique, qui, pendant le troisième mois, s'étaient placées au-dessus de celle de la substance sèche, lui deviennent inférieures de beaucoup, surtout pour la dernière. La plante a toujours besoin de trouver ces éléments à sa portée, mais elle ne manifeste plus pour eux une avidité particulière ; elle prend le temps de les consommer et nous en concluons que la fumure doit comprendre, à côté du nitrate et du phosphate acide, très rapidement assimilables, qui répondent admirablement aux exigences de la betterave, pendant le troisième mois, des engrais à action plus lente : de l'azote organique (fumier), et du phosphate neutre de chaux (soluble au citrate).

Le travail radiculaire pendant ce quatrième mois a diminué
de beaucoup plus de moitié. S'il est resté sensiblement le
même pour la potasse (ce qui ne saurait modifier notre
conclusion précédente) et pour la chaux, il tombe au quart
pour l'acide phosphorique : c'est que les organes d'absorption
de la plante ont atteint leur maximum, et que leur développement relatif a été plus rapide que celui de l'absorption. Si
les besoins de la betterave sont plus grands, elle est mieux
outillée pour y satisfaire. Il lui faut toujours un sol bien enrichi, mais elle est moins regardante sur la forme des éléments
fertilisants qu'on lui offre, s'il est permis de s'exprimer ainsi.

Pendant les *deux derniers mois* de sa végétation, la racine
fait plus que doubler; la plante y emmagasine les provisions
nécessaires pour la deuxième année de sa végétation. La formation de la substance sèche est de 48 p. 100, soit 24 p. 100
par mois ; c'est presque moitié moins que pendant la période
du 15 juillet au 15 août.

L'absorption des matières alimentaires devient alors :

Pour la chaux, de........	27,6 p. 100, soit par mois de	13,8
Pour la potasse, de........	53,0 —	—	26,5
Pour l'azote, de...........	61,0 —	—	30,5
Pour l'acide phosphor., de.	71,0 —	—	35,0

L'activité de l'absorption diminue pour la chaux et la
potasse ; elle varie un peu en plus pour l'azote ; mais, pour
l'acide phosphorique, il se manifeste une recrudescence très
nette. Enfin le travail radiculaire tombe à son minimum.

La *conclusion pratique* à tirer de ce qui précède est que
l'on se trouvera bien de fournir à la betterave une abondante
fumure de fumier de ferme bien décomposé, pour assurer à la
plante pendant toute la durée de sa végétation un abondant
approvisionnement d'éléments nutritifs, cette fumure de
fond devant surtout satisfaire aux exigences de la seconde période végétative. Il conviendra de la compléter par du nitrate
de soude, pour favoriser le premier développement de la betterave, et surtout du superphosphate, source à la fois de la
chaux très facilement assimilable si nécessaire à la plante
dans les quatre premiers mois de son existence, et de l'acide

23.

phosphorique de très facile absorption qui est indispensable pendant le troisième mois.

Ces conclusions concordent très bien avec celles de nos études en plein champ, qui nous ont démontré la supériorité de la fumure mixte et la grande importance du superphosphate, surtout dans nos sols pauvres à la fois en calcaire et en acide phosphorique (Voy. *Dix années d'expériences agricoles à Cloches*).

La quantité d'engrais à donner, en sol moyen, serait :

Fumier............................	30.000 à 40.000 kil.
Nitrate de soude....................	200 à 300 —
Superphosphate.....................	300 à 400 —

Dans les sols pauvres en acide phosphorique, on ira jusqu'à 600 ou 700 kilogrammes de superphosphate ; on hésitera d'autant moins à recourir aux fortes quantités que c'est le moyen d'obtenir l'année suivante une excellente grenaison du blé.

Enfin, dans les sols pauvres en potasse assimilable, il conviendra de recourir aux sels de potasse. Quand les prix ne s'y opposeront pas, on donnera la préférence au sulfate de potasse, qui est plus favorable à la qualité sucrière des racines. La dose à employer est de 150 à 200 kilogrammes.

Le fumier, le superphosphate et les sels de potasse doivent être enterrés à l'automne, ou le plus tôt possible au printemps.

Mode d'emploi des engrais complémentaires dans la culture de la betterave.

Le plus souvent, les engrais complémentaires destinés à la betterave sont répandus sur le champ à la volée, et incorporés à la couche superficielle du sol par un coup de herse ou de scarificateur. Dans bien des cas encore, on les répand sur le sol en couverture, après la semaille. Dans l'un et l'autre cas, on espère que les eaux de pluie feront pénétrer les parties solubles des engrais dans les couches où les racines vont puiser leur nourriture. On craint même, dans certaines circonstances, pour les engrais azotés solubles, que l'entraînement au travers du sol dans les couches profondes, au delà

du niveau où les racines peuvent s'alimenter, ne soit trop
considérable.

Nous avons démontré que, pour l'acide phosphorique, si
soluble qu'il soit, et pour la potasse, cet entraînement par
filtration n'est pas à craindre. Le pouvoir absorbant du sol
s'oppose à la descente des substances alimentaires solubles,
sauf des nitrates, mais toutefois, même avec ces derniers, il
ne faut pas exagérer la crainte de les voir traverser le terrain
sans profit pour la végétation.

Le pouvoir absorbant du sol, en empêchant les éléments
fertilisants de descendre avec les eaux d'infiltration au travers
du sol, n'aurait-il pas pour effet de rendre beaucoup moins
efficace l'action des fumures répandues à la surface du sol ?
Le simple raisonnement nous conduirait à répondre à cette
question par l'affirmative.

Or, des expériences fort concluantes ont été poursuivies
pendant trois années dans le champ d'expériences de la Station agronomique de Gembloux, en Belgique, par M. Petermann, sur le problème que nous examinons actuellement.

Le sol du champ est sablo-argileux. Durant les trois années,
tous les résultats ont été dans le même sens, de sorte que
nous nous contenterons de donner les résultats obtenus en
1883 avec la betterave « Breslau acclimatée de Vilmorin ».
L'engrais employé par hectare se composait de 650 kilogrammes de superphosphate et 500 kilogrammes de nitrate
de soude.

Mode d'emploi de la fumure.	Rendement par hectare. qx.	Excédent par hectare. qx.	Excédent p. 100. qx.
Pas d'engrais	493,10	»	»
Fumure enterrée à la herse...	585,47	92,37	18,71
Fumure enterrée à la bèche à 12 centimètres de profondeur	657,26	164,16	33,29
Fumure enterrée à la bèche à 22 centimètres de profondeur	695,95	202,83	41,14
Engrais enterré dans les lignes au semoir..................	613,92	120,82	21,50

On voit qu'il y a grand avantage, au point de vue du rendement, à enterrer les engrais complémentaires à une profon-

deur de 18 à 20 centimètres. On peut le faire facilement dans la pratique, en répandant la fumure avant le dernier labour qui précède le semis. Les avantages de l'enfouissement de l'engrais à la portée des organes absorbants de la betterave sont encore plus frappants quand on considère le bénéfice ou la perte causés par la culture. Les engrais enterrés à la herse ont donné une perte de 36 francs à l'hectare ; par l'enfouissement à 12 centimètres, on a, au contraire, obtenu un bénéfice de 125 francs ; le profit a atteint 195 francs quand l'engrais a été enterré à 22 centimètres.

Aussi M. Petermann est-il en droit de poser les conclusions suivantes qui résument ses recherches et que nous recommandons aux méditations de nos agriculteurs :

« L'engrais artificiel composé de superphosphate de chaux et de nitrate de soude, ou de superphosphate, de nitrate de soude, de sulfate d'ammoniaque ou d'azote organique, appliqué au printemps, en terre sablo-argileuse, à la culture de la betterave, doit être enterré par un labour profond. L'enterrement à la herse ou par un labour superficiel est insuffisant pour retirer de l'engrais son maximum d'effet, le pouvoir absorbant du sol sablo-argileux étant trop énergique pour que les éléments nutritifs puissent, même dans les années pluvieuses, descendre dans les couches inférieures du sol arable, où les racines pivotantes puisent leur nourriture.

« Le mode différent d'emploi des engrais est sans influence sensible sur l'élaboration du sucre.

« L'application de l'engrais dans les lignes, en même temps que la plantation de la graine, retarde la levée de plusieurs jours, ce qui peut compromettre une récolte, par un printemps sans pluies et à vents desséchants. Des conditions climatériques favorables peuvent faire regagner à la betterave le retard éprouvé, sans qu'elle arrive cependant, d'après mes expériences, au même rendement que sur engrais enterré par un labour et n'ayant éprouvé aucun retard dans la levée. »

Betteraves à graines.

On peut considérer comme une récolte moyenne de betteraves à graines un rendement de 2 500 kilogrammes à l'hectare de fruits séchés à l'air. Une telle récolte absorbe en totalité, d'après nos recherches, les quantités suivantes d'éléments nutritifs :

Azote... 86 kil.
Acide phosphorique .... 37 —
Potasse.. 166 —
Chaux .... 75 —

Ces exigences sont donc, pour l'azote et l'acide phosphorique surtout, moins grandes que celles d'une belle récolte de blé d'hiver ; elles sont supérieures, au contraire, en ce qui concerne la chaux et la potasse.

La marche de l'absorption des éléments nutritifs (fig. 19) est rapportée dans le tableau suivant :

	30 mars (1).	20 juin.	21 juillet.	20 août.
Matière sèche	20,27	30,81	81,75	100,00
Azote................	21,02	51,14	95,05	100,00
Acide phosphorique ...	15,92	34,67	83,66	100,00
Potasse,.............	9,09	38,01	80,89	100,00
Chaux...............	9,83	14,54	100,00	85,97

Le travail radiculaire total a été, pour les différentes périodes de la végétation, le suivant :

Milligr.

Avant la floraison................................ 3,170
Pendant la floraison............................. 8,209
Pendant la maturation 1,571

Si l'on égale à 1 le travail radiculaire pendant la maturation, il est de 5,23 pendant la floraison et de 2,02 avant la floraison.

Pendant la première période de la végétation, de la levée à l'apparition de la première fleur, c'est-à-dire en soixante-trois jours, la plante a tiré du sol, déduction faite de l'apport des plants, les proportions suivantes d'éléments nutritifs, exprimées en centièmes des quantités maxima :

Azote... 31,12
Acide phosphorique 19,75
Potasse.. 28,92
Chaux... 4,71

(1) Apport des plants.

Pendant ce temps, elle formait seulement 10,54 p. 100 de sa substance végétale sèche.

Tous les éléments nutritifs, à l'exception de la chaux, ont

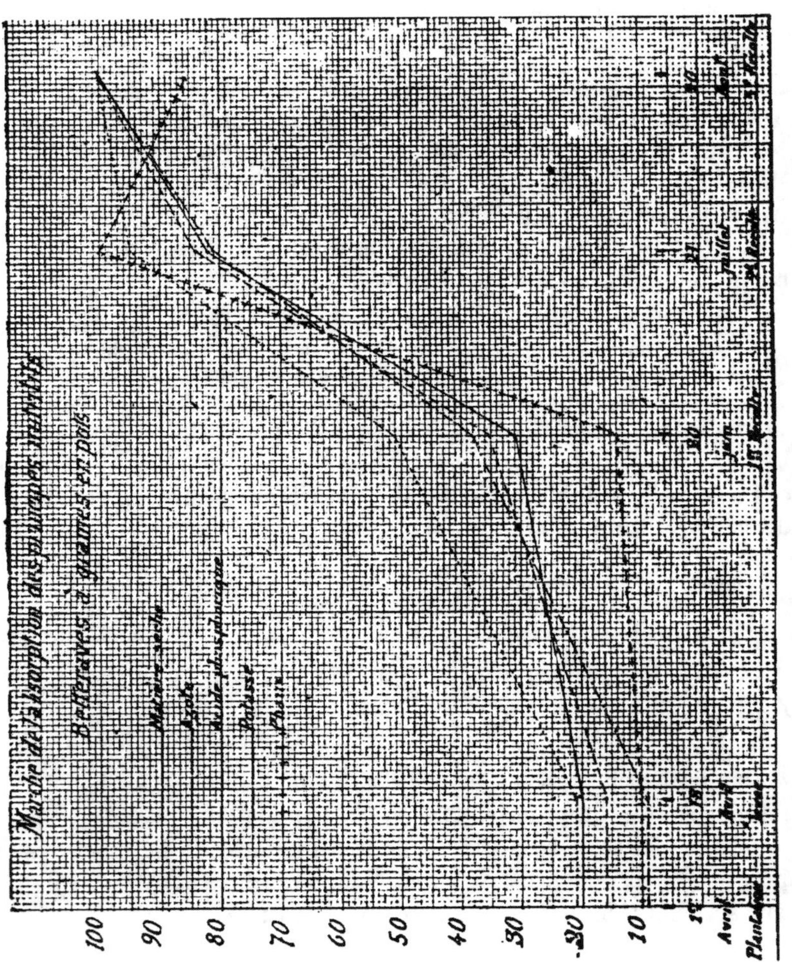

Fig. 19. — Marche de l'absorption des principes nutritifs.

donc été absorbés plus rapidement que la matière organique ne s'est formée. L'azote a été consommé avec le plus d'avidité, puis c'est la potasse, et en dernier lieu seulement l'acide phosphorique.

Les courbes d'absorption de ces matières minérales, dans cette première phase, se redressent par suite beaucoup plus rapidement que la courbe de la formation de la matière organique, et dénotent, par conséquent, un besoin d'engrais facilement assimilables assez grand pour l'azote, la potasse et l'acide phosphorique. Au contraire, la courbe de la chaux ne reste même pas parallèle à celle de la formation de la substance sèche ; elle s'abaisse plutôt un peu. Cet élément nutritif n'est donc plus absorbé alors avec avidité, comme le sont les précédents.

Si l'on considère le travail d'absorption quotidien de l'unité de racines, on voit qu'il est plus élevé pour la potasse et pour l'azote, tandis qu'il est plus faible pour l'acide phosphorique et surtout pour la chaux. Tout en remarquant que l'intensité des phénomènes d'absorption est environ deux fois moindre que pendant la période de floraison, il n'en reste pas moins évident que c'est encore ici la potasse, l'azote et, finalement, l'acide phosphorique assimilables dont la plante a le plus grand besoin, et cela dans l'ordre donné.

Pendant la période de floraison, soit en trente-deux jours, la plante a formé 50,94 p. 100 de sa matière sèche totale et elle a absorbé les principes nutritifs principaux dans les proportions suivantes :

Azote	43,91
Acide phosphorique	48,99
Potasse	42,88
Chaux	85,46

C'est donc une période d'activité très remarquable, comme en général pour toutes les autres plantes que nous avons étudiées. Pour l'azote, l'acide phosphorique et la potasse, il y a à peu près parallélisme entre leur absorption et la formation de la matière végétale sèche. Pour la chaux, au contraire, il y a prédominance énorme de l'absorption.

Quant au travail radiculaire, il atteint son maximum pour tous les éléments nutritifs. Il a augmenté de 66 p. 100 en ce qui concerne l'azote ; de 69 p. 100 pour la potasse ; de 200 p. 100 pour l'acide phosphorique, et pour la chaux de

1922 p. 100 par rapport à ce qu'il était dans la première phase de la végétation. En valeur absolue, il est maximum pour la potasse et la chaux, moyen pour l'azote et minimum pour l'acide phosphorique.

De ces faits il semble permis de conclure que, pendant la phase de la floraison, presque deux fois plus courte que la précédente, la plante doit avoir à sa disposition dans le sol des provisions relativement élevées des quatre éléments nutritifs considérés, car le besoin d'engrais est beaucoup plus intense qu'auparavant.

Pendant la période de maturation, sauf pour la chaux, l'absorption des éléments nutritifs continue, et croît encore la matière sèche. Mais, durant ce mois, le dernier de la végétation, la plante concentre surtout son activité vers la nutrition des fruits en continuant toutefois à parfaire les approvisionnements nécessaires d'acide phosphorique et de potasse. La formation de la matière sèche n'est plus que de 18,25 p. 100, pendant que l'absorption de l'azote descend à 5 p. 100, que celle de la potasse n'est plus que de 9 p. 100, et qu'enfin celle de l'acide phosphorique reste encore au niveau relativement élevé de 16 p. 100. Bien que la proportion des radicelles ait diminué notablement, le travail radiculaire atteint partout son minimum : nul pour la chaux, il est dix fois moindre pour l'azote, et trois fois plus faible pour l'acide phosphorique et la potasse.

En résumé, dès le début de sa végétation, la betterave à graines demande principalement de l'azote, de la potasse, puis de l'acide phosphorique très assimilables. Pendant la floraison, ses besoins s'accroissent très sensiblement pour ces trois substances et aussi pour la chaux, dont l'absorption prend un essor remarquable. Depuis le commencement de la maturation, le besoin d'engrais diminue beaucoup, mais, s'il devient nul pour la chaux et très faible pour l'azote, il reste encore assez sensible pour la potasse et surtout pour l'acide phosphorique.

De ce fait que l'absorption de l'acide phosphorique et même de la potasse se prolonge jusqu'à la fin de la maturation, avec une intensité variable, il est vrai, mais encore notable à la fin, il nous semble découler l'utilité de fournir une partie de la fumure sous forme de fumier riche et bien décomposé, enterré le plus tôt possible avant la plantation. On compléterait cet apport par du nitrate de soude répandu en deux fois, pour fournir un supplément d'azote immédiatement assimilable, d'abord au moment de la levée, puis un peu avant la floraison, en réservant les 6/10 du nitrate pour le deuxième épandage. On subviendrait aux exigences de la plante en acide phosphorique par une dose modérée de superphosphate ou de scories enfouie avant là plantation. Quant au besoin de potasse, il serait satisfait en général par l'apport de fumier, sauf dans les terres pauvres, où une addition de chlorure de potassium pourrait être avantageuse ; on enfouirait ce dernier sel avec les engrais phosphatés.

Comparons maintenant à ces déductions expérimentales les résultats que nous avons obtenus pendant deux années au champ d'expériences de Cloches, afin d'en vérifier la valeur pratique :

« 1º Ici, comme en général, l'emploi unique du fumier, même à haute dose, donne des résultats nettement inférieurs à ceux qu'on obtient d'une fumure modérée additionnée d'engrais de commerce nitro-phosphaté. Cette fumure mixte est, d'un autre côté, celle qui donne les plus beaux rendements.

« 2º La suppression de l'azote dans la fumure diminue sensiblement l'excédent de production en grain. Nous croyons donc que l'emploi du nitrate de soude est à recommander pour assurer le succès de cette culture.

« 3º L'engrais minéral seul est d'une efficacité aléatoire ; pour qu'il marque son effet dans un sol déjà riche en azote, comme celui de Cloches, il faut que les circonstances climatériques favorisent grandement la nitrification, et c'est là une conjoncture sur laquelle on aurait tort de fonder de trop vastes espoirs.

« 4º L'acide phosphorique est, d'autre part, de tous les éléments nécessaires à la nutrition de la plante, celui dont l'addition au sol paraît le plus indispensable ; la suppression des superphosphates fait disparaître presque entièrement tout excédent de récolte.

« 5° La potasse, au contraire, nous paraît avoir été inutile, puisque sa suppression est sans influence sur le rendement. »

Il convient de rappeler ici que le sol de Cloches est d'une richesse en azote sensiblement au-dessus de la moyenne, qu'il est très pauvre en acide phosphorique, et que, pour la potasse, il en renferme beaucoup sous forme insoluble dans les acides faibles.

Ces essais nous paraissent confirmer nos conclusions relatives à la fumure qu'il convient de donner en général à la betterave à graines. L'avantage d'une fumure de fumier additionné de nitrate et de superphosphate y est nettement démontrée.

Quant aux doses à employer en terre de fertilité moyenne, nous pensons que l'on peut s'arrêter aux suivantes :

```
Fumier de ferme..................  30.000 à  40.000 kil.
Superphosphate....................            4)) —
Nitrate...........................            300 —
```

Dans les terres pauvres en acide phosphorique, on augmentera la dose de superphosphate jusqu'à 600 kilogrammes, et dans celles qui renfermeraient moins de $0^{gr},15$ de potasse assimilable, on donnera de 100 à 150 kilogrammes de chlorure de potassium.

CAROTTES FOURRAGÈRES.

Dans les sols qui leur conviennent particulièrement, les carottes, en culture soignée, donnent facilement de 40 à 50 tonnes de racines par hectare. Nous avons constaté des récoltes atteignant 60 et même 80 tonnes à Cloches et à Plancheville. Voyons, d'après nos recherches sur le développement de ces racines, quelles sont les quantités d'éléments fertilisants prélevés par cette récolte de 40 tonnes, y compris ce qu'absorbent les feuilles et les radicelles ; nous y avons trouvé :

```
Azote..............................  125 kil.
Acide phosphorique.................   71 —
Potasse............................  271 —
Chaux..............................  154 —
```

A égalité de récolte, la carotte prélève sur les ressources du sol et les engrais la même quantité d'acide phosphorique que la pomme de terre, mais sensiblement moins d'azote, de potasse et de chaux. Elle exige plus de chaux que la betterave, mais beaucoup moins de potasse, moins d'azote et presque autant d'acide phosphorique.

Nous avons déterminé la marche de l'absorption des éléments nutritifs (fig. 20) et, comparativement, celle de la formation de la matière sèche végétale en centièmes des maxima. Le tableau suivant relate nos résultats :

	15 juin.	18 août.	13 octobre.
Matière sèche	0,70	26,07	100,00
Azote	1,24	26,17	100,00
Acide phosphorique	0,38	11,67	100,00
Potasse	0,62	27,39	100,00
Chaux	1,02	39,52	100,00

Le travail radiculaire journalier a été pour chaque période :

	Milligr.
De la levée au 15 juin (41 jours)	14,26
Du 15 juin au 18 août (64 jours)	22,16
Du 18 août au 13 octobre (56 jours)	26,67

Pendant la première période d'un mois environ, la végétation est lente et la production de matière sèche relativement très faible. Mais l'azote et la chaux sont absorbés avec une certaine avidité. Pour la potasse et l'acide phosphorique, l'absorption suit une marche moins rapide que la formation de la substance végétale. C'est là un indice de l'utilité de fournir à la plante de l'azote facilement assimilable et la nécessité d'un sol très pourvu de calcaire impalpable.

Si l'on considère le travail radiculaire, on constate qu'à cette époque il est déjà élevé, surtout pour la potasse, la chaux et l'azote ; mais il est moins considérable que pour la pomme de terre et la betterave.

De la mi-juin à la mi-août, l'activité de la végétation commence à s'accroître fortement, de même que l'intensité de l'absorption. Pendant les soixante-quatre jours de cette période, la plante a formé 25,37 p. 100 de sa matière sèche, et a absorbé les proportions suivantes des principaux éléments nutritifs :

```
Azote ...........................................  24,83 p. 100.
Acide phosphorique .........................  11,29   —
Potasse........................................  26,77   —
Chaux..........................................  38,50   —
```

Tandis que l'absorption de l'azote reste parallèle à la formation de la matière organique, celle de la chaux surtout, puis de la potasse prennent le dessus ; quant à l'absorption de l'acide phosphorique, elle demeure la plus lente. Le besoin de chaux soluble et de potasse domine donc à cette époque.

Le travail radiculaire, d'un autre côté, s'élève beaucoup ; il passe de 14 à 22 en nombres ronds ; s'il n'a pas atteint son maximum, il s'en est de beaucoup rapproché. Pour l'azote, il est à peu près stationnaire ; il double presque pour la potasse et la chaux, et il est plus que double pour l'acide phosphorique.

Mais c'est pendant la dernière période de la végétation, à partir du 15 août, que l'absorption des éléments minéraux prend la plus grande activité, quand la racine commence à grossir avec rapidité. Pendant cette époque, la plante constitue 74 p. 100 de sa matière sèche et absorbe les proportions suivantes de principes alimentaires :

```
Azote ...........................................  74,00 p. 100.
Acide phosphorique .........................  88,33   —
Potasse........................................  72,61   —
Chaux ..........................................  60,48   —
```

L'absorption de l'azote et de la potasse devient parallèle à la formation organique, celle de la chaux devient un peu inférieure, tandis que celle de l'acide phosphorique se relève fortement.

Quant au travail radiculaire, il atteint son maximum pendant cette période. S'il baisse pour la chaux, il se relève sensiblement pour l'azote et la potasse, et fortement pour l'acide phosphorique.

En ce qui concerne l'azote, nous voyons donc que la carotte l'absorbe avec une assez grande régularité dans tout le cours de sa végétation. Elle demande au début un peu

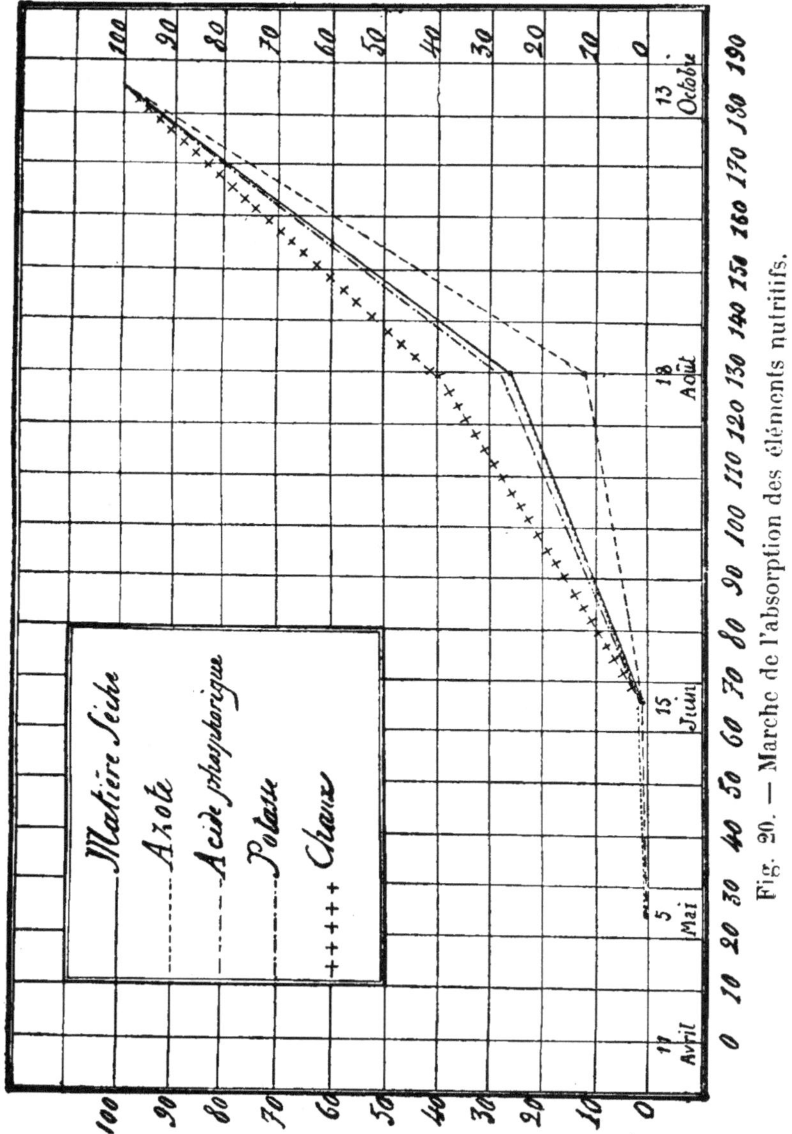

Fig. 20. — Marche de l'absorption des éléments nutritifs.

d'azote facilement assimilable, et pour le reste est capable
de se contenter, pourvu qu'ils soient abondants, des en-

grais à décomposition progressive, comme le fumier de ferme.

Pendant les deux premiers tiers de la durée de sa végétation, la carotte a une grande avidité pour la chaux. L'emploi des superphosphates qui livrent le sulfate de chaux soluble est donc tout indiqué, bien que l'absorption de l'acide phosphorique soit lente et surtout localisée dans le dernier tiers de la vie de la plante.

Pour la potasse, la carotte, tout en en absorbant beaucoup, ne manifeste une avidité spéciale pour cette base que dans le deuxième tiers de sa vie. Comme en ce qui a rapport à l'azote, elle peut se contenter d'engrais potassiques à action continue, et sous ce rapport le fumier est tout indiqué.

En résumé, nous estimons que la carotte demande une forte dose de fumier de ferme bien décomposé, avec adjonction d'une petite quantité de nitrate et de superphosphate.

Les expériences de culture que nous avons faites sur cette plante nous donnent la confirmation de ces déductions. Au champ d'expériences de Cloches, les excédents les plus élevés ont été obtenus par l'emploi du fumier à la dose de 15 000 kilogrammes, avec adjonction de 200 kilogrammes de superphosphate, 100 kilogrammes de nitrate de soude et 100 kilogrammes de chlorure de potassium. L'engrais complet n'arrive qu'ensuite. La suppression de l'azote et de la potasse n'a pas eu une action aussi dépressive que celle de l'acide phosphorique. C'est en effet cet élément qui manque le plus au sol.

Avec une bonne dose de fumier, de 30 000 à 40 000 kilogrammes, il ne nous semble pas utile de répandre plus de 100 à 150 kilogrammes de nitrate de soude. Dans nos recherches sur l'amélioration des racines fourragères, nous avons constaté que l'addition de 200 kilogrammes de nitrate à une fumure de 40 tonnes de fumier et de 400 kilogrammes de superphosphate avait bien augmenté le rendement, mais que le prix de revient de la tonne d'excédent de racines était trop élevé pour que l'opération fût avantageuse.

Dans les terres pauvres en acide phosphorique, on pourra avantageusement porter la dose de superphosphate à 600 kilo-

grammes, surtout en faveur du blé suivant. Il n'y a que dans
les sols extrèmement pauvres en potasse qu'on emploiera
100 à 200 kilogrammes de chlorure.

NAVETS, TURNEPS, RUTABAGAS.

Les navets, les raves, les rabioules, les navets de Suède
ou rutabagas, les turneps des Anglais ont tous les mèmes
exigences ou à peu près, en ce qui concerne les engrais.
Nous citerons textuellement les conclusions que MM. Lawes
et Gilbert ont tirées de leurs expériences si bien conduites :

« Tandis que le rendement du blé venu sur une terre sans
engrais, à Rothamsted, n'a pas sensiblement varié d'année en
année après trente-deux années consécutives, le rendement
du turneps, dans les mèmes conditions, est tombé, après
quelques années, à zéro.

« Les engrais minéraux seuls, appliqués au blé, n'ont donné
pratiquement aucune augmentation de rendement, tandis
que, pour les turneps, ils l'ont accru très notablement, surtout les engrais phosphatés.

« La poudre d'os, non décomposée, est bien moins efficace
que lorsqu'elle a été traitée par l'acide sulfurique, et ainsi
transformée en superphosphates. Ceux-ci, pour leur part,
agissent avec d'autant plus d'efficacité que le sol est plus
profondément labouré. Les superphosphates agissent très
favorablement sur le développement de la racine en excitant
la formation de très nombreuses radicelles ; ils améliorent
leur qualité et avancent leur maturité.

« Les engrais azotés seuls, appliqués au blé, pendant un
grand nombre d'années, ont poussé le rendement jusqu'à sa
limite extrême ; pour les turneps, ils ont donné des résultats
bien moins significatifs, quoique le turneps profite de l'azote
du sol.

« Le turneps est très riche en potasse, mais les engrais potassiques n'ont pas d'action sur son développement. *Au contraire,
l'acide phosphorique est très efficace*, ce que l'on doit attribuer
à la constitution même du végétal, au mode de pénétration

des racines, aussi bien qu'aux exigences de son développement sur un espace limité, et dans une période déterminée.

« Un excès d'azote dans le sol correspond à un excès de feuilles. Or c'est le produit en racines que l'on recherche, et la formation des racines exige une production considérable de chevelu superficiel, que l'acide phosphorique favorise grandement.

« Quand on cultive le turneps pour la graine et l'huile, les conditions de fumure, de sol, de saison, se rapprochent beaucoup de celles du blé, et le développement de la plante se modifie en conséquence.

« En somme, on n'a de bonnes récoltes de turneps qu'en apportant au sol des *engrais organiques azotés* et des *superphosphates à haute dose*. Si le sol est riche en ces premiers éléments, l'emploi exclusif des superphosphates donne de hauts rendements.

« On peut évaluer la composition d'une récolte de turneps à l'hectare de la manière suivante :

Matière organique sèche	3.500 kil.
Potasse	140 —
Phosphate de chaux	54 —
Sulfate de chaux	44 —

« Le fumier avec les superphosphates, ou les tourteaux pour remplacer le fumier, sont les bases de la fumure. Ils fournissent tous les éléments nécessaires.

« *Pratique de la fumure.* — Lorsque les turneps ordinaires (navets) ou les navets de Suède (rutabagas) suivent une céréale qui a reçu du fumier, on pourra se contenter de 315 à 375 kilogrammes de superphosphates (à 15 p. 100), à distribuer avec la graine, au semoir. Pour les navets de Suède ou rutabagas, une addition de 250 à 275 kilogrammes de guano véritable sera convenable, si la semaille n'a pas lieu tardivement, et si la terre est en bonnes conditions.

« Lorsque la précédente récolte n'a pas été fumée, on devra appliquer de 17 000 à 20 000 kilogrammes de fumier par hectare, et distribuer en outre au semoir 300 kilogrammes de superphosphate. Au cas où le fumier serait trop pauvre, on ajoutera, en le répandant sur les lignes, 250 kilogrammes de guano. (On remplacera le guano avantageusement par des tourteaux à raison de 400 à 500 kilogrammes.)

« A moins de distribuer le superphosphate au semoir, il faudra le répandre à la volée, seul, ou en mélange avec le guano (ou les tourteaux), après l'épandage du fumier. Ces deux engrais ne réagissent pas l'un sur l'autre quand ils sont mélangés, mais le guano seul peut nuire au jeune plant, et, pour ce motif, quelques centimètres de terre devront être laissés entre la graine et l'engrais.

« Les superphosphates d'os peuvent être utilement mélangés avec les phosphates minéraux.

« La poudre d'os, sur beaucoup de sols, n'agit pas assez rapidement.

« Les engrais minéraux phosphatés poussent à la précocité ; les engrais azotés retardent la maturité. Il y a lieu de se préoccuper de ce fait, car les turneps mûris avant les froids supportent moins bien les gelées.

« Donc, pour les turneps qui doivent être consommés à l'automne, on sèmera de bonne heure, avec des superphosphates ; pour les turneps à consommer en hiver, on ajoutera, à la fumure d'engrais d'étable, du guano (ou des tourteaux), si le fumier n'est pas très riche en azote. »

TOPINAMBOURS.

D'après les recherches qu'a poursuivies pendant douze ans M. Le Chartier, directeur de la Station agronomique de Rennes, une récolte de topinambours donnant par hectare 30 000 kilogrammes de tubercules puise dans le sol pour se constituer, tiges et feuilles comprises :

Azote.. 135 kil.
Acide phosphorique.. 60 —
Potasse... 280 —

Comme la pomme de terre et la betterave, le topinambour est donc très avide de potasse. Il consomme un peu plus d'azote qu'une belle récolte de blé, et sensiblement moins d'acide phosphorique.

Dans le sol du champ d'expériences de la Station agronomique de Rennes, dont notre savant collègue a bien voulu nous remettre un échantillon, on a trouvé :

	D'après Le Chartier.	D'après Garola.
Azote total, par kilogramme	1,9	»
Acide phosphorique total	1,0	»
Acide phosphorique soluble à l'acide citrique faible	»	0,032
Potasse par l'acide azotique bouillant	3,4	»
Potasse soluble dans l'acide azotique faible	»	0,069

Cette terre n'est pas calcaire et a une réaction acide. Quoique riche en azote, elle a peu d'aptitude à nitrifier. Elle serait bien pourvue de potasse et d'acide phosphorique, si ces derniers éléments ne s'y trouvaient en très faible quantité sous une forme assimilable. La culture a donné les résultats moyens suivants:

	Tubercules par hectare. qx.
Sans engrais (moyenne de 4 années)	146
Chlorure de potassium seul (4 années)	278
Chlorure de potassium et superphosphate (4 années).	292
Excédent dû à la potasse	132
Excédent dû au superphosphate	14
Excédent pour 100 de la récolte sans engrais (potasse).	90,4 p. 100.
Excédent pour 100 de la récolte sans engrais (acide phosphorique)	9,5 —

L'effet de l'engrais potassique seul est remarquable, et celui de l'acide phosphorique est sensible, quoique beaucoup plus faible.

D'une série subséquente d'essais, qui ont duré trois ans, nous déduirons l'effet de l'azote :

	Tubercules par hectare. qx.
Sans engrais	101
Superphosphate et chlorure de potassium	226
— — — et nitrate.	733

L'excédent dû à l'engrais complet étant de 236 quintaux et celui dû à l'engrais sans azote de 125 quintaux, l'effet de la fumure azotée est marqué par un surcroît de tubercules de 111 quintaux, soit 110 p. 100 du produit du sol sans engrais.

La plante qui nous intéresse est donc très sensible aux engrais azotés et potassiques, et moins aux engrais phosphatés. Dans une terre de composition moyenne, renfermant $0^{gr},2$ d'acide phosphorique et $0^{gr},3$ de potasse assimilables, il conviendrait de donner 200 kilogrammes de superphosphate et 200 kilogrammes de chlorure de potassium. Le sol renfermant une dose de 1 gramme d'azote par kilogramme et étant calcaire, on donnerait en outre 400 kilogrammes de nitrate de soude en deux fois. Dans les terres pauvres en acide phosphorique et en potasse assimilables, on forcerait les doses de superphosphate et de chlorure de potassium jusqu'à 400 kilogrammes.

TABAC.

Le tabac n'a en France qu'une importance secondaire, puisqu'il n'occupe qu'environ 10000 hectares. Mais il présente, malgré cela, beaucoup d'intérêt pour les nombreuses personnes qui le consomment sous ses formes diverses.

Son rendement en feuilles sèches est en moyenne, dans le Midi, pour 10000 pieds à 9 feuilles, de 800 kilogrammes ; tandis que dans le Nord, avec 40000 plantes à 8 feuilles, il peut atteindre de 1800 à 2000 kilogrammes par hectare.

Les feuilles sont les seuls éléments exportés du domaine. Les tiges et les bourgeons d'écimage restent sur le sol. Mais ils ont dû être produits, et nous devons aussi les considérer. D'après Boussingault, la récolte d'un hectare, à raison de 31111 plants, a enlevé du champ, par ses tiges, ses feuilles et ses racines :

429 kilogrammes d'azote ;
442 kilogrammes de potasse ;
112 kilogrammes d'acide phosphorique.

Le produit en feuilles était monté à 3 436 kilogrammes et avait absorbé :

158 kilogrammes d'azote ;
 26 kilogrammes d'acide phosphorique ;
 96 kilogrammes de potasse.

Bien que les résultats de cette expérience soient trop beaux pour que nous puissions espérer les obtenir couramment dans la pratique, ils sont pour nous très instructifs, car ils vont nous permettre de calculer les prélèvements de matières fertilisantes pour une récolte totale quelconque, correspondant au poids de feuilles récolté. En effet, le tabac a absorbé pour 100 kilogrammes de feuilles sèches récoltées :

Azote .... $12^{kg},6$
Potasse.. $13^{kg},0$
Acide phosphorique............................... $3^{kg},2$

Si nous tablons sur une récolte moyenne de 1 800 kilogrammes, nous constatons que la plante doit pouvoir consommer par hectare :

227 kilogrammes d'azote ;
234 kilogrammes de potasse ;
 58 kilogrammes d'acide phosphorique.

Cela nous prouve que la plante qui nous occupe est très exigeante. Il lui faut deux fois plus d'azote, beaucoup plus de potasse et presque autant d'acide phosphorique qu'à un blé rendant 40 hectolitres à l'hectare.

Heureusement que la totalité de ces éléments fertilisants n'est pas exportée de la ferme, et qu'il reste sur le sol, sous forme de débris, de tiges et de racines, pour 100 kilogrammes de feuilles récoltées :

Azote .... $8^{kg},0$
Potasse.. $10^{kg},0$
Acide phosphorique............................... $2^{kg},5$

de telle manière que la récolte que nous avons prise pour type ne fait perdre à la ferme que :

83 kilogrammes d'azote ;
54 kilogrammes de potasse ;
13 kilogrammes d'acide phosphorique.

L'épuisement du sol par le tabac est donc bien inférieur à ses exigences. Celles-ci sont encore accrues par le peu de temps que la plante occupe le sol, de sorte qu'il est impossible d'obtenir de belles récoltes de tabac sans le cultiver dans des terres déjà riches, et sans recourir à des fumures considérables et constituées par des éléments d'une assimilation très rapide.

Nous venons de voir quelles sont les exigences du tabac en ne considérant que le poids produit. Nous devons nous enquérir aussi de l'action des engrais sur sa qualité.

Sur la quantité considérable d'azote dont il a besoin, le tabac peut en prendre une certaine proportion dans l'atmosphère sous forme d'ammoniaque, à cause de son énorme développement foliacé. M. Schlösing a démontré cela depuis longtemps par une expérience restée célèbre et, de plus, il a reconnu par la culture expérimentale que les fumures fortement azotées n'accroissent pas la récolte dans des proportions très sensibles. Un excès d'azote a une légère influence sur la force du tabac, en augmentant un peu le taux de la nicotine, mais comme par la culture (nombre de plants et de feuilles par hectare) on agit d'une manière très efficace sur la force du tabac, cette faible action de l'azote sur le taux de nicotine n'a pas pour nous beaucoup d'importance.

Nous considérons donc que, dans la culture du tabac, comme du reste dans la plupart des cultures, l'engrais azoté ne doit pas apporter plus du tiers à la moitié environ de l'azote nécessaire dans les sols de bonne richesse, c'est-à-dire dosant au moins 1 gramme de ce principe fertilisant par kilogramme et susceptible de nitrifier. On devra donner cet engrais de préférence sous forme de nitrate ou de sulfate d'ammoniaque. Les doses de ces sels à employer par hectare seraient d'environ 500 kilogrammes du premier et 400 kilogrammes du second, à supposer, bien entendu, que le champ n'ait pas reçu de fumier. Les autres engrais azotés nous paraissent d'une

24.

décomposition trop lente pour être aussi avantageux.

L'action de l'acide phosphorique sur les qualités du tabac et sur la marche de sa végétation n'a pas été encore élucidée. Toutefois, nous croyons que l'emploi des superphosphates dans les sols d'une richesse inférieure à 1 gramme de cet élément par kilogramme doit être recommandé. La dose de 400 kilogrammes de superphosphate à 15 p. 100 d'acide phosphorique soluble au citrate serait convenable. Dans les sols riches, on peut se borner à restituer ce qu'enlèvent les feuilles.

Mais l'élément le plus important des engrais destinés à la culture du tabac, c'est la potasse. La potasse, en effet, communique à la feuille sa propriété fondamentale, sans laquelle l'arome et la force ne sont rien, la propriété de brûler. Si la plante ne peut pas tirer du sol assez de cette base, le tabac n'est pas *combustible*. On ne peut le fumer.

La potasse a, de plus, un effet considérable sur le parenchyme des feuilles. Elle lui donne non seulement la combustibilité, mais encore elle le rend plus fin, plus soyeux, plus souple. Les tabacs qui poussent dans les calcaires pauvres en potasse, comme ceux du Lot, sont grossiers, et l'on ne saurait jamais en tirer une robe de cigare présentable, tandis que les tabacs venus dans les terres argileuses riches en potasse, ou qui ont reçu d'abondants apports de cet élément, sont élastiques, fins et très beaux.

Ainsi, en laissant de côté l'arome, qui est une affaire de variété et de climat ; la force, qui dépend de la variété, de l'espacement des plants, du nombre de feuilles par plant, et de l'époque de la récolte, c'est la potasse qui influe sur les qualités les plus importantes du tabac. Son emploi dans les engrais doit donc être considéré comme de première nécessité.

D'après les recherches de M. Schlösing, la forme sous laquelle il convient le mieux de donner l'engrais potassique est celle de sulfate de potasse. Le chlorure de potassium n'a pas une action aussi avantageuse sur la combustibilité des feuilles. La dose de potasse à employer par hectare doit varier évidemment avec la richesse du sol en cet élément. Quand les terres renferment une dose de potasse assimilable supérieure à $0^{gr},3$ et qu'elles ne sont pas calcaires, il nous semble suffisant de restituer la quantité de cette base enlevée par les feuilles, en opérant cette restitution à l'avance. 100 kilogrammes de sulfate de potasse y pourvoiront. Pour les terres moins riches, on portera la dose à 200 et 300 kilogrammes de ce sel, suivant leur pauvreté.

Si nous résumons ce qui précède, nous voyons que, dans les terres de richesse moyenne, on doit employer pour le tabac :

400 à 500 kilogrammes de nitrate de soude ;
400 kilogrammes de superphosphate à 15° ;
200 kilogrammes de sulfate de potasse.

HOUBLON.

On cultive le houblon dans les départements de l'Est et du Nord, pour en récolter les cônes, qui servent à aromatiser la bière. La plante occupe le terrain pendant douze ou quinze ans. On met à sa disposition une perche qui lui permet de s'élever à plusieurs mètres de hauteur. On dispose ordinairement par hectare 3 000 perches qui suffisent pour 6 000 pieds de houblon, plantés deux par deux.

D'après les recherches de De Gasparin, on trouve dans la plante entière, pour 100 kilogrammes de cônes séchés à l'air :

	Cônes. kil.	Feuilles. kil.	Tiges. kil.	Total. kil.
Azote	8,820	4,350	2,450	15,620
Potasse	2,236	5,856	3,441	11,513
Acide phosphorique	0,867	0,948	0,896	2,711

Une récolte de 1 500 kilogrammes de cônes séchés à l'air a donc puisé dans le sol :

Azote	234 kil.
Potasse	173 —
Acide phosphorique	41 —

Comme on a l'habitude de laisser sur le sol comme engrais les tiges et les feuilles, la fumure d'entretien de la houblonnière se réduirait à 132 kilogrammes d'azote, 35 kilogrammes de potasse et 12 kilogrammes d'acide phosphorique.

Cette plante demande donc surtout une fumure azotée. Le fumier à demi décomposé lui convient parfaitement, à la dose de 30 000 kilogrammes par hectare. Dans les sols pauvres en acide phosphorique ou en potasse, on emploiera avantageusement le superphosphate et le sulfate de potasse à dose moyenne (200 kilogrammes). Employé en forte dose, le nitrate de soude a une action manifestement nuisible sur la qualité du houblon ; mais, en ne dépassant pas 150 à 200 kilogrammes, qu'on répand avant la floraison, on obtient un effet très satisfaisant. Le sulfate d'ammoniaque est toutefois préférable et peut s'employer jusqu'à la dose de 300 kilogrammes. Les tourteaux de colza constituent aussi un bon engrais azoté pour cette plante, ainsi que le guano de poisson.

X. — FUMURE DES LÉGUMINEUSES.

Légumineuses cultivées pour leurs graines.

FÉVEROLES.

D'après nos recherches expérimentales, une récolte de 50 hectolitres de féveroles, pesant 80 kilogrammes l'un, en tenant compte de toutes les parties aériennes et souterraines de la plante, absorbe, pour se constituer, avec une production totale de 9 234 kilogrammes de matière sèche par hectare, les quantités suivantes d'éléments nutritifs :

Azote	254 kil.
Acide phosphorique	44 —
Chaux	91 —
Potasse	180 —

Nous savons que la plus grande portion de l'énorme quantité d'azote qu'on trouve dans la récolte provient de l'azote gazeux que la plante assimile par l'intermédiaire des bactéries qui vivent dans les nodosités de ses racines. Ces nodosités se sont montrées abondantes et volumineuses dans nos cultures. Quant aux aliments minéraux, tels que l'acide phosphorique, la potasse et la chaux, ils ne sauraient avoir d'autre origine que le sol ou les engrais.

Le premier de ces corps est absorbé en moindre quantité par la féverole que par un blé parfaitement réussi. La chaux et la potasse, au contraire, sont consommées en quantités plus fortes.

Examinons maintenant la marche que suit, d'une part, la formation de la matière végétale, et, de l'autre, l'assimilation des éléments nutritifs (fig. 21). Dans ce but, prenons comme point de comparaison le maximum de matière formée ou absorbée et, l'égalant à 100, rapportons-lui les quantités que nous avons constatées dans les plantes aux divers stades de leur végétation :

	39ᵉ jour. p. 100.	Floraison. p. 100.	Maturité. p. 100.
Matière sèche formée	4,94	39,12	100,00
Azote absorbé	7,77	34,03	100,00
Acide phosphorique	6,36	37,73	100,00
Chaux	11,04	77,70	100,00
Potasse	10,88	60,27	100,00

Depuis la levée jusqu'à l'apparition des premières fleurs, la marche de l'absorption des éléments nutritifs est pour tous, sans exception, plus rapide que celle de la formation de la substance végétale. Cela implique, chez la jeune plante, un besoin de ces aliments sous forme très assimilable, besoin d'autant plus fort que les courbes des éléments nutritifs forment un angle plus ouvert avec l'horizontale et s'élèvent davantage au-dessus de la courbe de la matière sèche. Ce sont la chaux et la potasse qui sont absorbées avec le plus d'avidité ; l'azote ne vient qu'au troisième rang et l'acide phosphorique ferme la marche. A partir du quarantième jour après la levée, le besoin de chaux principalement, et de potasse, s'accentue fortement jusqu'à la pleine floraison, tandis que, au contraire, l'absorption de l'azote et de l'acide phosphorique devient moins intense. A l'apparition de la première fleur, la courbe de ces deux éléments nutritifs passe au-dessous de celle de la matière sèche. La courbe de l'acide phosphorique devient sensiblement parallèle avec cette dernière, et celle de l'azote ne s'éloigne pas beaucoup du parallélisme, tout en se maintenant à un niveau légèrement inférieur.

La plante qui nous occupe nous semble donc être surtout exigeante en chaux et en potasse, et cela principalement jusqu'à la fin de la floraison. Elle a, en outre, besoin d'une petite quantité d'azote et d'acide phosphorique assimilables dans les premières semaines de sa végétation. Ce besoin pour l'azote se conçoit facilement si l'on songe qu'il faut un certain temps pour que se développent et puissent fonctionner efficacement les bactéries des racines.

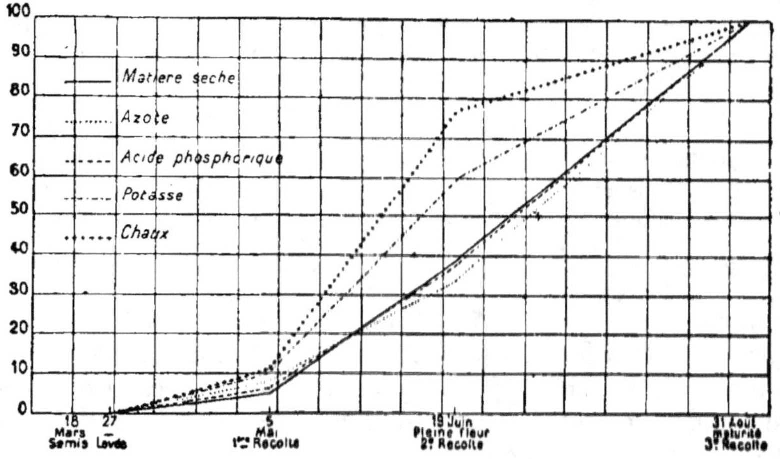

Fig. 21. — Marche de l'absorption des éléments nutritifs.

L'absorption des éléments nutritifs a lieu par les racines dont le suc acide, venant en contact avec les grains du sol au travers de la membrane végétale des poils radicaux, dissout ceux d'entre eux qui ne sont pas naturellement solubles. Plus les racines sont étendues, plus il est facile à la plante de tirer parti des éléments du sol, car les points de contact avec les grains terreux sont plus considérables. C'est cette pensée qui nous a conduit à étudier le développement radiculaire des végétaux dont nous cherchons à déterminer les besoins d'engrais. Si les plantes à grand système radiculaire sont plus aptes à se nourrir aux dépens des réserves du sol, qu'elles peuvent fouiller en tous sens, par contre elles sont moins sensibles à l'action des engrais. D'un autre côté, la durée de la période végétative influe nettement sur l'utilisation des ressources alimentaires propres du sol. Un végétal qui doit absorber 100 kilogrammes d'un élément nutritif à l'hectare en cinquante jours aura moins besoin d'engrais qu'un autre qui devra en absorber la même quantité en cent cinquante jours. Si l'on calcule pour chaque période de végétation la quantité de chaque élément nutritif qu'a dû absorber en vingt-quatre heures l'unité de racines, on obtient des nombres très suggestifs pour la solution du problème qui nous occupe.

Le tableau suivant donne le travail radiculaire quotidien de la féverole, rapporté à 1 gramme de racines sèches.

	I. De la levée au 39e jour.	II. Du 39e jour à la pleine floraison (45 jours).	III. De la pleine floraison à la maturité (72 jours).
	milligr.	milligr.	milligr.
Azote	10,27	5,00	4,25
Acide phosphorique...	1,46	1,03	0,68
Chaux...............	4,60	4,47	0,50
Potasse..............	10,08	6,59	1,79
Total..........	26,41	17,09	7,22

Avant la formation de la fleur, la féverole absorbe quotidiennement, en somme, $26^{mgr},41$ d'éléments nutritifs par gramme de racines sèches. Du quarantième jour à la pleine floraison, le travail radiculaire diminue et n'est plus que de 17 milligrammes. Il tombe enfin à $7^{mgr},2$ pendant la période de maturation. Si nous prenons pour unité le travail radiculaire le moins élevé, nous arrivons aux nombres suivants :

Maturation... 1,00
Floraison.. 2,37
Six premières semaines............................ 3,64

Le besoin d'aliments facilement assimilables est donc trois fois et demie plus fort pendant la première période, et plus de deux fois encore pendant la seconde, que pendant la dernière.

En examinant le travail radiculaire relatif à l'azote, on le trouve double pendant les six premières semaines de ce qu'il est ensuite. Il conviendrait donc de donner à la féverole une petite quantité d'azote soluble pour favoriser le premier début de sa végétation et lui permettre d'attendre que les bactéries des nodosités soient assez développées pour assurer son alimentation azotée ; mais cela seulement dans les sols qui ne sont pas très pourvus d'azote, ou qui nitrifient mal.

Pour l'acide phosphorique, le besoin de son addition au sol comme engrais, sauf dans le cas des sols pauvres, bien entendu, est peu intense en général. C'est toutefois au début de la végétation qu'il est le plus utile. Il suffira de le fournir à la récolte en quantité suffisante sous une forme moyennement attaquable, car la plante a tout le temps nécessaire pour s'en emparer au jour le jour.

Pour la chaux, le travail d'absorption est sensiblement constant jusqu'à la pleine floraison. Pendant la maturation, il devient neuf fois moins intense.

En ce qui concerne la potasse, le travail radiculaire quotidien est énorme avant l'apparition de la première fleur, et il est élevé jusqu'à la phase de la maturation, pendant laquelle il tombe beaucoup plus bas que pour l'azote. En prenant le travail radiculaire de cette période pour unité, on arrive aux nombres proportionnels suivants :

Maturation	1,00
Floraison	3,77
Six premières semaines	5,63

Il en résulte que les engrais potassiques très assimilables doivent être très favorables au développement de la légumineuse qui nous occupe, de même que la nature argilo-calcaire du terrain. Le chlorure ou le sulfate de potassium marqueront leur effet bien plus nettement que les superphosphates.

Ces déductions tirées de nos recherches de laboratoire concordent parfaitement avec les conclusions qu'ont tirées MM. Lawes et Gilbert de leurs belles expériences sur les féveroles, et cet accord est une nouvelle preuve précieuse de la valeur agronomique de la méthode que nous avons suivie pour étudier les besoins d'engrais de nos principales plantes agricoles. Ils ont reconnu en effet que :

1° Avec la potasse seule comme engrais, l'accroissement de la récolte est considérable ;

2° Avec un mélange de potasse, de soude et de magnésie, on obtient généralement un excédent de récolte fort élevé ;

3° Les superphosphates de chaux seuls n'augmentent pas le rendement des féveroles ;

4° Les superphosphates mélangés à la potasse agissent très sensiblement sur elle, mais toutefois moins que la potasse seule ;

5° Les superphosphates mélangés aux sels ammoniacaux sont sans effet utile, mais l'addition de la potasse au mélange donne un très bon résultat, etc.

Dans la fumure des féveroles, nous ferons donc intervenir un peu de nitrate pour fournir aux premiers besoins d'azote, du superphosphate pour donner la chaux soluble si nécessaire, et en même temps le peu d'acide phosphorique assimilable qu'exige la plante dans la première phase de son développement, mais surtout les sels de potasse. En sol de fertilité moyenne, il conviendra de donner :

Nitrate de soude........ ....   100 kil. (au plus).
Superphosphate de chaux..............   250 —
Chlorure de potassium................   125 —

Dans les sols pauvres en potasse, on pourra aller jusqu'à 250 kilogrammes de chlorure de potassium et dans les terrains qui manquent d'acide phosphorique jusqu'à 400 kilogrammes de superphosphates. On pourra remplacer ces deux engrais par le sulfate de potasse et les scories de déphosphoration.

VESCES.

Une récolte convenable de vesces de printemps donne environ 1 500 kilogrammes de grains et 3 000 kilogrammes de paille. Elle absorbe pour se constituer :

```
Azote..............................................    92 kil.
Acide phosphorique................................    33 —
Potasse...........................................    58 —
Chaux.............................................   126 —
```

Elle exige un peu moins d'azote et d'acide phosphorique, mais un peu plus de potasse et de chaux que le pois, que nous étudierons plus loin.

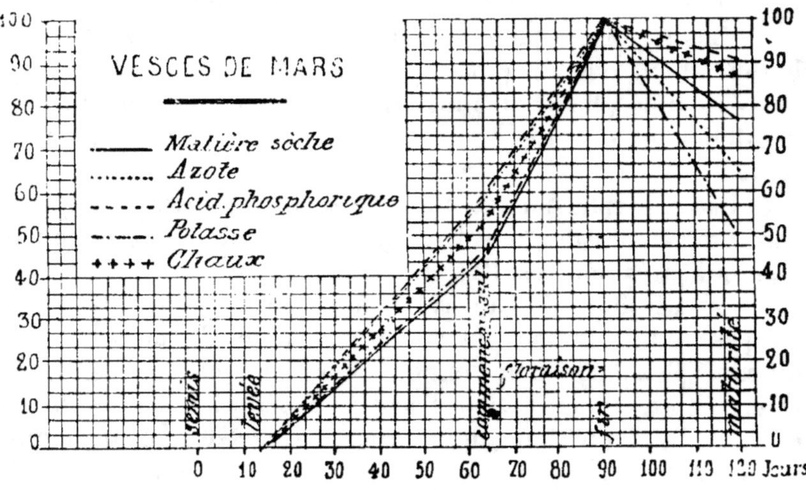

Fig. 22. — Marche de l'absorption des éléments nutritifs.

La marche de l'absorption des éléments nutritifs (fig. 22), que nous avons déterminée comparativement à celle de la formation de la matière organique, exprimée en centièmes des maxima, est la suivante :

	Floraison.		
	Commencement.	Fin.	Maturité.
	p. 100.	p. 100.	p. 100.
Matière sèche formée........	46,89	100,00	77,28
Azote absorbé	61,32	100,00	65,10
Potasse....................	47,38	100,00	50,52
Acide phosphorique...	61,47	100,00	90,88
Chaux.....................	55,21	100,00	87,50

Elle montre qu'avant la floraison la plante est surtout avide d'acide phosphorique, d'azote et de chaux. L'absorption de la potasse suit une marche sensiblement parallèle à celle de la formation de la matière organique. La plante ne semble donc pas avoir un besoin spécial marqué de cette base à aucune époque de sa végétation. L'absorption de tous les éléments nutritifs s'arrête à la fin de la floraison. Il en résulte que les conclusions à tirer de nos essais s'appliquent aussi bien à la culture de la vesce comme fourrage vert qu'à la production de la graine, puisque c'est à la fin de la floraison qu'il convient de récolter le fourrage.

Le développement des racines correspond à $0^{gr},165$ de matière sèche par plant moyen au début de la floraison ; il s'élève à $0^{gr},200$ à la fin de cette période, puis tombe à $0^{gr},150$ à la maturité.

Le travail radiculaire moyen de l'unité de racines sèches est le suivant :

	Avant la floraison.	Pendant la floraison.	Pendant la maturation.
Durée de la période.......	52 jours.	25 jours.	30 jours.
	mgr.	mgr.	mgr.
Azote....................	6,68	3,94	0,00
Acide phosphorique.......	1,74	1,05	0,00
Potasse.................	4,41	4,40	0,00
Chaux...................	6,17	4,71	0,00
Totaux...........	19,00	14,10	0,00

Le travail radiculaire, nul pendant la maturation, atteint son maximum avant la floraison. C'est donc alors que la plante a le plus besoin d'engrais facilement assimilables.

En laissant de côté l'azote, qui est fourni par l'atmosphère, on reconnaît que les exigences de la vesce ne sont pas élevées. Il lui suffit de trouver pendant les premiers mois de sa vie un sol suffisamment pourvu de chaux et de potasse assimilables et d'acide phosphorique. Un faible apport de superphosphates (200 kilogrammes par hectare) répondra dans la majorité des cas à ses besoins et assurera une récolte satisfaisante. Dans les sols pauvres en calcaire et en acide phosphorique, on pourra doubler la dose de superphosphate. La potasse n'est utile que dans les terres pauvres, où elle marque très largement son effet. La dose à employer variera de 100 à 200 kilogrammes de chlorure de potassium.

Au champ d'expériences de M. Allard, professeur spécial d'agriculture à Dreux, champ qui est assez riche en acide phosphorique assimilable (0^{gr},30), mais très pauvre en potasse assimilable (0^{gr},11), on a cultivé en 1898 les vesces de printemps avec divers engrais, et l'on a obtenu les excédents suivants :

	Fourrage vert. qx.
Nitrate de soude (100 kilogrammes)	22,00
Superphosphate seul (500 kilogrammes)	79,75
— et nitrate	63,25
— et chlorure de potassium (400 kil.).	99,00
Chlorure de potassium et nitrate	82,50
Superphosphate, chlorure et nitrate	90,75

C'est avec le chlorure de potassium additionné de superphosphate que l'on a obtenu les rendements les plus élevés.

POIS.

Une récolte moyenne de pois dès champs, donnant 1 250 kilogrammes de grains et 2000 kilogrammes de paille, absorbe, d'après M. Damseaux, pour se constituer :

Azote	65^{kg},5
Acide phosphorique	17^{kg},7
Potasse	32^{kg},4
Chaux	33^{kg},9

Une récolte de pois nains, qui, dans nos expériences, comptait 140 plans au mètre carré et a produit par hectare 4368 kilogrammes de matière sèche totale, comprenant 1 850 kilogrammes de grains ramenés à 15 p. 100 d'eau, a absorbé :

Azote	112^{kg},7
Acide phosphorique	35^{kg},8
Potasse	53^{kg},8
Chaux	101^{kg},0

Les quantités d'éléments nutritifs ainsi absorbées (fig. 23) ne sont pas très élevées. L'azote est fourni facilement par le sol et par l'air, grâce aux nodosités à bactéries des racines, qui se développent, en général, abondamment. Quant aux autres principes fertilisants, c'est la chaux, puis la potasse qui sont absorbées en plus grande quantité, mais cette quantité est moins considérable pour la potasse que celle qu'exigent la plupart de nos céréales. On peut déduire de là que le pois ne demande pas de fortes avances de matières fertilisantes. L'examen de la marche de l'absorption des éléments nutritifs et du travail radiculaire va nous montrer à quelles formes d'engrais il convient de recourir de préférence.

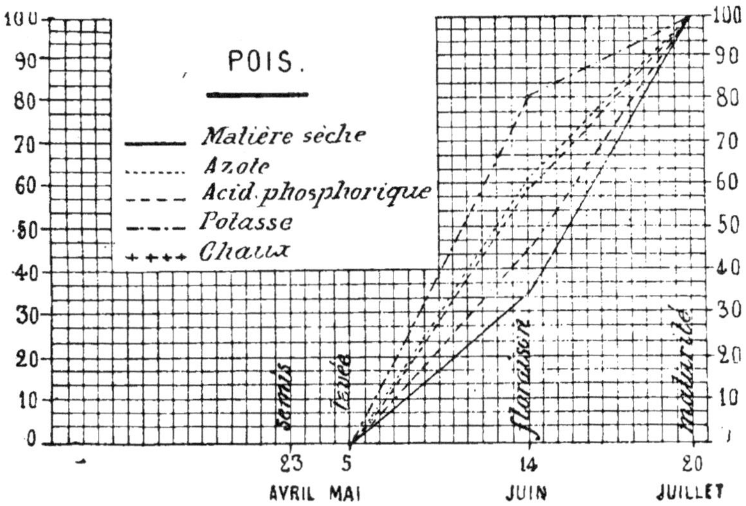

Fig. 23. — Marche de l'absorption des éléments nutritifs.

Dans nos recherches, le pois nain a mis de la levée quarante jours pour arriver à fleurir, et il s'est écoulé trente-six jours du commencement de la floraison à la maturité complète. La durée de la végétation a donc été en tout de soixante-seize jours. La période est courte ; il en résulte évidemment que le besoin d'engrais est plus élevé que ne le fait pressentir l'absorption totale des éléments fertilisants. La marche de l'absorption, exprimée en centièmes des maxima, a été la suivante :

	Floraison. p. 100.	Maturité. p. 100.
Matière sèche formée	34,76	100,00
Azote absorbé	61,74	100,00
Acide phosphorique	44,30	100,00
Potasse	80,63	100,00
Chaux	58,84	100,00

On voit que, pendant que la plante forme un peu plus du tiers de sa matière sèche, de la levée à la floraison, elle absorbe près des deux tiers de l'azote qui lui est nécessaire, une proportion presque égale de chaux, les quatre cinquièmes de la potasse, et un peu plus des deux cinquièmes de l'acide phosphorique. Dans cette première moitié de son existence, le pois nain est donc surtout avide de potasse, d'azote et de chaux. Il a besoin aussi d'acide phosphorique facilement assimilable, mais en proportion moindre.

Pendant la formation des fruits et leur maturation, les courbes des éléments nutritifs, qui, dans la période précédente, étaient nettement divergentes avec celle de la formation de la matière végétale, deviennent convergentes. Le besoin d'engrais rapidement assimilables va donc en décroissant. Il diminue rapidement pour la potasse, un peu moins vite pour l'azote et la chaux, moins encore pour l'acide phosphorique. L'absorption de ce dernier se prolonge beaucoup plus régulièrement jusqu'à la maturité.

L'examen du travail radiculaire quotidien va compléter ce premier aperçu. Le poids de la matière sèche des racines s'est élevé par plant moyen à 0^{gr},208 au moment de l'apparition des fleurs. A la maturité, il n'était plus que de 0^{gr},180. La diminution de l'appareil radiculaire est beaucoup moins rapide que celle de l'absorption. Le travail radiculaire a été le suivant :

	Avant la floraison. mgr.	Pendant la maturation. mgr.
Azote	11,30	3,98
Acide phosphorique	2,52	1,83
Potasse	8,60	1,20
Chaux	10,06	4,09
Travail radiculaire total	32,48	11,10

Le travail radiculaire total est presque trois fois plus élevé avant la floraison que pendant la maturation. Il est donc évident que le pois se trouvera bien de l'emploi d'engrais minéraux très assimilables. La chaux facilement soluble fournie par le superphosphate sera très favorable, et, dans les sols pauvres en potasse assimilable, le chlorure de potassium devra être avantageux.

En réalité, la culture du pois ne demande pas l'emploi de fumures très élevées. Il lui suffit d'une petite fumure très assimilable. Comme pour les autres légumineuses, sauf dans des cas exceptionnels, on n'aura pas à recourir aux engrais azotés, dans le cas où l'on vise la production de la graine. Avec eux, en effet, on obtient un développement herbacé trop considérable et trop prolongé. Les fleurs ne se forment pas ou coulent, et l'on ne récolterait que de la paille. On se bornera donc à fournir dans un sol moyen 200 kilogrammes de superphosphate à 15 p. 100 d'acide phosphorique. On en doublera la dose dans les terres pauvres. En ce qui concerne la potasse, on répandra, dans les sols pauvres seulement, 100 kilogrammes de chlorure de potassium.

Pour compléter ce qui précède, nous donnons les excédents de récolte obtenus au champ d'expériences de Dreux par M. Allard dans la culture du pois des champs comme fourrage :

	Fourrage vert. qx.
Nitrate de soude (100 kilogrammes)	13,75
Superphosphate (500 kilogrammes)...............	55,00
Chlorure de potassium (400 kilogrammes) et nitrate.	66,00
Superphosphate et nitrate.......................	49,50
Superphosphate et chlorure de potassium........	61,85
Superphosphate, chlorure, nitrate...............	66,00

L'emploi de l'engrais complet a donné le rendement le plus fort, puis vient l'engrais nitro-potassique. Dans ce sol pauvre en potasse assimilable comme dans les sols analogues, il convient donc de ne pas négliger l'emploi des sels de potasse, sulfate ou chlorure de potassium.

LENTILLES

Une bonne récolte de lentilles, de 25 quintaux de grain, avec la paille et les racines correspondantes, absorbe environ par hectare :

Azote.. 200 kil.
Acide phosphorique................................ 40 —
Potasse... 174 —
Chaux.. .... 126 —

en nous basant sur les cultures expérimentales qui nous ont servi à la détermination de la marche de l'absorption des principes nutritifs. C'est donc la potasse et la chaux qui sont absorbées en plus grande quantité, en laissant de côté l'azote, surtout puisé dans l'air, par le mécanisme que nous avons indiqué. Dans nos cultures, la proportion du grain à la paille s'est montrée faible, par suite du grand développement des parties herbacées. Le poids du grain représente seulement 40 p. 100 de celui de la paille. Dans la culture de plein champ, on constate un rapport plus élevé qui atteint jusqu'à 67 p. 100. C'est qu'alors il y a une végétation moins exubérante d'une part, et une perte des enveloppes des grains et de nombreuses feuilles de l'autre. Il peut résulter de cette observation que notre estimation des besoins absolus de la plante soit un peu trop élevée. Mais cela est sans importance au point de vue des conclusions pratiques que nous aurons à en tirer. Il vaut mieux, du reste, pécher par excès que par défaut dans les recherches de ce genre.

Voyons maintenant quelle est la marche relative de l'absorption des éléments nutritifs (fig. 24) et de la formation de la substance sèche. Le tableau suivant nous donne pour chaque période les quanta de chaque substance absorbée ou formée, en centièmes des maxima observés :

	Avant la floraison. p. 100.	Pleine floraison. p. 100.	Maturité. p. 100.
Matière sèche formée.........	19,70	86,17	100,00
Azote absorbé...............	25,56	100,00	90,28
Acide phosphorique..........	27,40	100,00	93,17
Chaux......................	22,20	67,69	100,00
Potasse.............	33,34	100,00	92,67

De la levée au cinquante et unième jour de la végétation, c'est-à-dire avant l'apparition de la première fleur, les courbes d'absorption de tous les éléments nutritifs se maintiennent au-dessus de celle de la formation de la matière sèche. Du commencement à la fin de la période, elles forment avec la direction de cette dernière un angle assez ouvert. La plante, pendant les sept premières semaines de sa vie, a donc besoin de trouver dans le sol ses aliments minéraux sous une forme facilement assimilable. C'est la potasse qui est absorbée avec le plus d'avidité relative; viennent ensuite, par ordre décroissant, l'acide phosphorique, l'azote, et enfin la chaux qui, elle, présente une courbe qui ne s'écarte guère de celle de la formation de la substance végétale.

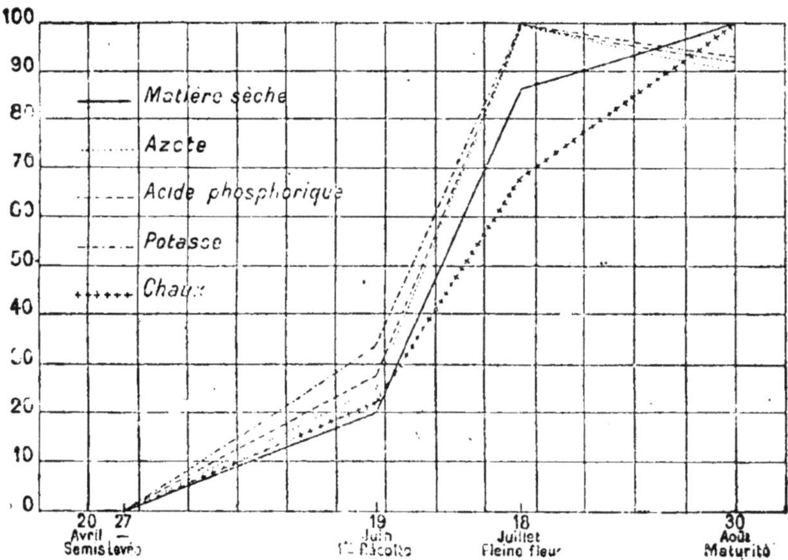

Fig. 24. — Marche de l'absorption des éléments nutritifs en centièmes des maxima.

Dès que la floraison commence, l'activité de la formation des tissus prend un vif essor. La courbe se redresse brusquement et fait avec l'horizontale un angle beaucoup plus ouvert. Depuis lors jusqu'à la pleine fleur, l'absorption de la potasse suit une marche sensiblement proportionnelle à celle de la formation de la substance sèche, et elle est terminée à la fin de la période. La courbe de l'acide phosphorique et celle de l'azote continuent, comme depuis le début de la végétation, à diverger un peu en dessus de la courbe de la matière organique. Au contraire, la courbe de la chaux passe au-dessous de cette dernière, pour s'y maintenir jusqu'à la récolte. Pendant la période de floraison, la lentille continue donc à avoir besoin d'engrais potassiques et phosphatés ; elle poursuit avec activité son approvisionnement d'azote, mais son besoin de chaux, qui ne s'est jamais montré très accentué, s'atténue de plus en plus.

Pendant la période de maturation, la plante continue lentement à former de la matière végétale et à absorber de la chaux, tandis que les autres éléments nutritifs sont en décroissance.

Au point de vue de la fumure, la lentille se trouvera donc bien d'engrais facilement assimilables riches en potasse et en acide phosphorique. Grâce aux tubercules à bactéries de ses racines, elle peut puiser l'azote qui lui est nécessaire dans l'atmosphère confinée du sol. Toutefois, les premières semaines de sa vie, elle se trouvera bien de végéter dans un sol où la nitrification est facile.

Dans le tableau suivant, nous avons reporté le travail radiculaire d'une plante moyenne de lentille, rapporté à 1 gramme de racines sèches, pour les trois périodes considérées :

	Avant la floraison.	Pleine floraison.	Maturation.
Durée de la période......	51 jours.	29 jours.	43 jours.
	mgr.	mgr.	mgr.
Azote....................	9,64	22,45	0,00
Acide phosphorique......	2,38	5,02	0,00
Chaux..................	6,30	13,07	2,92
Potasse.................	12,96	20,47	0,00
Totaux...........	31,28	61,01	2,92

Pendant les sept premières semaines de végétation, la lentille absorbe par gramme de racines sèches $31^{mgr},28$ d'éléments nutritifs. L'intensité de l'absorption double pendant la période de la floraison, pour tomber à presque rien pendant la maturation. Si l'on prend comme unité le travail radiculaire total à cette dernière époque, on obtient les nombres proportionnels suivants :

Sept premières semaines......................... 10,7
Floraison...................................... 20,9
Maturation.................................... 1,0

Il en résulte que le besoin d'aliments facilement assimilables est vingt fois plus fort pendant la floraison et dix fois pendant la jeunesse que pendant la maturation. Si l'on considère l'azote qui est fourni à la plante par les bactéries des nodosités des racines, on voit que l'absorption s'en arrête à la défloraison, après avoir plus que doublé pendant la seconde ériode. La même observation s'applique à l'acide phosphorique et à la potasse. Pour la chaux, au contraire, le travail d'absorption continue très faiblement pendant la maturation, après s'être montré double pendant la floraison de ce qu'il était pendant la première période de la vie de la plante.

En définitive, de quelque manière qu'on envisage la question, on reconnaît nettement que la plante qui nous occupe a surtout besoin d'engrais pendant la floraison, et qu'elle est exigeante dès la première période. Il lui faudra donc donner une abondante fumure minérale très assimilable.

Nous pouvons donc conseiller comme fumure de cette plante, en sol de fertilité moyenne, un apport de 300 kilogrammes de superphosphate à 15 p. 100, et de 200 kilogrammes de chlorure de potassium. Le sol et l'air lui fourniront tout l'azote nécessaire. Dans les sols pauvres en potasse, on devra augmenter la dose de chlorure jusqu'à 300 kilogrammes. Dans les terres pauvres en acide phosphorique, on donnera jusqu'à 500 kilogrammes de superphosphate.

Comme confirmation de ce qui précède, nous donnons ci-après les résultats obtenus par M. Allard à son champ d'expériences de Dreux, dont il a déjà été question. Le sol est d'une richesse convenable en azote, il est assez riche en acide phosphorique assimilable, mais très pauvre en potasse facilement soluble. Les engrais ont été employés aux doses suivantes : acide phosphorique soluble à l'eau, 60 kilogrammes ; potasse, 200 kilogrammes ; azote ammoniacal, 20 kilogrammes ; azote organique, 60 kilogrammes.

		Rendements.		Excédents.	
		Grain. qx.	Paille. qx.	Grain. qx.	Paille. qx.
I.	Superphosphate......... Chlorure de potassium.. Sulfate d'ammoniaque...	23,2	30,4	12,0	14,4
II.	Superphosphate......... Sulfate de potasse....... Sulfate d'ammoniaque...	22,4	32,0	11,2	16,0
III.	Superphosphate......... Sulfate d'ammoniaque...	18,6	24,8	7,4	8,8
IV.	Chlorure de potassium... Sulfate d'ammoniaque...	20,0	32,0	8,8	16,0
V.	Superphosphate......... Sang..................	16,0	25,2	4,8	9,2
VI.	Sulfate d'ammoniaque....	12,0	21,6	0,8	5,6
VII.	Sans engrais	11,2	16,0	»	»

L'excédent de grain le plus élevé est obtenu avec les engrais complets I et II. La suppression de la potasse en III et V abaisse les excédents de grain et de paille de près de 50 p. 100. L'engrais sans acide phosphorique est nettement inférieur comme rendement en grain. L'azote seul ne donne d'excédent qu'en paille.

On voit que, dans ce sol pauvre en potasse, c'est l'emploi de cet élément fertilisant qui est le plus avantageux. Bien que le sol soit riche en acide phosphorique, le superphosphate s'est montré nécessaire, ce que nous explique l'avidité de la plante pour cet élément et pour la chaux dans la première phase de la végétation.

HARICOTS

Un champ de haricots nains, semés en lignes distantes de 40 centimètres, et produisant par hectare une récolte totale, racines comprises, de 5 432 kilogrammes de matière séchée à l'air, contenant 27 quintaux de grains, fournit à la plante pendant la durée de sa végétation :

Azote.. 127 kil.
Acide phosphorique...................................... 38 —
Potasse.. 105 —
Chaux.. 88 —

Ces exigences sont pour l'azote semblables à celles d'une bonne récolte de froment ; elles sont un peu plus élevées pour la chaux ; pour la potasse, elles sont inférieures de 50 p. 100, et enfin elles sont moitié moindres pour l'acide phosphorique.

En ce qui concerne l'azote, on sait que, comme les autres plantes de la famille des légumineuses, le haricot l'emprunte surtout, sous forme d'azote libre, à l'atmosphère du sol, par l'intermédiaire des nodosités à bactéries de ses racines.

La marche de l'absorption des principes nutritifs (fig. 25), comparée à celle de la formation de la matière organique, est, d'après nos expériences, relatée dans le tableau suivant :

	Dans la graine. p. 100.	Avant la floraison. p. 100.	Après la floraison. p. 100.	A la maturité. p. 100.
Matière sèche	2,10	8,67	46,10	100,00
Azote	3,40	11,21	57,60	100,00
Acide phosphorique.	3,24	14,07	82,40	100,00
Potasse	2,02	16,23	74,08	100,00
Chaux	0,37	20,80	80,50	100,00

Le travail d'absorption journalier, rapporté à 1 gramme de racines sèches, est calculé ci-après :

	Avant la floraison.	Pendant la floraison.	Maturation.
Durée de la période.......	21 jours.	38 jours.	39 jours.
	mgr.	mgr.	mgr.
Azote	11,89	9,71	5,21
Acide phosphorique	4,92	4,31	0,65
Potasse....................	18,42	9,96	2,64
Chaux.....................	21,66	8,69	1,67
Travail total	56,89	32,67	10,17

Dans la période qui va de la germination à la floraison, la marche de l'absorption de l'azote est un peu plus rapide que celle de la formation de la matière sèche et les nodosités apparaissent à la fin déjà assez nombreuses sur les radicelles. Tandis que, déduction faite des apports de la semence, la plante a formé 6,51 p. 100 de sa matière sèche, elle a absorbé 7 81, p. 100 de l'azote nécessaire à son entier développement,

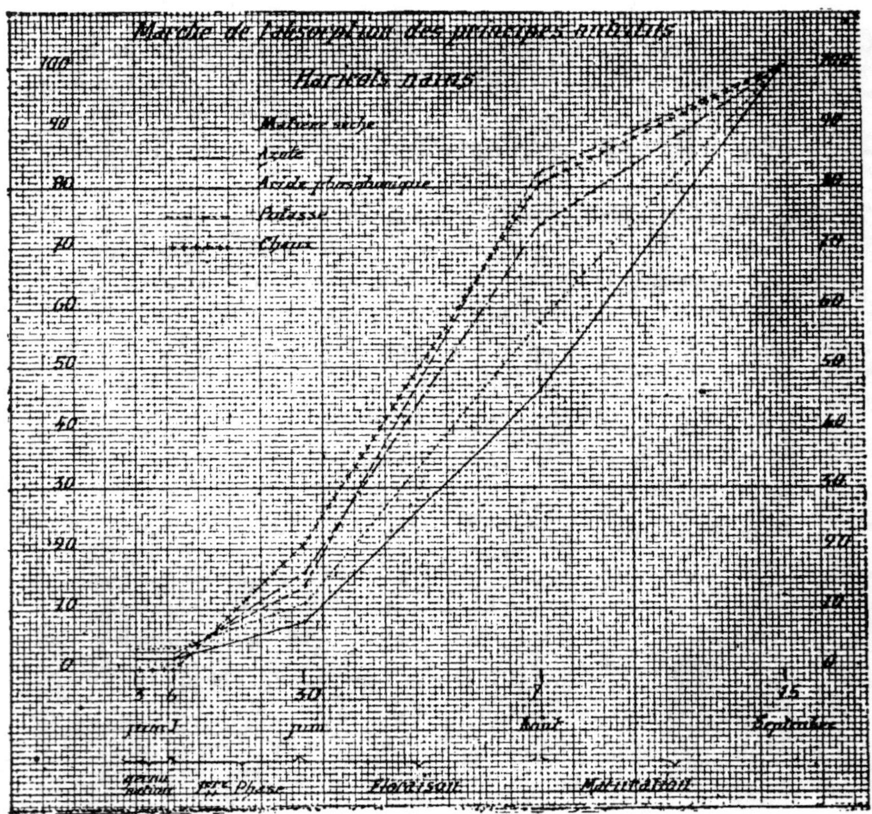

Fig. 25. — Marche de l'absorption des principes nutritifs.

dans l'espace de vingt et un jours, sur quatre-vingt-dix-huit que comprend la végétation totale. Les racines forment alors 24 p. 100 des parties aériennes et chaque gramme de racines sèches absorbe par jour moyen 11^{mgr},89 d'azote. Le travail radiculaire pour l'absorption de l'azote est par conséquent intense, tandis que les tubercules à bactéries sont loin d'avoir acquis leur développement maximum. Il semblerait donc, d'après ces observations, que le haricot devrait bien se trouver à cette époque d'un léger apport d'azote assimilable qui aurait pour effet de rendre plus rapide son premier développement.

L'absorption de l'acide phosphorique, de la potasse et de la chaux est encore plus active que celle de l'azote. Leurs courbes divergent davantage de celle de la matière sèche. La plante extrait alors du sol 10,73 p. 100 de l'acide phosphorique qui lui est nécessaire, 14,4 p. 100 de la potasse, et 20,4 p. 100 de la chaux. Il est donc évident que l'apport de superphosphate et d'engrais potassique sera très favorable au premier développement du haricot, non seulement parce que ses besoins sont relativement élevés, mais surtout parce que l'unité de racines a à produire un travail d'absorption assez considérable, et plus grand que dans les autres phases de la végétation. Le travail radiculaire est en effet pour l'acide phosphorique de $4^{mgr},92$, pour la potasse de $18^{mgr},42$, et pour la chaux de $21^{mgr},66$. En somme, il atteint $56^{mgr},89$, et il est bien supérieur à ce qu'il sera dans la phase suivante.

Pendant la floraison, l'activité de la plante est très grande. Pour 37,4 p. 100 de sa matière sèche totale qu'elle élabore, elle absorbe en trente-huit jours, en centièmes des quantités maxima :

Azote..................................... 46,39 p. 100.
Acide phosphorique........................ 68,33   —
Potasse................................... 57,85   —
Chaux..................................... 59,70   —

Si l'absorption de l'azote est élevée, il convient d'observer qu'elle coïncide avec le développement maximum des nodosités à bactéries fixatrices d'azote. On doit en conclure évidemment, et bien que la courbe de l'azote aille en divergeant toujours plus de celle de la matière sèche, que, si la plante a un grand besoin d'azote alors, il n'est cependant pas nécessaire d'en tenir compte dans la fumure à fournir au sol.

Il n'en est pas de même des autres éléments nutritifs. La plante est alors très avide d'acide phosphorique. La courbe de cet aliment se relève rapidement et dépasse bientôt celle de la potasse d'abord, puis celle de la chaux. Cette marche de l'absorption est une indication très nette de l'importance qu'il y a à ce que, pendant toute la phase de la floraison, la plante ait à sa disposition une provision suffisante d'acide phosphorique très assimilable, de superphosphate principalement. C'est cet engrais dont l'emploi devra produire l'effet le plus marqué sur la récolte, bien que la dose totale absorbée ne soit pas très considérable. On comprend très bien que, dans nos sols pauvres en acide phosphorique total et assimilable, tels que le limon de Beauce et l'argile à silex, l'apport de superphosphate est la condition dominante d'un bon rendement de haricots. Les sols de Lucé, qui sont riches en acide phosphorique assimilable, sont renommés pour la culture de cette légumineuse à graines.

L'absorption de la potasse continue à être élevée pendant la floraison et la direction de sa courbe par rapport à celle de la formation de la substance sèche est l'indice de l'utilité pour la plante qui nous occupe d'une riche provision de potasse assimilable et, par suite, de la nécessité des engrais potassiques. Il en est de même pour la chaux.

Le travail radiculaire moyen et journalier est moins élevé dans cette période que pendant la première, mais il est encore très grand, et sa considération ne fait que confirmer le besoin qu'a la plante de trouver dans le sol un sérieux approvisionnement de matières minérales facilement assimilables.

Pendant la période de maturation, l'absorption des principes nutritifs se poursuit, mais en se ralentissant d'une manière très sensible, ainsi que le travail radiculaire. Alors, pour une production de matière organique considérable encore, puisque la plante en élabore 53,9 p. 100 du maximum, elle n'absorbe plus que les quantités suivantes d'éléments nutritifs en centièmes des maxima :

Azote	42,40 p. 100.
Acide phosphorique	17,60 —
Potasse	25,92 —
Chaux	19,50 —

en trente-neuf jours.

Les racines continuant à se développer en valeur absolue, le travail radiculaire moyen par gramme tombe à $10^{mgr},17$, soit à moins du tiers de ce qu'il était pendant la floraison, et à moins du cinquième de ce que nous l'avons vu être durant la première période.

Si donc le besoin des éléments nutritifs se poursuit, il s'atténue fortement, et peut être satisfait par des engrais à action plus lente. Cela explique très bien le bon effet d'une dose moyenne de fumier de ferme très décomposé et dès lors riche en acide phosphorique et en potasse assimilable.

En résumé, pour obtenir une bonne récolte de haricots, il conviendrait de fournir au sol une fumure abondante constituée de superphosphate et de chlorure de potassium, et en outre d'une petite dose de fumier de ferme très décomposé. A défaut de fumier, on forcerait la fumure minérale, et cela d'autant plus qu'on aurait affaire à un sol plus pauvre, et l'on y ajouterait une petite dose de nitrate de soude, soit de 50 à 80 kilogrammes par hectare. En terre moyennement riche, il suffirait de 400 kilogrammes de superphosphate à 15 p. 100 et de 150 à 200 kilogrammes de chlorure de potassium, pour atteindre les plus hauts rendements compatibles avec la culture en plein champ.

Légumineuses des prairies artificielles.

TRÈFLE INCARNAT.

Une récolte de trèfle incarnat, atteignant 25 000 kilogrammes de fourrage vert par hectare, correspond à 6 200 kilogrammes de foin séché à l'air, contenant 5 270 kilogrammes de substance sèche. D'après nos recherches, une pareille récolte a besoin d'absorber pour se constituer, appareil radiculaire et souches compris, les quantités suivantes d'éléments nutritifs :

Azote	114 kil.
Acide phosphorique	37 —
Potasse	113 —
Chaux	111 —

Après l'azote, qui est absorbé en plus grande abondance, viennent la potasse et la chaux, presque sur le même rang. L'acide phosphorique est consommé en beaucoup moins grande quantité. Cependant nous savons que, dans le limon

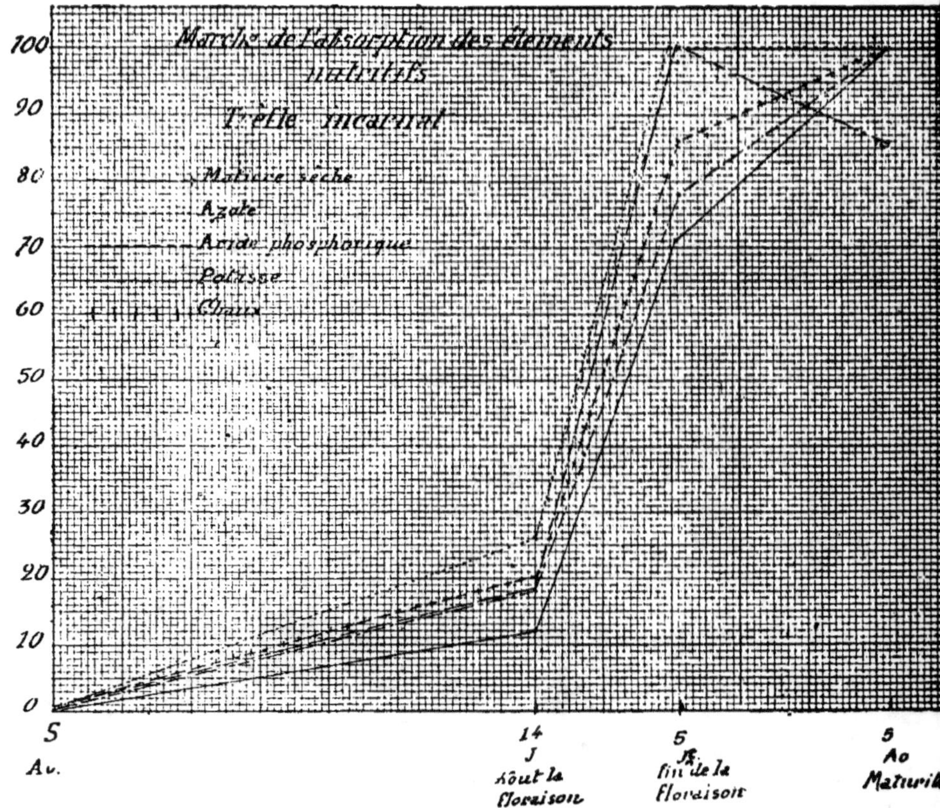

Fig. 26. — Marche de l'absorption des éléments nutritifs.

de Beauce, pauvre en acide phosphorique assimilable, cet élément de fertilité est celui qui joue le plus grand rôle dans l'augmentation des rendements.

La marche de l'absorption des éléments nutritifs relativement à la formation de la matière végétale (fig. 26), exprimée en centièmes des quantités maxima, est rapportée dans le tableau suivant :

	Avant la floraison. p. 100.	Après la floraison. p. 100.	Maturité. p. 100.
Matière sèche formée.......	12,38	70,76	100,00
Azote absorbé..............	25,97	99,64	100,00
Acide phosphorique....... .	19,27	77,65	100,00
Potasse....................	18,44	100,00	86,03
Chaux	20,63	86,21	100,00

Enfin, nous donnons ci-dessous le travail radiculaire correspondant à chaque période de végétation :

	Avant la floraison.	Pendant la floraison.	Maturation.
Durée de la période.......	70 jours.	21 jours.	31 jours.
	mgr.	mgr.	mgr.
Azote.....................	6,56	16,48	0,04
Acide phosphorique.......	1,57	4,23	0,85
Potasse...................	5,37	21,04	0,00
Chaux	5,10	14,36	1,58
Travail radiculaire total...	18,60	56,11	2,47

L'examen de la marche de l'absorption des éléments nutritifs, comparativement à celle de la formation de la substance
sèche, nous montre que, pendant la première période du développement qui précède la floraison, l'activité de la végétation
est lente. En soixante-dix jours, en effet, la plante n'a formé
que 12,38 p. 100 de sa matière sèche, et l'absorption des éléments
nutritifs, exprimée en centièmes des quantités maxima, a été
seulement de :

Azote...	25,95 p. 100.
Acide phosphorique..........	19,27 —
Potasse.............	18,44 —
Chaux	20,63 —

Si ces proportions ne sont pas considérables relativement
à la longueur de la période, il n'en est pas moins vrai qu'elles
sont très supérieures à celle de la matière végétale formée, et
cela implique la nécessité pour la plante de trouver dans le
sol une provision suffisante d'éléments nutritifs très assimilables.

La considération du travail d'absorption des racines ne
contredit pas cette conclusion. Bien que l'activité radiculaire,

rapportée au gramme de racines sèches, ne soit que le tiers de
ce que nous observons dans la période suivante, elle est en
valeur absolue très supérieure à celle du blé d'automne. Il est
bon d'observer toutefois que dans la culture normale du trèfle
incarnat la plante jouit d'un long espace de temps pour sa
première croissance et pour se préparer à la floraison, puisqu'on la sème à la fin d'août et qu'elle ne fleurit qu'avec le
mois de mai. Dans ces conditions, et dans les sols de richesse
moyenne, elle trouve facilement à s'alimenter, mais il n'en
est pas de même dans les sols pauvres, où l'apport sous forme
d'engrais facilement assimilables des éléments défaillants
s'impose.

C'est la courbe de l'azote qui diverge le plus de celle de la
matière sèche ; puis nous trouvons celles de la chaux et de
l'acide phosphorique. La potasse tient le dernier rang. En ce
qui concerne l'azote, il faut observer que, si les tubercules à
bactéries ne sont pas encore très abondants sur les racines, le
sol ameubli superficiellement pour faire le semis est dans de
bonnes conditions pour nitrifier, et par conséquent très apte à
fournir l'appoint nécessaire de cet élément nutritif.

Pendant la période de floraison, qui dure trois semaines,
l'activité végétative du trèfle incarnat est considérable ; plus
grande encore est l'activité de l'absorption des éléments nutritifs. Aussi voit-on les courbes se redresser vers la verticale.
Dans ce court espace de temps, la plante élabore 67,38 p. 100
de sa matière sèche. L'activité relative de la formation de la
matière végétale est plus de seize fois plus grande que pendant la première période.

L'absorption des éléments nutritifs est aussi très grande.
Exprimée en centièmes des maxima, elle atteint les proportions suivantes :

Azote	73,67 p. 100.
Acide phosphorique	58,38 —
Potasse	81,56 —
Chaux	65,58 —

A la fin de la floraison, la plante a absorbé tout l'azote dont
elle a besoin (99,64 p. 100). Comme on constate que pendant

cette courte période les tubercules radicaux ont pris leur plus grand développement, on est en droit d'admettre, bien que le travail radiculaire d'absorption de l'azote soit très élevé, qu'il n'y a pas à s'inquiéter de l'alimentation azotée du trèfle incarnat dans la question de sa fumure. Il n'en est pas de même des autres aliments minéraux : de la potasse dont l'absorption se termine avec la fin de la floraison, de la chaux et de l'acide phosphorique. Il est certain que les engrais phosphatés ou potassiques seraient d'un excellent effet dans les terres pauvres, même si on les sème seulement en couverture au printemps ; il est indubitable aussi que le trèfle incarnat ne saurait réussir dans les sols privés de calcaire.

C'est dans cette période que le travail radiculaire moyen atteint son maximum. Il est deux fois et demie plus fort pour l'azote, deux fois et deux tiers pour l'acide phosphorique, quatre fois pour la potasse, et près de trois fois pour la chaux. Il est donc très important de veiller à ce qu'au début de la floraison le sol soit bien pourvu d'acide phosphorique et de potasse très assimilables, et l'examen du travail des racines confirme ce que nous a appris la considération de la marche de l'absorption des éléments nutritifs.

A partir du commencement de la maturation, le trèfle incarnat, qui a encore 29 p. 100 de sa matière organique à former, n'absorbe plus d'azote ni de potasse. Il continue toutefois à puiser dans le sol de la chaux et de l'acide phosphorique. Il en absorbe dans les trente jours que dure la période, pour la première 13,8 p. 100, et pour le second 22,35 p. 100 ; le besoin d'acide phosphorique se poursuit donc jusqu'à la maturité.

En résumé, le trèfle incarnat exige pour bien végéter une terre calcaire franche, riche en potasse et en acide phosphorique. Si la terre manque de ces éléments, il faut y suppléer par le marnage et l'emploi du superphosphate ou du chlorure de potassium selon les cas. Dans une terre de richesse moyenne, il suffira d'employer 300 kilogrammes de superphosphate par hectare. On augmentera cette dose dans les sols pauvres en acide phosphorique avec beaucoup d'avantage. Il conviendra en outre d'employer des sels de potasse dès que la terre en renfermera moins que $0^{gr},25$ environ par kilogramme à l'état assimilable. La dose variera de 100 à 200 kilogrammes de chlorure de potassium par hectare, suivant la pauvreté du sol.

Pour préciser l'importance de l'action du superphosphate dans les sols pauvres sur le rendement du trèfle incarnat, nous donnons ci-dessous les résultats d'une expérience faite en 1886 par M. O. Benoist, à Gas. Dans un champ qui avait porté un blé, puis une avoine, il répandit 300 kilogrammes de superphosphate à l'hectare pour faire du trèfle incarnat, en gardant un témoin sans engrais. Il obtint :

	Fourrage vert.
Sans superphosphate......................	161 quintaux.
Avec superphosphate......................	360 —
Excédent	199 quintaux.

Ainsi, avec une dépense de 24 francs, on a obtenu 19 900 kilogrammes de fourrage vert. Les 1 000 kilogrammes d'excédent reviennent donc seulement à 1 fr. 21.

TRÈFLE VIOLET.

Une bonne récolte de trèfle violet peut atteindre 7 000 kilogrammes de foin sec à l'hectare, dans des conditions favorables. Ce rendement correspond à 5 950 kilogrammes de substance sèche.

D'après Boussingault, chaque quintal de matière sèche de trèfle a pour contre-partie dans le sol 83 kilogrammes de racines sèches, et les débris de toutes sortes laissés sur le champ par la fenaison atteignent 15 p. 100 du foin sec récolté.

On trouve en moyenne dans le foin réduit à l'état sec 2,66 d'azote, 0,58 d'acide phosphorique, 2,26 de potasse et 2,39 de chaux.

Nous avons trouvé dans la matière sèche des racines 2,126 d'azote, 0,24 d'acide phosphorique, 0,085 de potasse, et 0,924 de chaux.

Il en résulte que la production d'un quintal de foin desséché à 100° absorbe environ les quantités suivantes d'éléments nutritifs :

	Foin. kil.	Débris. kil.	Racines. kil.	Total. kil.
Azote	2,66	0,40	1,76	4,82
Acide phosphorique	0,58	0,09	0,20	0,77
Potasse	6,22	0,34	0,07	2,67
Chaux	2,39	0,36	0,77	3,52

La récolte que nous considérons absorbe donc en somme :

Azote	286 kil.
Acide phosphorique	46 —
Potasse	159 —
Chaux	209 —

En laissant de côté l'azote, qui est fourni en grande partie par l'air, nous voyons que le trèfle est surtout exigeant en chaux et en potasse. Il absorbe beaucoup plus de chaux et autant de potasse au moins qu'un excellent blé, mais il lui faut moins d'acide phosphorique. Dès que le sol où l'on cultive le trèfle ne présente pas une richesse moyenne en potasse assimilable, il convient de recourir au chlorure de potassium. Dans les terres d'Eure-et-Loir, généralement mal pourvues d'acide phosphorique assimilable, et peu calcaires, les super-phosphates produisent un effet très favorable.

Dans nos champs de démonstration, nous avons fait des trèfles sur de l'orge. Celle-ci avait reçu, en dehors des parcelles témoins, 400 kilogrammes de superphosphate à 15° dans les parcelles n° 2, et 400 kilogrammes de superphosphate avec 200 kilogrammes de nitrate dans les parcelles n° 3. Les essais ont été faits dans trois exploitations et ont donné les moyennes de rendements ci-après :

	Sans engrais.	Arrière-fumure.	
		Superphos.	Sup. et nitr.
Trèfle violet	3.904 kil.	5.528 kil.	5.764 kil.
Trèfle hybride	5.432 —	7.672 —	8.152 —
Anthyllide	7.508 —	8.400 —	8.263 —
Moyennes	5.621 kil.	7.200 kil.	7.393 kil.

L'action du superphosphate est donc très nette sur le rendement des trois trèfles considérés. L'excédent moyen de foin produit est de 1 579 kilogrammes. D'autre part, dans ces champs, où la verse ne s'est pas produite d'une façon trop intense, l'adjonction du nitrate n'a pas été nuisible à la récolte de trèfle subséquente, puisque les excédents sont partout un peu plus forts qu'avec le superphosphate seul : 1772 kilogrammes contre 1579.

Bien que l'acide phosphorique ne soit pas absorbé en très forte quantité par le trèfle, il joue cependant un rôle très important dans la production. Cela tient à ce que, pendant la première période de la végétation, il est absorbé avec une certaine avidité. Jusqu'à la floraison, en effet, d'après les recherches de Dietrich, rapportées par Liebscher, la courbe de l'acide phosphorique est supérieure à celle de la matière sèche et sa direction est légèrement divergente avec elle. Les courbes de la potasse et de la chaux sont encore au-dessus de celles de l'acide phosphorique, et cela pendant toute la

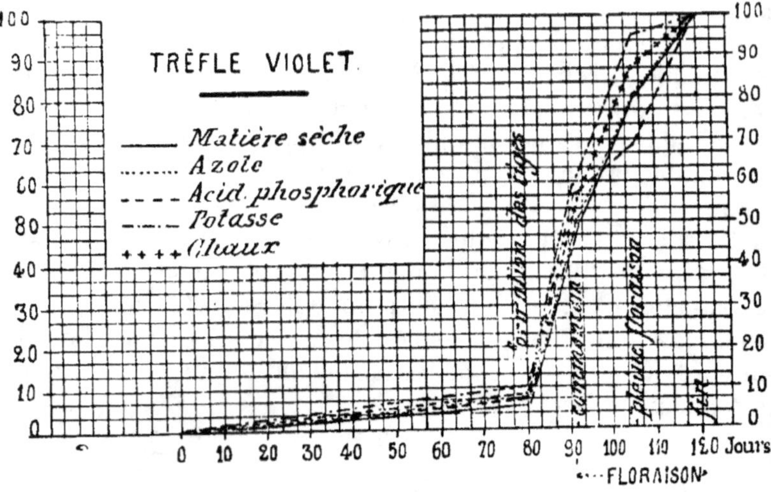

Fig. 27. — Marche de l'absorption des éléments nutritifs.

végétation ; tandis que celle de l'azote est sensiblement parallèle à celle de la matière sèche, sauf avant la formation des tiges, et cette observation nous explique pourquoi, dans les essais rapportés plus haut, le nitrate de soude employé à la fumure de l'orge dans laquelle on avait semé les trèfles a eu une influence plutôt favorable sur le rendement.

Le tableau suivant donne la marche de l'absorption des éléments nutritifs en centièmes des maxima, d'après la moyenne des données de Dietrich :

	Formation de la tige.	Commenc. de la floraison.	Pleine floraison.	Fin de la floraison.
Durée de la période.	80 jours.	12 jours.	13 jours.	15 jours.
	p. 100.	p. 100.	p. 100.	p. 100.
Matière organique...	5,4	48,2	80,0	100,00
Azote..............	7,8	49,9	79,9	100,00
Acide phosphorique..	7,7	56,5	67,7	100,00
Potasse............	9,5	58,3	92,8	100,00
Chaux.............	8,2	56,8	87,6	100,00

Nous conclurons de ce qui précède que, dans une terre de fertilité moyenne et suffisamment calcaire, il conviendra d'employer pour la fumure du trèfle violet et des plantes analogues une dose moyenne de superphosphate, soit environ 200 kilogrammes par hectare. Si le sol est pauvre en acide phosphorique, on augmentera la dose de superphosphate jusqu'à 400 kilogrammes.

D'un autre côté, dans les terres pauvres en potasse assimilable, on ajoutera, suivant le déficit de cette matière fertilisante, de 100 à 200 kilogrammes de chlorure de potassium.

LUZERNE.

Dans nos régions, la luzerne ne peut que rarement être conservée plus de trois ou quatre années. Les rendements sont variables suivant la nature des saisons. M. Joulie, qui a étudié cette culture dans les bonnes fermes de la Brie, a constaté la production suivante en matière sèche récoltée :

Première année....................................	5.000 kil.
Deuxième année.................................	7.250 —
Troisième année................................	5.488 —
Total des trois années.............	17.738 kil.

Le produit moyen annuel de matière sèche récoltée s'élève donc à 5912 kilogrammes, correspondant à 6955 kilogrammes de foin séché à l'air et retenant environ 15 p. 100 d'eau.

D'après la moyenne des analyses du même auteur, la matière sèche renferme :

Azote... 2,622
Acide phosphorique... 0,493
Potasse.. 1,878
Chaux.. 2,883

De sorte que, pendant les trois premières années de son existence, la luzerne tire du sol pour former le foin récolté :

	Azote.	Ac. phosph.	Potasse.	Chaux.
Première année...	131 kil.	25 kil.	94 kil.	144 kil.
Deuxième année ..	190 —	36 —	136 —	209 —
Troisième année ..	144 —	27 —	103 —	158 —
Total........	465 kil.	88 kil.	333 kil.	511 kil.

Par année moyenne de production, le foin récolté renferme donc 155 kilogrammes d'azote, 29^{kg},3 d'acide phosphorique, 111 kilogrammes de potasse et 170 kilogrammes de chaux. Par quintal de foin produit, il a été prélevé 2^{kg},228 d'azote, 0^{kg},418 d'acide phosphorique, 1^{kg},596 de potasse et 2^{kg},450 de chaux.

Mais la luzerne doit également trouver dans le sol les éléments nécessaires à la constitution de ses racines, ainsi que des chaumes et débris qui restent sur le sol après l'enlèvement du foin. Le poids des racines de luzerne est assez considérable. M. de Gasparin a recueilli sur 1 hectare de luzerne défrichée 37 002 kilogrammes de racines desséchées à l'air, renfermant 0,8 p. 100 d'azote. Cette luzernière avait produit, dans les huit ans de sa durée, 64 000 kilogrammes de foin. M. Heuzé a trouvé dans un défrichement de luzerne de cinq ans, ayant donné 30 000 kilogrammes de foin sec, 20 000 kilogrammes de racines à 1 p. 100 d'azote. Une production de 100 kilogrammes de foin correspond, d'après cela, à 35 ou 62 kilogrammes de racines.

Les autres débris laissés par le fanage ont été estimés à 25 p. 100 du foin récolté par Perrault de Jotemps, et à 10 p. 100 seulement par M. Heuzé, soit en moyenne à 18 p. 100. De sorte que nous pouvons admettre que la production totale de la luzernière est, par quintal de foin récolté, de :

```
Foin à 15 p. 100 d'eau..............................  100 kil.
Débris divers à 15 p. 100 d'eau..................   18 —
Racines à 58 p. 100 d'eau........................   62 —
```

Nous avons trouvé dans les racines de luzerne provenant d'un défrichement en Beauce 58,15 p. 100 d'eau. L'analyse de la matière sèche nous a donné d'autre part :

```
Azote...............................................  1,663
Acide phosphorique..............................  0,306
Chaux..............................................  1,329
Potasse............................................  0,134
```

D'après le taux d'azote on peut admettre que les racines récoltées par M. de Gasparin renfermaient environ 52 p. 100 d'eau et que celles récoltées par M. Heuzé en renfermaient 40 p. 100. Pour ce qui est des débris laissés sur le terrain par la fenaison, nous leur assignerons la même composition qu'au foin.

D'après ces données, nous pouvons admettre qu'à 100 kilogrammes de foin de luzerne récolté correspond une production de matière sèche de $12^{kg},6$ pour les débris aériens et de $33^{kg},5$ pour les racines. Cela posé, nous pouvons calculer la quantité de principes fertilisants prélevés par la luzerne : 1° par quintal de foin récolté; 2° pour la récolte moyenne préindiquée :

1° Pour cent de foin récolté.

	Foin. kil.	Débris. kil.	Racines. kil.	Total. kil.
Azote..........................	2,228	0,295	0,557	3,080
Acide phosphorique.......	0,418	0,083	0,103	0,604
Potasse.......................	1,596	0,230	0,045	1,871
Chaux.........................	2,450	0,396	0,445	3,291

2° Pour 6 955 kilogrammes de foin.

```
                                                      kil.
Azote.............................................  214,2
Acide phosphorique.........................   42,0
Potasse...........................................  130,1
Chaux.............................................  228,9
```

La luzerne se fait donc remarquer par sa grande consommation de chaux. Elle absorbe un peu moins de potasse qu'une belle récolte de froment et beaucoup moins d'acide phosphorique, si elle consomme plus d'azote. Mais ce dernier, nous le savons, a une origine différente, et nous n'avons guère à nous en inquiéter au point de vue pratique. Nous n'avons pas encore pu étudier chez cette plante la marche de l'absorption, ni le travail radiculaire. A défaut de ces données, nous allons nous baser sur nos expériences de culture pour juger de ses besoins d'engrais.

Au champ d'expériences de Cloches, dans un sol pauvre en acide phosphorique et en potasse assimilable, nous avons fait huit récoltes de luzerne, et obtenu en moyenne générale, avec les divers engrais, les excédents ci-après :

		q^x.
I.	Fumure mixte..	13,35
II.	Fumier seul (en tête d'assolement)	17,20
III.	Engrais complet au phosphate naturel......	10,40
IV.	Engrais complet au superphosphate........	15,25
VI.	Engrais sans potasse............................	11,80
VII.	Engrais complet (sans plâtre)...............	13,66
VIII.	Engrais sans acide phosphorique...........	— 0,50
IX.	Engrais sans azote..............................	15,30
Moyenne de IV et VII............................		14,45
Moyenne de IV, VII et IX.......................		14,73

Le graphique ci-contre fait ressortir à l'œil ces différences (fig. 28).

De ces expériences, il résulte :

1° Que l'excédent de récolte le plus élevé a été obtenu par l'emploi du fumier de ferme à la dose de 30 000 kilogrammes tous les trois ans, fumure appliquée aux racines, et agissant sur la luzerne par ses reliquats. Il est très important de noter ici que le fumier de Cloches est d'une richesse en acide phosphorique tout à fait remarquable, aussi bien qu'en potasse et en azote. Le fumier seul donne un excédent de $17^{qx},2$; l'engrais complet azoté, $14^{qx},45$; l'engrais minéral sans azote, de $15^{qx},30$. La légumineuse n'a pas manqué d'éléments minéraux dans la parcelle II, mais elle a eu en plus que dans les parcelles IV, VII et IX des substances humiques, substances qui sont si favorables au développement des légumineuses, comme l'a reconnu M. Dehérain.

2º Grâce à l'emploi d'une fumure minérale exclusive, on a obtenu un rendement égal, sinon supérieur, à celui fourni par l'engrais complet. L'azote ne semble donc pas devoir figurer dans la fumure de la luzerne.

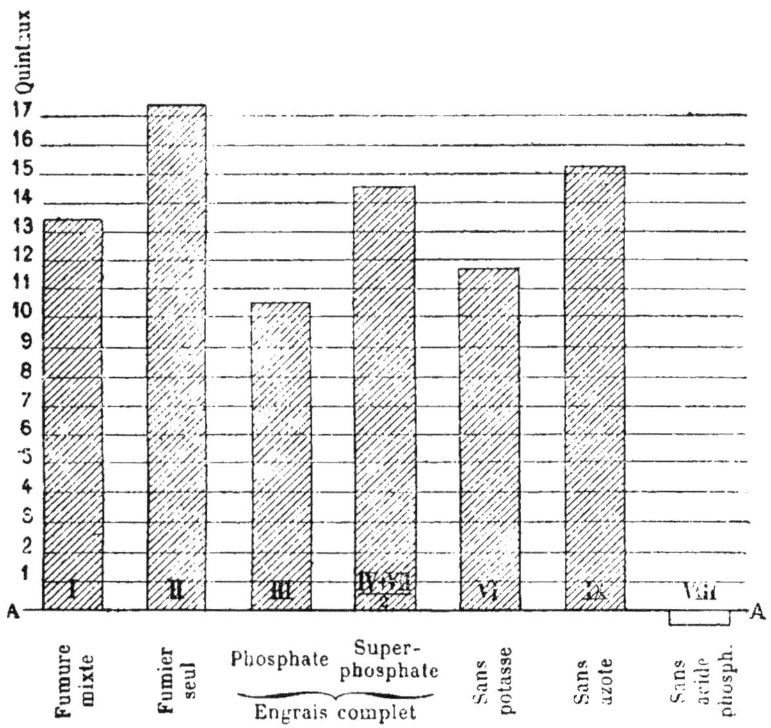

Fig. 28. — Action des engrais sur la luzerne.

3º L'acide phosphorique et la potasse, au contraire, sont, dans le sol de Cloches et les terres analogues, des éléments indispensables à la culture de la prairie artificielle. En supprimant la potasse, en effet, nous voyons l'excédent tomber de près de 3 quintaux, et en supprimant l'acide phosphorique, nous faisons disparaître toute augmentation de rendement.

4º Le phosphate minéral a une efficacité moins grande sur la prairie artificielle que le superphosphate. Le remplacement du dernier par le premier fait baisser l'excédent de récolte de 4^{q},3. Si l'on admet que l'action de l'acide phosphorique soluble à l'eau et au citrate soit égale à 100, celle de l'acide phosphorique insoluble n'est ici que de 70.

Au champ d'expériences de Bonneval, M. Singlas a pesé neuf récoltes de luzerne en quatre ans et a constaté les excédents suivants :

```
                                                            qx.
    II.   Fumier seul.........................................   6,4
    III.  Fumure mixte........................................   7,4
    IV.   Engrais complet.....................................  18,8
    V.    Engrais sans potasse................................   1,0
    VI.   Engrais sans azote .................................  12,6
    VII.  Engrais sans acide phosphorique.....................  12,9
```

Le sol du champ de Bonneval est pauvre en potasse et manque aussi dans toutes les parcelles, sauf le n° VII, d'acide phosphorique assimilable. Les parcelles II et III ont bénéficié des reliquats des fumures antérieures de fumier; III a reçu en outre une demi-fumure d'engrais complet. La parcelle IV a reçu 400 kilogrammes de superphosphate, 200 kilogrammes de chlorure de potassium et 100 kilogrammes de nitrate de soude. Dans les parcelles à engrais incomplets, les doses des éléments apportés étaient les mêmes que dans la parcelle IV.

Dans cette terre, l'effet de la potasse est remarquable. L'azote à petite dose ne semble pas avoir été inutile.

Nous pouvons conclure de ce qui précède que dans les sols pauvres en acide phosphorique et en potasse assimilables, comme les nôtres, la fumure de la luzerne doit être surtout potassique et phosphatée. Comme nous l'avons déjà vu pour la féverole et le haricot, un peu de nitrate de soude est aussi utile au début de la végétation; cependant nous ne croyons devoir recommander son emploi qu'en cas exceptionnel. En terre de fertilité moyenne, on répandra d'avance et par année de durée de la prairie :

200 kilogrammes de superphosphate à 14 p. 100 ;
100 kilogrammes de chlorure de potassium à 50 p. 100.

Dans les sols pauvres, il sera bon de répandre 300 kilogrammes de superphosphates ou de scories, et de 150 à

200 kilogrammes de chlorure. Pour une luzerne devant durer trois ans, ces quantités seront triplées. On enterrera au moment du semis la totalité de l'engrais phosphaté, avec un tiers de l'engrais potassique. Les deux autres tiers de ce dernier seront épandus en couverture au printemps de chacune des deux années suivantes.

SAINFOIN.

La consommation probable en éléments nutritifs par 100 kilogrammes de foin d'esparcette récoltés peut être estimée comme il suit :

	Foin. kil.	Débris. kil.	Racines. kil.	Total. kil.
Azote	2,00	0,30	0,55	2,85
Acide phosphorique	0,47	0,07	0,10	0,64
Potasse	2,40	0,27	0,04	2,71
Chaux	1,48	0,22	0,44	2,14

Pour une récolte de 5 000 kilogrammes de foin, par année moyenne, la plante absorbe donc environ :

Azote	143 kil.
Acide phosphorique	32 —
Potasse	135 —
Chaux	107 —

Les exigences du sainfoin sont donc un peu moins élevées que celles du trèfle et de la luzerne. C'est la potasse et la chaux qu'il consomme en plus grande quantité en laissant de côté l'azote. L'absorption de l'acide phosphorique est relativement peu élevée. Mais ce serait un tort de conclure que le sainfoin est peu sensible aux engrais phosphatés. En effet, à Gas, dans un sol assez pauvre en acide phosphorique total (0^{gr},5 par kilogramme), M. Ovide Benoist a semé du sainfoin dans une orge avec 300 kilogrammes de superphosphate à 14 p. 100 à l'hectare comme seule fumure. L'année suivante il obtint les rendements suivants en foin sec par hectare :

Sans superphosphate	36 quintaux.
Avec superphosphate	51 —
Excédent	15 quintaux.

On devra donc donner à cette plante fourragère une fumure de 200 kilogrammes environ de superphosphate à l'hectare, dans les sols de fertilité moyenne, que l'on portera de 300 à 400 kilogrammes dans les sols pauvres en acide phosphorique. On n'hésitera pas à répandre du chlorure de potassium à la dose de 100 à 200 kilogrammes dans les sols dosant moins de 0^{gr},20 de potasse assimilable. Si enfin on voit la récolte baisser, on répandra en couverture une nouvelle dose d'engrais pour la troisième récolte.

XI. — FUMURE DES PRAIRIES NATURELLES.

Le rendement en foin et en regain des prairies naturelles est extrêmement variable. D'après la statistique décennale de 1882, les prés irrigués produisent par hectare 37^{qx},20 et les prés non irrigués seulement 31^{qx},25. Mais le cultivateur progressiste ne saurait borner ses visées à une production aussi faible. Avec une bonne organisation des prairies, en ne négligeant ni les irrigations partout où l'eau est disponible, ni dans tous les cas les engrais, il ne doit pas exiger de ses prairies moins de 50 à 70 quintaux de rendement. Pour l'estimation des apports d'engrais à faire, c'est sur le rendement le plus élevé qu'on puisse raisonnablement atteindre qu'il faut se baser. Nous nous arrêterons donc à une production de 70 quintaux de foin sec à l'hectare.

Dans le quintal de foin moyen récolté, renfermant encore 15 p. 100 d'eau, on trouve :

	kil.
Azote	1,86
Acide phosphorique	0,50
Potasse	2,21
Chaux	1,24

La récolte de foin enlève donc annuellement à la prairie :

Azote	130 kil.
Acide phosphorique	35 —
Potasse	155 —
Chaux	87 —

Ce sont là des estimations inférieures à la réalité, car il faut y ajouter les éléments qui font partie des déchets tombés sur le sol pendant la fenaison, des chaumes et des racines. Ces quantités-ci restent évidemment dans le sol, et par leur décomposition peuvent servir dans l'avenir à l'alimentation de la prairie. L'inconvénient qu'il y a à les négliger est beaucoup moindre que lorsqu'il s'agit d'une culture annuelle ou de peu de durée.

La production d'une abondante récolte de foin de pré exige donc à peu près autant d'azote, de potasse et de chaux qu'une belle récolte de blé ; il lui faut, par contre, moitié moins d'acide phosphorique.

L'action des engrais sur les prairies est le plus souvent remarquable, comme cela ressort des belles études de MM. Lawes et Gilbert. Ces éminents agronomes ont étudié à Rothamsted, d'une manière suivie, l'action des divers engrais sur les prairies permanentes. Ils ont non seulement recherché l'influence de la fumure sur le rendement en poids, mais aussi celle qu'exerce la nature des principes fertilisants sur le développement des diverses espèces de plantes qui composent le gazon des prairies. Nous allons chercher à résumer ici leurs principales conclusions :

Nature de l'engrais.	Rendement moyen de 18 ans. q^x.
a. Sans engrais	27,46
b. 439 kilogrammes de superphosphate	29,19
c. 439 kilogrammes de superphosphate et 448 kilogrammes de sels ammoniacaux	44,09
d. 448 kilogrammes de sels ammoniacaux	34,52
e. 336 kilogrammes de sulfate de potasse 112 kilogrammes de sulfate de soude 112 kilogrammes de sulfate de magnésie 439 kilogrammes de superphosphate	44,57
f. Comme *e*, plus 448 kilogrammes de sels ammon.	65,54
g. Comme *e*, plus 616 kilogrammes de nitrate	72,03
h. 616 kilogrammes de nitrate seul	45,56
k. Comme *e*, plus 308 kilogrammes de nitrate	59,79
l. 308 kilogrammes de nitrate seul	43,62
m. 35 000 kilogrammes de fumier pendant sept ans..	53,52
n. 35 000 kilogrammes de fumier, plus 224 kilogrammes de sels ammoniacaux	61,28

Du tableau précédent, nous tirons les enseignements suivants :

1° Les superphosphates employés seuls ne donnent qu'un faible excédent de récolte : 29,19 — 27,46 = 1,73 (a et b) ;

2° Les sels ammoniacaux seuls donnent un accroissement notable : 7^{qx},06 (a et d), ainsi que le nitrate de soude : 17^{qx},1 (a et h) ;

3° Le mélange de superphosphates et de sels ammoniacaux donne une forte augmentation de produit sur le sol sans engrais, et même sur le sol avec sels ammoniacaux seuls. L'excédent de récolte sur le sol sans engrais est de 16^{qx},63 (a et c), soit de 9^{qx},57 de plus que n'a donné l'ammoniaque seule (c et d) ;

4° Le mélange d'engrais minéraux seuls (e), renfermant de l'acide phosphorique, de la potasse, de la magnésie, sans azote, a donné un fort excédent : 17^{qx},11 ;

5° Les excédents les plus considérables ont été obtenus avec l'engrais minéral (e) additionné d'azote soluble :

	Excédents.
	qx
Engrais minéral et azote ammoniacal.............	37,98
Engrais minéral et azote nitrique................	44,57

6° L'influence heureuse de la potasse sur le rendement ressort clairement de la comparaison des lots (c) et (f). L'excédent de la récolte de la parcelle qui a reçu de la potasse sur l'autre est de 20^{qx},35 ;

7° Le fumier de ferme, appliqué d'une manière continue, porte le rendement à un niveau élevé ; mais moins, cependant, que l'engrais de commerce complet. Mais il y a des modifications profondes apportées dans la nature de l'herbe de la prairie par la nature de l'engrais ;

8° L'herbe de la parcelle sans engrais renferme pour 100 :

74 de graminées ;

7 de légumineuses ;

19 de diverses.

Les fétuques et les avoines prédominent. La récolte est

homogène, mais courte, peu fournie en tiges, verte et tardive pour l'époque du fauchage ;

9° L'engrais minéral mixte (e) n'augmente pas sensiblement le nombre des graminées ; il diminue leur rendement et celui des espèces accessoires ; *mais il accroît le produit total à l'hectare et la proportion des légumineuses.* Aucune graminée ne prédomine. La tendance au développement de la tige et de la graine, ainsi que la précocité, sont beaucoup plus marquées que sur les parcelles sans engrais ;

10° *Les sels ammoniacaux seuls forcent la proportion et le nombre des graminées, à l'exclusion presque complète des légumineuses*, et au détriment des autres plantes, dont quelques-unes, cependant, comme le rumex, le cumin, l'achillée, prennent un grand développement. Les graminées conservent entre elles les mêmes rapports que dans les parcelles sans engrais, sauf que la fétuque dure et que l'agrostis dominent. Les feuilles du pied se développent et la maturité est retardée ;

11° Le nitrate de soude seul exerce la même action que les sels ammoniacaux ; mais il favorise le vulpin des prés. L'herbe est plus pourvue en feuilles qu'en tiges ; elle est d'un vert foncé et peu mûre. Les légumineuses y sont peut-être un peu plus abondantes, et certaines espèces nuisibles, le plantain, la centaurée, l'achillée, la renoncule, le pissenlit, sont luxuriantes ;

12° La fumure avec les engrais minéraux additionnés d'engrais azotés assure le plus fort rendement, de même que la plus forte proportion de graminées pour un nombre restreint d'espèces. Les légumineuses et les autres plantes ont pour ainsi dire disparu. La récolte est luxuriante, riche en tiges et en feuilles, plus proche de la maturité qu'avec les engrais azotés seuls. Les plantes dominantes sont les plus volumineuses ; en première ligne, le dactyle pelotonné et le paturin commun ; en deuxième ligne, les avoines, l'agrostis, l'ivraie et la houlque laineuse. Parmi les graminées proscrites, il faut citer les fétuques, le fromental, le vulpin et le brome.

13° Le fumier développe activement quelques plantes nuisibles, l'oseille, la renoncule, le cumin, etc., et sacrifie les légumineuses. Il favorise le paturin et le brome aux dépens des fétuques, des avoines, de l'agrostis, de l'ivraie et du fromental. La récolte volumineuse a une composition simple très fournie en feuilles et en tiges; elle laisse beaucoup à désirer comme finesse et homogénéité;

14° Les engrais azotés seuls ou en mélange, quoique l'on tienne compte de l'action moins marquée du nitrate, excluent les légumineuses, tandis que l'engrais minéral, contenant de la potasse et de l'acide phosphorique, favorise beaucoup les plantes de cette famille;

15° Quels que soient les engrais employés, le nombre des espèces végétales est réduit, et le développement des plantes nuisibles, sauf quelques exceptions avec le fumier et les engrais azotés, est empêché;

16° La valeur nutritive des fourrages obtenus sur les diverses parcelles, sous l'influence des différents engrais, ressort du tableau suivant, qui indique le taux pour 100 de foin sec de la protéine brute :

Sans engrais	8,82	p. 100.
Sels ammoniacaux seuls	10,39	—
Engrais minéral	8,82	—
Engrais minéral et sels ammoniacaux	10,77	—
Fumier et sels ammoniacaux	8,00	—
Fumier seul	7,43	—

17° Si nous comparons la valeur nutritive pour 100 avec le rendement à l'hectare, nous avons les chiffres suivants, qui donnent le produit à l'hectare en matière azotée nutritive :

Sans engrais	242	kil.
Sels ammoniacaux seuls	359	—
Engrais minéral	365	—
Engrais minéral et sels ammoniacaux	705	—
Fumier et sels ammoniacaux	490	—
Fumier seul	398	—

C'est donc l'engrais complet (*f*) qui a donné à l'hectare la plus grande quantité de matière nutritive.

Passons, maintenant, aux conclusions pratiques principales à tirer de ce qui précède, après avoir rappelé qu'aucun moyen d'accroître temporairement la fertilité des prairies ne doit faire omettre les ressources permanentes que présentent les

amendements calcaires (chaulage et marnage), le drainage
et les irrigations.

Comme engrais, on ne saurait recommander l'emploi exclusif des os que dans certaines prairies appauvries.

Les plantes fourragères épuisent les alcalis du sol ; et, à
cause du prix généralement élevé des sels de potasse, on ne
peut que rarement les restituer avec économie par les engrais
commerciaux. Sous ce rapport, le fumier, l'engrais humain,
ont l'avantage de permettre de rendre au sol, en même temps
que la potasse et les autres éléments minéraux, des quantités
plus ou moins fortes d'azote assimilable.

Le guano du Pérou constituerait un des meilleurs engrais
pour les prairies, parce qu'il apporte des phosphates et de
l'azote, tandis que les sels ammoniacaux et les nitrates ne
fournissent que de l'azote seul. Mais il est vendu beaucoup
trop cher et sans garantie de titre, ce qui doit le faire exclure
absolument de la pratique. Un mélange par parties égales de
sulfate d'ammoniaque et de nitrate de soude additionnés de
superphosphate est plus économique.

C'est en somme le fumier de ferme qui assure la restitution
la plus complète des éléments enlevés au sol par les récoltes
de foin. Il est vrai que son action est plus lente que celle des
autres engrais, mais elle est de plus longue durée, et finalement l'utilisation de l'azote est aussi considérable. De plus,
l'herbage est plus fourni en espèces et le foin est supérieur, en
général, dans les conditions de l'emploi économique des
engrais. On fumera, par exemple, tous les quatre ou cinq
ans avec du fumier de ferme, et dans les intervalles on emploiera un mélange d'engrais de commerce appropriés : nitrate
de soude et sulfate d'ammoniaque avec superphosphate. La
production sera ainsi très sensiblement augmentée, en même
temps que la qualité botanique de l'herbe sera sauvegardée.
L'emploi des engrais phosphatés accroîtra la précocité.

Il résulte enfin des expériences de MM. Lawes et Gilbert,
comme nous l'avons montré dans l'*Introduction*, que par
l'emploi des engrais, et notamment du nitrate de soude, on
atténue dans une proportion considérable les mauvais effets
de la sécheresse sur les prairies.

En ce qui concerne les quantités de chaque matière fertilisante à employer, nous conseillons, dans les sols de bonne fertilité moyenne, 250 à 300 kilogrammes de nitrate de soude, 200 à 300 kilogrammes de scories de déphosphoration et 100 kilogrammes de chlorure de potassium par hectare. Si le sol est acide, il conviendra d'abord de le chauler à dose moyenne. Dans les prés riches en azote, comme c'est la règle générale, grâce au chaulage et aux scories de déphosphoration judicieusement appliquées, on pourra diminuer et même supprimer complètement le nitrate de soude : c'est principalement le cas des prairies tourbeuses. Dans celles-ci la potasse fait presque toujours défaut en même temps que l'acide phosphorique. On y répandra donc de 150 à 250 kilogrammes de chlorure de potassium et 400 à 500 kilogrammes de scories.

Pour ce qui est des *herbages* et des *pâturages*, les quantités de matières fertilisantes enlevées au sol et qui ne sont pas restituées par les déjections des animaux sont assez difficiles à évaluer.

Dans les herbages pâturés par des animaux adultes à l'engrais, il y aurait environ, d'après M. Joulie, 60 à 100 kilogrammes d'azote enlevés par hectare ; les autres matières minérales seraient intégralement restituées par les déjections. L'entretien de la fertilité du sol n'exigerait donc aucun apport d'engrais phosphaté ni potassique, dans les sols de fertilité moyenne. Quant à l'azote, il serait largement rendu, par suite de son absorption dans l'atmosphère par les légumineuses. Toutefois, pour assurer l'utilisation convenable du stock de cet élément, entretenu par ce mécanisme, il serait nécessaire de favoriser la nitrification par des chaulages et des hersages. Mais si l'herbage pâturé est pauvre en acide phosphorique et en potasse, il conviendra d'y apporter ces principes fertilisants en raison de leur déficit dans le sol. On répandra des scories et du chlorure de potassium pour améliorer à la fois la quantité et la qualité de l'herbe.

Dans les herbages pâturés par des vaches à lait, les prélèvements en azote ne sont pas inférieurs, mais les autres principes fertilisants minéraux ne sont pas restitués intégralement. L'herbage perd de l'acide phosphorique et de la potasse, mais en petite quantité, et il suffira d'y veiller dans les sols pauvres, par un apport modéré, comme dans le cas précédent, de scories et de sels potassiques.

Enfin, dans les herbages garnis d'animaux d'élevage, les pertes du sol en éléments fertilisants sont beaucoup plus élevées. Elles dépassent 100 kilogrammes pour l'azote, autant pour la potasse, et atteignent 25 à 30 kilogrammes pour l'acide phosphorique. On devra donc les traiter à peu près comme les prairies fauchées, et, dans ce cas, on sera sûr d'amener leur amélioration en même temps que celle du jeune bétail.

XII. — FUMURE DES PLANTES TEXTILES ET OLÉAGINEUSES.

LIN.

Une récolte de lin de Riga, donnant par hectare 8 330 kilogrammes de matière sèche totale, tant dans les parties

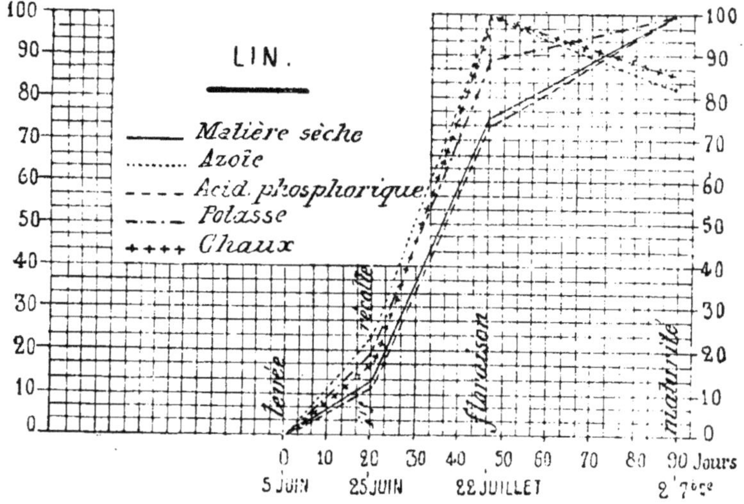

Fig. 29. — Marche de l'absorption des éléments nutritifs.

aériennes que souterraines, enlève au sol, d'après nos recherches :

Azote.. 180 kil.
Acide phosphorique............................... 103 —
Potasse... 128 —
Chaux........... .... 153 —

Le lin est donc une plante qui exige plus d'azote, d'acide phosphorique et de chaux, et un peu moins de potasse, qu'une belle récolte de froment.

L'examen de la marche de l'absorption des éléments nutritifs (fig. 29) et l'étude du travail radiculaire compléteront ce premier aperçu. Nous donnons ci-dessous les résultats de nos expériences à ce sujet :

1° *Marche de l'absorption des éléments nutritifs en centièmes des maxima.*

Semis le 27 mai.	I. 25 juin.	II. 22 juillet. Floraison.	III. 2 septembre. Maturité.
	p. 100.	p. 100.	p. 100.
Matière sèche formée.........	13,50	74,97	100,00
Azote absorbé...............	23,36	100,00	82,83
Acide phosphorique absorbé..	11,72	72,57	100,00
Chaux absorbée.............	17,66	100,00	85,04
Potasse absorbée	19,12	87,58	100,00

2° *Travail radiculaire moyen.*

	De la levée au 25 juin.	Du 25 juin au 22 juillet.	Du 22 juillet au 2 sept.
Durée de la période......	20 jours.	27 jours.	42 jours.
	mgr.	mgr.	mgr.
Azote....................	12,17	11,88	0,00
Acide phosphorique......	3,40	5,26	1,15
Chaux..................	7,80	10,82	0,00
Potasse.........	7,08	7,54	0,66
Total.........	30,45	35,50	1,81

Il saute aux yeux que c'est dans le mois qui précède la floraison que le lin a le plus grand besoin d'éléments nutritifs. Il absorbe dans ce court espace de temps 77 p. 100 de son azote total, 61 p. 100 de son acide phosphorique, 83 p. 100 de sa chaux, et 68 p. 100 de sa potasse, pour former seulement 71 p. 100 de sa substance sèche.

Le travail radiculaire atteint à ce moment son maximum, et ce dernier est relativement très élevé.

Pendant le mois suivant, qui précède la maturité, la plante ne forme plus que 25 p. 100 de sa matière sèche, en employant 27 p. 100 de son acide phosphorique et 12 p. 100 de sa potasse. Il se fait alors surtout un travail d'organisation. Le travail radiculaire tombe à 1/19 de ce qu'il était dans la période précédente.

Il faut donc que le lin soit placé dans des conditions de sol telles que l'absorption des éléments nutritifs puisse être très rapide, car c'est une plante très exigeante, à cause de sa courte période d'absorption et de l'abondance des matériaux qu'elle extrait du sol. On est largement confirmé dans cette opinion lorsque l'on considère le développement relatif des racines, qui ne dépasse pas 9 p. 100 des parties aériennes, au moment de la floraison.

Au point de vue de l'application, nous pouvons conclure de ce qui précède que l'engrais destiné au lin doit être constitué par des éléments très assimilables. D'après la marche de l'absorption, on reconnaît que jusqu'à la floraison c'est le besoin d'azote qui est le plus énergique ; vient ensuite le besoin de la chaux, puis de la potasse ; quant à la consommation de l'acide phosphorique, elle se fait d'une manière assez régulière pendant tout le cours de la végétation.

Mais pour cette culture il faut non seulement tenir compte du développement général de la plante, mais encore et surtout de la production de la filasse, qui est le but principal que l'on poursuit, et aussi de sa qualité. Il convient également de prendre en considération le rendement en graine. Pour éclairer ce point, nous ne pouvons mieux faire que de rapporter les conclusions tirées par M. Léon Lacroix d'expériences poursuivies pendant plusieurs années, et qui ont toujours donné des résultats concordants :

« 1° Les engrais phosphatés et potassiques sont nécessaires et augmentent considérablement la récolte en filasse et en graine.

« 2° Les engrais azotés augmentent considérablement le

poids brut de la récolte, sans que la filasse augmente proportionnellement.

« 3° La filasse obtenue par les engrais potassiques et phosphatés est de belle et fine qualité, tandis que celle produite par les engrais azotés est grossière et de qualité très inférieure. »

A l'appui de ces conclusions, nous extrayons du tableau général des résultats numériques des expériences de M. Léon Lacroix les chiffres suivants :

	Récolte rouie sèche.	Filasse.	Graine.
Sans engrais................	2.000 kil.	460 kil.	450 kil.
400 kilogrammes de chlorure de potassium	3.600 —	720 —	550 —
Phosphate d'os (800 kilogr.)..	3.200 —	740 —	550 —
Nitrate de soude (600 kilogr.).	4.000 —	700 —	550 —
Nitrate de soude, chlorure et phosphate................	4.000 —	720 —	625 —

Nous pourrions multiplier les chiffres, mais ceux-ci, qui sont d'accord avec tous les autres, nous paraissent suffisants pour la justification des propositions émises.

Le même auteur donne les conseils pratiques suivants : « Généralement on fume la récolte précédant celle du lin ; c'est une bonne pratique ; autant que possible cette récolte doit être une récolte de céréales, de préférence d'avoine, qui épuise plus fortement le sol. Les engrais employés doivent être à base de potasse et d'acide phosphorique ; les quantités dépendent de l'état présumé de fertilité du sol. Faut-il proscrire les engrais azotés ? Non, mais pas trop n'en faut. Il faut donner un peu d'azote rapidement assimilable (nitrate) ; c'est le coup de fouet qui doit faire lever et pousser rapidement le lin dans la première phase de son développement, mais il ne faut pas en abuser et pousser trop le lin à la végétation herbacée ; c'est la filasse qui seule a de la valeur, c'est la filasse qu'il faut donc produire ; la potasse et l'acide phosphorique sont les matières nécessaires à cette production ; il convient donc d'en ajouter dans les limites que l'expérience seule peut indiquer. »

En ce qui concerne le mode d'emploi des engrais, il faut se

souvenir que le lin a une racine pivotante qui pénètre profondément dans le sol. Il conviendra donc que les engrais soient enfouis à une profondeur suffisante. Les fumiers seront toujours enterrés par un bon labour avant l'hiver, en même temps que les superphosphates et les sels de potasse. On réservera pour le printemps les engrais azotés complémentaires. Les doses à employer sont très variables suivant la richesse du sol et les récoltes précédentes.

Dans les terres de fertilité moyenne, après avoine et sans fumier, on emploiera de 75 à 100 kilogrammes d'azote, 60 kilogrammes de potasse et 50 kilogrammes d'acide phosphorique. On augmentera la dose de potasse et d'acide phosphorique dans les sols pauvres; quant à l'azote, nous n'en parlons pas, car il ne saurait être question de cultiver le lin dans des sols pauvres en cette substance.

On donnera l'azote partiellement sous forme de tourteaux de colza ou d'autre graine oléagineuse, qu'on enterrera dès le premier printemps; et de nitrate de soude, mélangé par parties égales avec du sulfate d'ammoniaque. La potasse sera donnée sous forme de sulfate ou de cendres de bois; et l'acide phosphorique sous forme de superphosphate.

CHANVRE.

En prenant pour base une récolte comptant trois cents plants par mètre carré, nous avons trouvé que la récolte totale, racines comprises, d'un hectare de chanvre, renferme les quantités d'éléments nutritifs ci-après :

Azote..	114 kil.
Acide phosphorique.................................	95 —
Potasse...	148 —
Chaux...	345 —

Le chanvre doit donc trouver dans le sol beaucoup plus de chaux, plus d'acide phosphorique, et autant de potasse et d'azote qu'une très belle récolte de blé. Sa végétation étant plus rapide, on en déduit qu'il lui faut un terrain plus riche.

Nous avons, d'un autre côté, déterminé la marche de l'absorption des éléments nutritifs et la marche du travail radiculaire. Les tableaux suivants reproduisent nos résultats :

1° Marche de l'absorption des éléments nutritifs en centièmes des maxima.

	59e jour de la levée.	Floraison. 100e jour.	Maturité. 149e jour.
Matière sèche formée.........	66,13	100,00	93,65
Azote absorbé...............	100,00	91,03	84,69
Acide phosphorique absorbé..	48,26	100,00	91,48
Potasse absorbée.............	100,00	88,20	55,48
Chaux absorbée..............	70,43	100,00	73,04

2° Travail radiculaire moyen.

	De la levée au 59e j. mgr.	Du 59e au 100e j. Floraison. mgr.	Du 100e au 149e j. Maturité. mgr.
Azote.........................	2,14	0,00	0,00
Acide phosphorique...........	0,86	0,61	0,00
Potasse.......................	2,78	0,00	0,00
Chaux........................	4,57	1,29	0,00
Total	10,35	1,90	0,00

L'examen de la courbe de l'absorption (fig. 30) nous montre que le chanvre est très avide d'azote, de potasse et de chaux dans les deux premiers mois de sa végétation. Il assimile dans cette courte période tout ce qui lui est nécessaire en azote et en potasse. L'absorption de l'acide phosphorique et de la chaux continue jusqu'à la floraison. Le calcul du travail radiculaire corrobore cette déduction. Pendant les deux premiers mois, l'unité de racines a à exécuter un travail d'absorption journalier cinq fois plus grand au moins que pendant la période suivante. C'est la preuve évidente qu'il faut au chanvre un sol largement pourvu d'éléments très assimilables dès le départ de la végétation.

Dans un sol de fertilité moyenne, il conviendra donc de donner comme fumure 300 à 400 kilogrammes de superphosphate à 15 p. 100, 250 à 350 kilogrammes de nitrate de soude et 150 kilogrammes de chlorure de potassium.

Mais il sera le plus souvent avantageux d'employer une

fumure mixte. On enterrera avant l'hiver 20 000 kilogrammes de fumier de ferme bien décomposé, et avant le semis on ajoutera la moitié des doses des engrais préindiqués.

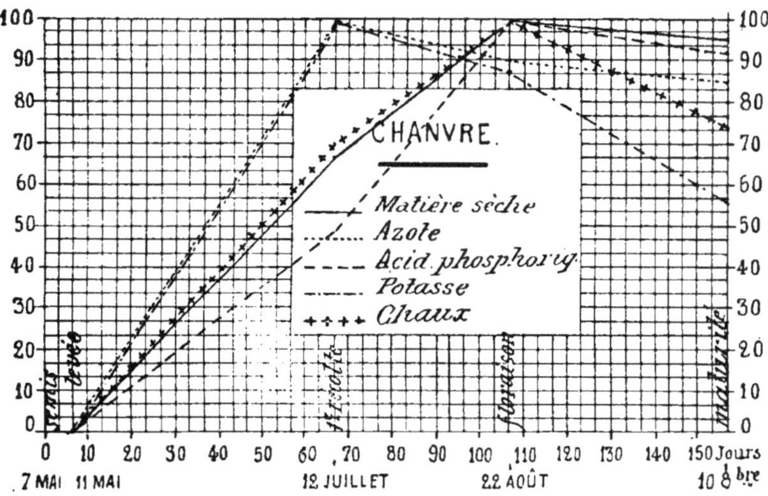

Fig, 30. — Marche de l'absorption des éléments nutritifs.

Dans les sols pauvres en acide phosphorique et en potasse, on augmentera la quantité de ces éléments fertilisants en raison de leur pauvreté. On ira jusqu'à 600 kilogrammes de superphosphate et 300 kilogrammes de chlorure de potassium par hectare.

PAVOT. — ŒILLETTE.

Le pavot donne en moyenne un rendement de 1 500 kilogrammes de graine avec 3 300 kilogrammes de paille à l'hectare. Dans ces conditions, la plante a dû prélever sur les provisions alimentaires du sol au minimum :

Azote	65 kil.
Acide phosphorique	37 —
Potasse	78 —

Malgré l'assez grande quantité de potasse que nous consta-

27.

tons ici, il ne nous paraît pas nécessaire d'introduire cet élément dans la fumure des terres bien cultivées, sauf dans les cas exceptionnels où cette base manque dans le sol et dans le sous-sol. En effet, notre savant collègue d'Arras, M. Pagnoul, a reconnu par l'expérience que la suppression de cet élément n'a pas une influence sensible sur le rendement.

Mais l'acide phosphorique et l'azote jouent un rôle très marqué dans la production de l'œillette. Il résulte des expériences de M. Pagnoul qu'il faut fournir à cette plante de fortes doses de superphosphate, et qu'elle réclame beaucoup d'azote, surtout dans la dernière période de sa croissance. Il convient de ne donner à cette culture qu'une portion de l'azote qui lui est nécessaire, sous forme de nitrate de soude de préférence, au moment du semis, pour satisfaire à son premier développement, et de donner tout le reste sous forme de tourteaux, de sang desséché, ou de corne torréfiée, pour que le végétal trouve à sa disposition, à la fin de sa végétation, la forte dose d'azote qui lui est indispensable.

La constitution de l'engrais qui convient le mieux à l'œillette nous paraît, d'après les considérations qui précèdent, être voisine de la suivante :

Azote nitrique .... 20 kil.
Azote organique .... 25 —
Acide phosphorique .... 60 —

que l'on réalise par l'emploi de :

Nitrate de soude.. 133 kil.
Sang desséché ou corne.................................... 200 —
Superphosphate.. 400 —

COLZA.

Un colza planté en lignes espacées de 50 centimètres les unes des autres, avec un écartement de 40 centimètres entre les plants sur la ligne, compte 50 000 pieds à l'hectare, et nous a produit :

	Colza nain de Hambourg.	Colza ordinaire.	Moyenne.
Paille, siliques, grosses racines	8.114 kil.	10.120 kil.	9.117 kil.
Grains	2.399 —	2.592 —	2.496 —
Total	10.513 kil.	12.712 kil.	11.613 kil.
Grain en hectolitres de 70 kilogrammes	34,25	37,0	35,6

D'après les analyses que nous avons faites des plants au repiquage, au commencement et à la fin de la floraison, et enfin à la maturité, ces récoltes ont prélevé dans le sol les quantités suivantes d'éléments nutritifs :

	HAMBOURG.	ORDINAIRE.	MOYENNE.
	kg.	kg.	kg.
Azote	171,75	191,33	181
Acide phosphorique	52,80	59,66	56
Chaux	120,90	209,00	165
Potasse	92,32	158,35	125

Le colza est donc plus exigeant en azote et en chaux que le froment, un peu moins en potasse, et sensiblement moins en acide phosphorique.

La marche de l'absorption des principes nutritifs en centièmes des maxima est donnée dans les tableaux suivants ; les graphiques qui les accompagnent font bien ressortir le mouvement du phénomène (fig. 31 et 32) :

Colza nain de Hambourg.

	MATIÈRE sèche.	AZOTE.	ACIDE phosphorique.	CHAUX.	POTASSE.
Repiquage	10,1	11,2	12,9	14,5	25,4
Floraison. } Commencement.	36,7	50,7	59,0	99,3	100,0
Floraison. } Fin	84,5	64,4	70,0	100,0	96,4
Maturité	100,0	100,0	100,0	89,4	92,8

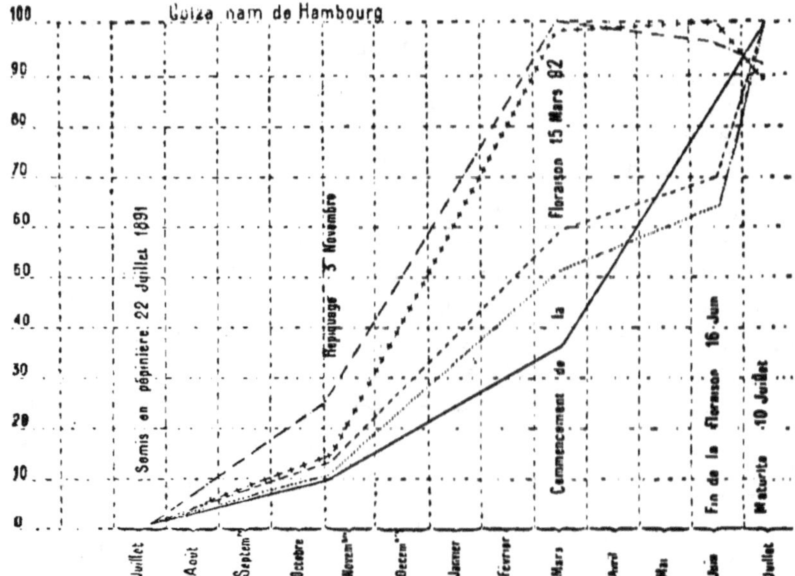

Fig. 31. — Marche de l'absorption des éléments nutritifs.

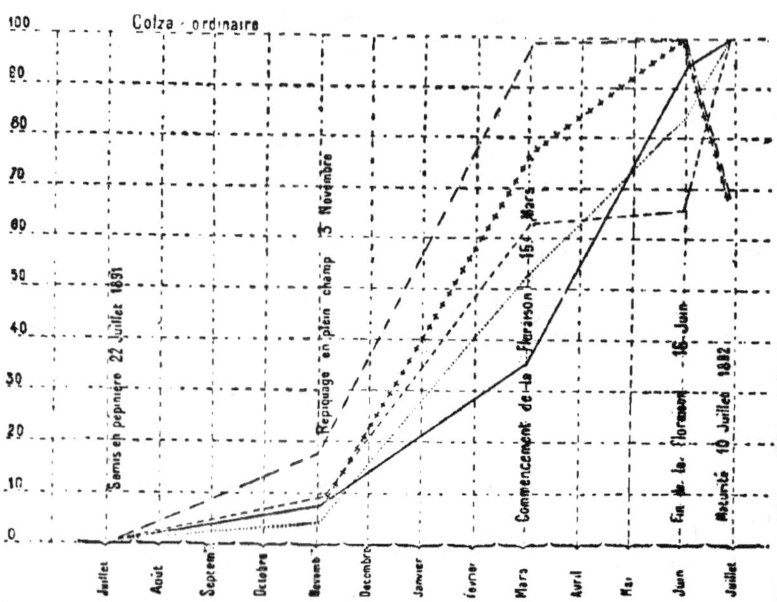

Fig. 32. — Marche de l'absorption des éléments nutritifs.

Colza ordinaire.

	MATIÈRE sèche.	AZOTE.	ACIDE phosphorique.	CHAUX.	POTASSE.
Repiquage......................	7,9	4,6	9,0	7,7	17,3
Floraison. } Commencement.	36,2	52,4	63,3	76,4	98,8
} Fin..............	93,9	84,0	66,1	100,0	100,0
Maturité..................	100,0	100,0	100,0	67,3	69,8

L'examen attentif de ces tableaux et de ces courbes fait ressortir la grande analogie qu'il y a entre la marche de l'absorption des principes nutritifs dans chaque variété.

En général, pendant tout le cours de la végétation jusqu'à la moyenne de la floraison, l'absorption des principes nutritifs est plus active que la formation de la matière organique. Cela indique pendant cette période un besoin d'engrais considérable ; mais ce besoin d'engrais est surtout énorme du repiquage au commencement de la floraison.

Si nous partons des besoins absolus de matières fertilisantes que nous avons indiqués plus haut, nous observons, en effet, que le colza nain de Hambourg et le colza ordinaire ont, aux différentes phases de leur développement, les besoins suivants :

PÉRIODES.		AZOTE.	ACIDE phosphorique.	CHAUX.	POTASSE
Du semis au re-piquage	Nain......	19,2	6,9	17,5	23,4
	Ordinaire..	8,8	5,4	16,1	27,3
	Moyenne..	14,0	6,1	16,8	25,3
Du repiquage au commencement de la floraison.	Nain......	67,8	24,4	102,8	68,6
	Ordinaire..	91,3	32,6	143,6	128,8
	Moyenne..	79,5	28,5	123,2	98,7
Du commencement à la fin de la floraison....	Nain......	23,5	5,8	0,7	Minus.
	Ordinaire..	61,1	1,8	49,3	1,9
	Moyenne..	42,3	3,8	25,0	0,9
De la fin de la floraison à la ma-turité..........	Nain......	61,4	15,9	Minus.	Minus.
	Ordinaire..	30,6	20,4	Minus.	Minus.
	Moyenne..	45,8	23,2	Minus.	Minus.

On constate, au point de vue de l'azote, que la plante en exige une proportion notable pendant tout le cours de la végétation jusqu'à la maturité. Mais l'absorption la plus considérable se fait du repiquage à la floraison. Pendant la floraison, le colza continue à absorber l'azote, et jusqu'à la maturité, avec une avidité très nette.

Il faudra donc, au point de vue pratique, recourir pour le colza à de fortes fumures de fumier de ferme bien décomposé, fumures qui, appliquées avant le semis ou la plantation, fourniront à la plante pendant tout le cours de la végétation, et surtout à la fin, l'azote assimilable qui lui est nécessaire. Toutefois il sera indispensable, si l'on veut tirer du fumier tout ce qu'il peut donner, de le compléter dès le renouveau de la végétation par du nitrate de soude en couverture. En janvier, en février, en mars, la nitrification est très lente ou nulle, et le colza aurait de la peine à trouver dans le sol et le fumier l'azote assimilable qu'il lui faut. La quantité de nitrate à distribuer alors variera suivant les circonstances et l'aspect de la végétation ; la dose de 300 kilogrammes ne nous semble pas exagérée.

La plus grande quantité d'acide phosphorique est, comme pour l'azote, nécessaire du repiquage à la floraison. Pendant la durée de cette phase, la plante en absorbe relativement très peu. C'est alors qu'elle en a le moins besoin. Mais dès la formation du grain, le besoin d'acide phosphorique se fait de nouveau vivement sentir. Comme il n'y a pas d'inconvénient économique à le faire, on donnera dès avant l'hiver tout l'acide phosphorique nécessaire sous forme de superphosphate, car cet appétit très aigu de cet élément fertilisant à deux époques distinctes ne cadre pas avec un engrais de lente assimilabilité.

La chaux est absorbée avec beaucoup d'avidité par le colza, surtout entre le repiquage et la floraison. La variété ordinaire en est bien plus avide que la variété de Hambourg, car le développement relatif des tiges de cette dernière est moins grand. A partir de la fin de la floraison, le besoin de chaux ne se fait plus sentir. La chaux assimilable est donc tout à fait indispensable au premier développement de la plante. Elle croîtra surtout bien dans les sols argilo-calcaires, qui, en même temps que l'humidité convenable, mettront à sa portée une bonne provision de bicarbonate de chaux. Dans les engrais, il est inutile de s'inquiéter de la chaux, car les superphosphates en apportent beaucoup sous forme de sulfate et de phosphate acide ou neutre.

Enfin, plus que la chaux, la potasse est un élément pour lequel le colza montre une réelle avidité. Ce grand besoin de potasse se localise du repiquage à la floraison. Alors le plant doit avoir absorbé tout ce qui lui est nécessaire. Le fumier à haute dose est capable de fournir la potasse nécessaire au colza avec la rapidité requise. Mais dans les sols pauvres en potasse assimilable, où l'on ne pourrait pas employer de fortes doses de fumier bien pourri, nous croyons qu'il y aurait intérêt à compléter la fumure d'automne avec du sulfate ou du chlorure de potassium.

Les conclusions précédentes, tirées des moyennes de nos tableaux de l'absorption des principes nutritifs, sont d'accord avec celles de Liebscher ; elles sont également confirmées, en ce qui concerne l'emploi du nitrate de soude au printemps et le superphosphate, par nos propres essais d'engrais rapportés ci-après.

En même temps que nous recherchions la marche de l'absorption des éléments nutritifs, nous avons, dans le même champ et sur les mêmes variétés, fait des expériences sur *l'action de différents engrais.*

Le sol où nous opérions était un limon quaternaire, pauvre en calcaire, d'une richesse moyenne en azote, très pauvre en acide phosphorique, et passablement pourvu de potasse assimilable. Les engrais employés étaient le superphosphate à la dose de 66^{kg},5 d'acide phosphorique soluble à l'eau et au citrate par hectare; un mélange de superphosphate et de nitrate de soude (49 kilogrammes d'azote et 66^{kg},5 d'acide phosphorique); et enfin un mélange de superphosphate et de sang desséché donnant par hectare 49 kilogrammes d'azote et 66^{kg},5 d'acide phosphorique soluble et assimilable.

En égalant à 100 la production de la plante entière à la maturité, quand elle est cultivée sans engrais, nous avons obtenu pour les parcelles fumées :

NATURE DES ENGRAIS.	COLZA		MOYENNE.
	de Hambourg.	ordinaire.	
Sans engrais..................	100	100	**100**
Superphosphate...............	1131	134	**132**
Nitrate et superphosphate....	222	238	**230**
Nitrate, **sang**, superphosph...	203	215	**209**

Si nous ne considérons que le grain, nous obtenons les résultats suivants :

NATURE DES ENGRAIS.	COLZA		MOYENNE.
	de Hambourg.	ordinaire.	
Sans engrais................	100	100	**100**
Superphosphate..............	100	115	**107**
Nitrate et superphosphate....	245	265	**255**
Nitrate, **sang**, superphosph..	210	216	**213**

La conclusion que nous pouvons tirer des faits précédents, c'est que, dans le limon des plateaux, l'emploi simultané du superphosphate et du nitrate, ce dernier en couverture au printemps, donne les meilleurs résultats sur le rendement en grain et en paille.

En résumé, nous croyons pouvoir conclure qu'en terre de richesse moyenne il convient d'employer pour la fumure du colza et par hectare : 40000 kilogrammes de fumier de ferme bien décomposé, et 400 kilogrammes de superphosphate à l'automne, avec 200 à 300 kilogrammes de nitrate de soude au premier printemps.

XIII. — FUMURE DES JARDINS ET DES PLANTES ARBUSTIVES.

Dans la culture des jardins, où, sur le même sol, on fait succéder, dans le courant de l'année, plusieurs récoltes, il faut considérer, d'une part, l'ensemble des matières nutritives nécessaires pendant la période annuelle, et tenir compte, d'un autre côté, de la rapidité avec laquelle l'absorption doit se faire.

Si, dans le cours d'une année, le sol de composition type peut produire une récolte de blé de 40 hectolitres à l'hectare, à la condition de lui avancer de 45 à 50 kilogrammes d'azote et 40 kilogrammes d'acide phosphorique assimilable, il nous semble évident que nous ne pourrions pas obtenir, dans le même laps de temps, plusieurs récoltes successives de légumes sans accroître largement l'apport en éléments fertilisants. Plus grande sera la quantité totale d'éléments nutritifs nécessaires à la nourriture des récoltes successives que devra fournir le sol dans la même année, moins nous devrons tenir compte de l'intervention du sol dans la nutrition ; de sorte qu'on peut dire que, dans le jardinage intensif, il n'y a pas à s'occuper de la nature du sol pour déterminer la fumure. C'est là un caractère essentiel qui différencie nettement l'agriculture proprement dite de la grande culture maraîchère et de la culture jardinique.

Mais, dans tous les cas, il importe de connaître aussi exactement que possible quelles sont les exigences des plantes horticoles en éléments fertilisants. Dans les chapitres qui précèdent, nous avons déjà donné des indications suffisantes pour les plantes qui appartiennent également, quoique par des variétés différentes, à la grande culture et au jardinage, telles que les pommes de terre, les betteraves, les navets, les rutabagas, les topinambours, les pois, les haricots, les lentilles et les fèves. Nous croyons inutile d'y revenir. Pour compléter ces données, nous indiquons, dans le tableau suivant, les prélèvements en éléments nutritifs faits par quelques-uns des principaux légumes :

	Rendement par are.	Azote.	Acide phosphor.	Potasse.
	kil.	kil.	kil.	kil.
Choux	700	1,68	0,99	4,06
Choux-fleurs	240	1,56	0,60	2,00
Choux-raves	300	2,06	0,90	2,30
Concombres	600	0,96	1,30	0,65
Raifort	150	0,64	1,00	0,27
Oignons	300	0,81	0,42	0,81
Laitue	140	0,31	0,13	0,34

Les besoins d'engrais des légumes sont donc assez considérables, et comme toujours plusieurs récoltes se succèdent sur le même sol, celui-ci est vite épuisé en éléments nutritifs assimilables, même s'il est constitué par un véritable terreau.

Pour satisfaire aux exigences des récoltes, le jardinier est obligé de recourir à d'énormes doses de fumier. S'il veut simplement repiquer en mars des choux de Milan, à récolter en juillet, auxquels il fera succéder des navets, il lui faudra avancer, par are, en fumier l'équivalent de :

	Azote. kil.	Ac. phos. kil.	Potasse. kil.
Choux...........................	1,68	0,59	4,06
Navets...........................	0.70	0,30	1.40
Totaux..............	2,38	1,29	5,46

soit 1 000 kilogrammes de fumier d'une valeur de 10 fr. 90. Cette énorme fumure apportera exactement au sol la potasse nécessaire, mais nous aurons un excédent d'azote et d'acide phosphorique. Ces excédents de matières fertilisantes seront utilisés par les récoltes de l'année suivante, mais à une condition seulement, c'est que l'on mette à la disposition des plantes une nouvelle provision de potasse. Autrement, tout resterait inerte dans le sol, car il est bien démontré que les produits des récoltes sont en raison directe de celui des éléments de fertilité qui se trouve être en moindre quantité à leur disposition. Il faudra donc recourir à un nouvel apport de fumier ; et, suivant la succession si variée des cultures, on pourra avoir des déficits tantôt d'azote, tantôt d'acide phosphorique, tantôt de potasse, déficits qui paralyseront l'effet des reliquats des anciennes fumures.

La culture maraîchère ne peut donc se soutenir que par des masses considérables et toujours renouvelées de fumier, à moins que l'on n'intervienne pour combler le déficit qui se produit, suivant le cas, en azote, potasse, ou acide phosphorique (1).

Dans le cas que nous avons supposé plus haut, il nous suffirait en effet d'apporter au sol 3 kilogrammes de chlorure de potassium par are, pour que nous puissions en tirer une très abondante récolte de pommes de terre. Cet engrais chimique ne coûterait que 0 fr. 70. Il nous en aurait coûté 3 fr. 10 pour apporter sous forme de fumier la même quantité de potasse. On voit par ce seul exemple tout l'intérêt que peut présenter, en culture maraîchère, l'emploi des engrais chimiques simples comme compléments du fumier. Mais il faut aller plus loin ; les

(1) Voy. *Culture maraîchère* (Encyclopédie agricole, publiée sous la direction de M. Wery).

marais, les jardins en général, sont saturés de matières organiques. L'introduction du fumier n'y est plus nécessaire pour en modifier les propriétés culturales, et nous osons affirmer qu'on peut, dans la plupart des cas, diminuer beaucoup l'emploi onéreux du fumier par le recours aux engrais minéraux. On augmentera, par là, la saveur et la qualité des légumes, en même temps qu'on abaissera leur prix de revient.

Reprenons le cas plus haut examiné, et remplaçons le fumier par des engrais de commerce. Voici ce qu'il faudra employer pour fournir aux trois récoltes successives de choux, de navets et de pommes de terre :

		Francs.
Nitrate de soude	20 kil., soit	5,00
Superphosphate à 15°	12 —	0,96
Chlorure de potassium	14 —	3,22
Total		9,18

En fumier, cela nous eût coûté 14 francs. Il en résulte une économie de près de 5 francs, soit près de 36 p. 100 de la dépense qu'on eût dû faire en achat de fumier.

Nous n'avons pas eu d'autre but, dans ce qui précède, que de faire toucher du doigt l'intérêt fondamental de l'emploi des engrais en horticulture. Ce n'est pas le procès du fumier que nous avons fait, mais, en montrant les points faibles de sa constitution, nous avons, du même coup, fait ressortir le moyen de pallier à ses défauts.

Ce point essentiel établi, nous allons entrer dans la pratique de l'emploi des engrais au jardin, et indiquer les fumures que l'expérience a démontré être les plus efficaces.

1° *Pommes de terre* (Voy. chap. ix). — M. Wagner, directeur de la Station agronomique de Darmstadt, recommande dans le jardin la fumure ci-après : Phosphate de potasse 1^{kg},5 avec sulfate d'ammoniaque 1 kilogramme pour un are.

2° *Carottes* (Voy. chap. ix). — M. Wagner conseille dans le jardin d'employer la fumure suivante : 1^{kg},50 de nitrate de soude avant le semis; autant après la levée; autant trois semaines plus tard : soit en tout 4^{kg},50 de nitrate de

soude. On y ajoute avant le semis et en une seule fois :
5^{kg},50 de superphosphate à 15°, et 2^{kg},50 de chlorure de potassium à 50 p. 100.

3° **Betteraves potagères** (Voy. chap. IX). — En nous basant sur nos essais de grande culture, nous engageons les jardiniers à employer pour la culture de cette plante, par are et sans fumier, 4 kilogrammes de nitrate de soude, en trois fois, 6 kilogrammes de superphosphate et 2 kilogrammes de chlorure de potassium enterrés avant le semis.

Avec 300 kilogrammes de fumier on donnera le complément suivant : 2 kilogrammes de nitrate de soude et 3 kilogrammes de superphosphate.

4° **Navets**. — Si les navets viennent après une récolte qui a reçu du fumier, on se contentera de répandre 4 kilogrammes de superphosphate et 2 kilogrammes de nitrate de soude par are. Si, au contraire, la récolte précédente n'a pas été fumée, on emploiera 200 kilogrammes de fumier que l'on complétera par 3 kilogrammes de superphosphate. Les engrais phosphatés poussent à la précocité, tandis que les engrais azotés retardent la maturité.

5° Pour les **radis noirs et divers**, les **salsifis ou scorsonères**, le **raifort et autres plantes analogues**, on donnera, comme l'indique M. Wagner :

4^{kg},5 de nitrate, en trois fois ;
5^{kg},5 de superphosphate ;
2^{kg},5 de chlorure de potassium.

6° **Choux de toutes natures**. — Comme l'indique leur composition, ces légumes exigent une très forte fumure azotée et potassique surtout. On enfouira la fumure minérale par le dernier labour. Celle-ci sera constituée par 6 kilogrammes de superphosphate et 3 kilogrammes de chlorure de potassium. Après le repiquage des plants, on répandra en couverture d'abord 2^{kg},5 de nitrate de soude ; ce sel est mélangé au sol par un hersage à la fourche. Un mois après, une nouvelle fumure de 2^{kg},5 de nitrate sera enterrée par un binage ; en somme, on donnera 5 kilogrammes de nitrate de soude par are.

Avec 200 kilogrammes de fumier, on répandra avec avantage 2ᵏᵍ,5 de nitrate de soude en deux fois, 1 kilogramme de chlorure de potassium, et 3 kilogrammes de superphosphate.

7° *Salades diverses*. — M. Wagner a constaté que les salades redoutent les fumures trop énergiques. On donnera seulement 4 kilogrammes de superphosphate et 1 kilogramme de chlorure de potassium, qu'on enterrera par le dernier labour. Puis, après la plantation, on répandra 1 kilogramme de sulfate d'ammoniaque qu'on mélangera au sol par un hersage à la fourche courbe. Si le manque d'azote se faisait plus tard sentir, on ajouterait en couverture 300 grammes de nitrate de soude, dilués dans du plâtre, ou de la terre tamisée sèche ; on recommencerait un épandage de nitrate trois semaines après.

8° *Concombres, oignons et plantes analogues*. — M. Wagner recommande d'employer par are 6 kilogrammes de superphosphate et 2 kilogrammes de chlorure de potassium, qu'il faut enterrer par le dernier labour. Avant la plantation ou le semis, on répand superficiellement 1 kilogramme de nitrate de soude qu'on enterre à la herse ou à la fourche courbe. Quinze jours après la levée, on répand de nouveau 1 kilogramme de nitrate en couverture ; on renouvelle une dernière fois cette dose la quinzaine suivante. On répand en tout 3 kilogrammes de nitrate par are.

Dans un essai de plein champ, sur l'oignon, nous avons pu constater que le sulfate de potasse additionné de superphosphate et de nitrate de soude avait doublé le rendement. Il n'est donc pas douteux que les sels de potasse ne soient très utiles au développement des plantes de cette famille.

9° *Artichauts, cardons*. — D'après les expériences de M. le marquis de Paris, on se trouvera bien d'employer pour ces plantes, par are de terrain, 8 kilogrammes de nitrate de soude, 13 kilogrammes de superphosphate et 2 kilogrammes de chlorure de potassium.

10° *Épinards, tétragone*. — D'après le marquis de Paris, on emploiera, pour ces plantes, par are : 4 kilogrammes de nitrate de soude, 12 kilogrammes de superphosphate et 6 kilogrammes de chlorure de potassium. Les fumures 9°

et 10° se rapportent à une culture très intensive et on peut les réduire de moitié dans les conditions ordinaires.

11° **Légumineuses : fèves, pois, haricots.** — Les plantes de cette famille sont aptes, on le sait, à tirer leur nourriture azotée de l'azote gazeux de l'atmosphère, par l'intermédiaire des microorganismes de leurs nodosités. Cette faculté leur est propre, à l'exclusion de toutes les autres plantes. Il en résulte qu'il n'y a pas lieu de leur donner de fumure azotée, car, dans les sols livrés à la culture, où l'on fait intervenir normalement le fumier de ferme, elles trouvent toujours assez d'azote pour assurer leur premier développement.

M. Wagner recommande de leur donner : $5^{kg},5$ de superphosphate et 2 kilogrammes de chlorure de potassium, par are de terrain. On enterre le tout par un labour à environ 15 centimètres de profondeur. D'après les expériences de MM. Lawes et Gilbert sur les fèves, l'emploi de la potasse donne un accroissement considérable.

12° **Asperges.** — M. Zacharewicz, professeur départemental d'agriculture de Vaucluse, a publié des résultats fort intéressants sur l'application des engrais chimiques à la culture de l'asperge. On en tire les conclusions suivantes :

a. Les engrais chimiques sont d'une efficacité réelle dans la culture de l'asperge, non seulement en ce qui concerne les rendements, mais aussi pour ce qui est de la précocité.

b. L'engrais qui a donné les résultats les plus favorables était constitué par :

2 kilogrammes de nitrate de potasse ;
1 kilogramme de sulfate d'ammoniaque ;
3 kilogrammes de superphosphate.

c. Cette formule a donné un produit plus précoce, en moyenne, que celui obtenu avec l'engrais formé par le mélange de :

3 kilogrammes de sulfate d'ammoniaque ;
3 kilogrammes de sulfate de potasse ;
3 kilogrammes de superphosphate.

d. Avec la première formule, l'excédent de produit a été de

18^{kg},58 par are, par rapport aux parcelles témoins voisines. Avec la seconde, l'excédent a été de 18^{kg},41.

M. Wagner, de son côté, conseille :

5^{kg},5 de superphosphate ;

2 kilogrammes de chlorure de potassium ;

5 kilogrammes de nitrate de soude.

On répand le mélange des sels de potasse et du superphosphate sur le sol à l'automne dans les terres compactes, ou au printemps dans les sols légers, et on l'enfouit par un hersage.

On donne le nitrate en deux fois : 1° en couverture dès que les turions commencent à se développer, et on l'enterre à la fourche courbe ; 2° un mois après, on répand le reste et on l'enterre de la même façon.

13° **Fraisiers.** — C'est encore à notre distingué collègue, M. Zacharewicz, que nous emprunterons les renseignements nécessaires à la fumure du fraisier. Il tire des expériences multipliées qu'il a faites que l'emploi du nitrate de potasse ne doit être recommandé qu'à dose peu élevée, car ce sel active trop la végétation de la plante, au détriment de la production et de la beauté des fruits. Ce sont les engrais minéraux qui donnent les meilleurs résultats, dans les sols d'une bonne richesse moyenne en azote. Il conviendrait de répandre en novembre un mélange de superphosphate et de sulfate de potasse avec une demi-fumure de fumier de ferme.

Dans les essais faits sous châssis, il convient d'employer le mélange suivant, par are :

3 kilogrammes de sulfate de potasse ;

3 kilogrammes de superphosphate.

14° **Vigne.** — Nous avons démontré, par nos essais à Saint-Chéron et à Cloyes, que l'emploi des engrais chimiques est très efficace pour la production du raisin. L'engrais qui nous a donné les meilleurs résultats est composé de :

4 kilogrammes de superphosphate à 15° ;

3 kilogrammes de sulfate de potasse à 50 p. 100 ;

3 kilogrammes de nitrate de soude.

Ces doses correspondent à un are de terrain.

D'autre part, M. Chauzit, professeur départemental d'agriculture dans le Gard, recommande d'employer pour la même surface :

$3^{kg},6$ de nitrate de soude ;
4 kilogrammes de superphosphate ;
2 kilogrammes de sulfate de potasse.

Les engrais pour la vigne doivent être susceptibles de pénétrer jusqu'au chevelu de celle-ci. Il convient de les enterrer par un labour.

L'emploi du plâtre à haute dose, en favorisant la descente des principes fertilisants du sol dans le sous-sol, donne de très beaux résultats dans les terres enrichies depuis long-temps par de grands apports de fumier de ferme. Dans les terres appauvries, le plâtre est sans effet. C'est ce qui résulte des expériences de M. Oberlin en Alsace et de celles de notre savant collègue de Saône-et-Loire, M. Battanchon. La dose de plâtre à employer est alors de 2 000 à 4 000 kilogrammes par hectare.

De son côté, M. Wagner donne les conseils suivants :

Fumure de première année :

600 kilogrammes de fumier (par are) ;
2 kilogrammes de superphosphate.

Fumure de deuxième année :

3 kilogrammes superphosphate ;
1 kilogramme chlorure de potassium ;
$1^{kg},2$ nitrate de soude.

Fumure de troisième année :

3 kilogrammes superphosphate ;
$1^{kg},5$ chlorure de potassium ;
$1^{kg},5$ nitrate de soude.

GAROLA. — Engrais.   28

Fumure de quatrième année :

3 kilogrammes superphosphate ;
2 kilogrammes chlorure de potassium ;
1^{kg},55 nitrate de soude.

Nous pensons qu'il faudrait ajouter une forte dose de plâtre, comme le fait M. Oberlin, pour assurer une meilleure utilisation du fumier.

On enterre le superphosphate et le chlorure de potassium en automne ou pendant l'hiver, par un bon labour. Le nitrate se donne au printemps et en couverture. La pluie et les rosées se chargent de le faire pénétrer dans le sol.

M. Wagner recommande de diminuer la dose de nitrate dans les sols bas et humides, et de l'augmenter, au contraire, dans les terrains en côte et secs.

Le viticulteur ne doit pas oublier que plus la végétation est vigoureuse, plus les sarments se développent, moins il faut employer de fumier et de nitrate. Dans le cas où la vigne pousse à bois, comme on dit, c'est la dose des superphosphates et des sels de potasse qu'il faut forcer.

Si la vigne ne pousse pas, il faudra augmenter la fumure azotée.

15° **Arbres fruitiers.** — Comme la vigne, les arbres fruitiers ont besoin de ne pas être négligés sous le rapport de la fumure. M. Wagner recommande pour les arbres isolés, dont la couronne projetée sur le sol mesurerait 25 mètres carrés, l'emploi de 1400 grammes de superphosphate à 16 p. 100 d'acide phosphorique soluble dans l'eau, de 400 grammes de chlorure de potassium, et de 500 grammes de nitrate de soude.

On répandrait l'engrais minéral sur le sol en novembre, ou plus tard en hiver, et on l'enterrerait par un bon labour à la bêche. Le nitrate de soude serait réservé pour le premier printemps.

Dans les vergers, on emploierait par hectare : 600 kilogrammes de superphosphate, 150 kilogrammes de chlorure de potassium et 200 kilogrammes de nitrate de soude.

On enfouira le superphosphate et le chlorure de potassium à l'automne et l'on répandra le nitrate de soude au premier printemps. Dans les sols abondamment fumés au fumier de ferme, on aura recours à 2000 ou 4000 kilogrammes de plâtre cru par hectare, pour favoriser l'utilisation par les racines profondes des éléments de l'engrais.

16° **Gazons**. — Pour avoir de beaux gazons, en dehors du choix des semences, des arrosages et des coupes réitérées, il faut avoir recours à des fumures appropriées, abondantes et répétées. Les jeunes herbes, en effet, sont particulièrement riches en azote, en acide phosphorique et en potasse, de sorte que les coupes multipliées que l'on fait appauvrissent rapidement le sol. M. Wagner a constaté que, pour avoir des pelouses toujours vigoureuses et vertes, il convient de donner la fumure à doses successives pendant toute la belle saison. Il recommande de répandre au milieu de février, par are, 1 kilogramme de chlorure de potassium, 4 à 5 kilogrammes de superphosphate et 4 kilogrammes de nitrate de soude. Puis, dans le courant de la saison, à partir d'avril, tous les mois, en moyenne, un tiers des quantités préindiquées.

L'épandage de l'engrais doit se faire de préférence vers le milieu du jour et non par la rosée. Il est utile de faire suivre l'application de l'engrais par un bon arrosage, si l'on ne peut compter sur la pluie à bref délai.

17° **Fleurs de pleine terre et en pots**. — La nature physique du sol est la première condition de succès pour la culture des fleurs en pleine terre ou en pots. La terre doit être riche en humus, perméable et chaude. Mais sans une alimentation abondante et convenable, à toutes les époques de leur vie les plantes florales ne peuvent pas non plus donner de résultats satisfaisants.

Nous avons obtenu personnellement de bons résultats par l'emploi de l'engrais recommandé plus haut pour les vignes, dans la culture en pleine terre des géraniums, des héliotropes, des bluets barbeaux et des zinnias. M. Wagner recommande d'une manière générale l'emploi par are de 6 kilogrammes du mélange suivant :

Superphosphate à 16°.................................. 40
Sulfate de potasse................................... 20
Nitrate de soude 40
                    Total.......................... 100

M. le marquis de Paris a recommandé les fumures suivantes :

a. *Plantes à fleurs et à feuillage.*

3 grammes du mélange ci-après par kilogramme de terre :

7 kilogrammes superphosphate ;
1 kilogramme chlorure de potassium ;
2 kilogrammes sulfate de chaux ;
$0^{kg},75$ sulfate de fer.

b. *Rempotages de coléus et plantes analogues.*

3 grammes du mélange suivant par kilogramme de terre :

$1^{kg},5$ nitrate de soude ;
1 kilogramme sulfate d'ammoniaque ;
$1^{kg},5$ superphosphate ;
$0^{kg},5$ chlorure de potassium ;
2 kilogrammes plâtre.

c. *Rempotages de bégonias, etc.*

3 grammes du mélange suivant par kilogramme de terre :

1 kilogramme nitrate de soude ;
2 kilogrammes sulfate d'ammoniaque ;
3 kilogrammes superphosphate ;
$0^{kg},5$ chlorure de potassium ;
2 kilogrammes sulfate de chaux.

d. *Plantes florales en massifs.*

300 grammes du mélange suivant par mètre carré :

2 kilogrammes nitrate de soude ;
10 kilogrammes superphosphate ;
2 kilogrammes chlorure de potassium ;
4 kilogrammes plâtre.

e. *Plantes à feuillage en massifs.*

300 grammes du mélange suivant par mètre carré :

3 kilogrammes nitrate de soude ;
4 kilogrammes superphosphate ;
1 kilogramme chlorure de potassium ;
4 kilogrammes plâtre.

f. *Plantes à feuillage en pots.*

3 grammes par litre d'eau d'arrosage ; arroser une seule fois par semaine :

1 kilogramme nitrate de soude ;
1 kilogramme sulfate d'ammoniaque ;
2 kilogrammes superphosphate ;
$0^{kg},5$ chlorure de potassium ;
2 kilogrammes plâtre.

D'autre part, pour la culture en pots, M. Wagner recommande, d'après ses nombreuses expériences, l'emploi de l'engrais suivant :

Phosphate d'ammoniaque	25 kil.
Nitrate de potasse.....	45 —
Nitrate d'ammoniaque........	30 —

Ce mélange contient pour 100 en poids : 12 d'acide phosphorique, 19 de potasse et 17 d'azote. On l'emploie à raison de 1 gramme par litre d'eau d'arrosage. Nous avons obtenu de son usage des résultats très satisfaisants. La photographie ci-jointe (fig. 33) reproduit deux pots de *Tradescantia* bouturés le même jour et nourris l'un avec la solution nutritive et l'autre avec de l'eau ordinaire.

Ce même engrais conviendrait très bien aussi aux cultures forcées, à l'élevage des boutures et aux semis de fleurs.

C'est pendant la bonne saison seulement, d'avril à septembre, qu'on doit fumer les plantes d'appartement ou de serre froide. Pendant le reste de l'année, il est en général bon de s'abstenir.

La dose de l'engrais Wagner à employer est de 1 gramme

pour 600 grammes de terre contenue dans le pot. On saupoudre la terre avec l'engrais, puis on arrose lentement, en employant juste assez d'eau pour que tout soit absorbé. On

Fig. 33. — Tradescantia ordinaire.

renouvelle la fumure, selon la croissance des plantes, tous les mois ou tous les deux mois.

Pour les palmiers et autres plantes à croissance très lente, on renouvelle la fumure tous les trois mois. Pour les rosiers, fuchsias, géraniums, héliotropes, il faut la renouveler toutes les trois semaines.

Nous terminerons ce qui a rapport aux fleurs en donnant les formules que M. E. Roman, amateur d'orchidées, emploie avec succès pour la nutrition de ces plantes délicates. Il a recours au mélange de deux solutions dont voici la composition :

Solution A.

Faire dissoudre dans 2 litres d'eau pure :

Phosphate d'ammoniaque	100 grammes.
Nitrate d'ammoniaque	60 —
Carbonate d'ammoniaque	10 —
Nitrate de potasse	5 —

Solution B.

Faire dissoudre dans 2 litres d'eau 45 grammes de silicate de potasse soluble à 30° Baumé.

Pour l'usage, on verse dans 12 litres d'eau 16 grammes de chacune d'elles. La solution renferme ainsi environ 1 gramme de mélange salin pour 7 litres d'eau. On emploie cette solution étendue pour tous les arrosages.

Nous résumons dans le tableau suivant les quantités de principes fertilisants à employer pour les différentes cultures, de manière à permettre la confection des engrais à l'aide des différentes matières premières que nous offre le commerce :

	Azote. kil.	Ac. phos. kil.	Potasse. kil.
Pommes de terre	0,60	0,90	1,00
Carottes	0,60	0,60	0,50
Betteraves potagères	0,60	0,85	1,00
Navets	0,30	0,60	0,50
Raves et radis	0,67	0,88	1,25
Choux	0,75	0,84	1,50
Artichauts	1,30	2,00	1,00
Épinards	0,60	1,80	3,00
Salades	0,30	6,60	0,50
Oignons, concombres	0,45	0,84	1,00
Légumineuses	0,00	0,88	1,00
Asperges	0,60	0,70	1,25
Fraisiers	0,30	0,45	1,50
Vignes, treilles	0,45	0,60	1,50
Arbres fruitiers	0,30	0,88	0,75
Gazons	1,80	2,10	1,20
Plantes florales de pleine terre	0,36	0,42	0,60

Pour terminer, nous ne saurions trop faire observer que les formules précédentes ne sont point immuables. Ce ne sont que des indications générales, destinées à servir de guide au jardinier. Son expérience lui apprendra si, dans les circonstances spéciales de sa pratique, il doit les modifier dans une direction ou dans une autre.

La science de l'application des engrais chimiques au jardin vient à peine de naître ; elle est destinée à progresser tous les jours et à se préciser davantage, grâce au concours de tous les horticulteurs de bonne volonté.

FIN.

TABLE DES MATIÈRES

6887-02 — Corbeil. Imprimerie Crété.

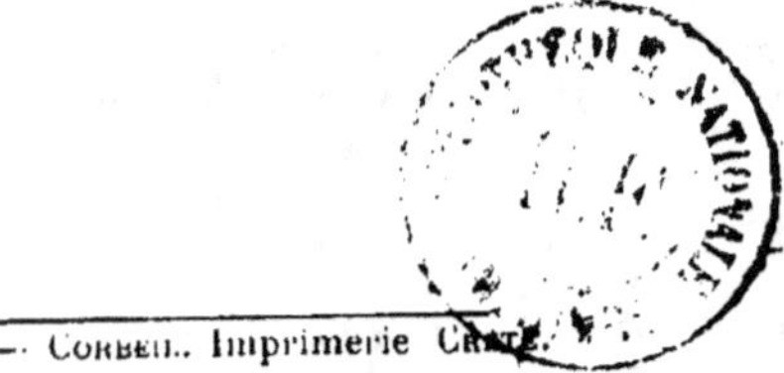

SCORIES DE DÉPHOSPHORATION

Exiger toujours

La Marque **"ÉTOILE"**

Pour avoir une Marchandise garantie pure et sans mélange

FUMURE d'Automne et de Printemps

des Céréales, Plantes sarclées, Prairies, Vignes, Plantes fourragères et potagères.

Les Scories doivent être préférées au superphosphate par suite de leur efficacité plus durable et de leur teneur élevée en chaux et en magnésie ; elles doivent être employées à dose égale, c'est donc l'engrais phosphaté le plus économique. Il ne saurait être question de les remplacer par les Phosphates naturels de beaucoup moins efficaces et moins avantageux

SOCIÉTÉS RÉUNIES DES PHOSPHATES THOMAS

5, Rue de Vienne, PARIS

Service spécial de Renseignements agricoles

ACIÉRIES A VILLERUPT, MICHEVILLE, POMPEY, HOMÉCOURT ET NEUVES-MAISONS

P. LINET

7, Boulevard Magenta, PARIS

PHOSPHATES, SUPERPHOSPHATES

Séchés et Tamisés

Engrais composés, Sulfate d'Ammoniaque

et toutes matières premières

Fournisseur des principaux syndicats agricoles

Usines : AUBERVILLIERS (Seine)

Livraisons annuelles : CENT MILLIONS DE KILOS

Destruction des SANVES (Jottes) et des RAVENELLES

PAR LA **"NITROCUPRINE"**

Solution composée de Nitrate de Cuivre

BROYEUR - PULVÉRISATEUR - TAMISEUR
" AMÉRICA "

pour
défibrer,
broyer,
pulvériser
toutes
matières
minérales,
animales
ou végétales

dures
ou
tendres,
sèches
ou
humides,
fibreuses
ou
granuleuses

⚜ SLOAN & Cie ⚜   17, Rue du Louvre
INGÉNIEURS-CONSTRUCTEURS   ~~ PARIS ~~

LIBRAIRIE J.-B. BAILLIÈRE ET FILS, 19, RUE HAUTEFEUILLE, A PARIS

Précis de Chimie agricole. Nutrition des végétaux,
composition chimique des végétaux, fertilisation du sol, chimie des
produits agricoles, par Edmond GAIN, chargé de cours à la Faculté
des Sciences de Nancy. 1 vol. in-18 de 436 pages avec 93 figures,
cartonné.. 5 fr.

Analyse et Essais des matières agricoles,
par A. VIVIER, directeur de la Station agronomique et du Laboratoire départemental de Melun. 1897, 1 volume in-18 de 400 pages,
avec 100 figures, cartonné................................... 5 fr.

Les Engrais et la Fertilisation du Sol,
par A. LARBALÉTRIER, professeur à l'École départementale d'agriculture du Pas-de-Calais. 1891, 1 vol. in-16 de 352 pages, avec
74 figures, cartonné....................................... 4 fr.

Tableaux synoptiques pour l'Analyse des
Engrais, par P. GOUPIL. 1900, 1 vol. in-16 de 75 pages, cart. 1 fr. 50

Les Engrais chimiques, par DE COQUET. 1899, in-8............ 2 fr.

Les Engrais, par A. JOUON. 1900, in-8, 48 pages............. 1 fr.

www.ingramcontent.com/pod-product-compliance
Lightning Source LLC
LaVergne TN
LVHW021925060726
842528LV00001B/87